"十二五"普通高等教育本科国家级规划教材

中国大学资源共享课程教材

面向 21 世纪课程教材

21世纪高等学校机械设计制造及其自动化专业系列教材

画法几何及机械制图
（第七版）

主　编　黄其柏　阮春红　何建英　李喜秋

主　审　常　明

华中科技大学出版社

中国·武汉

图书在版编目(CIP)数据

画法几何及机械制图/黄其柏等主编.—7版.—武汉:华中科技大学出版社,2018.9
21世纪高等学校机械设计制造及其自动化专业系列教材
ISBN 978-7-5680-4597-1

Ⅰ.①画… Ⅱ.①黄… Ⅲ.①画法几何-高等学校-教材 ②机械制图-高等学校-教材 Ⅳ.①TH126

中国版本图书馆 CIP 数据核字(2018)第 218932 号

画法几何及机械制图(第七版)
Huafa Jihe ji Jixie Zhitu (Diqi ban)

黄其柏 阮春红 何建英 李喜秋 主编

策划编辑:万亚军
责任编辑:姚同梅
封面设计:原色设计
责任监印:周治超
出版发行:华中科技大学出版社(中国·武汉)　　电话:(027)81321913
　　　　　武汉市东湖新技术开发区华工科技园　　邮编:430223
录　排:华中科技大学惠友文印中心
印　刷:武汉科源印刷设计有限公司
开　本:787mm×1092mm　1/16
印　张:25.5
字　数:663千字
版　次:2019年8月第7版第2次印刷
定　价:59.80元

内 容 简 介

  本书融入了"工程制图与机械基础系列课程教学内容与课程体系改革""面向 21 世纪机械工程教学改革""国家工科机械基础课程教学基地建设""大机械类本科生全程三维设计能力培养模式的研究与实践""三维表达在工程图学中的定位研究与实践""反求设计能力培养及其评价体系的研究与实践""转变教育理念,引进工程场景,翻转课堂图学教育研究与实践"等一系列教学改革研究项目的研究成果,连续被评为普通高等教育"十五""十一五"国家级规划教材及"十二五"普通高等教育本科国家级规划教材。

  本书共 11 章,内容包括机械制图的基本知识,立体的几何构成与轴测图,点、直线和平面的投影,基本体及其截交线,组合体及其造型,常用表达方法,常用机件及结构要素的特殊表达方法,零件图,装配图,表面展开图及 AutoCAD 绘图基础等。与本书配套的《画法几何及机械制图习题集》(第七版)也同时出版发行。如需要电子教案(正常课堂教学和翻转课堂教学教案)、电子挂图、电子模型、习题集及答案文件,可与华中科技大学出版社联系(联系电话:027-81339688;电子邮箱:171447782@qq.com)。

  本书可作为高等工科院校机械类、近机械类各专业"画法几何及机械制图"课程的教材,也可供电大、职大及函授大学等高等工业院校同类专业师生及有关工程技术人员学习使用。

21 世纪高等学校
机械设计制造及其自动化专业系列教材
编审委员会

21世纪高等学校
机械设计制造及其自动化专业系列教材

总　序

　　"中心藏之,何日忘之",在新中国成立60周年之际,时隔"21世纪高等学校机械设计制造及其自动化专业系列教材"出版9年之后,再次为此系列教材写序时,《诗经》中的这两句诗又一次涌上心头,衷心感谢作者们的辛勤写作,感谢多年来读者对这套系列教材的支持与信任,感谢为这套系列教材出版与完善作过努力的所有朋友们。

　　追思世纪交替之际,华中科技大学出版社在众多院士和专家的支持与指导下,根据1998年教育部颁布的新的普通高等学校专业目录,紧密结合"机械类专业人才培养方案体系改革的研究与实践"和"工程制图与机械基础系列课程教学内容和课程体系改革研究与实践"两个重大教学改革成果,约请全国20多所院校数十位长期从事教学和教学改革工作的教师,经多年辛勤劳动编写了"21世纪高等学校机械设计制造及其自动化专业系列教材"。这套系列教材共出版了20多本,涵盖了"机械设计制造及其自动化"专业的所有主要专业基础课程和部分专业方向选修课程,是一套改革力度比较大的教材,集中反映了华中科技大学和国内众多兄弟院校在改革机械工程类人才培养模式和课程内容体系方面所取得的成果。

　　这套系列教材出版发行9年来,已被全国数百所院校采用,受到了教师和学生的广泛欢迎。目前,已有13本列入普通高等教育"十一五"国家级规划教材,多本获国家级、省部级奖励。其中的一些教材(如《机械工程控制基础》《机电传动控制》《机械制造技术基础》等)已成为同类教材的佼佼者。更难得的是,"21世纪高等学校机械设计制造及其自动化专业系列教材"也已成为一个著名的丛书品牌。9年前为这套教材作序的时候,我希望这套教材能加强各兄弟院校在教学改革方面的交流与合作,对机械工程类专业人才培养质量的提高起到积极的促进作用,现在看来,这一目标很好地达到了,让人倍感欣慰。

　　李白讲得十分正确:"人非尧舜,谁能尽善?"我始终认为,金无足赤,人无完人,文无完文,书无完书。尽管这套系列教材取得了可喜的成绩,但毫无疑问,这套书中,某本书中,这样或那样的错误、不妥、疏漏与不足,必然会存在。何况形势总在不断地发展,更需要进一步来完善,与时俱进,奋发前进。较之9年前,机械工程学科有了很大的变化和发展,为了满足当前机械工程类专业人才培养的需要,华中科技大学出版社在教育部高等学校机械学科教学指导委员会的指导下,对这套系列教材进行了全面修订,并在原基础上进一步拓展,在全国范围内约请了一大批知名专家,力争组织最好的作者队伍,有计划地更新和丰富"21世纪机械设计制造及其自动化专业系列教材"。此次修订可谓非常必要,十分及时,修订工作也极为认真。

"得时后代超前代,识路前贤励后贤。"这套系列教材能取得今天的成绩,是几代机械工程教育工作者和出版工作者共同努力的结果。我深信,对于这次计划进行修订的教材,编写者一定能在继承已出版教材优点的基础上,结合高等教育的深入推进与本门课程的教学发展形势,广泛听取使用者的意见与建议,将教材凝练为精品;对于这次新拓展的教材,编写者也一定能吸收和发展原教材的优点,结合自身的特色,写成高质量的教材,以适应"提高教育质量"这一要求。是的,我一贯认为我们的事业是集体的,我们深信由前贤、后贤一起一定能将我们的事业推向新的高度!

尽管这套系列教材正开始全面的修订,但真理不会穷尽,认识不是终结,进步没有止境。"嘤其鸣矣,求其友声",我们衷心希望同行专家和读者继续不吝赐教,及时批评指正。

是为之序。

中国科学院院士

2009. 9. 9

第七版前言

本书自出版以来,一直在华中科技大学和部分兄弟院校机械类及近机械类本科专业教学中使用,受到广大读者和专家的一致好评,并先后被评为面向 21 世纪课程教材、普通高等教育"十五""十一五"国家级规划教材及"十二五"普通高等教育本科国家级规划教材,并获得国家级优秀教材二等奖、中国大学出版社优秀教材二等奖等奖项。

为了满足面向 21 世纪机械学科大类人才培养的需求,我们在总结"工程制图与机械基础系列课程教学内容与课程体系改革""面向 21 世纪机械工程教学改革"和"国家工科机械基础课程教学基地建设"等重大教改项目建设经验的基础上,结合当前科学技术,特别是数字化产品定义技术和机械产品三维建模技术的最新研究成果,以及机械设计制造及其自动化专业认证工作,深入开展了"大机械类本科生全程三维设计能力培养模式的研究与实践""三维表达在工程图学中的定位研究与实践""反求设计能力培养及其评价体系的研究与实践""转变教育理念,引进工程场景,翻转课堂图学教育研究与实践""'3D 工程图学'与'3D 工程图学应用与提高'MOOC 课程立项建设"等一系列教学改革研究,取得了良好的教学成果。我们据此进行了本次修订,并将近几年来本课程教学改革取得的成果融入教材中。

本版除保留了第六版的一些特点外,还在以下几个方面进行了改进。

(1) 强调以学生为中心、以产出为导向,在绪论部分介绍了章节内容与毕业要求的支撑关系;

(2) 以业界需求为牵引,基于当前二维 CAD 与三维 CAD 将在很长的一段时期内共存的现实情况,本书同时介绍了软件 Inventor 2018 和 AutoCAD 2017 的使用方法,同时本书仍将计算机三维造型的内容融合到教学的全过程中,使之成为贯穿全书的一条主线。

(3) 以培养具有国际竞争力的高素质创造性人才为目标,坚持学生的全面发展和可持续发展相结合的教育理念,率先引入了"基于模型的工程定义简介""零件建模的总体原则、总体要求和流程"等学科前沿知识;同时为了帮助学生接受这些前沿知识,补充了轴测图的尺寸注法等内容。

(4) 补充了大量与教学内容相适应的微视频,以二维码的形式呈现(二维码资源使用说明见书末)。

(5) 尽可能地采用最新国家标准,但由于近几年来相关国家标准的变化较快,加之我们收集的资料不尽齐全,可能仍有个别标准更新落后于实际的情况。

经过多年的教学改革和课程建设,本书已配备网络课程、电子教案、教学素材库、习题库、试题库等网上资源,成为名副其实的立体化教材,十分便于师生使用。这些相关资源可以在华中科技大学网站主页"精品课程"和"爱课程——资源共享课(华中科技大学《画法几何及机械制图》)"中下载。使用本书的教师,如需要电子教案(正常课堂教学和翻转课堂教学教案)、电子挂图、电子模型、习题集及答案文件,可与华中科技大学出版社联系(联系电话:027-

81339688；电子邮箱：171447782@qq.com）。

　　参加本次修订工作的有：黄其柏（绪论、第 1 章、第 2 章 2.1～2.3 节），阮春红（第 4 章、第 8 章 8.1～8.3 节和 8.5～8.7 节），何建英（第 5 章、第 11 章），李喜秋（第 6 章、第 7 章 7.1～7.4 节、附录），魏迎军（第 7 章 7.5～7.7 节、第 10 章），朱洲（第 2 章 2.4～2.5 节、第 9 章），陶亚松（第 3 章、第 8 章 8.4 和 8.8 节）。参加微视频录制的有：阮春红、刘世平、黄其柏、何建英、李喜秋、程敏、黄金国、田文峰、朱洲、陶亚松、鄢来祥、王学林等。本书由黄其柏、阮春红、何建英、李喜秋任主编，负责全书的统稿和定稿。华中科技大学常明教授主审了本书并提出了许多宝贵意见和建议，鄢来祥、程敏在本次修订中做了大量工作，在此表示衷心的感谢。

　　在本书编写和修订过程中，编者参考了国内一些同类著作和相关资料，已作为参考文献列于书末，在此向这些著作的作者表示深深的谢意。

　　由于水平有限，书中错误及疏漏之处在所难免，敬请读者批评指正。

编　者

2018 年 7 月于华中科技大学

目　　录

绪　　论

一、本课程的研究对象

准确地讲,本课程的研究对象是机械工程图样。工程图样是设计与制(建)造中工程与产品信息的载体,是表达和传递设计信息的主要媒介。进入信息时代以来,承载工程图样信息的介质已从图纸发展为计算机存储介质。然而,无论是以图纸为载体的工程图样,还是以计算机存储介质为载体的工程图样,都是本课程研究的对象。图样与文字、数字一样,也是人们表达设计思想、记录创新构思、指导生产加工、交流思想意图的重要工具之一。工业、农业、交通运输、文化教育、经济等各个领域都离不开图样。因此,图样被誉为"工程技术界的共同语言"。每个工程技术人员都必须熟练地掌握这种语言。

本课程理论体系严谨,与工程实践联系密切,可以培养学生的工程图样绘制、阅读以及形象思维能力,提高学生的工程素质,增强其创新意识,是普通高等学校本科工科专业重要的工程基础课程。

二、本课程的教学目标

1. 以基于草图构形设计和特征造型的三维设计概念和方法为核心,用现代造型理论及方法解释和理解传统投影理论,培养学生空间想象能力和形象思维能力,使学生掌握科学思维方法;

2. 培养学生用正投影法的基本原理来绘制和阅读本专业简单工程与产品信息的基本能力;突出图学基础知识的掌握及应用能力的培养——使学生不但能根据二维视图快速想象物体的形状,而且知道物体成形的方法和过程,培养学生同时使用三维图形和二维视图表达物体的能力;

3. 使学生初步掌握徒手绘图、尺规绘图和计算机绘图三大技能;

4. 使学生具有获取与运用《技术制图》、《机械制图》相关标准、规范,以及机械制图手册、图册等有关技术资料的能力;培养学生的工程意识、标准化意识、创新意识,严谨认真的工作作风,使其具备基本的工程职业道德;

5. 使学生了解国家当前的有关技术经济政策,树立正确的设计思想;

6. 使学生了解工程图学发展的新趋势。

三、本课程的教学内容及对毕业要求的支撑

本课程的教学内容主要包括:几何实体的构成分析及构建、零件的构形分析、几何实体建模的基础知识、二维图形基础(几何元素及体的投影)、几何实体的常用表达方法、常用机件及结构要素的特殊表达方法、零件的工程图、实体装配设计及装配工程图等。

传统工程图学理论——用正投影法的基本原理来绘制和阅读工程图样的教学,可促使学

生掌握解决工程问题所需的工程基础知识并具备对这些知识的应用能力;贯穿课程教学始终的计算机绘图知识的传授,可使学生具有在工程实践中掌握并使用现代工程技术、方法和工具的能力;最新的《技术制图》、《机械制图》国家标准的介绍,可培养学生获取与运用有关技术资料的能力;国家标准的不断修订与更新以及基于模型的工程定义(MBD)简介,又可引导学生关注学科的发展和培养学生终身学习的意识;要求学生依照规范完成各项学习任务,可使学生具备基本的工程职业道德。总而言之,这些教学内容对毕业要求的支撑程度很高。

四、本课程的学习方法

(1) 在认真学习投影理论的同时,应注意加强对教学过程中使用的几何立体的模型、零件、部件的感性认识,为提高空间构思设计能力积累形体资料。

(2) 本课程是一门实践性很强的技术基础课程,除上课认真听讲、积极思考、课后看书自学外,更重要的是多动手、多画图、多想象,深入理解从三维立体到二维图形之间的转换规律,以及由二维图形想象出三维立体形状的正确方法。

(3) 在计算机绘图、仪器绘图和徒手绘草图练习中,应注意掌握正确的画图和读图的方法及步骤,不断提高用各种手段设计、绘图的技能。

在学习过程中,学生应有意识地培养自主学习能力和创新能力,这是新时代优秀科技人才必须具备的基本素质。

第 1 章

机械制图的基本知识

学习目的与要求

(1) 了解制图国家标准的作用和意义；

(2) 掌握有关工程制图的国家标准；

(3) 了解几何作图和徒手草图的概念和作图方法；

(4) 掌握平面图形的分析和绘制。

(5) 了解三维造型在现代设计领域中的地位。

(6) 学习一种三维软件(如 Inventor)的基本功能。

学 习 内 容

(1) 国家标准中关于图纸幅面和格式、标题栏、比例、字体、图线和尺寸注法等的基本规定；

(2) 正多边形、斜度与锥度、圆弧连接等的几何作图；

(3) 平面图形的尺寸及线段分析，平面图形的绘制方法及尺寸标注；

(4) 徒手草图的概念和简单的作图方法；

(5) 三维软件 Inventor 基础知识；

(6) Inventor 草图设计。

学习重点与难点

(1) 重点是掌握尺寸注法的基本规则和平面图形的作图方法，能熟练运用平面构形原则进行设计；

(2) 难点是正确理解尺寸注法的基本规则，平面图形的尺寸及线段分析，圆弧连接中圆心、切点的确定，以及草图设计中的几何约束和尺寸约束。

本章的地位及特点

本章是学习和掌握后续各章的基础和前提，为培养工程意识和工程素质及创新构形设计奠定基础，为本课程的教学目标 1、4 提供了有力支撑。本章的特点是涉及的概念和规定较多，实践性较强，需多动手练习。

学习时尤其要吃透圆弧连接的作图原理，掌握尺寸分析和线段分析的方法，以及带有圆弧连接的较复杂平面图形的尺规画法和计算机画法的异同点。

工程图样与文字一样，是工程技术人员借以表达设计思想、进行技术交流、组织施工和生产的重要技术资料，是工程技术界的"共同语言"。随着计算机图形学的发展，计算机辅助设计绘图技术正迅速在企事业单位推广应用，为工程技术人员提供了现代化的设计绘图工具。

本章介绍有关机械制图的基本知识，并着重介绍国家标准中涉及的有关机械制图的技术标准。

1.1　关于制图国家标准的内容简介

《技术制图》和《机械制图》是国家制定的基本技术标准,绘图时必须严格遵守标准的有关规定,以便工业部门科学地进行生产与管理。国家所制定并颁布的一系列国家标准简称为"国标"。国标按执行方式分有以下三种:强制性的(代号为"GB"),推荐性的(代号为"GB/T"),指导性的(代号为"GB/Z")。例如制图标准 GB/T 14689—2008 是关于图纸幅面和格式的标准,标准顺序号为 14689,批准颁布的年份是 2008 年。随着科技的发展,标准还会不断地被修改,新的标准又将适应生产发展的新需要。

1.1.1　图纸幅面及标题栏

1. 图纸幅面尺寸

为了使图纸幅面统一,便于装订和保管及符合缩微复制原件的要求,国家标准《技术制图　图纸幅面和格式》(GB/T 14689—2008)对图纸幅面尺寸和格式及有关附加符号做了统一规定。

表 1-1 列出了标准中规定的各种图纸的幅面尺寸,绘图时应优先采用。每张图样均需用细实线绘制图幅。必要时可加长边长,但加长量必须符合标准的规定,如图 1-1 所示。

图 1-1 中的粗实线所示为表 1-1 所规定的基本幅面。需要加长图纸幅面时,可以按规定进行,其尺寸按基本幅面的短边乘以整数倍值取得。基本幅面为首选,即第一选择;细实线所示为加长幅面的第二选择;细虚线所示为加长幅面的第三选择。

表 1-1　图纸幅面

幅面代号	幅面尺寸 $B \times L$	周 边 尺 寸		
		a	c	e
A0	841×1189	25	10	20
A1	594×841			
A2	420×594			10
A3	297×420		5	
A4	210×297			

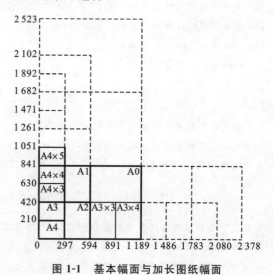

图 1-1　基本幅面与加长图纸幅面

2. 图框格式

图纸上所限定绘图区域的线框称为图框。每张图样均需有用粗实线绘制的图框和标题栏。需要装订的图样,应留装订边,其图框格式分别如图 1-2(a)、(b)所示。不需装订的图样,其图框格式分别如图 1-3(a)、(b)所示。

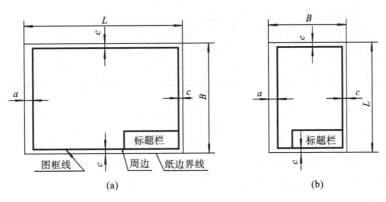

图 1-2　需要装订图样的图框格式

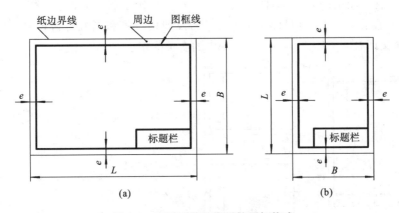

图 1-3　不需要装订图样的图框格式

3. 标题栏

（1）每张图样上都必须画出标题栏。标题栏的格式和尺寸按《技术制图　标题栏》（GB/T 10609.1—2008）的规定设置。标题栏的位置应位于图纸的右下角，如图 1-2 和图 1-3 所示。标题栏格式如图 1-4 和图 1-5 所示。

（2）当标题栏的长边置于水平方向并与图纸的长边平行时，则构成 X 型图纸，如图 1-2(a) 和图 1-3(a) 所示。当标题栏的长边与图纸的长边垂直时，则构成 Y 型图纸，如图 1-2(b) 和图 1-3(b) 所示。在此情况下，看图的方向与看标题栏的方向一致。

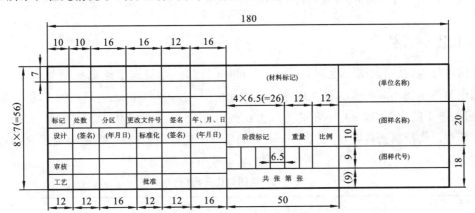

图 1-4　按国标规定绘制的标题栏格式

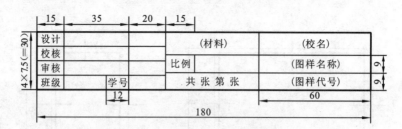

图 1-5　制图作业用简化标题栏格式

（3）为了利用预先印制好的图纸，允许将 X 型图纸的短边置于水平位置使用，如图 1-6(a)所示，或将 Y 型图纸的长边置于水平位置使用，如图 1-6(b)所示。

4. 其他附加符号

为了阅读、管理图纸的方便，图框线上还会出现一些附加符号，如对中符号、方向符号（见图 1-6、图 1-7）、投影识别符号（见图 1-8 和图 1-9）及剪切符号和图幅分区符号等，有关这些符号的画法及含义请参阅 GB/T 14689—2008 中的有关规定。

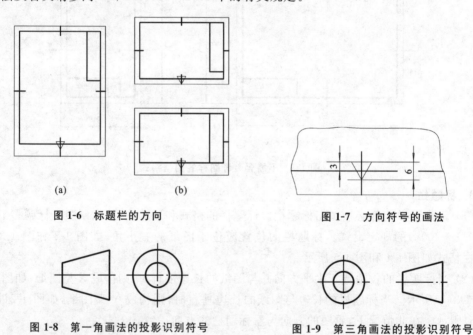

图 1-6　标题栏的方向　　　　　　　　　图 1-7　方向符号的画法

图 1-8　第一角画法的投影识别符号　　　　　图 1-9　第三角画法的投影识别符号

1.1.2　比例

在国家标准《技术制图　比例》(GB/T 14690—1993)中，规定了绘图比例及其标注方法。图中图形与其实物相应要素的线性尺寸之比称为比例；比值为 1 的比例，即 1∶1，称为原值比例；比值大于 1 的比例，如 2∶1 等，称为放大比例；比值小于 1 的比例，如 1∶2 等，称为缩小比例。需要按比例绘制图样时，应在表 1-2 规定的系列中选取适当的比例，必要时也允许选取表 1-3 中的比例。

表 1-2　绘图的优先比例

种　类	比　例
原值比例	1∶1

续表

种 类	比 例		
放大比例	$5:1$ $5\times10^n:1$	$2:1$ $2\times10^n:1$	$1\times10^n:1$
缩小比例	$1:2$ $1:2\times10^n$	$1:5$ $1:(5\times10^n)$	$1:10$ $1:1\times10^n$

注 n 为正整数。

表 1-3 绘图的比例

种 类	比 例				
放大比例	$4:1$ $4\times10^n:1$	$2.5:1$ $2.5\times10^n:1$			
缩小比例	$1:1.5$ $1:1.5\times10^n$	$1:2.5$ $1:2.5\times10^n$	$1:3$ $1:3\times10^n$	$1:4$ $1:4\times10^n$	$1:6$ $1:6\times10^n$

注 n 为正整数。

比例一般填写在标题栏内,形式如 $1:1$、$2:1$ 等;必要时,也可标注在视图名称的下方或右侧,其形式如下所示:

$$\frac{A}{5:1} \quad \frac{B-B}{2:1} \quad 平面图\ 1:50$$

1.1.3 字体

在国家标准《技术制图 字体》(GB/T 14691—1993)中,规定了汉字、字母和数字的结构形式及基本尺寸。

书写字体的基本要求如下。

(1) 书写字体必须做到:字体工整、笔画清楚、间隔均匀、排列整齐。各种字体的大小选择要适当。

(2) 字体高度用 h 表示,单位为 mm。其公称尺寸系列为:1.8、2.5、3.5、5、7、10、14、20。如需要书写更大的字时,其字体高度应按 $\sqrt{2}$ 的比率递增。字体高度代表字的号数。

(3) 汉字应写成长仿宋体字,并应采用中华人民共和国国务院正式颁布推行的《汉字简化方案》中规定的简化字。汉字的高度 h 不应小于 3.5 mm,其字宽一般为 $h/\sqrt{2}$。长仿宋体汉字的书写要领是:横平竖直,注意起落,结构匀称,填满方格。

(4) 字母和数字分为 A 型和 B 型。A 型字体的笔画宽度 d 为字高 h 的 1/14,B 型字体的笔画宽度 d 为字高 h 的 1/10。在同一图样上,只允许选用一种形式的字体。

(5) 字母和数字可写成斜体或直体。斜体字字头向右倾斜,与水平基准线成 $75°$。

图 1-10 和图 1-11 所示为图样上常见字体的书写示例。

汉字应字体端正笔划清楚排列整齐间隔均匀

院校系专业班级姓名制图审核序号件数名称比例材料重量备注

螺栓螺母螺钉技术要求铸造圆倒角起模斜度深度均布旋转球销锥热处理精度等级淬火

图 1-10 长仿宋体字

(a) 阿拉伯数字

Ⅰ　Ⅱ　Ⅲ　Ⅳ　Ⅴ　Ⅵ　Ⅶ　Ⅷ　Ⅸ　Ⅹ

(b) 罗马数字

图 1-11　数字书写示例

1.1.4　图线

在国家标准《技术制图　图线》(GB/T 17450—1998)、《技术制图　CAD 系统用图线的表示》(GB/T 18686—2002)及《机械制图　图样画法　图线》(GB/T 4457.4—2002)中,规定了机械图样中各种图线的名称、线型及其画法。常用图线的名称、线型、代号、推荐宽度及其在图上的一般应用如表 1-4 所示。

表 1-4　线型及应用

代码	名　称	线　型	一　般　应　用
01.2	粗实线	——————	可见轮廓线、齿顶圆线、可见棱边线、螺纹牙顶线等
01.1	细实线	——————	尺寸线及尺寸界线、短中心线剖面线、引出线等
	波浪线	～～～	断裂处的边界线、视图和剖视图的分界线
	双折线	～/\/\～	断裂处的边界线、视图和剖视图的分界线
02.1	细虚线	- - - - - - - -	不可见轮廓线、不可见棱边线
04.1	细点画线	— · — · —	轴线及对称中心线、分度圆(线)等
04.2	粗点画线	— · — · —	限定范围的表示线
05.1	细双点画线	— · · — · · —	相邻辅助零件的轮廓线、可动零件的极限位置的轮廓线、中断线等

注　上述线型中间隔长均为 $3d$,点长均小于或等于 $0.5d$;细虚线画长 $12d$,其余线型画长为 $24d$,d 为线宽。

标准规定了九种图线宽度(mm),推荐系列为:0.13,0.18,0.25,0.35,0.5,0.7,1,1.4,2。画图时应根据绘制图样的大小在这九种图线宽度中选取。

使用仪器绘图时,各种线型中线素的长度应符合表 1-4 的规定,表中的 d 为图线宽度。

建筑图样上的图线采用三种线宽,比例关系是 4：2：1。

机械图样上的图线采用两种线宽,比例关系是 2：1。

机械图样上的图线线宽一般分为粗、细两种。制图作业中的粗线宽度 d 应按图的大小和复杂程度,在 0.5～2 mm 之间选择,粗线宽度 d 优先采用 0.7 mm、0.5 mm,细线的宽度约为 $d/2$。应尽量避免图样中出现宽度小于 0.18 mm 的图线。

图线画法的有关规定如下。

(1) 可见轮廓线画成粗实线,粗实线一般画成 0.5～2 mm 宽的线。

(2) 不可见轮廓线画成细虚线,短画长为 4 mm、宽约为 0.3 mm,短画之间空 1 mm,如此重复下去。

(3) 尺寸由尺寸界线、尺寸线、尺寸数字组成,都应画成细实线,即宽约为 0.3 mm 的实线。尺寸界线应超过尺寸线 3 mm,尺寸箭头应有 4 mm 长、大端应有 0.7 mm 宽,尺寸数字用细实线书写。注意尺寸数字不允许和任何图线相交,否则易引起误解。

(4) 画圆时一定要画中心线,它由两条相互垂直的细点画线组成。长细线约为 24 mm 长,中间空 3 mm,再画 0.5 mm 长短的细实线,再空 3 mm,再画长细线,如此重复下去。

(5) 作图的辅助线(又称作图线)是细实线,是为画大圆而作的限形构架线,一般不必擦去,可一直保留,但注意千万不要画得太粗,一般应比画细实线时要轻(即淡一点)。

(6) 同一图样中的同类图线的宽度应基本一致。细虚线、点画线及双点画线的线段长度和间隔应各自大致相等。

(7) 两条平行线(包括剖面线)之间的距离不得小于 0.7 mm。

(8) 表 1-4 中,各常用线应恰当地相交于画线处。细点画线和细双点画线的首、末两端应是线段而不是短画。

图线应用示例见图 1-12。

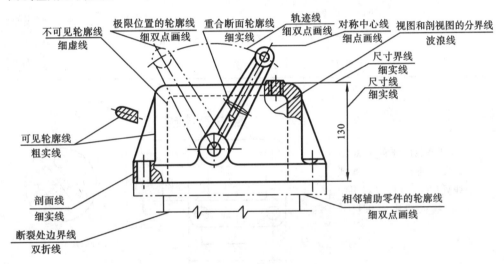

图 1-12　各种图线的应用示例

1.1.5　尺寸注法(GB/T 4458.4—2003)

机械零件的形状可用图形来描述,但其大小必须依靠图样上标注的尺寸来确定,因此,尺寸标注是绘制工程图样的一项重要内容。国家标准《机械制图尺寸注法》(GB/T 4458.4—2003)中,规定了机械图样中标注尺寸的方法。

1. 基本规则

(1) 机件的真实大小应以图样上所注的尺寸数值为依据,与图形的大小及绘图的准确度无关。

(2) 图样中的尺寸,以 mm 为单位时,不需标注计量单位的代号或名称,如采用其他单位,则必须注明相应的单位符号。

(3) 图样中所标注的尺寸,为该图样所示机件的最后完工尺寸,否则,应另加说明。

（4）对机件的每一尺寸,图样中一般只标注一次,并应标注在反映该结构最清晰的图形上。

2. 尺寸的组成要素

一个完整的尺寸应由尺寸界线、尺寸线、尺寸数字三个要素组成,如图 1-13 所示。

3. 尺寸注法

尺寸标注的示例如表 1-5 所示。

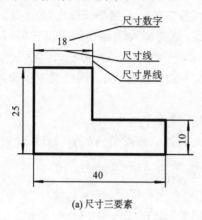

(a) 尺寸三要素

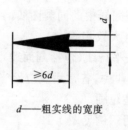

d——粗实线的宽度

(b) 箭头画法

图 1-13　尺寸的组成要素和箭头画法

表 1-5　尺寸标注的示例

项目	说　　明	图　　例
尺寸界线	① 尺寸界线用细实线绘制,并应由图形的轮廓线、轴线或中心线处引出,也可以利用中心线、轴线或轮廓线作尺寸界线	轮廓线作尺寸界线　中心线作尺寸界线
	② 尺寸界线一般与尺寸线垂直,当尺寸界线接近轮廓线时,允许倾斜画出	从交点处引出尺寸界线
	③ 在光滑过渡处标注尺寸时,必须用细实线将轮廓线延长,从它们的交点处引出尺寸界线	尺寸线允许倾斜画出

续表

项目	说　明	图　例
尺寸线	① 尺寸线必须用细实线单独画出,不能用其他图线代替,也不得与其他图线重合或画在其他延长线上 ② 标注线性尺寸时,尺寸线必须与所标注的线段平行	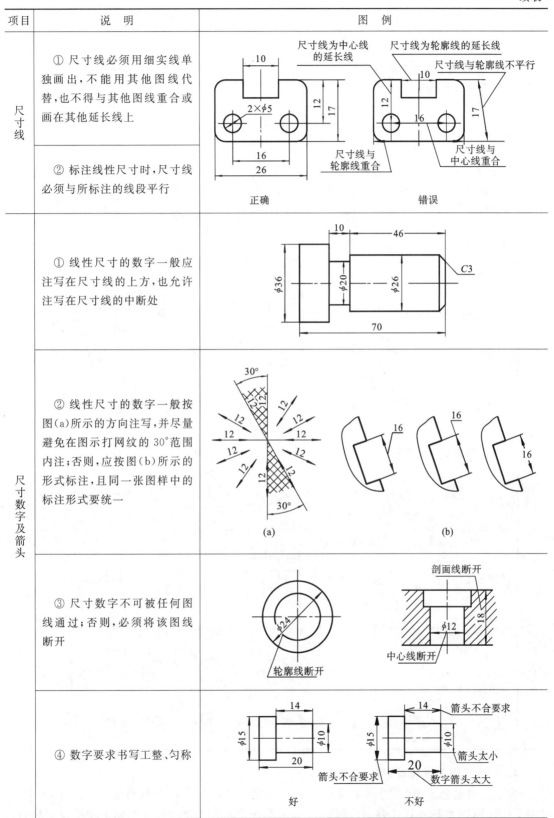
尺寸数字及箭头	① 线性尺寸的数字一般应注写在尺寸线的上方,也允许注写在尺寸线的中断处 ② 线性尺寸的数字一般按图(a)所示的方向注写,并尽量避免在图示打网纹的 30°范围内注;否则,应按图(b)所示的形式标注,且同一张图样中的标注形式要统一 ③ 尺寸数字不可被任何图线通过;否则,必须将该图线断开 ④ 数字要求书写工整、匀称	

项目	说　明	图　例
直径与半径的标注	① 圆或大于半圆的圆弧一般标注直径,并在数字前面加注符号"ϕ"	
	② 半圆或小于半圆的圆弧一般标注半径,并在数字前面加注符号"R",且尺寸线应通过圆心	
	③ 大圆及球半径的标注,尺寸线的方向线应过圆心	
角度的标注	角度的数字一律水平书写,且字头向上	
狭小位置的尺寸标注	用圆点代替箭头	
	小圆弧的尺寸注法	

4. 尺寸的相关符号及缩写词

　　为了明确地表示图形,国标中规定在尺寸数字的前面用简洁的符号示意,如表 1-6 所示(表 1-6 中 EQS 要标在尺寸数字后面)。表 1-6 列出了不同类型的尺寸的相关符号及缩写词。

表 1-6　尺寸的相关符号及缩写词

符　号	含　义	符　号	含　义
ϕ	直径	t	厚度
R	半径	⌄	埋头孔
$S\phi(R)$	球直径(半径)	⊔	沉孔
EQS	均布	↧	深度
C	45°倒角	□	正方形
∠	斜度	▷	锥度

1.2　绘图工具及其使用方法

正确地使用绘图工具,既能保证绘图的质量,又可以提高绘图工作的效率。下面介绍几种常用绘图工具的正确使用方法。

1. 图板

图板是铺贴图纸用的,其上表面应平滑光洁。图板的左侧边为丁字尺的导边,应该平直光滑。图纸用胶带纸固定在图板上,当图纸较小时,应将图纸铺贴在图板靠近左上方的位置,如图 1-14 所示。

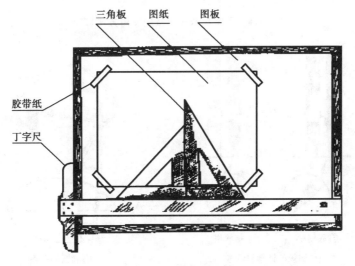

图 1-14　图纸与图板的使用方法

2. 丁字尺和三角板

丁字尺由尺头和尺身两部分组成。它主要用来画水平线,配合三角板画垂直线和常用角度的倾斜线。使用时,左手握住尺头,使尺头内侧边紧靠图板导边,上下移动到绘图所需位置,配合三角板绘制各种图线,分别如图 1-15 及图 1-16 所示。

3. 圆规与分规

圆规用来画圆和圆弧。画图时应尽量使钢针和铅芯都垂直于纸面,钢针的台阶与铅芯尖应平齐,使用方法如图 1-17 所示。

分规主要用来量取线段长度或等分已知线段。分规的两个针尖应调整平齐。从比例尺上

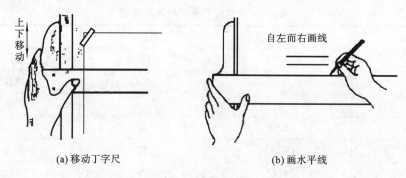

(a) 移动丁字尺　　　　　　　　(b) 画水平线

图 1-15　丁字尺和三角板的使用方法(一)

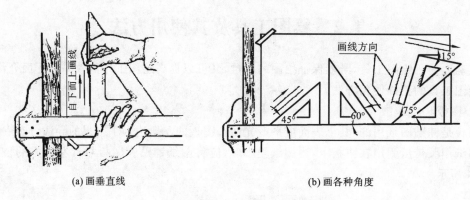

(a) 画垂直线　　　　　　　　(b) 画各种角度

图 1-16　丁字尺和三角板的使用方法(二)

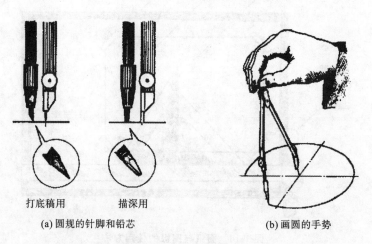

(a) 圆规的针脚和铅芯　　　　　　　　(b) 画圆的手势

图 1-17　圆规的使用方法

量取长度时,针尖不要正对尺面,应使针尖与尺面保持倾斜。用分规等分线段时,通常要用试分法。分规的用法如图 1-18 所示。

4. 比例尺

比例尺又称三棱尺,用于量取不同比例的尺寸。它的三个侧面上有六种不同比例的刻度,画图时可直接按某一比例在比例尺上量取,不需要进行换算。其中:标明 1∶100 刻度的比例尺,它的每小格真实长度为 1 mm,若每 10 小格代表 10 mm,就是 1∶1 的比例;若每 10 小格代表 1 m,就是 1∶100 的比例,这意味着将原尺寸缩小了 99%。其余类推。

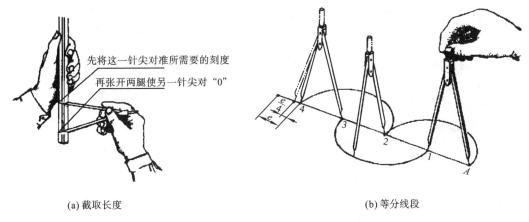

(a) 截取长度   (b) 等分线段

图 1-18 分规的使用方法

5. 曲线板

曲线板主要用来描述由一系列已知点确定的自由曲线。使用时,从曲线一端开始选择曲线板与曲线相吻合的四个点,用铅笔沿曲线板轮廓画出前三点之间的曲线,留下第三点与第四点之间的曲线不画;下一步再从第三点开始,包括第四点,又选择四个点,绘制第二段曲线,如此重复,直至绘完整段曲线为止。由于采用了曲线段首尾重叠的方法,绘制的曲线比较光滑。

6. 绘图铅笔

绘制工程图时要使用绘图铅笔。绘图铅笔依笔芯的软硬不同有 B、HB、H 型等多种。B 前面的数字越大,表示笔芯越软;H 前面的数字越大,表示笔芯越硬;HB 型铅笔的笔芯硬软适中。绘图时建议按下列方式选用绘图铅笔:

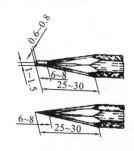

画粗实线时选用 B 或 2B 型铅笔;

写字、画箭头时选用 HB 型铅笔;

打底稿和画细实线及各类点画线时用 H 型铅笔。

图 1-19 笔芯的形状

铅笔的笔芯可磨削成锥形或矩形两种形状,如图 1-19 所示。锥形笔芯用来写字和打底稿,矩形笔芯用来加粗和描深。

1.3 几何作图

1.3.1 正六边形的画法

绘制正六边形,一般利用正六边形的边长等于外接圆半径的原理。绘制步骤如图 1-20(a)所示。

用 60°三角板画 60°的斜线,用丁字尺画水平线。绘制步骤如图 1-20(b)所示。

1.3.2 正五边形的画法

正多边形一般利用等分外接圆,依次连接等分点的方法作图。

(1) 已知正五边形的边长 AB,绘制正五边形的方法如图 1-21 所示。

① 分别以 A、B 为圆心,AB 为半径画弧,与 AB 的中垂线交于点 K。

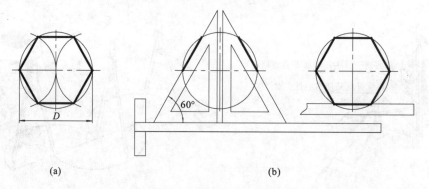

图 1-20　正六边形的画法

② 在中垂线上自 K 向上取 $CK=2AB/3$,得到点 C。

③ 以点 C 为圆心、AB 为半径画圆弧,与前面所画的两段圆弧分别交于点 D、点 E,即可得到正五边形的五个顶点。

(2) 已知外接圆直径,绘制正五边形的方法如图 1-22 所示。

① 取半径的中点 K。

② 以点 K 为圆心、KA 为半径画圆弧,得到点 C。

③ AC 即为正五边形的边长,由此等分圆周即可得到五个顶点。

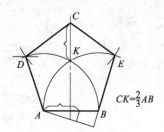

图 1-21　已知边长画正五边形

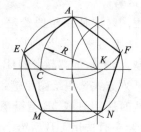

图 1-22　已知外接圆直径画正五边形

1.3.3　斜度与锥度

1. 斜度

斜度是指直线或平面对另一直线或平面的倾斜程度。斜度符号如图 1-23(a)所示。工程上用直角三角形的对边与邻边的比值来表示,并固定把比例前项化为 1,而写成 $1:n$ 的形式,如图 1-23(b)所示。若已知直线段 AC 的斜度为 $1:5$,其作图方法如图 1-23(c)所示。斜度符号的方向应与斜度方向一致,符号线宽为 $h/10$,h 为字符高度。

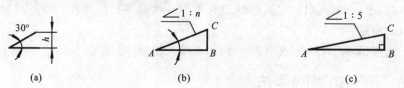

图 1-23　斜度的画法

2. 锥度

锥度是指圆锥的底圆直径 D 与高度 H 之比,通常,锥度也要写成 $1:n$ 的形式。锥度符号的方向也应与锥度的倾斜方向一致,符号线宽为 $h/10$,锥底为 $1.4h$。锥度符号如图 1-24(a) 所示。锥度的作图方法如图 1-24(b)所示。

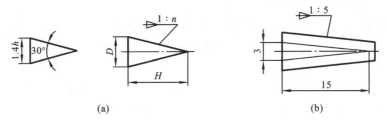

(a)　　　　　　　　　　　　　　　　　(b)

图 1-24　锥度的画法

1.3.4　圆弧连接

圆弧与直线、圆弧与圆弧的光滑连接,关键在于正确找出连接圆弧的圆心以及切点的位置。由初等几何知识可知:当两圆弧以内切方式相连接时,连接弧的圆心要用 $R-R_1$ 来确定;当两圆弧以外切方式相连接时,连接弧的圆心要用 $R+R_1$ 来确定(其中 R 为连接弧半径,R_1 为已知弧半径)。用仪器绘图时,各种圆弧连接的画法如图 1-25 所示。这些作图方法在计算机绘图软件中实现起来既准确又快捷,充分体现了计算机高速和精确的特点。

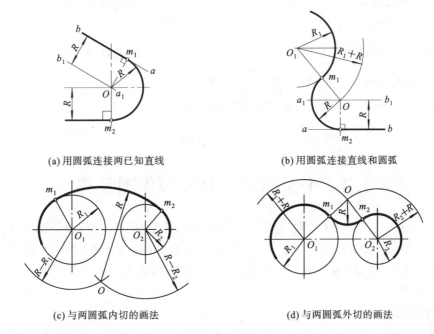

(a) 用圆弧连接两已知直线　　　　　　　　(b) 用圆弧连接直线和圆弧

(c) 与两圆弧内切的画法　　　　　　　　(d) 与两圆弧外切的画法

图 1-25　圆弧连接

1.3.5　椭圆和渐开线的画法

1. 椭圆的近似画法

常用的椭圆近似画法为四圆弧法,即用四段圆弧连接起来的图形近似代替椭圆。如果已知椭圆的长轴 AB、短轴 CD,则其近似画法如图 1-26 所示。其作图步骤如下。

(1) 连 AC,以点 O 为圆心、OA 为半径画弧,交 CD 的延长线于点 E;再以点 C 为圆心、CE

为半径画弧,交 AC 于点 F。

(2) 作线段 AF 的中垂线,交长轴于点 O_1,交短轴的延长线于点 O_2,并分别作点 O_1、O_2 的对称点 O_3、O_4,即求出四段圆弧的圆心。

(3) 分别以 O_1、O_3 为圆心,O_1A 为半径画小弧;再分别以 O_2、O_4 为圆心,O_2C 为半径画大弧,四个切点 K、N、K_1、N_1 分别位于圆心连线 O_1O_2、O_2O_3、O_1O_4、O_3O_4 上。

2. 渐开线的近似画法

直线在圆周上做无滑动的滚动,该直线上一点的轨迹即为此圆(称为基圆)的渐开线,如图 1-27 所示。齿轮的齿廓曲线大都是渐开线。渐开线的作图步骤如下。

(1) 画基圆并将其圆周 n 等分(图 1-27 中取 $n=12$)。

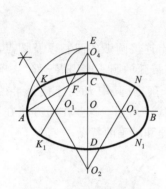

图 1-26　椭圆的近似画法

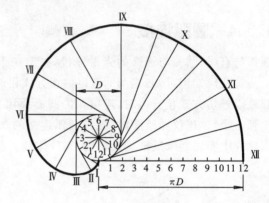

图 1-27　圆的渐开线

(2) 将基圆周的展开长度 πD 也分成相同等份。

(3) 过基圆上各等分点按同一方向作基圆的切线。

(4) 依次在各切线上量取 $\dfrac{1}{n}\pi D$,$\dfrac{2}{n}\pi D$,$\cdots$,πD,就可得到基圆的渐开线。

1.4　平面图形的分析与作图步骤

任何平面图形都是由若干线段(包括直线、圆、圆弧等)连接而成的,每条线段又由相应的尺寸来决定其形状大小和位置。一个平面图形能否正确绘制出来,要看图中所给的尺寸是否齐全和正确。因此,绘制平面图形时应先进行尺寸分析和线段分析。

1. 尺寸分析

1) 尺寸基准

尺寸基准是指标注尺寸的起点,简称基准;通常将图形中对称中心线、较大圆的圆心、较长的轮廓直线等作为基准。平面图形至少在水平、竖直(或长、宽)方向上各有一个主要基准,还可以有若干个辅助基准。

对于平面图形中的线段,可以用直角坐标或极坐标方式标注其形状大小和位置。尺寸可以分为如下两大类。

2) 定位尺寸

确定平面图形中线段与基准之间相对位置的尺寸称为定位尺寸,它的改变只引起线段相对基准的位置改变。例如圆心的位置尺寸、直线与中心线的距离尺寸等。

3）定形尺寸

确定平面图形中线段形状大小的尺寸称为定形尺寸,它的改变只引起线段形状大小的改变。例如直线的长度、直线的倾角、圆的直径或圆弧的半径等。

2. 线段分析

平面图形中的线段,依其尺寸是否齐全可分为三类。

1）已知线段

具有齐全的定形尺寸和定位尺寸的线段为已知线段,作图时可根据已知尺寸直接绘出,不必考虑与其他线段的连接关系。

2）中间线段

定形尺寸和定位尺寸不完全,需等与其一端相邻的线段作出后,依靠与该相邻线段的连接关系才能画出的线段。其所缺尺寸可根据与相邻线段的连接关系求出。

3）连接线段

定形尺寸和定位尺寸不完全,需等与其两端相邻的线段作出后,依靠与两端相邻线段的连接关系才能画出的线段。其所缺尺寸可根据与相邻线段的连接关系求出。

下面以图 1-28 所示的吊钩为例,介绍绘制平面图形的一般步骤。

其作图步骤如下。

（1）先画基准线和已知线段,如图 1-29(a)、(b)所示。

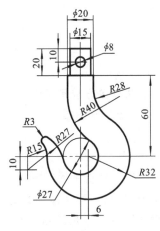

图 1-28　吊钩

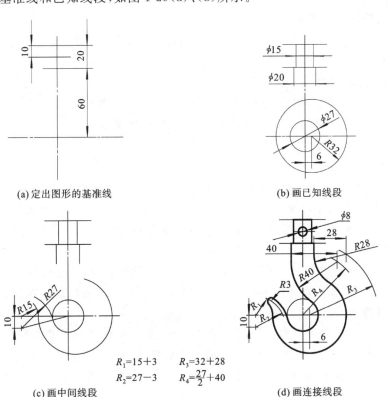

(a) 定出图形的基准线　　　　　　　　(b) 画已知线段

$R_1 = 15 + 3$　　　$R_3 = 32 + 28$

$R_2 = 27 - 3$　　　$R_4 = \dfrac{27}{2} + 40$

(c) 画中间线段　　　　　　　　(d) 画连接线段

图 1-29　几何作图示例

（2）再画中间线段，其中 $R27$ 圆弧的圆心纵向坐标依靠尺寸 10 确定，横向坐标则根据其与 $\phi27$ 圆弧相外切的几何条件求出，如图 1-29(c)所示。

（3）最后画连接线段 $R28$、$R40$ 和 $R3$，如图 1-29(d)所示。

（4）检查、整理，加粗并标注尺寸，完成全图，如图 1-29(d)所示。

1.5　尺规绘图的一般步骤

尽管计算机绘图技术在工程界的应用已日益普及，但是尺规绘图仍是工程技术人员应该掌握的重要技能之一。要使绘图工作效率高、质量好，除了需要掌握国家制图标准、掌握正确的几何作图方法和正确使用绘图工具外，还需要遵循科学合理的绘图步骤。通常，在使用尺规绘制工程图时，一般按以下步骤进行。

1. 认真做好准备工作

首先准备好图板、丁字尺、三角板、仪器及其他必需品，如橡皮、曲线板、胶带纸等，并将图板、丁字尺和三角板擦拭干净；将绘制粗、细图线的铅笔和圆规准备好。各种用具应放在适当位置，不用的物品不要放在图板上。

2. 仔细分析所绘对象

做任何工作都要做到心中有数，绘图也是如此。绘制平面图形时，要先分析图形的连接情况，确定哪些线段是已知线段，哪些线段是中间线段或是连接线段，以确定绘制图形的先后顺序。而绘制立体模型或机械零件的视图时，则要分析所绘对象的各种特征，以确定选用什么样的方案来表示它。

3. 合理选择比例和图幅

根据前面的分析，选用合理的并且符合国标规范的比例和图纸幅面。用胶带纸将选好的图纸固定在图板的上方，当图幅小于图板幅面时，应将图纸固定在图板的左上方。

4. 绘制图框及标题栏

图纸的幅面和格式应符合国家标准（GB/T 14689—2008）的规定。

标题栏位于图纸的右下角，其格式和尺寸应符合国家标准（GB/T 10609.1—2008）的规定。

5. 布置图形的位置

布置图形位置的基本准则是使图形匀称美观，既不要出现图框中疏密不匀的情况，又要充分考虑到注写尺寸和文字说明所需要的足够的空间。布图时要依据图形的长、宽尺寸确定其位置，并画出各个图形的作图基准线，如中心线、对称线或主要平面的投影线等。

6. 轻画底稿

绘制底稿时应注意"先主后次"的原则，即先画主要轮廓线，然后再画细节部分，如圆角、倒角、孔、槽等。绘制底稿时要使用 H 型或 2H 型等较硬的铅笔，轻画细线，以便于修改。

7. 描深图线

通常，描深直线段要用 B 型铅笔，要求粗细均匀，符合国标。为了使圆弧与直线段浓淡一致，描深圆弧的铅笔应用 2B 型铅笔。描深时的先后顺序与画底稿时不一样，为了使线段光滑连接，应先描深圆和圆弧，再描深直线段，此即所谓"先曲后直"的描深方法。而描深粗实线的直线段时，又是按"先水平线段，再垂直线段，最后倾斜线段"的顺序进行。在描深了所有粗实线后，再按同样的顺序描深所有的细虚线、点画线和细实线，这就是所谓的"先粗后细"的描深方法。

8. 标注尺寸

在完成了图线描深工作之后,接着标注尺寸。标注尺寸时,应先画尺寸界线、尺寸线和尺寸箭头,再注写尺寸数字和其他文字说明。

9. 检查全图,填写标题栏

最后要仔细检查图样,在确定没有错误之后,在标题栏中的相应地方签名并填写日期,并将多余的纸边裁剪整齐,完成全部绘图工作。

在初学平面图形尺寸标注时,往往会感到有些困难,容易多注或少注尺寸。这种问题会随着学习的深入逐渐得到解决。图 1-30 列举了初学者在标注尺寸时要特别注意的问题,仔细阅读它们会对学习有所帮助。

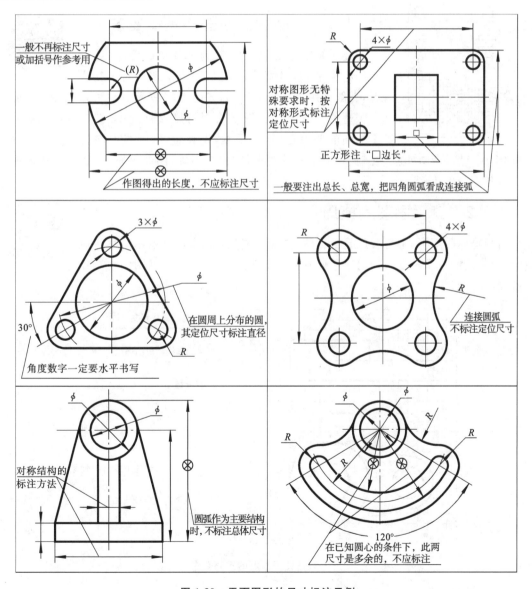

图 1-30　平面图形的尺寸标注示例

1.6 徒手画草图

草图是不用绘图仪器,直接用铅笔徒手画出的图形。在工程制图中,一般要用绘图仪器画图,而现在越来越普遍地要用计算机画图。但是当设计者企图抓住一闪念的设计灵感,或者是现场测绘某种机器时,在没有计算机或绘图仪器的场合要适时交流自己的设计思想时,甚至在用计算机画图前,都常常要用徒手画图的方式绘制出各种构思草图,例如绘制轴测草图、零件草图、装配示意草图等。在上述情况下,一般都先徒手画出草图,再用绘图仪器或计算机根据草图画工作图。掌握徒手画图的技巧,将给工作带来很大的方便。徒手画图是工程技术人员必备的一种画图技能。

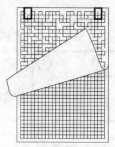

图 1-31 方格纸与透明纸

1.6.1 徒手画草图的基本要求

徒手画图用的铅笔一般为 HB 型的铅笔,铅芯头部磨成锥形,其宽度一般与图线一致。对于初学者,一般采用方格纸来绘制,如图 1-31 所示。也可在方格纸上蒙上一张薄的半透明的白纸来绘制,待熟练后便可直接用白纸画。徒手画图的要点是"徒手目测,先画后量,画线力均,横平竖直,曲线光顺"。对草图的要求是"比例正确,图面工整"。比例是指所画物体自身各部分的比例。

1.6.2 徒手画图的技巧

所画物体的图形,都可看成是由直线、圆弧组成的,如图 1-32 所示。徒手画图时,对图线的要求不变。如何徒手画这些图线呢?下面对徒手画图的技巧做一些简要介绍。

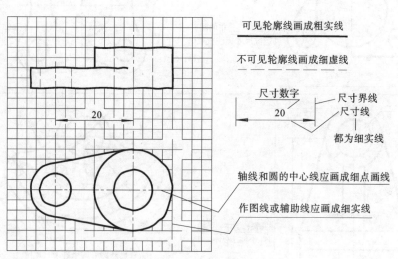

可见轮廓线画成粗实线

不可见轮廓线画成细虚线

尺寸数字　尺寸界线　尺寸线

20

都为细实线

轴线和圆的中心线应画成细点画线

作图线或辅助线应画成细实线

图 1-32 徒手画图的图线要求

1. 直线的画法

徒手画直线时,握笔的手指离笔尖 30～40 mm,比平常写字时握笔要稍远。手腕、小指轻压纸面,铅笔与笔运行的方向保持大致成直角的关系。在画的过程中,眼睛随时看着所画线的终点,慢慢移动手腕和手臂,笔随手腕和手臂移动时,在笔运行的方向上要有一定转角。注意手握笔时,要自然放松,不可攥得太死,如图 1-33 所示。

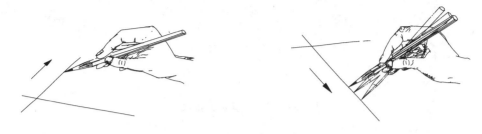

图 1-33　徒手画直线

画斜线时也可仿照画水平线或竖直线的方法去画,也可将纸转动一定角度后当成水平线来画,如图 1-34 所示。画特殊角度的斜线时,也可根据它们的斜率来画,如图 1-35 所示。

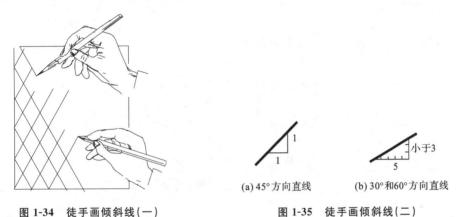

(a) 45°方向直线　　　　(b) 30°和60°方向直线

图 1-34　徒手画倾斜线(一)　　　　图 1-35　徒手画倾斜线(二)

2. 圆的画法

画圆时,应先画中心线以确定圆心。如果画较大的圆,则可先给定半径,通过目测在中心线上定出四点,再增加两条过圆心的 45°斜线,然后以半径长定四点,以此八点近似画圆。对一般粗实线圆,往往先画细线圆,然后加粗,这样可在加粗过程中调整,如图 1-36 所示。

图 1-36　徒手画圆的方法(一)

如果是画小圆,则可只取中心线上的四点,徒手画圆。如果圆很大,则可用一条长纸条,在其上取两点为半径长,让一点对准中心线的中心、另一点旋转,每转一定角度就以纸条长为半径,用铅笔去定圆上的一点。用这种方法画圆时转角越小,取的点越多,就画得越圆,如图 1-37(a)所示。

当圆不是很大时,也可用小指尖压住中心,手用适当的力拿住铅笔,将笔尖压在纸上,一只手转动纸,旋转一圈后,圆就画出来了,如图 1-37(b)所示。也可以借助两支铅笔来画圆,即一只手拿两支铅笔,笔尖分开作圆规状,一支笔尖压住中心,另一支笔随手转动图纸来画圆,如图 1-37(c)所示。

3. 椭圆的画法

椭圆的画法有四种,如图 1-38 所示。

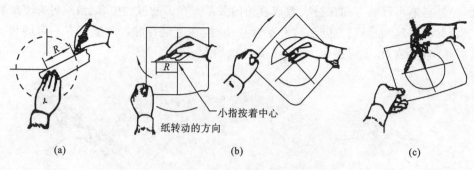

图 1-37　徒手画圆的方法(二)

图 1-38(d)中,$AB = \frac{1}{2}$椭圆短轴,$AC = \frac{1}{2}$椭圆长轴,在画椭圆时,使纸条上的点 B、C 分别在长轴、短轴上滑动,点 A 的运动位置便是椭圆上的点。

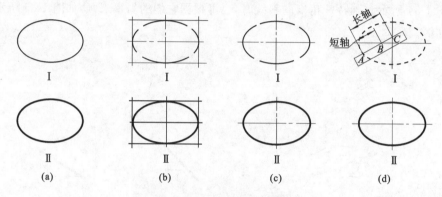

图 1-38　徒手画椭圆的方法

1.6.3　拓印与目测方法

1. 拓印方法

　　测量机件的大小时,常用到手边的用具,如铅笔、直尺、甚至是纸条。整个图样一般采用1∶1的比例来画,这主要是为了方便测量和记忆。对不大的、稍复杂的端面、底面可用拓印的方法徒手绘制。对小的机件可直接压在纸上用铅笔勾勒出图形,如图 1-39 所示。对稍大的机件可用纸蒙在机件的表面上用棉纱团拍打。机件表面常会有油迹,在纸上将出现表面形状的油印,再用铅笔沿油印勾画出表面轮廓。

2. 目测方法

　　要画好徒手图,应保持机件内部各部分的比例。若某一部分比例不对,所画的图形就会失真。画图前,先大致估计机件的总长、宽、高之间的对应比例,然后在画机件的各个表面或表面上的缺口时,应注意与总的尺寸进行比较,定出其上交点位置,以及各直线段的比例关系,以便较准确地绘制该表面的图形。要想还原机件图像,应学会用眼睛观察并想办法用现有的用具进行测量。较小机件的测量如图 1-40 所示。

　　画较大机件时,需缩小比例来画图。目测时将手握住笔杆,用拇指扣在笔杆上进行度量,如图 1-41 所示。注意,在测量时人的位置应固定,握笔的手臂要伸直,用人和物的距离来调整所画图形的大小。初学者用方格纸徒手画图时,应注意所取的中心线尽量与方格线重合或平

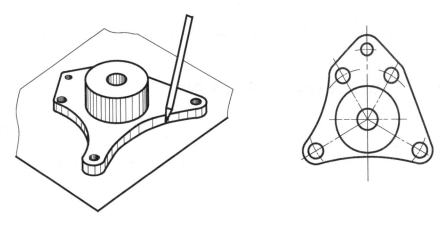

图 1-39　采用拓印画法

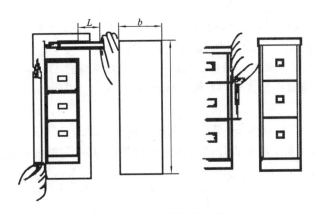

图 1-40　较小机件的测量

行,图形大小可按方格的格数来控制。

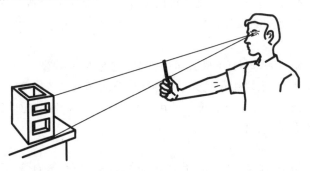

图 1-41　目测方法

　　为了提高按比例目测的能力,可以做如图 1-42 所示的训练。如凭目测画若干条平行线、等分直线段、等分角等。

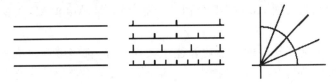

图 1-42　徒手画线、等分直线段、等分角

1.7　三维软件 Inventor 基础知识

1.7.1　常用的三维造型软件及特点

工程技术人员在进行产品设计的初始阶段,一般都需要根据产品的功能需求,首先进行产品的结构形状和外观造型设计,然后在进行详细设计和分析计算后,修改设计直至最终完成产品设计。在手工设计时代,几何造型是依靠设计草图来构思的,20 世纪 80 年代以来,计算机辅助设计绘图技术已经广泛应用于工程产品设计,产品的几何造型设计可以借助于三维 CAD 软件系统的强大造型功能来完成。下面介绍的是其中有代表性的几个著名三维 CAD 软件。

1. Unigraphics NX(简称 UG NX)

该软件起源于美国麦道(MD)公司,1991 年 11 月美国通用汽车公司 EDS 分公司收购了该软件,继续开发并形成产品。它主要适用于航空航天、汽车设计、通用机械及模具设计领域,基于特征的实体造型、尺寸驱动编辑功能,统一数据库是该软件的特点。同时,它还具有较强的数控编程能力,Solidedge 是该软件系统的微机版本。

2. Creo

该软件是美国 PTC(Parametric Technology Corporation)公司开发的三维 CAD 软件,它以先进的参数化技术和基于特征设计的实体造型而著称,具有完整统一的数学模型,集 CAD/CAM 于一体是该软件系统的特点。

3. I-DEAS

该软件是美国 SDRC(Structural Dynamics Research Corporation)公司推出的产品,主要适用于机械工程。该产品 1993 年便进入我国 CAD 市场,以 CAD/CAM 一体化、造型功能强、易于使用而著称。其技术特点是具有复杂机械零件设计、高级曲面造型与数控加工、有限元建模和产品使用寿命分析等功能设计模块。

4. CATIA

该软件是法国达索(Dassault)飞机公司的产品,它是在美国著名的 CAD/CAM 软件系统的基础上扩充开发而成的,主要用于航天航空领域,著名的波音 777 型飞机便是使用 CATIA 系统设计制造的。其技术特点是具有统一的用户界面、统一的数据管理及兼容的数据库,为企业的信息集成与管理提供了方便。

5. Inventor

该软件是美国 Autodesk 公司 1999 年底推出的三维 CAD 软件产品,现在最新的正式版本为 Inventor Professional 2018。其最显著的特点是:具备参数化三维特征造型功能,并融入变量化技术、基于装配的关联设计,具有突破性的自适应技术,三维运算速度快、着色功能强;可方便地导入和导出 dwg 数据,兼容性强,便于利用原有的设计数据和资源。该软件和二维 AutoCAD(1982 年)均是美国 Autodesk 公司的产品,而二维 AutoCAD 的文件格式(.dwg)是行业数据标准格式。

需要说明的是,上述诸软件的核心功能往往大同小异,都能够满足大多数产品的造型需求,重点是掌握正确的造型方法、思路和技巧。那么,什么是正确学习三维造型软件的方法呢?下面给出几点建议。

(1) 从一开始就注重培养规范的操作习惯,使用效率高的操作方式。一般来说,同一操作命令可以用多种方法来调用,操作速度由快至慢的排列顺序是:热键,快捷键,鼠标右键菜单,工具图标,文字菜单。

(2) 有选择性地学习,集中在一个较短的时间内完成一个学习目标,并及时加以应用,避免面面俱到马拉松式的学习。

(3) 注意光标移动过程中的提示标记。对软件功能进行合理的分类,把握学习重点,提高记忆效率。

1.7.2　Inventor 的用户界面及基本操作

下面以 Inventor Professional 2018 为例介绍 Inventor 软件及其操作方法。

1. Inventor 的启动

安装了 Inventor Professional 2018 中文版软件后,便可以启动并开始使用软件了。双击图标按钮，等待几秒钟,系统启动并进入 Inventor Professional 2018 的启动界面,如图 1-43 所示。可以看到有"文件""快速入门""工具"等菜单和"启动""我的主页""新功能""帮助"等选项卡,以及"新建""项目""最近使用的文档"等模块。

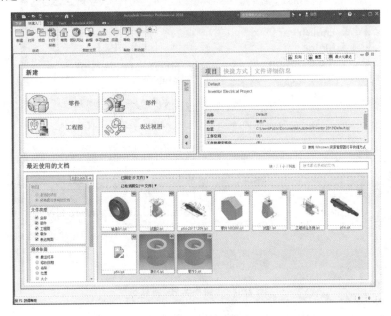

图 1-43　启动界面

如果需要学习软件,可以进入"快速入门"或"帮助"页进行学习,也可以按 F1 键进入"在线帮助"页学习。

1) 打开

单击"打开"按钮,弹出"打开"对话框,其主要包括查找范围、主窗口、预览窗口和文件名等区域。查找范围窗口显示激活项目文件所指定的当前文件夹,主窗口列出所选位置中所有的文件和子文件夹,预览窗口列出所选 Inventor 文件的预览图形,如图 1-44 所示。

2) 新建

通过"打开"对话框中的"新建"选项卡或单击"新建"按钮,弹出"新建文件"对话框,其中有三个选项:"English"(英制)、"Metric"(米制)、"Mold Design"(模具设计),如图 1-45 所示。

图 1-44　"打开"对话框

图 1-45　"新建文件"对话框

如图 1-45 所示的新建文件的类型有零件（Sheet Metal. ipt、Standard. ipt）、部件（Standard. iam、Weldment. iam）、工程图（Standard. dwg、Standard. idw）、表达视图（Standard. ipn）等。一个文件在磁盘上仅以一种文件类型表示。

3）项目

在"打开"和"新建文件"对话框中，都有"项目"选项。在"打开"和"新建文件"对话框中单击"项目"按钮或单击"启动"选项中的项目图标按钮 ，显示"项目"对话框，如图 1-46 所示。Inventor Professional 通过项目来管理用户的设计数据、编辑文件的存储信息并维护文件之间的有效链接，因此在进行某项新设计时，为了方便存储和查找文件，通常都需要为该设计创建新的项目即单独建立文件夹。在打开和保存文件时，系统自动进入该项目指向的文件夹。当然用户也可以选择和编辑已有的项目。

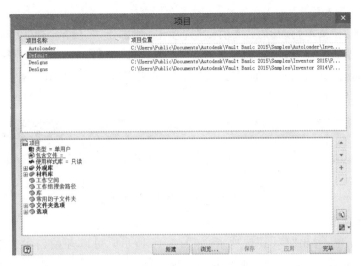

图 1-46　"项目"对话框

创建和激活项目的步骤如下。

（1）在"项目"对话框的下方，单击"新建"按钮，弹出"Inventor 项目向导"对话框，如图 1-47(a)所示。选择项目类型，单击"下一步(N)"按钮。

（2）填写项目文件名称，选择项目（工作空间）文件夹，指定要创建的项目文件，如图 1-47(b)所示。单击"完成(F)"按钮或单击"下一步(N)"按钮。

(a) 选择项目类型

(b) 设置项目名称、选择项目文件夹

图 1-47　创建项目文件

（3）返回"项目"对话框，可以看到刚刚创建的新项目。在新项目名称上双击，出现符号"✓"表示该项目已被激活；单击鼠标不能激活项目。新建的项目文件必须激活后才可以使用。单击"完成(F)"按钮。

2. Inventor Professional 2018 的功能模块

Inventor Professional 2018 提供了易于理解和访问的命令组，所有命令都分布在不同的命令选项卡上。进入不同的模板，会有所不同。下面进入 Standard.ipt 零件模板，介绍几个常用的选项卡。

1)"三维模型"选项卡

单击"三维模型"菜单,弹出"三维模型"选项卡,如图 1-48 所示。可以创建长方体、圆柱体、圆锥体、球体等基本要素;可以创建各种特征,如拉伸、旋转、放样或扫掠特征等;可以生成各种修改特征,如孔、倒圆、倒角、抽壳等;还可以生成定位特征,如工作平面、工作轴等;可以阵列特征等。

图 1-48 "三维模型"选项卡

2)"草图"选项卡

单击"草图"菜单,弹出"草图"选项卡,如图 1-49 所示。可以开始创建二维草图或创建三维草图;可以创建直线、圆、圆弧、矩形等几何元素;可以按照设计意图进行修改、阵列和约束几何元素等操作。

图 1-49 "草图"选项卡

3)"检验"选项卡

单击"检验"菜单,弹出"检验"选项卡,如图 1-50 所示。可以测量距离、角度、周长、面积、面域特性等;可以进行斑纹、拔模、曲面、截面、曲率梳分析……

图 1-50 "检验"选项卡

4)"工具"选项卡

单击"工具"菜单,弹出"工具"选项卡,如图 1-51 所示。其中有测量、材料和外观、选项、剪贴板和查找等功能。其中"选项"里面有"应用程序选项",可以进行草图显示设置等。

图 1-51 "工具"选项卡

5)"管理"选项卡

单击"管理"菜单,弹出"管理"选项卡,如图 1-52 所示。其中有样式和标准编辑器,可以在其中设置文本样式等。

6)"视图"选项卡

单击"视图"菜单,弹出"视图"选项卡,如图 1-53 所示。利用"可见性"模块可以设置所有

图 1-52　"管理"选项卡

定位特征的可见性;利用"窗口"模块可以隐藏和显示导航栏、浏览器、状态栏等;"导航"模块包括全导航控制盘及平移、缩放、动态观察等视图显示工具,使用非常频繁。

图 1-53　"视图"选项卡

"导航"图标也常显示在图形窗口的右边,可拖动导航工具栏,将导航工具栏改为悬浮状态,或者放置到自己认为方便的位置。具体介绍如下。

(1) 三维导航工具 ViewCube 属于可单击界面,用于选择不同的方位观察三维模型,用鼠标单击相应位置的三角形按钮◀可切换视图,用鼠标单击相应的旋转箭头↰或↱可以改变观察方向,如图 1-54 所示。

图 1-54　ViewCube 三维导航工具

(2) 视图显示工具条用来实现模型的动态观察,浮动在图形区域,如图 1-55 所示。

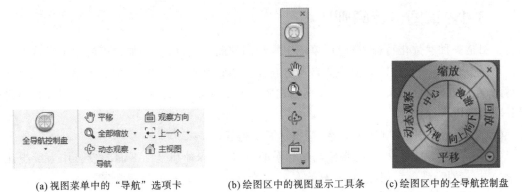

(a) 视图菜单中的"导航"选项卡　　　(b) 绘图区中的视图显示工具条　　　(c) 绘图区中的全导航控制盘

图 1-55　导航与显示工具

注意:这里视图是指观察模型的显示方式,不要与后面介绍的视图搞混。若因误动作关闭了绘图区中的导航栏、状态栏、浏览器等,可以利用"视图"菜单中的"用户界面"按钮中找回来,如图 1-56 所示。利用"窗口"模块也可以在不同的文档之间进行切换。

7) 快捷键

在菜单栏最右侧有一个小按钮▣,用来切换选项卡的显示模式,单击它可以在"最小化为选项卡""最小化为面板标题""最小化为面板按钮""循环浏览所有项"四种模式间进行切换，如图 1-57 所示。也可以在工具条、菜单栏、绘图区、浏览区等空白区域单击鼠标右键,不同区域的右键快捷键不同,请读者注意。其余的快捷键请读者自行练习。

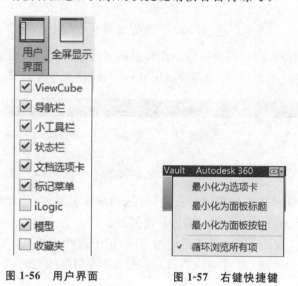

图 1-56　用户界面　　　　　　　图 1-57　右键快捷键

1.8　Inventor 草图设计

草图分为二维草图和三维草图。二维草图建立在某一个平面上,与平面相关。三维草图建立在三维空间。在不特别说明的情况下,本书中的草图都是指二维草图。要构成立体,重点是绘制其特征图形。在 Inventor 系统中,草图是建模的基础,零件建模是由创建草图开始的。Inventor 草图设计包括以下几个方面的内容。

1.8.1　草图设计原则

草图是一种参数化特征,是应用草图工具绘制的曲线轮廓,在添加约束后用于表达设计意图。草图修改时,关联实体模型将会自动更新。草图特征的常用参数包括(但不仅限于)草图绘制面、草图几何、草图尺寸。为了提高创建零件模型的效率,并为后续建模打好基础,创建草图时应遵循以下原则。

(1) 在绘制草图时,应尽量简单,草图越简单越好。

(2) 在新建草图时,尽可能将原始坐标系的原点、坐标轴和坐标平面的投影作为所绘几何图形的中心、对称线等参考要素,这样容易确定绘制的几何元素的位置和形状。

(3) 通常生成实体所用的草图应为闭合的截面轮廓,不闭合的轮廓一般只能生成面。截面轮廓不能出现自交叉的情况。

(4) 草图中一般是先画出轮廓的大致形状,但应尽量接近实际形状,否则,在添加约束时容易使绘制的草图变形。

(5) 草图要求全约束。草图绘制完成后要首先进行几何约束,然后再进行尺寸约束,约束一定要完全。添加约束的顺序对草图的结果是有影响的,添加顺序不合理甚至会造成无法正确地完成草图。因此,设计者要有明确的设计思路。

(6) 添加约束时应尽量采用"先定形状,后定大小"的策略,即在标注尺寸前应先固定轮廓的几何形状。尽可能用几何约束来确定几何元素的位置,而不是采用尺寸定位。

(7) 可以采用投影工具将不在当前草图上的几何图元投影到当前草图中,并尽可能使投影结果与原图形之间建立某种关联。

1.8.2　草图环境设置

大多数零件模型的建立都是从绘制草图开始的。零件的第一个特征(即基础特征)通常是草图特征。在 Inventor Professional 2018 中新建零件模板时,系统默认进入草图环境,且草图环境中带有参考网格和草图坐标系。网格的参数是可调的,单击"工具"→"选项"→"文档设置"→"草图"选项卡,弹出如图 1-58 所示的"文档设置"对话框,可以调整网格的参数。

图 1-58　"文档设置"对话框

草图坐标系的原点和方向也可以由用户设置,单击"工具"→"选项"→"应用程序选项"→"草图"选项卡,弹出如图 1-59 所示的"应用程序选项"对话框,可设置显示网格线、优先约束、点对齐、自动投影边等以便于创建和编辑草图。

1.8.3　创建草图的基本步骤

点击"草图"菜单,选择"开始创建二维草图"图标按钮 。创建草图的基本步骤如下。

(1) 选择草图平面及投影坐标原点。草图应在指定的平面上创建,这些平面通常为坐标平面、实体平面或新建的工作平面。应尽可能让零件原点与坐标原点重合。

(2) 绘制和修改草图。"草图"菜单中的"创建"选项卡(见图 1-60(a))中包含了各种草图绘制工具,利用这些绘图工具可以很方便地绘制直线、圆、圆弧、多边形等,还可通过一些其他方式获得草图,如投影或偏移已有实体的线和面、复制和阵列已有的图元等。

单击"草图"菜单中的"修改"选项卡(见图 1-60(b)),可利用"修剪"和"延伸"功能修改草图。单击"草图"菜单中的"阵列"选项卡(见图 1-60(c)),可以阵列多个图元。

(3) 添加草图约束。草图绘制完成后,一般先进行几何约束,再进行尺寸的标注及修改,

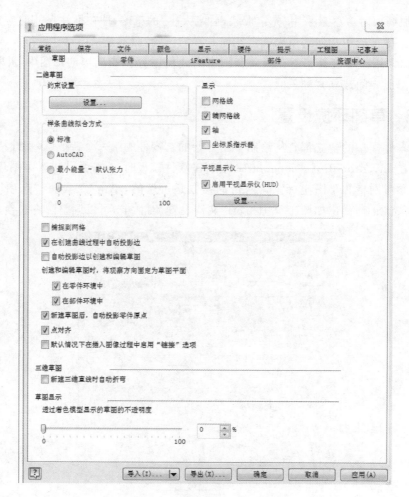

图 1-59　"应用程序选项"对话框

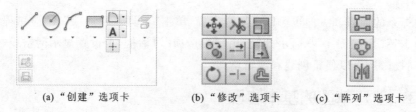

(a)"创建"选项卡　　　(b)"修改"选项卡　　　(c)"阵列"选项卡

图 1-60　"创建""修改""阵列"选项卡

无须担心几何图元的大小是否正确。

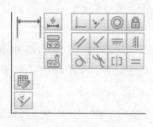

图 1-61　"约束"选项卡

约束是确定几何元素的相对位置和形状大小,草图约束有几何约束和尺寸约束,"约束"选项卡如图 1-61 所示。利用几何约束功能可以控制几何元素的形状和位置;尺寸约束是通过标注尺寸来控制几何元素的大小。更改尺寸值,会调整几何图元的位置和大小。编辑草图尺寸时,草图尺寸的位置会随着草图几何图元的更新而调整。当旋转草图视图时,尺寸会重定位以便用户能够轻松读取它们。

（4）检查草图是否处于全约束状态。若要显示或隐藏所有活动草图几何图元的约束，在图形窗口中单击鼠标右键，然后选择"显示所有约束"或"隐藏所有约束"，或者单击 F8 或 F9 键。

若要显示或隐藏用于选定几何图元的约束，单击选中图元，再使用显示约束图标按钮📇，显示该图元上的约束，再单击"要删除约束提示符"，然后按 Delete 键（或单击鼠标右键并选择"删除"）。

可使用自动标注尺寸图标按钮📐添加自动尺寸以完全约束草图。

1.8.4　草图格式工具

创建草图时需要使用不同几何含义的线型，如轮廓线（实线）、辅助线及中心线等。系统默认的绘图线型是实线，要绘制辅助线、中心线可先单击"草图"→"格式"中的构造线图标按钮📐或中心线图标按钮⊖绘制。"格式"选项卡如图 1-62 所示。也可以选中已画好的图线，再通过单击构造线图标按钮📐或中心线图标按钮⊖实现线型的转换。

构造线主要用于轮廓线的定形和定位，显示为细点线格式，在拉伸或旋转等操作中不会参与运算操作。

图 1-62　"格式"选项卡

中心线主要表示回转轴线，显示为细点画线格式，在拉伸操作中不会参与运算操作，但在旋转操作中自动被视为旋转轴线，而构造线需要单独选择才能作为旋转轴。

注意：构造线和中心线同样需要约束。

1.8.5　草图编辑工具

草图编辑功能包括修改和阵列，其选项卡如图 1-63 所示。其中的"修剪""延伸""移动""旋转""偏移""镜像""矩形阵列""环形阵列"八种工具具有关联性，即通过这些工具编辑后所生成的图元与已有的相关图元具有参数关联性，可以双向驱动。

图 1-63　"修改"和"阵列"选项卡

在草图编辑中经常要求选择几何图元。常用的选择方法有以下几种。

（1）单选　单击欲选的几何图元即可。按住 Ctrl 键或 Shift 键，再次单击已选的几何图元，则该图元的选择被去除。

（2）多选　按住 Ctrl 键或 Shift 键，可多次进行单选累计。

（3）包含窗选　在图形窗口空白处按住鼠标左键向右下或右上方拖动光标，形成实线矩形窗口，松开，被完全包含在窗口内的几何图元才会被选中。

（4）切割窗选　在图形窗口空白处按住鼠标左键向左下或左上方拖动光标，形成虚线矩形窗口，松开，凡与窗口框相交的几何图元都会被选中。

1.8.6　草图设计实例

Inventor Professional 2018 草图设计过程包括草图参数设计、建立草图工作平面、草图绘制、建立草图约束、草图编辑等一系列的操作。下面以实例分析草图的设计过程。

例 1-1　以图 1-64 为特征图形，拉伸 4 mm 生成一个扳手实体模型，在草图设计中保持相应的约束关系。

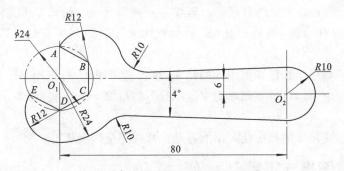

图 1-64　扳手特征图形

设计步骤

(1) 双击图标按钮,启动 Inventor Professional 2018,按前面介绍的方法,新建"课堂练习"项目和新零件模板,进入草图环境,选择原始坐标系的 XOY 平面为第一个草图放置平面,同时显示网格线和坐标系。如果不想显示网格线,可在图 1-59 所示"应用程序选项"对话框中将"网格线"前面的复选框中的"√"去掉。本例不显示网格线。

(2) 用多边形图标按钮⊙捕捉原始坐标原点(绿色点)画左边的正六边形;按图 1-64 所示尺寸大致比例,在图形窗口右边估测位置,再用中心点圆弧图标按钮╱画右边大于半个圆的圆弧;打开构造线图标按钮╲,再单击直线图标按钮╱,画图中四条辅助线,如图 1-65(a)所示。注意:三维系统中的构造线是辅助线,注意与图 1-64 二维图形中的中心线含义的差别。

(3) 先关闭构造线,再单击直线图标按钮╱,在正六边形和右边圆弧之间上半部分画一条直线、两段圆弧,下半部分画一条直线和三段圆弧,如图 1-65(b)所示。注意:直线功能是连续的,且可以用直线功能绘制圆弧,方法是在某点按住鼠标左键拖动光标,鼠标的拖动方向决定了圆弧方向。

(4) 添加几何约束。各几何元素之间的几何约束关系如表 1-7 所示。注意添加约束的顺序会对结果有影响,同时在操作过程中,可以选中某几何图元拖动,使草图与实际形状相似,如图 1-65(c)所示。

(5) 添加尺寸约束。利用尺寸约束图标按钮╓添加各几何元素的定形尺寸和定位尺寸,如图 1-65(d)所示。注意绘图区域右下角的实时提示,当草图处于全约束状态时草图为蓝色。

表 1-7　扳手草图几何约束列表

图 元 编 号	约束名称	按　　钮	图 元 编 号	约束名称	按　　钮
点 A 与 D	垂直	⫯|	C_5、C_6	相切	⌀
过点 O_1 的水平线 过点 O_2 的水平线	水平	⚌	C_1 圆心与点 B	重合	⌐
C_1、C_2	相切	⌀	C_5 圆心与点 O_1	重合	⌐
C_2、L_1	相切	⌀	C_6 圆心与点 D	重合	⌐
L_1、C_3	相切	⌀	C_2、C_4	等长	＝

续表

图 元 编 号	约束名称	按　钮	图 元 编 号	约束名称	按　钮
C_3、L_2	相切	⊘	L_1、L_2 与过点 O_2 的水平中心线	对称	⊞
L_2、C_4	相切	⊘			
C_4、C_5	相切	⊘	—	—	—

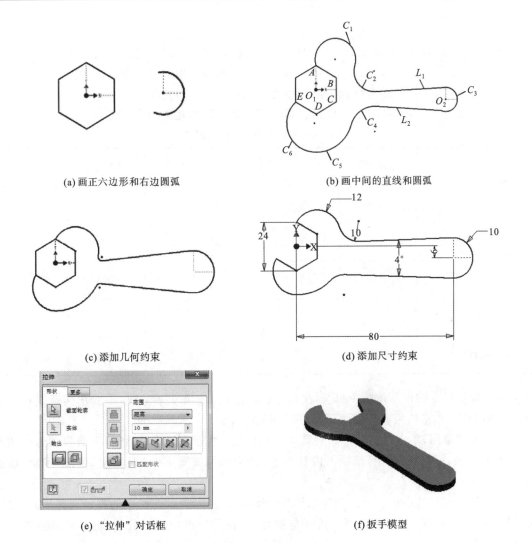

(a) 画正六边形和右边圆弧　　　　　　　　(b) 画中间的直线和圆弧

(c) 添加几何约束　　　　　　　　　　　　(d) 添加尺寸约束

(e) "拉伸"对话框　　　　　　　　　　　　(f) 扳手模型

图 1-65　扳手模型设计

（6）关闭草图，单击"创建"中的拉伸图标按钮▣，弹出"拉伸"对话框，选择截面轮廓，在"范围"选项卡内设定距离为 4 mm，如图 1-65(e) 所示。单击"确定"按钮生成扳手模型，如图 1-65(f) 所示。

　　例 1-2　以图 1-66 为特征图形，旋转生成手柄实体模型，在草图设计中保持相应的约束关系。

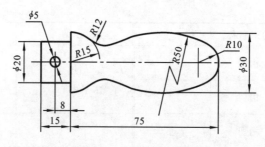

图 1-66　手柄特征图形

设计步骤

(1) 启动 Inventor Professional 2018 新零件模板,进入草图环境。单击直线图标按钮 ⟋ ,捕捉原始坐标原点,连续绘制三段直线、四段圆弧;在没有结束直线命令的情况下,单击中心线图标按钮 ⊖ ,再次捕捉原始坐标原点绘制中心线,如图 1-67(a)所示。

(2) 添加几何约束(见图 1-67(b))。各几何元素之间的几何约束关系如表 1-8 所示。

表 1-8　手柄草图几何约束列表

图 元 编 号	约束名称	按　钮	图 元 编 号	约束名称	按　钮
L_2	水平	⟍	C_1 圆心与 L_3	重合	⌞
L_4	水平	⟍	C_4 圆心与 L_4	重合	⌞
L_1	垂直	⫼	C_1、C_2	相切	⌀
L_3	垂直	⫼	C_2、C_3	相切	⌀
C_1 圆心与 L_4	重合	⌞	C_3、C_4	相切	⌀

(3) 添加尺寸约束。按图 1-66 标注尺寸。注意:标注尺寸 $\phi30$ 时,需要用构造线作一辅助线,同时添加水平约束和相切约束,如图 1-67(c)所示。

(4) 关闭草图,单击"创建"中的旋转图标按钮 🔄 ,弹出"旋转"对话框,系统自动选择截面轮廓和旋转轴,同时在"范围"选项卡内自动显示"全部",如图 1-67(d)所示;单击"确定"按钮生成手柄模型。

(5) 创建左端的小孔。单击创建二维草图图标按钮 📝 ,按状态栏中的提示选择平面,这里选择原始坐标 XOY 平面,系统再次进入草图环境;在图形窗口空白处单击鼠标右键,选择右键菜单中的"切片观察",注意图形窗口的变化;利用圆图标按钮 ⊙ 绘制任意直径的圆,利用投影几何图元图标按钮 📏 绘制相应的边;将所画圆的圆心与原始坐标原点约束为水平,并标注圆的定形尺寸和定位尺寸,如图 1-67(e)所示。

(6) 关闭草图,单击"创建"中的拉伸图标按钮 📄 ,弹出"拉伸"对话框,选择截面轮廓和"差集",在"范围"选项卡中选择"贯通"和双向拉伸,如图 1-67(f)所示;单击"确定"按钮生成最终模型。

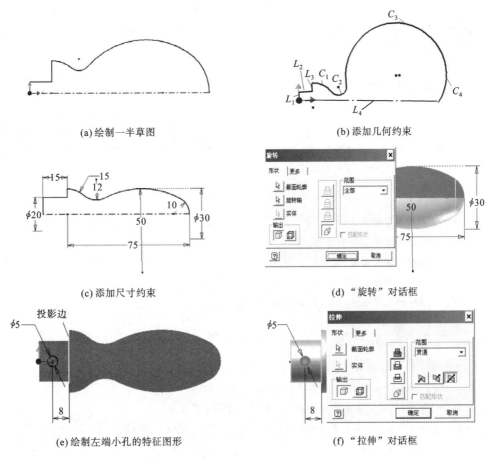

(a) 绘制一半草图　　　　　　　　　　　(b) 添加几何约束

(c) 添加尺寸约束　　　　　　　　　　　(d) "旋转"对话框

(e) 绘制左端小孔的特征图形　　　　　　(f) "拉伸"对话框

图 1-67　手柄模型设计

思　考　题

1. 工程制图中为何要贯彻执行国家标准？在执行过程中,国家级、行业级、地方级、企业级标准,何者应优先？

2. 图纸幅面有几种规格？A3 图纸的幅面多大？它按什么规则加长？

3. 角度尺寸的数字应怎样注写？

4. 什么是斜度？它在图样中怎样标注？什么是锥度？它在图样中怎样标注？

5. 平面图形中有哪几类圆弧？其分类依据是什么？它们应按什么顺序进行尺规作图？如平面图形是三维造型中的特征草图,是否与尺规作图的顺序完全一致？

6. 一个完整的尺寸一般应由哪几个部分组成？

7. 什么是比例？放大比例和缩小比例是否可任意选取？标注尺寸时,尺寸数值和选取的比例有何关系？

8. 三维软件中的草图约束有哪几种方式？这几种草图约束分别起什么作用？

问题与讨论

自行设计一个有圆弧连接内容的平面图形,徒手绘图并注出尺寸;用三维软件草图功能绘制该图形,体会尺规作图和计算机绘图的异同点。

立体的几何构成与轴测图

学习目的与要求

(1) 掌握立体的构成分析方法;

(2) 掌握三维造型的基本思路和方法;

(3) 理解和掌握投影法的分类、概念;

(4) 了解投影的形成原理、平行投影的基本性质;

(5) 初步掌握立体的三维表达方法,即立体造型与轴测图。

学习内容

(1) 几何立体分类,基本体的构成方式,组合体的构成方式;

(2) Inventor Professional 2018 的基本操作和基本造型方法。

(3) 投影法的概念(术语)、分类及各种投影法的投影特点及其应用;

(4) 轴测投影的基本概念,轴测投影的种类;

(5) 正等轴测图的作图方法;

(6) 斜二等轴测图的作图方法;

学习重点与难点

(1) 重点是三维造型的基本思路和方法,立体特征表面的表达和绘制单个形体的轴测图;

(2) 难点是草图设计中的几何约束与尺寸约束,简单立体表面上圆的轴测投影表达。

本章的地位及特点

本章简要介绍了几何立体的分类及构成方式,介绍了三维造型的基础和轴测图的画法。三维模型和轴测图都是表达立体的方式,三维造型和轴测图都是学生学习二维工程图的好帮手。学习和掌握三维造型、轴测图可为学生理解和自学后续各章的内容打下基础。

轴测图的作图过程较为烦琐,但各类轴测图用计算机三维软件非常容易实现,因此在工程中轴测图一般只作为辅助性的图样。但随着计算机绘图技术的发展,基于模型的定义(MDB)表达物体的方式越来越普及,MDB 是工程图学的发展趋势。

2.1 几何立体分类

任何机器或部件都是由若干零件按一定的装配关系和技术要求装配起来的。图 2-1(a)所示为剖开的旋塞阀装配三维图,图示旋塞阀为关闭状态,旋转阀柄用于开启旋塞阀并调节流量的大小;图 2-1(b)所示为旋塞阀装配爆炸图,详细显示了组成旋塞阀的各个零件。零件是构成机器或部件的最小单元。尽管零件上的立体形状是千变万化的,但从几何构形的角度来看则是有规律可循的,即大都由棱柱、棱锥、圆柱、圆锥等组成。

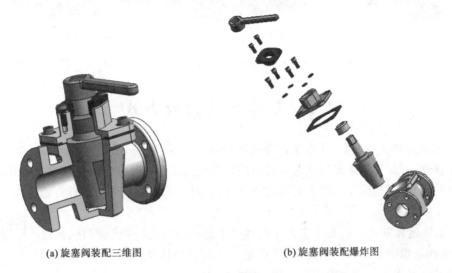

(a) 旋塞阀装配三维图　　　　　　　　　　(b) 旋塞阀装配爆炸图

图 2-1　旋塞阀

　　按照立体构成的复杂程度,可将立体分为简单几何体(又称基本体)和复杂几何体(又称组合体)。在本课程中,习惯把一些单一几何体或通过一次完整的构形操作所得到的实体称为基本体,如图 2-2 所示的棱锥、棱柱、圆柱、圆锥、球等是单一的几何体,广义柱体、广义回转体、扫掠体、放样体等则是可以由一次完整的构形操作得到的实体。由若干基本体按照一定的相对位置和组合方式有机组合而成的较为复杂的形体称为组合体,图 2-3 所示为复杂几何体(组合体)——滑动轴承座的三维图及其构形分析。这种将组合体分解成若干基本体的方法称为形体分析法。

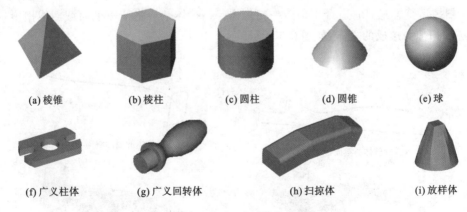

(a) 棱锥　　　　(b) 棱柱　　　　(c) 圆柱　　　　(d) 圆锥　　　　(e) 球

(f) 广义柱体　　　(g) 广义回转体　　　(h) 扫掠体　　　(i) 放样体

图 2-2　简单几何体(基本体)

由图 2-3 可见,要正确地分析组合体的结构,首先必须了解基本体的构成。

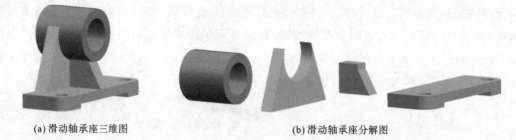

(a) 滑动轴承座三维图　　　　　　　　　(b) 滑动轴承座分解图

图 2-3　复杂几何体(组合体)

2.2　基本体的构成方式

依据现代三维设计理念,基本体都是通过扫描法构成的。扫描是指一截面线串沿着某一条轨迹线移动,移动的结果即扫描时所掠过的区域构成实体或片体。截面线串又称特征图形,可以是曲线,也可以是曲面。根据移动的轨迹线的不同,构成基本体的运算方式可以分成以下几种。

(1) 拉伸运算方式　它适合于构造柱体类立体(包括广义柱体、棱柱、圆柱等)。拉伸体是指将某平面截面线串(可以是一个或多个任意封闭的平面图形)沿该平面的法线方向拉伸而形成的立体,如图 2-4 所示。

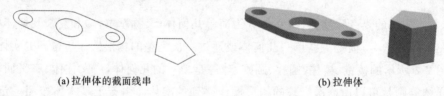

(a) 拉伸体的截面线串　　　　　　　　　　(b) 拉伸体

图 2-4　拉伸体

(2) 旋转运算方式　它适合于构造旋转类立体(包括广义回转体、圆柱、圆锥、球等)。旋转体是指将某一平面截面线串作为母线(仅为一封闭的平面图形)绕轴线旋转而形成的立体,如图 2-5 所示。

(3) 扫掠运算方式　它适合于构造一扫掠体。扫掠体是指将某一平面截面线串沿任一连续的轨迹线扫掠而形成的立体,如图 2-6 所示。

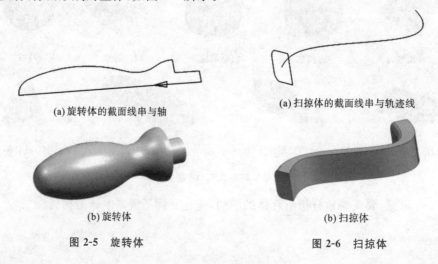

(a) 旋转体的截面线串与轴　　　　　　　(a) 扫掠体的截面线串与轨迹线

(b) 旋转体　　　　　　　　　　　　　(b) 扫掠体

图 2-5　旋转体　　　　　　　　　　　图 2-6　扫掠体

（4）放样运算方式　它适合于构造棱锥类立体。放样体是指在不同的平面上由多个已定义的截面线串拟合而形成的立体，如图 2-7 所示。

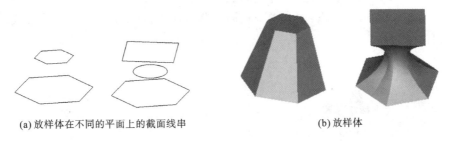

(a) 放样体在不同的平面上的截面线串　　　　　　　(b) 放样体

图 2-7　放样体

2.3　组合体的构成方式及其分析

2.3.1　组合体的构成方式

从立体构成的角度看，组合体都可以看成是由一些基本体所构成的，即基本体是构成组合体的最小单元。组合体中各基本体间的构成方式有三种：叠加（形体加运算）、切割（形体减运算）和交割（形体交运算）。图 2-8 所示为相对位置和尺寸大小不变的两个圆柱分别进行形体加、减、交运算的结果。

(a) 两圆柱加运算　　　　　(b) 两圆柱减运算　　　　　(c) 两圆柱交运算

图 2-8　相同两圆柱进行形体加、减、交运算的对比

由图 2-8 可以看出，叠加组合体由若干个基本体叠合而成，形体加运算的结果是在已有的目标体中新增部分材料（填料方式）；切割组合体是从已有的目标体中去除若干个基本体，形体减运算的结果是在已有的目标体中去除部分材料（除料方式）；交割组合体是若干立体的公共部分的实体（求交方式）。布尔运算各相关几何体在空间应相交。通常用构造实体几何（constructive solid geometry，CSG）法，直观地描述组合体的构成，下面通过实例加以分析。

2.3.2　组合体的构成分析

CSG 法是用一棵有序的二叉树来表示组合体的集合构成方式。CSG 二叉树的始节点是基本体，根节点是组合体，其余节点都是规范化布尔运算（如加、减、交）的中间结果。CSG 二叉树表述的是组合体的计算机实体造型的构成方法之一。

如图 2-9 所示,六角法兰面螺栓毛坯可以分解为六棱柱 1、圆柱 2、圆柱 3,通过布尔加运算得到;如图 2-10 所示,六角法兰面螺母毛坯可以分解为六棱柱 1、圆柱 2、圆柱 3,通过先对六棱柱 1、圆柱 2 进行布尔加运算,再进行布尔减运算得到。

从图 2-9、图 2-10 可以看出:由若干个相同的基本体,通过不同的布尔运算方式可以得到不同的结构。

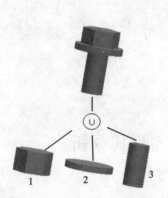

图 2-9　六角法兰面螺栓毛坯的 CSG 表示法

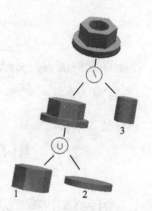

图 2-10　六角法兰面螺母毛坯的 CSG 表示法

图 2-11 所示为十字叉的 CSG 表示法方案一,如图 2-11(a)所示,十字叉可以由五个基本体通过布尔加运算得到,其中基本体 1 与 2 相同,基本体 4 与 5 相同,它们的截面线串如图 2-11(b)所示;图 2-12 所示为十字叉的 CSG 表示法方案二,如图 2-12(a)所示,十字叉也可以分解为另外一组的五个基本体,基本体 1 与 2 进行布尔加运算再减基本体 3、4、5 即可得到十字叉,其中五个基本体各不相同,它们的截面线串如图 2-12(b)所示。

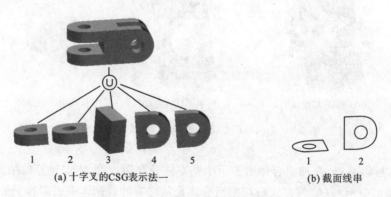

(a)十字叉的CSG表示法一　　　　　　　　　(b) 截面线串

图 2-11　十字叉的 CSG 表示法方案一

显然,构造过程的难易程度决定了组合体构成的复杂程度。同一个组合体,以不同的组合方式分析,其构造过程不同,且有不同的截面线串。分析截面线串的真正意义是确立构成组合体的特定表面。对比图 2-11、图 2-12 可见,方案一要比方案二更简洁,因此构成组合体时,必须合理地分解组合体,通过反复假想分解和还原而确定最佳的构造过程。以分解为符合基本体构成特点的数量最少、布尔运算过程最简单的立体为最佳。

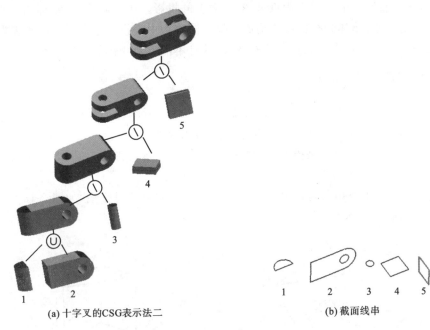

(a) 十字叉的CSG表示法二　　　　　　(b) 截面线串

图 2-12　十字叉的 CSG 表示法方案二

2.4　投影法概述

日常生活中到处可以看到影子,如灯光下的物影、阳光下的人影等,这些都是自然界的一种投影现象。在工业生产发展的过程中,为了解决工程图样的问题,人们将影子与物体之间的关系进行科学抽象,形成了"投影法"。

投影法就是使投射线通过物体,向选定的面投射,并在该面上得到图形的方法。在投影法中,得到投影的面称为投影面,根据投影法所得到的图形称为投影。投影法可分为中心投影法和平行投影法(分别见图 2-13、图 2-14)。

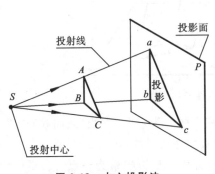

图 2-13　中心投影法

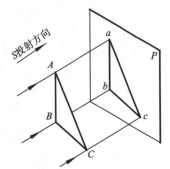

图 2-14　平行投影法

2.4.1　中心投影法

投射线汇交一点的投影法称为中心投影法。

如图 2-13 所示,将光源 S 作为投射中心,设定的平面 P 为投影面。光线 SAa、SCc 等称为投射线,投射线和投影面的交点 a 为点 A 在 P 面上的投影。所绘制的△abc 即为△ABC 的投影。这种由投射中心、物体和投影面所构成的投影法称为中心投影法。采用中心投影法时,物体的投影大小与其相对投影面的远近位置有关,并且不能反映物体的真实形状。

2.4.2　平行投影法

投射线相互平行的投影法,称为平行投影法。图 2-14 所示为平行投影法。平行投影法又以投射线是否垂直于投影面分为斜投影法和正投影法两种。

(1)斜投影法　斜投影法是投射线与投影面倾斜的平行投影法,如图 2-15 所示。根据斜投影法所得到的图形称为斜投影。

(2)正投影法　正投影法是投射线与投影面相垂直的平行投影法,如图 2-16 所示。根据正投影法所得到的图形称为正投影。

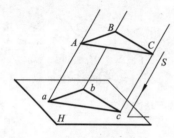

图 2-15　斜投影法

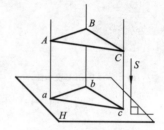

图 2-16　正投影法

2.4.3　平行投影的性质

(1)类似性　直线(或曲线)的投影一般仍是直线(或曲线);平面的投影一般是实形的类似形。类似是指平面的边数、凹凸形状、直线曲线性质不变,这种性质称为类似性,如图 2-17 所示。

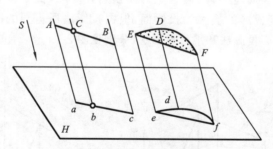

图 2-17　类似性与从属性

(2)从属性　点在直线上,则点的投影必在直线的投影上;直线(或曲线)在平面内,则直线(或曲线)的投影必在平面的投影内。这种性质称为从属性,如图 2-17 所示。

(3)积聚性　当直线与投射线方向一致时,直线的投影积聚为一点。当平面内有直线与投射线方向一致时,该平面的投影积聚为一直线。这种性质称为积聚性,如图 2-18 所示。

(4)实形性　当直线(或曲线、平面)平行于投影面时,它在该投影面上的投影反映直线的实长(或曲线、平面的实形)。这种性质称为实形性,如图 2-19 所示。

(5)平行性　空间两平行线段,其投影一般也平行。这种性质称为平行性,如图 2-20 所示。

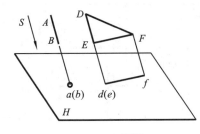

图 2-18　积聚性

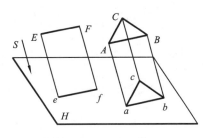

图 2-19　实形性

（6）定比性　直线上两线段长度之比等于其投影长度之比；两平行线段长度之比等于其投影长度之比。这种性质称为定比性，如图 2-17、图 2-20 所示。

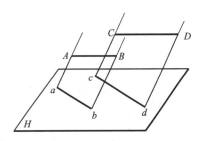

图 2-20　平行性与定比性

2.4.4　工程上常用的几种投影图

各种投影法有各自的特点，适用于不同的工程图样，工程中常用的投影图有以下几种。

1. 透视图

透视图是用中心投影法将物体投射在单一投影面上所得到的图形。这种投影图与人的视觉相符，具有立体感而形象逼真。其缺点是度量性较差，适用于房屋、桥梁等外观效果图的设计及计算机仿真技术，如图 2-21 所示。

2. 轴测图

轴测图是将物体连同其参考直角坐标系，沿不平行于任一坐标面的方向，用平行投影法投射在单一投影面上所得到的图形。这种图有一定的立体感，但度量性不理想，如图 2-22 所示。轴测图适合作为产品说明书中的机器外观图等，这种图也常用于计算机辅助模型的设计。

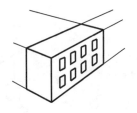

图 2-21　透视图

图 2-22　轴测图

3. 多面正投影图

利用正投影法得到物体在互相垂直的两个或多个投影面上的正投影，将这些投影面旋转展开到同一图面上，使该物体的各正投影有规则地配置，并相互之间形成对应关系，这样所得到的图样称为多面正投影图，如图 2-23 所示。这种图虽然立体感差，但能完整地表达物体的各个方位的形状，度量性好，便于指导加工，因此，多面正投影图被广泛应用于工程的设计、制造。

机械制图时为了便于表达立体的几何形状及特点，常用轴测图作为三维的描述方法，用多面正投影图作为二维的描述方法。

由于机械制图一般采用正投影法，故除了轴测图画法外，这里将着重介绍多面正投影图。用正投影法所得到的图形简称投影，后面章节不再特别说明。

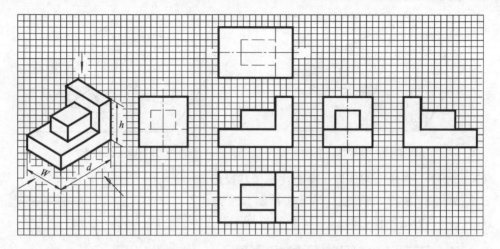

图 2-23　平面立体的多面正投影图

2.5　轴　测　图

2.5.1　概述

轴测图是一种具有立体感的单面投影图,如图 2-24 所示。

绘制轴测图时,应注意避免组成直角坐标系的三根轴中的任意一根垂直于所选定的轴测投影面。因为当投影方向与坐标轴平行时,轴测图将失去立体感,变成后续课程所描述的三视图中的一个视图,如图 2-25 所示。

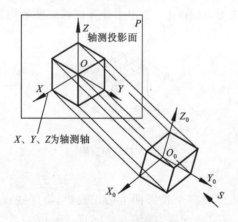

图 2-24　轴测图的形成

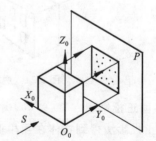

图 2-25　投射方向与坐标轴平行

组成直角坐标系的三根轴在轴测投影面上的投影称为轴测轴(即 X、Y、Z 轴)。三根轴测轴可以看成由一个原点向三个任意方向引出的直线。轴测轴的位置与轴测轴之间的夹角,即轴间角有关,所画轴测图的大小与轴测轴上的轴向伸缩系数有关。

轴向伸缩系数＝轴测轴的单位长度/相应坐标轴的单位长度

由图 2-26 可见,各轴的轴向伸缩系数为

$$\frac{ao}{AO_0}=\frac{ox}{O_0X_0}=p, \qquad \frac{bo}{BO_0}=\frac{oy}{O_0Y_0}=q, \qquad \frac{co}{CO_0}=\frac{oz}{O_0Z_0}=r$$

比值 p、q、r 分别称为 X 轴、Y 轴、Z 轴方向的轴向伸缩系数。一旦轴间角和轴向伸缩系数确定,就可以沿平行于相应轴的方向测量物体各边的尺寸或确定点的位置。

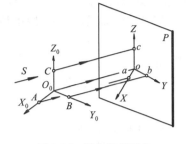

图 2-26　轴向伸缩系数

轴测图按投射方向与轴测投影面的位置关系可分为两类:用正投影法得到的轴测投影——正轴测图;用斜投影法得到的轴测投影——斜轴测图。

这两类轴测图按三轴的轴向伸缩系数的关系又都可分为三种:

(1) $p=q=r$——正(或斜)等轴测图;

(2) $p=q\neq r$——正(或斜)二等轴测图;

(3) $p\neq q\neq r$——正(或斜)三等轴测图。

由于轴测图是采用平行投影法绘制的,所以应具有平行投影的所有投影特性。其中有两个特性在画轴测图时经常要用到:①空间两平行直线的轴测投影仍相互平行;②两平行线段的轴测投影长度与其空间长度的比值相等(即同一轴向的轴向伸缩系数为一定值)。

为了作图简便,又能保证轴测图有较强的立体感,一般常采用正等轴测图(简称正等测图)或斜二等轴测图(简称斜二测图)的画法。图 2-27 所示为同一立体的三种轴测图。

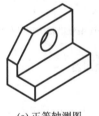

(a) 正等轴测图　　　　　(b) 正二等轴测图　　　　　(c) 斜二等轴测图

图 2-27　轴测图立体感的比较

2.5.2　正等轴测图的画法

正等轴测图的轴间角均为 $120°$,轴向伸缩系数 $p=q=r=0.82$,为了画图时计算方便,令 $p=q=r=1$,这样所画轴测图是实际物体的 $1/0.82=1.22$ 倍,如图 2-28 所示。

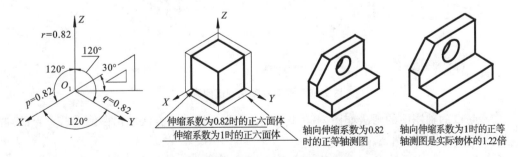

图 2-28　正等轴测图的轴间角、轴向伸缩系数

画轴测图最基本的方法是坐标法。画物体的轴测图可看成画组成物体的直线段上的点或角点。坐标法是在投影图或在物体自身上确定坐标系,取若干点的坐标值,然后在轴测投影面

上画出对应点的方法。

例 2-1　已知正六边形,用平移法画正六棱柱的正等轴测图。

作图　(1)画出正六棱柱的特征表面的特征图形,在特征图形上定出坐标轴 X_0 和 Z_0,如图 2-29(a)所示。

(2)画坐标轴的轴测投影 X、Y、Z;此处轴 Z 竖直向上,三个轴间角均为 $120°$。

(3)用坐标定点画 XOY 平面上的正六边形,从特征图形可见,六条棱边两两对应平行,其中点 3、6 在 X 轴上。因此先确定 X 轴上的点 3 和 6,再分别作出 Z 轴上的 a、b 两点,过 a、b 作平行于 X 轴的两条直线段,并在其上分别确定两点 1、2 和 4、5,连接六边形的各顶点,如图 2-29(b)所示。

(4)将中心连同六边形的四个顶点(轴测图一般不画不可见部分)沿轴 Y 方向平移 W 距离,即可得六棱柱的轴测图,如图 2-29(c)所示。

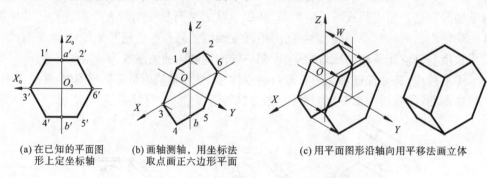

(a) 在已知的平面图形上定坐标轴　(b) 画轴测轴,用坐标法取点画正六边形平面　(c) 用平面图形沿轴向用平移法画立体

图 2-29　用平移法画平面立体的正等轴测图

例 2-2　用坐标法画曲面立体的正等轴测图。

作图　(1)在反映实形的曲线上取适当的点,并定出各点的坐标,其中点 c' 如图 2-30(a)所示。

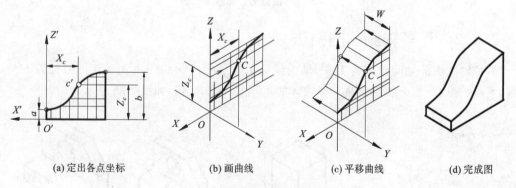

(a) 定出各点坐标　　(b) 画曲线　　(c) 平移曲线　　(d) 完成图

图 2-30　曲面立体轴测图的画法

(2)点 C 的轴测图的画法如图 2-30(b)所示;用坐标定点的方法求出曲线上若干点的轴测图,并将其连成光滑的曲线。

(3)将平面曲线沿轴 Y 方向平移相等距离 W,如图 2-30(c)所示,取其一系列对应点,就可得到立体,如图 2-30(d)所示。

例 2-3　画平面立体的正等轴测图。设平面立体的直观图如图 2-31(a)所示,立体的大小用图(a)中细实线表示,假定每格每个方向的尺寸相等。

作图　(1) 由提供的尺寸画长方体底板的正等轴测图,如图 2-31(b)所示;

(2) 按尺寸画长方体右侧立板的正等轴测图,如图 2-31(c)所示,形成一个 L 形的立体;

(3) 在 L 形的立体上作对称面,如图 2-31(d)所示;

(4) 在 L 形的立体上叠加长方体的正等轴测图,如图 2-31(e)所示;

(5) 加粗所需的图线,完成立体的正等轴测图,如图 2-31(f)所示。

这里应注意两个问题:首先,该立体前后对称,在直观图上设定的坐标系应与立体的对称面重合,按对称方法画既可以提高画图效率,又可准确反映物体形状;其次,后加的立方体定位尺寸及定形尺寸。

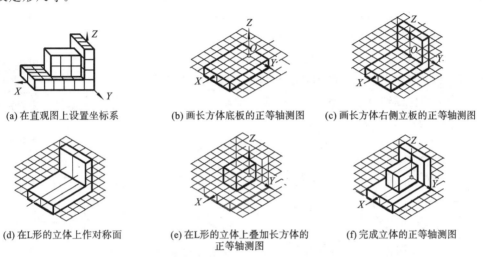

(a) 在直观图上设置坐标系　　(b) 画长方体底板的正等轴测图　　(c) 画长方体右侧立板的正等轴测图

(d) 在 L 形的立体上作对称面　　(e) 在 L 形的立体上叠加长方体的正等轴测图　　(f) 完成立体的正等轴测图

图 2-31　画平面立体的正等轴测图

例 2-4　画图 2-32(a)所示带缺口平面立体的正等轴测图。

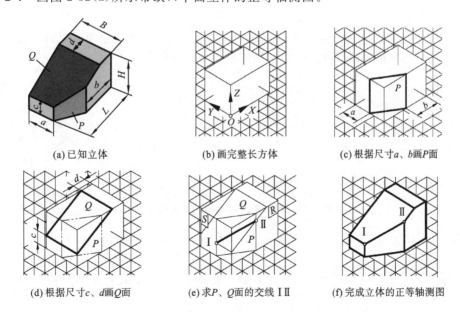

(a) 已知立体　　(b) 画完整长方体　　(c) 根据尺寸 a、b 画 P 面

(d) 根据尺寸 c、d 画 Q 面　　(e) 求 P、Q 面的交线 Ⅰ Ⅱ　　(f) 完成立体的正等轴测图

图 2-32　用方箱法画带缺口平面立体的正等测图

分析　该立体可看成一个长方体被平面 P、Q 平面切割而成。假想地将物体装在一个长方体中,借助长方体的各表面画出物体的轴测图。这种方法称为方箱法。假想地用 P、Q 平面

切立体,其作图方法可看成切割法。轴测图通过目测物体大小,按比例画在方格纸上。

作图 (1)目测物体的总体尺寸 L、B、H,画出完整的长方体,如图 2-32(b)所示;

(2)根据目测尺寸 a、b 确定平面 P,如图 2-32(c)所示;

(3)根据目测尺寸 c、d 确定平面 Q,如图 2-32(d)所示;

(4)求 P、Q 面的交线 I II,点 I 是由平面 P、Q 与左棱面 S 三个平面的交点,点 II 是 P、Q 与前棱面 R 三个平面的交点,如图 2-32(e)所示;

(5)擦除多余的线,完成立体的正等轴测图,如图 2-32(f)所示.

从例 2-4 可以看出:画平面立体的正等轴测图时,首先要选好立体的坐标系,再依据各端点的坐标确定各端点的轴测投影。需要注意的是,画轴测图时若有与三个坐标轴都不平行的线段,必须找出这些线段的端点后才能连线。

例 2-5 用坐标法画圆的正等轴测图(见图 2-33)。

作图 (1)本例中已知平面圆,在圆上取两坐标轴,如图 2-33(a)所示;

(2)画出两坐标轴对应的轴测轴,在轴测投影面上用坐标法取若干个对应点 A、B、C、D(见图 2-33(b));

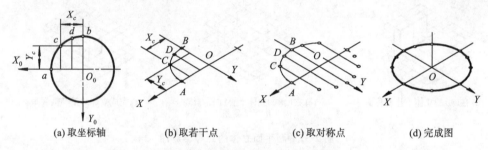

| (a) 取坐标轴 | (b) 取若干点 | (c) 取对称点 | (d) 完成图 |

图 2-33 用坐标法取点画圆的正等轴测图

(3)再取它们关于 X、Y 轴测轴的对称点(见图 2-33(c));

(4)光滑连线,得圆的轴测图(见图 2-33(d))。此即为水平轴测投影面上的椭圆。

例 2-6 用四段圆弧近似画圆的正等轴测图(见图 2-34)。

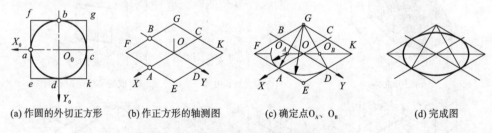

| (a) 作圆的外切正方形 | (b) 作正方形的轴测图 | (c) 确定点 O_A、O_B | (d) 完成图 |

图 2-34 用四段圆弧画圆的正等轴测图

作图 (1)如图 2-34(a)所示,在视图上作圆的外切正方形,得到四个切点 a、b、c、d 和四个角点 e、f、g、k。

(2)以半径长定 X 轴上的 A、C 和 Y 轴上的 B、D 四点,作正方形的轴测图——棱形 $EFGK$(见图 2-34(b))。

(3)分别连接点 G 与点 A、点 G 与点 D、点 F 与点 K,得直线 GA、GD、FK,两两相交得交点 O_A、O_B;O_A、O_B、G、E 将作为小圆弧的圆心(见图 2-34(c))。

(4)分别以 O_A、O_B 为圆心,以 O_AA 为半径,以 A、B 和 C、D 为切点画小圆弧;分别以 G、E

为圆心,以 GA 为半径,以 A、C 和 B、D 为切点画大圆弧,即成。

在例 2-5、例 2-6 中,在 XOY 坐标面内画出的是圆的正等轴测图。在平行于 XOZ 或 YOZ 坐标面的平面内圆的正等轴测图的画法仍同前面所描述的一样,但是应注意,椭圆的长、短轴的方向将改变。由图 2-35 可见:平行于坐标面的平面圆的正等轴测投影为椭圆,椭圆的短轴平行于不包含在该坐标面内的一条轴测轴,长轴垂直于该轴测轴,例如平行于 XOZ 坐标面的椭圆的长、短轴的方向。

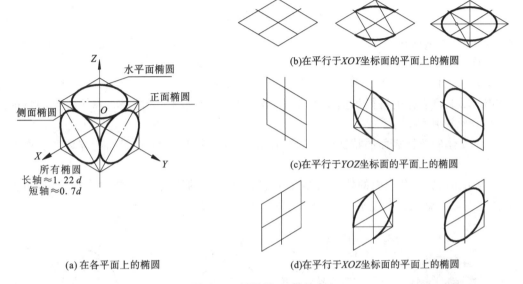

(a) 在各平面上的椭圆

(b) 在平行于 XOY 坐标面的平面上的椭圆

(c) 在平行于 YOZ 坐标面的平面上的椭圆

(d) 在平行于 XOZ 坐标面的平面上的椭圆

图 2-35　椭圆长、短轴的方向

圆柱、圆台等回转体的正等轴测图有一个共同的特点,就是都要画圆的轴测投影——椭圆。可采用移心法:先画出上底面圆的轴测图——椭圆,椭圆用四段圆弧代替,再画另一个底面的正等轴测图。画出上、下底面椭圆后,应注意作两椭圆的切线,这两条切线就是圆柱(或圆台)轴测图的轮廓线,最后擦除作图线,加粗轮廓线,圆柱体(或圆台)的正等轴测图就完成了。图 2-36 所示为用移心法画圆柱的正等轴测图的作图过程。

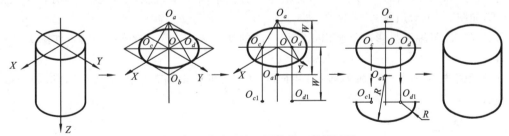

图 2-36　用移心法画圆柱的正等轴测图

2.5.3　斜二等轴测图的画法

由上述可知,改变物体相对轴测投影面的位置会改变轴测投影,改变投射方向也会使得轴测投影有所变化。因此理论上轴测图可以有无数种。用轴测图表达物体时,还常用到斜二等轴测图。

斜二等轴测图的轴间角和轴向伸缩系数如图 2-37 所示。轴测图中的三根轴测轴应配置在便于作图的特殊位置(图 2-37 中 Y 轴有四个位置),这样

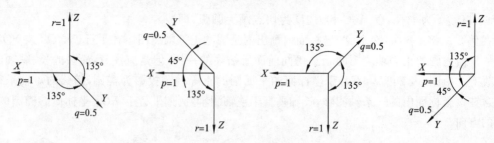

图 2-37　斜二等轴测图

XOZ 坐标面上的图形在该面上的斜二等轴测投影反映实形,这就使得在此面上作图简便,画出的图形称为斜二等轴测图(见图 2-38)。

例 2-7　立体如图 2-38(a)所示,其厚度为 W,用平移法画出立体的斜二等轴测图。

作图　(1)将立体的特征表面作为 XOZ 坐标面,画出轴测轴及立体的特征表面的特征图形,如图 2-38(b)所示;

(2)将立体的特征表面的特征图形的圆心沿 Y 轴平移 $W/2$ 距离,即可得立体后表面的斜二等轴测图,如图 2-38(c)所示。

(3)画出前、后特征表面的特征图形后,应注意作两圆的切线,最后擦除作图线,加粗轮廓线,立体的斜二等轴测图就完成了,如图 2-38(d)所示。

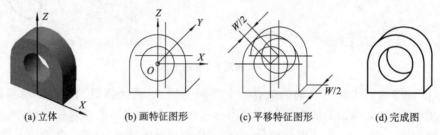

(a) 立体　　　　(b) 画特征图形　　　　(c) 平移特征图形　　　　(d) 完成图

图 2-38　斜二等轴测图的画法

例 2-8　用坐标法画平行于 XOY 坐标面的圆的斜二等轴测图。

作图　(1)画该圆的外切正方形,再沿坐标方向取若干平行线,平行线与圆有若干交点,如点 E,如图 2-39(a)所示;

(2)在 XOY 轴测投影面上画出正方形与圆的切点 A、B、C、D 的轴测投影,如图 2-39(b)所示;

(3)用坐标法画点 E 的轴测投影,用同样的方法可以得到若干点及其对称点,如图 2-39(c)所示;

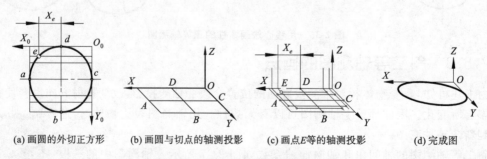

(a) 画圆的外切正方形　　(b) 画圆与切点的轴测投影　　(c) 画点 E 等的轴测投影　　(d) 完成图

图 2-39　圆的斜二等轴测图的画法

（4）光滑连接各点，即得平行于 XOY 坐标面的圆的斜二等轴测图，如图 2-39(d)所示。

显然，在两根轴的轴向伸缩系数有一个不为 1 的轴测投影面上画圆较麻烦。因此当物体的三个方向都有圆时，往往不画斜二等轴测图，而用前面所讲的正等轴测图，这样会简便一些。但是物体只在平行于某一个面的方向上有若干个圆时，采用斜二等轴测图就方便多了（见图 2-38）。

2.5.4　轴测图的尺寸注法

在立体的轴测图中标注尺寸时，应遵循国家标准（GB/T 4458.3—2013）的以下规定：

（1）轴测图中线性尺寸，一般应沿轴测轴标注。尺寸数值为零件的公称尺寸。尺寸数字应按相应的轴测图形标注在尺寸线的上方。尺寸线必须和所标注的线段平行，尺寸界线一般应平行于某一轴测轴。当在图形中出现字头向下的情况时应引出标注，将数字按水平位置注写（见图 2-40）。

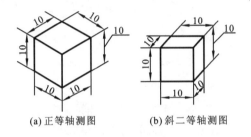

(a) 正等轴测图　　　　　(b) 斜二等轴测图

图 2-40　轴测图中线性尺寸的注法

（2）标注角度的尺寸线，应画成与该坐标平面相应的椭圆弧，角度数字一般写在尺寸线的中断处，字头向上（见图 2-41）。

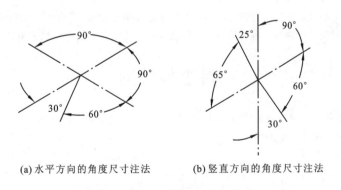

(a) 水平方向的角度尺寸注法　　　　(b) 竖直方向的角度尺寸注法

图 2-41　轴测图中角度的尺寸注法

（3）标注圆的直径时，尺寸线和尺寸界线应分别平行于圆所在的平面内的轴测轴。标注圆弧半径或较小圆的直径时，尺寸线可从（或通过）圆心引出标注，但注写数字的横线必须平行于轴测轴（见图 2-42）。

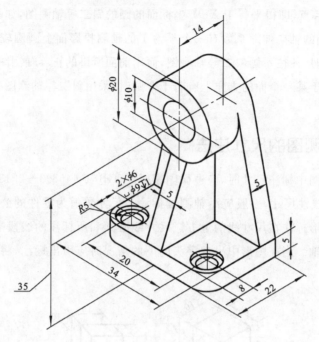

图 2-42　轴测图的尺寸注法

思 考 题

1. 基本体的构成方式有哪些? 组合体的构成方式有哪些?

2. 基于草图的拉伸、旋转等特征造型时,可以在哪些平面上绘制草图?

3. 什么是投影? 什么是中心投影? 什么是平行投影?

4. 平行投影有何特性? 为何工程应用中广泛使用平行投影的方法?

5. 轴测图属于中心投影还是平行投影? 轴向伸缩系数指的是什么? "轴测"的含义是什么?

6. 正等轴测图和斜二等轴测图各有何特点? 什么样的立体采用斜二等轴测图表达,其立体感更好?

问题与讨论

　　徒手绘制六角螺母毛坯的正等轴测图和斜二等轴测图,尺寸自定,要求各部分尺寸协调、美观。想一想采用三维软件创建六角螺母毛坯的流程。

第 3 章

点、直线和平面的投影

学习目的与要求

(1) 掌握点的投影的基础知识；

(2) 掌握直线投影的基本知识；

(3) 掌握平面投影的基本知识。

学 习 内 容

(1) 正投影体系、点的投影规律、点的坐标、各种位置点的投影特性、重影点；

(2) 直线的投影规律、各种位置的直线、直线上的点、两直线的相对位置、直线的辅助投影；

(3) 平面的投影规律、各种位置的平面、平面上的点和直线、平面的辅助投影；

(4) 直线与直线的相对位置、直线与平面的相对位置。

学习重点与难点

(1) 重点是点、直线和平面的投影规律，以及投影特性和作图方法；

(2) 难点是根据点、直线和平面的投影想象其空间位置。

本章的地位及特点

本章介绍正投影图的基本知识，包括点的投影规律、各种位置直线的投影特性及两直线相对位置的投影特征、各种位置平面投影特征，以及点、线、面之间的从属关系，直线与平面的平行和相交关系等。

总之，点、线、面的投影规律及其投影特性和作图方法是本章的核心内容，也是进一步学习后续内容的重要基础，深入理解并熟练掌握点、线和面的投影规律，会为今后的学习创造良好的条件。正投影是平行投影的特例，因此平行投影的基本性质是建立正投影的基础。

如图 3-1 所示，组成物体的基本元素是点、线、面。第 2 章介绍了工程中表示物体的常用方法，本章从点的投影开始，逐步深入地讨论用于表达物体正投影的方法。

图 3-1 物体上的点、线、面

3.1　点　的　投　影

3.1.1　直角坐标系下的点

点是组成物体的最基本元素,在研究点的投影之前,首先看一看直角坐标系下的点。在直角坐标系下,若已知点 A 的坐标为(X_A,Y_A,Z_A)。确定点 A 的空间位置有以下两种方法。

(1) 沿 X 轴方向量取点 a_X 使 $Oa_X=X_A$,沿 Y 轴方向量取点 a 使 $a_Xa=Y_A$,再沿 Z 轴方向量取点 A,使 $aA=Z_A$,从而形成如图 3-2(a)所示的点 A 的轴测图(立体图)。

(2) 分别沿着 X、Y、Z 三轴量取 a_X、a_Y、a_Z 三点,使 $Oa_X=X_A$、$Oa_Y=Y_A$、$Oa_Z=Z_A$,然后分别平行于坐标轴画出正六面体,如图 3-2(b)所示,则顶点 A 就是点 A 的空间位置。

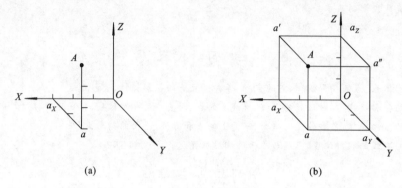

(a)　　　　　　　　　　　　　　　(b)

图 3-2　直角坐标系下的点

3.1.2　点的投影特性

如图 3-3(a)所示,若已知空间有一点 A 和投影面 H,则过点 A 作投射线垂直于 H 面。投射线与 H 面的交点 a,即为点 A 在 H 面上的投影,所以空间点在投影面上的投影是唯一的。但反过来,由点的一个投影却不能确定该点的空间位置,如图 3-3(b)所示。要确定点的空间位置,必须增加其他投影面。

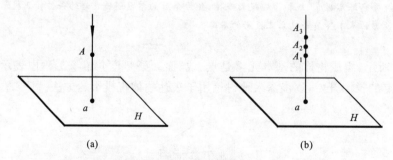

(a)　　　　　　　　　　　　　　　(b)

图 3-3　点的投影特性

3.1.3　点在投影面系中的投影

如图 3-4(a)所示,将点 A 置于三投影面系中,然后过点 A 分别向三个投影面作投射线,得到三个投影 a、a'、a''。

为统一起见,规定空间点用大写字母表示,如 A、B、C 等,水平投影用相应的小写字母 a、b、c 表示,正面投影用相应的小写字母加撇表示,如 a'、b'、c',侧面投影用相应的小写字母加两撇表示,如 a''、b''、c''。

三投影面系展开后,点的三投影在同一平面内,这样,就得到了点的三面投影图,如图 3-4 (b)、(c)所示。应注意的是:投影面展开后,表示点 A 的 Y 坐标有两个,一个是 a_{YH},一个是 a_{YW},显然 $a_{YH}=a_{YW}$,由于投影面系的展开,形成了 $OY_H \perp OY_W$,但 a_{YH}、a_{YW} 都代表了点 A 的 Y 坐标,初学者应注意理解这种投影关系。

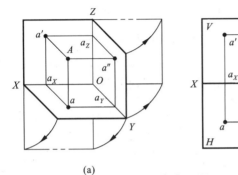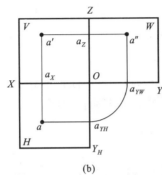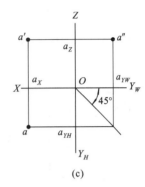

图 3-4　点在三投影面系中的投影

3.1.4　点的三面投影的投影特性

由图 3-4(a)可以看出,由于投影面相互垂直,所以三投影线也相互垂直,八个顶点 A、a、a_Y、a''、a'、a_X、O、a_Z 构成正六面体,根据正六面体的性质可以得出点的三面投影的投影特性如下。

(1) 点的正面投影和水平投影的连线垂直于 X 轴,即 $aa' \perp X$ 轴;点的正面投影和侧面投影的连线垂直于 Z 轴,即 $a'a'' \perp Z$ 轴。

(2) 点的投影到投影轴的距离,反映空间点到以投影轴为界的另一投影面的距离,即

$$aa_X=Aa'=a''a_Z \qquad (点到 V 面的距离);$$
$$a'a_X=Aa=a''a_{YW} \qquad (点到 H 面的距离);$$
$$a'a_Z=Aa''=aa_{YH} \qquad (点到 W 面的距离)。$$

为了表示点的水平投影到 X 轴的距离等于点的侧面投影到 Z 轴的距离,即 $aa_X=a''a_Z$,点的水平投影和侧面投影的连线常用圆弧表示,如图 3-4(b)所示,或自 O 作 $45°$ 的角平分线表示,如图 3-4(c)所示。

例 3-1　已知点 $A(12,10,15)$,求作它的三面投影(见图 3-5)。

作图　(1) 画投影轴;

(2) 在 X 轴上量取 $Oa_X=12$,得点 a_X;

(3) 过 a_X 作 X 轴的垂线,在垂线上量取 $aa_X=10$,$a'a_X=15$,得点 a 和 a';

(4) 过 a' 作 Z 轴的垂线,并使 $a''a_Z=aa_X$,得点 a'',即得点 A 的三面投影。

例 3-2　已知点 $B(15,10,0)$,求作其三面投影(见图 3-6(a))。

作图　(1) 画投影轴,并在 X 轴上量取 $Ob_X=15$;

(2) 过 b_X 作 $bb_X \perp X$ 轴并使 $bb_X=10$,由于 $Z_b=0$,b'、b_X 重合,即 b' 在 X 轴上;

(3) 由于 b'' 在 Y_W 轴上,在轴上量取 $b''O=bb_X$,得点 b'',即得三面投影 b、b'、b''。

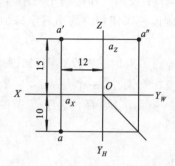

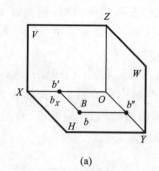

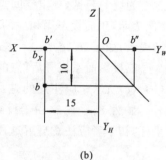

图 3-5　已知点的坐标,求三面投影　　　　　　　图 3-6　投影面内的点的投影

由例 3-2 可知,若点的三个坐标中有一个为零,则该点位于某投影面内,其投影特性是:点所在投影面上的投影与空间点重合,点的另两面投影分别位于坐标轴上。

例 3-3　已知点 $C(0,12,0)$,求作其三面投影(见图 3-7)。

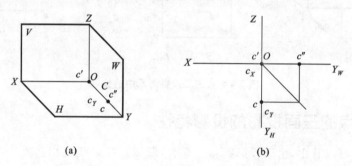

图 3-7　投影轴上的点

作图　(1) 由于 $X_C=0,Z_C=0$,所以点 C 的正面投影 c' 位于原点 O 上;

(2) 直接在 Y 轴上量取 $Oc_Y=Y_C$,得到投影 c;

(3) 根据投影特性,使 $c''c'=cc_X$,得到投影 c''。

由例 3-3 可知,若点的三个坐标中有两个为零,则该点位于某投影轴上,其投影特性是:点的一个投影位于原点 O 上,另两个投影与空间点重合,且位于投影轴上。

3.1.5　点的相对位置

两点间上下、左右和前后的位置关系,可以用两点在空间的坐标大小来判断,规定:X 坐标大为左,小为右;Y 坐标大为前,小为后;Z 坐标大为上,小为下。

例如,要判断图 3-8 中 A、B 两点的空间位置关系,可以选点 A 为基准,然后比较各同面投影中

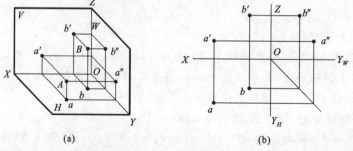

图 3-8　点的相对位置

坐标的大小。因为 b' 在 a' 的右边,即 $X_B<X_A$,表示点 B 在点 A 的右边;b' 在 a' 的上边,即 $Z_B>Z_A$,表示点 B 在点 A 的上边;b 在 a 的后边,即 $Y_B<Y_A$,表示点 B 在点 A 的后边;所以,归纳起来可以说点 B 在点 A 的右后上方。

3.1.6　点的两面投影

根据解析几何可知,点的空间位置可由 X、Y、Z 三个坐标确定,在点的三面投影体系中,点的任何两个投影已包含了三个坐标,说明点的两个投影即可确定点的空间位置,所以有时为了研究问题的方便,常省掉一个投影面。根据图 3-9(a)所示空间点 A 在两面投影体系中的投影的立体图,可得出点的两面投影的投影特性如下:

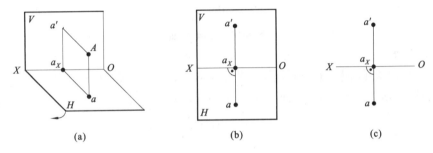

图 3-9　点的两面投影

（1）点的正面投影和水平投影的连线垂直于 X 轴,即 $a'a\perp X$ 轴(投影图中可以省略投影轴名称"OX"中的字母 O,本书后面章节大多如此处理);

（2）点的正面投影到 X 轴的距离,反映该点到 H 面的距离,即 $a'a_X=Aa$;点的水平投影到 X 轴的距离,反映该点到 V 面的距离,即 $aa_X=Aa'$。

3.1.7　点的辅助投影（换面法）

H、V、W 称为基本投影面,为了实际图解问题的需要,常另设置一个投影面以替换某一基本投影面,这个新的投影面称为辅助投影面,点在辅助投影面上的投影称为辅助投影。这种以新投影面替换旧投影面的方法常称为辅助投影面法,又称换面法。

为了使点的投影特性不变,一般新增投影面都要求垂直于某一保留的基本投影面,如图 3-10 所示,H_1 面 $\perp V$ 面。

1. 更换 H 面

如图 3-10(a)所示,以新的投影面 H_1 替换基本投影面 H,保留投影面 V,H_1 与 V 面的交线称为新的投影轴 X_1,空间点 A 在 H_1 面上的投影用 a_1 表示。将投影面展开得到新的投影体系,如图 3-10(b)所示。根据点的三面投影特性,则有:

（1）点的新投影 a_1 与保留投影 a' 的连线垂直于新的投影轴 X_1,即 $a'a_1\perp X_1$ 轴;

（2）点 A 到 V 面的距离在新、旧投影系中是相同的,即 $a_1a_{X1}=aa_X=Aa'$。

所以,可作图如下:

（1）根据实际需要,在图上适当的位置画出新轴 X_1;

（2）过 a' 作直线垂直于 X_1 轴;

（3）在 X_1 轴另一侧取 $a_1a_{X1}=aa_X$,a_1 即为辅助投影。

为了保证 $a_1a_{X1}=aa_X$，作图时可直接测量(见图 3-10(b))，也可用角平分线法求取，如图 3-10(c)所示。

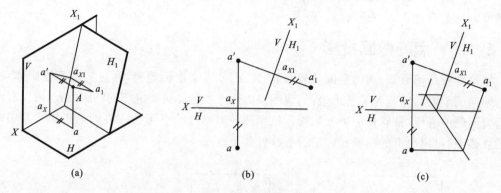

图 3-10　更换 **H** 面

2. 更换 V 面

如图 3-11(a)所示，以新的投影面 V_1 替换基本投影面 V，保留投影面 H，V_1 与 H 面的交线称为新的投影轴 X_1，点 B 在 V_1 面上的投影用 b'_1 表示。图 3-11(b)为投影图，同样有如下特性：

(1) $bb'_1\perp X_1$ 轴；

(2) $b_1'b_{X1}=b'b_X$。

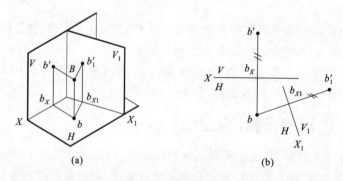

图 3-11　更换 **V** 面

3. 二次换面或多次换面

二次换面是在一次换面的基础上再做一次换面，如图 3-12 所示。同样，也可做多次换面，但要遵守以下两项规则：

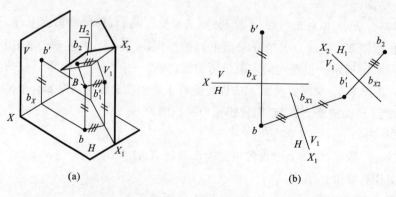

图 3-12　两次换面

（1）为了保证投影特性不变，新增投影面必须与保留投影面垂直；

（2）每次只能替换一个投影面，并且要 V 面和 H 面交替更换，两次或多次换面的作图方法与一次换面完全相同（要注意前、后三个投影面之间的投影规律），如图 3-12(b)所示。

3.2　直线的投影

3.2.1　直线的投影特性

（1）直线的投影一般仍为直线。如图 3-13(a)所示，过直线 AB 上的一系列点作投射线，则这些投影线构成一投影面 P，P 与 H 面的交线即是 AB 的投影，因此直线的投影一般为直线。

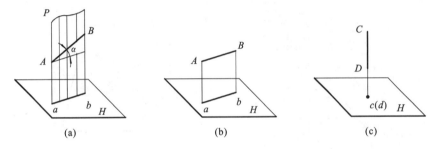

图 3-13　直线的投影特性

（2）直线的投影一般小于它的实长，只有当直线平行于投影面时，投影才等于实长。如图 3-13(a)所示，如果 AB 对 H 面的倾角为 α，显然有等式 $ab = AB \cdot \cos\alpha$ 成立，所以直线的投影往往小于它的实长。当 $\alpha = 0$ 时，则 $ab = AB \cdot \cos\alpha = AB$，此时直线平行于投影面，投影等于实长，如图 3-12(b)所示。

（3）直线垂直于投影面时，投影积聚为一点，这种性质称为积聚性。如图 3-13(c)所示，当直线 CD 垂直于 H 面时，$\alpha = 90°$，则 $cd = CD \cdot \cos\alpha = 0$，投影长度为 0，即投影重合成一点 $c(d)$。所以此时直线上任意一点的投影都与 $c(d)$ 重合，点 C、D 又称重影点。规定某投影面的两重影点中，离投影面远的点的该面投影可见，近的不可见，不可见的投影用括号括起来表示。

3.2.2　直线投影图的画法

由于两点可决定一直线，直线的投影可由直线上任意两点的投影确定，如图 3-14 中已知 A、B 的三面投影，分别将 A、B 的同面投影连接起来，即得 AB 的投影图。

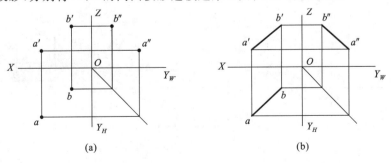

图 3-14　直线的投影图

3.2.3　各种位置直线的投影特性

直线在投影面体系中,根据相对于投影面的位置可分为一般位置直线和特殊位置直线两种,特殊位置直线又分为投影面平行线和投影面垂直线两种,它们的投影特性如下。

1. 一般位置直线的投影特性

直线和三个投影面都斜交时称为一般位置直线,直线与它们的投影面所成的锐角称为直线对投影面的倾角。

规定用 α、β、γ 分别表示直线对 H、V、W 面的倾角,如图 3-15 所示,则有以下投影、实长与倾角的关系:$ab = AB \cdot \cos\alpha$,$a'b' = AB \cdot \cos\beta$,$a''b'' = AB \cdot \cos\gamma$。由于一般位置直线对三个投影面的倾角都在 $0° \sim 90°$ 之间,所以线段的三个投影都小于空间线段的实长。

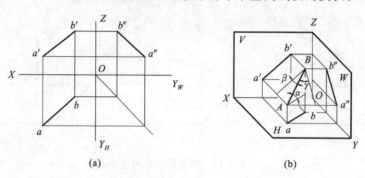

(a)　　　　　　　　　　　　　　　(b)

图 3-15　一般位置直线及直线对投影面的夹角

因此,一般位置直线段的投影特性是:

(1) 三个投影都不反映实长;

(2) 三个投影均倾斜于投影轴,且与投影轴的夹角不反映该直线对投影面的倾角。

2. 投影面平行线

投影面平行线是指平行于一个投影面而对另外两个投影面倾斜的直线。它有三种:水平线(平行于 H 面)、正平线(平行于 V 面)、侧平线(平行于 W 面),投影面平行线的投影特性如表 3-1 所示。

表 3-1　立体上的投影面平行线

名称	水平线(平行于 H 面,对 V、W 面倾斜)	正平线(平行于 V 面,对 H、W 面倾斜)	侧平线(平行于 W 面,对 H、V 面倾斜)
投影图			

名称	水平线（平行于 H 面，对 V、W 面倾斜）	正平线（平行于 V 面，对 H、W 面倾斜）	侧平线（平行于 W 面，对 H、V 面倾斜）
轴测图			
立体上的线			
投影特性	（1）水平投影 $ab=AB$。 （2）正面投影 $a'b'\parallel OX$，侧面投影 $a''b''\parallel OY_W$。 （3）ab 与 OX 和 OY_H 的夹角 β、γ 分别等于 AB 对 V、W 面的倾角	（1）正面投影 $c'd'=CD$。 （2）水平投影 $cd\parallel OX$，侧面投影 $c''d''\parallel OZ$。 （3）$c'd'$ 与 OX 和 OZ 的夹角 α、γ 分别等于 CD 对 H、W 面的倾角	（1）侧面投影 $e''f''=EF$。 （2）水平投影 $ef\parallel OY_H$，正面投影 $e'f'\parallel OZ$。 （3）$e''f''$ 与 OY_W 和 OZ 的夹角 α、β 分别等于 EF 对 H、V 面的倾角
	小结：（1）直线在所平行的投影面上的投影表达实长； （2）其他投影平行于相应的投影轴； （3）表达实长的投影与投影轴所夹的角度等于空间直线对相应投影面的倾角		

3. 投影面垂直线

投影面垂直线是指垂直于一个投影面又与另两个投影面平行的直线。它有三种：铅垂线（垂直于 H 面）、正垂线（垂直于 V 面）、侧垂线（垂直于 W 面），投影面垂直面的投影特性如表 3-2 所示。

表 3-2　立体上的投影面垂直线

名称	铅垂线（垂直于 H 面，平行于 V 面和 W 面）	正垂线（垂直于 V 面，平行于 H 面和 W 面）	侧垂线（垂直于 W 面，平行于 H 面和 V 面）
投影图			

名称	铅垂线(垂直于 H 面,平行于 V 面和 W 面)	正垂线(垂直于 V 面,平行于 H 面和 W 面)	侧垂线(垂直于 W 面,平行于 H 面和 V 面)
轴测图			
立体上的线			
投影特性	(1) 水平投影 $a(b)$ 成一点,有积聚性; (2) $a'b'=a''b''=AB$,$a'b'\perp OX$,$a''b''\perp OY_W$	(1) 正面投影 $c'(d')$ 成一点,有积聚性; (2) $cd=c''d''=CD$,$cd\perp OX$,$c''d''\perp OZ$	(1) 侧面投影 $e''(f'')$ 成一点,有积聚性; (2) $ef=e'f'=EF$,$ef\perp OY_H$,$e'f'\perp OZ$

小结:(1) 直线在所垂直的投影面上的投影成一点,有积聚性;
(2) 其他投影表达实长,且垂直于相应的投影轴

3.2.4　直线上的点的投影特性

根据直线的投影特性,当点在直线上时,点的各个投影必在直线的同面投影上,如图 3-16 所示。点 C 在 AB 上,则 c、c'、c'' 分别在 ab、$a'b'$、$a''b''$ 上,而且还满足 $ac:cb=a'c':c'b'=a''c'':c''b''=AC:CB$ 的关系,这就是直线上点的投影的从属性和定比性。

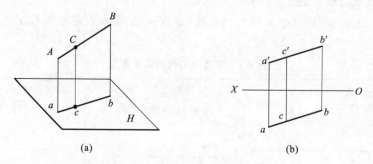

(a)　　　　　　　　　　　(b)

图 3-16　直线上的点的投影特性

利用上述性质可以在直线上求点和分割线段成定比。

例 3-4　已知 C 在 AB 上,据 c 求 c'、c''(见图 3-17(a))。

分析　由于 C 在 AB 上,则 c' 在 $a'b'$ 上,c'' 在 $a''b''$ 上。

作图　(1) 过 c 作 X 轴垂线,与 $a'b'$ 相交,得到点 c';

（2）根据点的投影特性可求出 c''。

例 3-5　已知 C 在 AB 上，使 $AC:CB=1:2$。

分析　根据定比性可知，$ac:cb=a'c':c'b'=1:2$，只要将 ab 或 $a'b'$ 分成 $1+2$ 等份，即可求出 c、c'（见图 3-17(b)）。

作图　（1）自 a（或 a'）任作直线 aB_0；

（2）在 aB_0 上以适当长度取 3 等份；

（3）连点 3、b，过点 1 作 $1c/\!/3b$，得点 c；

（4）由点 c 求出点 c'。

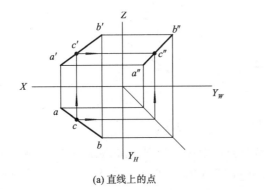

(a) 直线上的点　　　　　　　　(b) 点分线段成比例

图 3-17　直线上点的投影

例 3-6　判断点 K 是否在直线 AB 上（见图 3-18(a)）。

分析　如点 K 在直线上，则 K 的投影必在相应的投影上，且分线段成比例，即 $ak:kb=a'k':k'b'$。

作图　**解法一**　利用从属性，如图 3-18(b)所示，画出侧面投影 k''，因 k'' 不在 $a''b''$ 上，故 K 不在 AB 上。

解法二　利用定比性，如图 3-18(c)所示，自 a' 作任一直线 $a'B_0$，并使 $a'B_0=ab$，截取 $a'K_0=ak$，连点 B_0、b'，并过 K_0 作 $K_0k_1/\!/B_0b'$，与 $a'b'$ 相交于 k_1，k_1 与 k' 不重合，则点 K 不在直线 AB 上。

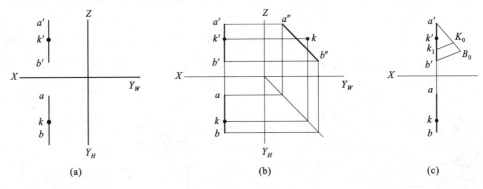

(a)　　　　　　　　　　(b)　　　　　　　　　　(c)

图 3-18　判断点是否在直线上

3.2.5　直线的迹点

直线与投影面的交点称为迹点。直线与 H 面的交点称为水平迹点，与 V

面的交点称为正面迹点,与 W 面的交点称为侧面迹点。如图 3-19(a)所示,M 为水平迹点,N 为正面迹点。迹点既是直线上的点,又是投影面上的点,其投影特性由此确定。

(1) 由于迹点是直线上的点,因而迹点的投影必在直线的同面投影上;

(2) 由于迹点在投影面上,因而迹点的一个投影与迹点本身重合,其余投影则在投影轴上。

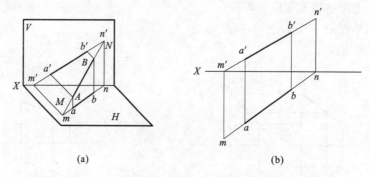

(a)　　　　　　　　　　　　　(b)

图 3-19　直线上的点

根据上述投影特性,就可得到求直线迹点的投影的作图方法,如图 3-19(b)所示:

(1) 延长 $a'b'$ 与 X 轴相交于点 m',由 m' 作 X 轴垂线与 ab 的延长线相交于点 m,即得水平迹点 M;

(2) 延长 ab 与 X 轴相交于点 n,由 n 作 X 轴垂线与 $a'b'$ 的延长线相交于点 n',即得正面迹点 N。

3.2.6　求一般位置线段的实长及其对投影面的倾角

由于特殊位置直线的实长及其对投影面的倾角可在其投影图上得到,所以求实长及倾角通常是对一般位置直线而言的。

根据一般位置直线的投影特性可知,一般位置直线的投影既不反映实长,又不反映直线对投影面的倾角,但是线段的投影可唯一确定线段的空间位置,因而就可根据线段的投影几何关系用图解的方法求出一般位置线段的实长及其对投影面所成倾角。这里介绍一种图解方法——直角三角形法。

如图 3-20(a)所示,AB 为一般位置线段,过点 A 作 $AB_0 /\!/ ab$,交 Bb 于 B_0,则构成 $\mathrm{Rt}\triangle ABB_0$。在 $\mathrm{Rt}\triangle ABB_0$ 中,直角边 $AB_0 = ab$、$BB_0 = Z_B - Z_A$。即 BB_0 等于 a'、b' 到 X 轴的距

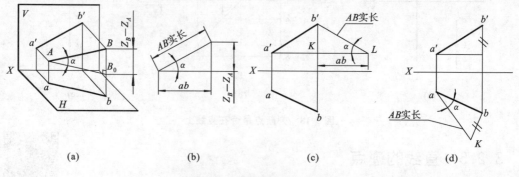

(a)　　　　　　(b)　　　　　　(c)　　　　　　(d)

图 3-20　求线段实长和 α 角

离差，$\angle BAB_0 = \alpha$ 即直线 AB 对 H 面的倾角，AB 为直角三角形的斜边。可见，若已知线段的两个投影，就等于已知三角形的两个直角边，则此直角三角形便可作出，也就可求出线段的实长及 α 角。

作图方法一般有以下三种。

（1）如图 3-20(b) 所示，可单独作直角三角形求出线段实长及 α 角。

（2）如图 3-20(c) 所示，以 $b'K = Z_B - Z_A$ 为一直角边，量取 $KL = ab$ 为另一直角边，连点 b' 和点 L，则 $b'L$ 反映 AB 的实长，$\angle b'LK$ 为 α 角。

（3）如图 3-21(d) 所示，以 ab 为一直角边，过点 b 作 $bK \perp ab$，并使 $bK = Z_B - Z_A$，形成另一直角边。连 aK，aK 反映线段的实长，$\angle baK$ 为 AB 对 H 面的倾角 α。

通过以上分析可知，在直角三角形法中，三角形包含四个要素：投影长、坐标差、实长及倾角，只要已知其中两个要素就可把其他两个求出来。线段的投影、实长、倾角及坐标差之间的关系如表 3-3 所示。应注意的是：直角三角形法不仅是求线段实长及其对投影面的倾角的方法，也是解决一般位置直线的其他图解问题的方法，如表 3-3 所示，还可求出线段某一投影长度或某一投影的坐标差。

表 3-3　线段的投影、实长、倾角和直角三角形

已 知		可 求	
某一投影	另一投影坐标差	线段实长	线段与该投影面的夹角
某一投影	线段实长	另一投影坐标差	线段与该投影面的夹角
某一投影	线段与该投影面的夹角	线段实长	另一投影坐标差
某一投影坐标差	线段实长	另一投影长	线段与另一投影面的夹角
某一投影坐标差	线段与另一投影面的夹角	另一投影长	线段实长

直角三角形法的四要素关系图

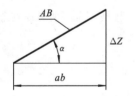 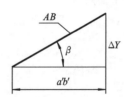 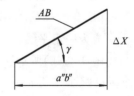

例 3-7　求线段 CD 的实长及倾角 β（见图 3-21）。

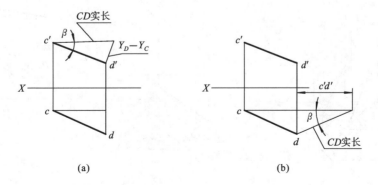

(a)　　　　　　　　　(b)

图 3-21　求线段 CD 的实长及倾角 β

分析　由表3-3可知,β角所在的三角形,可由V面投影、Y坐标差、实长确定,因此可以分别用如图3-21(a)、(b)所示的方法作图求出。

例3-8　如图3-22(a)所示,已知线段AB的一个投影ab和点A的另一投影,并已知$\alpha=30°$,试完成AB的正面投影。

分析　根据表3-3,已知水平投影及α角,可作出$\mathrm{Rt}\triangle abB_0$,$bB_0$即为$A$、$B$的$Z$坐标差,由于并不知道$Z_A$和$Z_B$的大小,所以本题可求出两个解,如图3-22(c)所示。

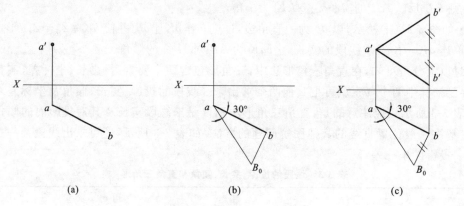

图3-22　求线段的正面投影

3.2.7　直线的辅助投影(换面法)

直线辅助投影可由直线上的两点的辅助投影来确定。一般来说,作直线的辅助投影主要要解决以下三个基本作图问题,即将一般位置直线通过换面法变成特殊位置直线。

1. 将一般位置直线变为投影面平行线

例3-9　如图3-23(a)所示,取一铅垂面V_1平行于AB,用以替换V面,则AB在新的投影体系V_1/H中成为一正平线。

作图　如图3-23(b)所示。

(1) 作新投影轴$X_1 /\!/ ab$;

(2) 过ab分别作$aa_1'\perp X_1$轴,$bb_1'\perp X_1$轴,并使$a_1'a_{X1}=a'a_X$,$b_1'b_{X1}=b'b_X$;

(3) 连点a_1'和点b_1'得反映ab实长的投影$a_1'b_1'$。

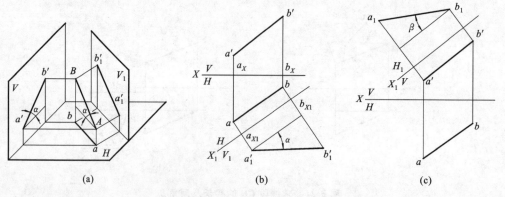

图3-23　将一般位置直线变为投影面平行线

$a_1'b_1'$ 与 X_1 轴的夹角即为 AB 对 H 面的倾角 α。

同样,也可作正垂面平行于 AB,如图 3-23(c)所示,a_1b_1 反映实长,a_1b_1 与 X 轴的夹角即为 AB 对 V 面的倾角 β。

2. 将投影面平行线变为投影面垂直线

如图 3-24(a)所示,直线 AB 为正平线,要将正平线变为垂直线,可取一辅助投影面 H_1 垂直于 AB,构成新的投影体系 V/H_1,即可得到 AB 在 H_1 上的积聚性投影 $a_1(b_1)$。作图方法如图 3-24(b)所示,即先作 X_1 轴垂直于 $a'b'$,再根据相等关系求出 $a_1(b_1)$。

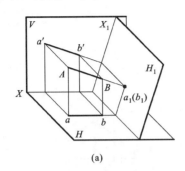 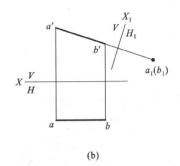

(a)　　　　　　　　　　　(b)

图 3-24　将平行线变为垂直线

3. 将一般位置直线变为投影面垂直线

如上所述,只有当直线为投影面平行线时,该直线经一次换面才能变为投影面垂直线,而将一般位置直线变为投影面垂直线就要进行两次换面,即需先将一般位置直线变成投影面平行线,然后才能将投影面平行线变为投影面垂直线,具体作图方法如图 3-25 所示。

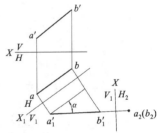

图 3-25　一般位置直线变为投影面垂直线

3.2.8　两直线的相对位置

空间两直线的相对位置包括平行、相交和交叉三种情况,其投影特性如下。

1. 平行两直线

空间平行两直线的同面投影相互平行且两平行线段之比等于它们的投影之比,这就是平行两直线的投影特性,即平行性和定比性。如图 3-26 所示,若 $AB/\!/CD$,则 $ab/\!/cd$,$a'b'/\!/c'd'$,$a''b''/\!/c''d''$,且 $AB:CD=ab:cd=a'b':c'd'=a''b'':c''d''$。

利用以上投影特性,可以从投影图上判断一般位置直线是否平行和完成平行两直线的投影作图等。

当直线都是投影面平行线时,判断它们是否平行时要特别注意,如图 3-27 所示,可以用侧面投影和定比性判断。

2. 相交两直线

空间相交两直线必有一交点,它的投影应符合直线上点的投影特性,交点又是两直线的共有点,即同面投影的交点为两直线交点的投影,如图 3-28 所示。利用这一特性,可解决有关相交直线的作图问题。

3. 交叉两直线

既不平行又不相交的空间两直线,称为交叉两直线。如图 3-29 所示,两直线的同面投影相交,但投影交点连线不垂直于投影轴,不是两直线的共有点,所以两直线不相交,也不平行,是交叉两直线。

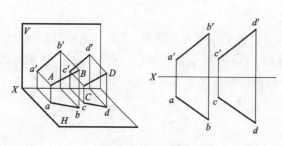

图 3-26　平行两直线

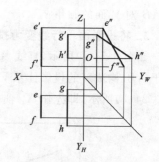

图 3-27　两直线不平行

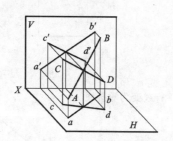

图 3-28　相交两直线

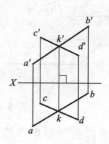

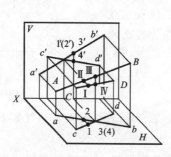

图 3-29　交叉两直线

从点的投影性质可知,交叉两直线同面投影的交点实际上是重影点的投影,如图 3-29 所示,正面投影的交点是直线 AB、CD 上的Ⅰ、Ⅱ两点的投影,由于 $Y_1 > Y_2$,所以 $1'$ 可见,$2'$ 不可见。同理,可判断出重影点水平投影的可见性。

3.2.9　直角投影

两直线夹角的投影一般不等于原角。但当角的两边同时为某投影面平行线时,它在该面上的投影等于原角。对于直角,除了满足上述性质外,只要有一直角边平行于某一投影面,则它在该投影面的投影还是直角,如图 3-30 所示,这就是直角投影的特性。

反过来,若相交两直线在某一投影面上的投影成直角,则只要有一条直线平行于投影面,两直线在空间必互相垂直。根据直角投影的特性,可以解决投影图中有关垂直的问题,以及点到直线的距离等问题。

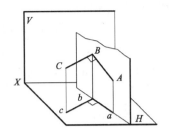
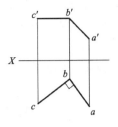

图 3-30　直角的投影性质

例 3-10　过点 A 作直线与 CD 垂直相交（见图 3-31(a)）。

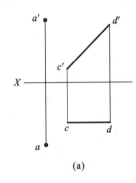
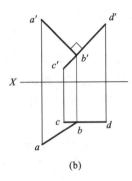

(a)　　　　　　　　　　　　　　(b)

图 3-31　过点作一正平线的垂线

分析　由图可知，CD 为正平线。根据直角投影特性可知，与正平线垂直的直线，其正面投影必互相垂直。

作图　如图 3-31(b)所示。

(1) 过点 a' 作 $a'b' \perp c'd'$，使 $a'b'$ 与 $c'd'$ 交于点 b'；

(2) 在 cd 上求出点 b；

(3) 连点 a、b，则 ab、$a'b'$ 即为所求。

例 3-11　求点 K 到直线 AB 的距离（见图 3-32(a)）。

分析　只要过点 K 作 AB 的垂线，则垂线的实长就是 K 到 AB 的距离。由于 AB 是一般位置直线，不能直接利用直角投影特性，但可用换面法先将 AB 变为投影面平行线。

作图　如图 3-32(b)所示。

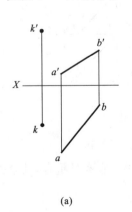
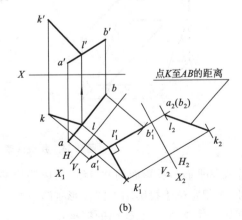

(a)　　　　　　　　　　　　　　(b)

图 3-32　点到直线的距离

（1）作 X_1 轴 $\parallel ab$，求出 $a_1'b_1'$ 和 k_1'，则直线 $AB \parallel V_1$ 面；

（2）过 k_1' 作 $k_1'l_1' \perp a_1'b_1'$，与 $a_1'b_1'$ 交于 l_1'，然后，在 ab、$a'b'$ 上分别求出 l、l'，KL 即为 AB 的垂线；

（3）因为 KL 的投影不反映实长，故可再用换面法或直角三角形法求出 KL 的实长。

3.3 平面的投影

3.3.1 平面的表示法

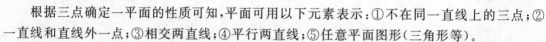

1. 用几何元素表示平面

根据三点确定一平面的性质可知，平面可用以下元素表示：①不在同一直线上的三点；②一直线和直线外一点；③相交两直线；④平行两直线；⑤任意平面图形（三角形等）。

在投影图上表示平面，就是画出确定平面位置的几何元素的投影，如图 3-33 所示。各种不同方法可以相互转换，例如，连接图 3-33(a) 中的点 a、b 和点 a'、b' 就是图 3-33(b) 所示的表示方法了。

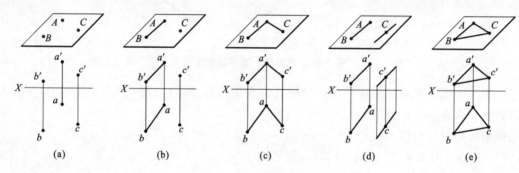

| (a) | (b) | (c) | (d) | (e) |

图 3-33 表示平面的方法

2. 用迹线表示平面

平面与投影面的交线称为平面的迹线。如图 3-34(a) 中的平面 P，它与 H 面的交线 P_H 为水平迹线，与 V 面的交线 P_V 为正面迹线，与 W 面的交线 P_W 为侧面迹线。

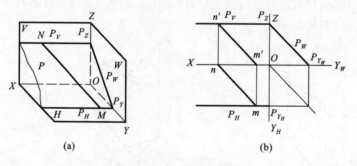

| (a) | (b) |

图 3-34 用迹线表示平面

平面迹线是平面与投影面的共有线，所以迹线的一个投影与它本身重合，其余投影必在相应的投影轴上，规定位于投影轴上的投影省略不画。

迹线有如下性质，它们是作图的依据：

（1）平面内任何直线的迹点均位于同名迹线上，如图 3-34 中的点 M、点 N；

（2）同一平面的迹线两两之间，不平行则相交，交点必在相交的投影轴上，如图 3-34(b)中的点 P_Z。

作图时只要分别求出它们的正面迹点和水平迹点，然后连接同面投影就可以把其他表示平面的方法转换成用迹线表示。

3.3.2　平面投影的基本特性

（1）平面平行于投影面时，它在投影面上的投影反映实形，称为实形性，如图 3-35(a) 所示。

（2）平面垂直于投影面时，它在投影面上积聚成一直线，称为积聚性，如图 3-35(b)所示。

（3）平面倾斜于投影面时，它在投影面上的投影与平面图形类似，称为类似性，如图 3-35 (c)所示。

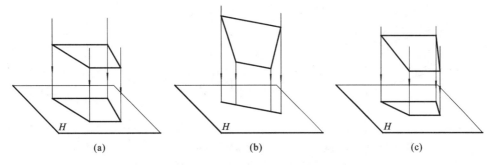

图 3-35　平面投影的基本特性

3.3.3　各种位置平面的投影特性

根据平面在投影面体系中的相对位置不同，平面分为特殊位置平面和一般位置平面两种。特殊位置平面又分为投影面垂直面和投影面平行面两种，特殊位置平面的投影特性如下。

1. 投影面垂直面

垂直于一个投影面而对另外两个投影面倾斜的平面，称为投影面垂直面。按与其垂直的投影面的不同可分为铅垂面（垂直于 H 面）、正垂面（垂直于 V 面）、侧垂面（垂直于 W 面）三种，它们的投影特性如表 3-4 所示。

表 3-4　立体上的投影面垂直面

名称	铅垂面（垂直于 H 面，对 V、W 面倾斜）	正垂面（垂直于 V 面，对 H、W 面倾斜）	侧垂面（垂直于 W 面，对 H、V 面倾斜）
投影图			

名称	铅垂面(垂直于 H 面,对 V、W 面倾斜)	正垂面(垂直于 V 面,对 H、W 面倾斜)	侧垂面(垂直于 W 面,对 H、V 面倾斜)
轴测图			
立体上的面			
投影特性	(1) 水平投影为倾斜于 X 轴的直线,有积聚性,它与 OX、OY_H 的夹角分别为 β、γ。 (2) 正面投影和侧面投影均为与原形边数相同的类似形	(1) 正面投影为倾斜于 X 轴的直线,有积聚性,它与 OX、OZ 的夹角分别为 α、γ。 (2) 水平投影和侧面投影均为类似形	(1) 侧面投影为倾斜于 Z 轴的直线,有积聚性,它与 OY_W、OZ 的夹角分别为 α、β。 (2) 水平投影和正面投影均为类似形

小结:(1) 在所垂直的投影面上的投影,为倾斜于相应投影轴的直线,有积聚性,它和相应投影的夹角,即平面对相应投影面的倾角;

(2) 平面多边形的其余投影均为类似形

例 3-12　过点 $A(a,a')$,求作 $\alpha=30°$ 的正垂面。

(1) 用相交两直线表示;

(2) 用迹线表示。

分析　根据表 3-4 可知,正垂面的正面投影倾斜于 X 轴且有积聚性,它与 X 轴的夹角反映实角 α,若选用相交直线表示平面,则作图如图 3-36(a)所示。

作图　(1) 过点 $A(a,a')$,作与 X 轴成 30°的线段 $a'b'$(因当 $\alpha=30°$ 时有两个方向,所以此题有两个解,图中只给出了一个解);

(2) 在水平投影中过 a 任作 ab、ac,则得正垂面;

当需用迹线表示时,可过点 a' 作与 X 轴成 30°角的正面迹线 P_V,然后完成水平投影 P_H,如图 3-36(b)所示。

例 3-13　如图 3-37(a)所示,已知平面的正面投影和侧面投影,求作水平投影。

分析　根据表 3-4 可知,平面的侧面投影有积聚性,并与 Z 轴成一定夹角,说明平面是侧垂面。侧垂面的水平投影与正面投影有类似性。

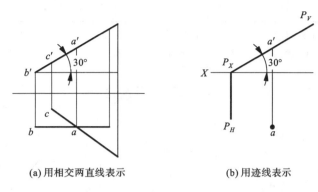

(a) 用相交两直线表示　　　　　　　　　　(b) 用迹线表示

图 3-36　过点作正垂面

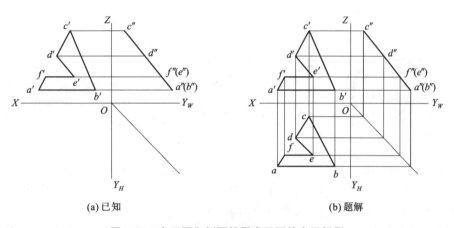

(a) 已知　　　　　　　　　　　　　　(b) 题解

图 3-37　由正面和侧面投影求平面的水平投影

作图　（1）按已知点的两个投影求第三个投影的方法，求出水平投影的各顶点；

（2）按正面投影的连接关系，连接水平投影的相应点，得到类似的水平投影。

2. 投影面平行面

平行于某一投影面的平面，称为投影面平行面，按所平行的投影面的不同可分为水平面（平行于 H 面）、正平面（平行于 V 面）、侧平面（平行于 W 面）三种，投影面平行面的投影特性如表 3-5 所示。

表 3-5　立体上的投影面平行面

名称	水平面（平行于 H 面，垂直于 V、W 面）	正平面（平行于 V 面，垂直于 H、W 面）	侧平面（平行于 W 面，垂直于 H、V 面）
投影图			

续表

名称	水平面(平行于 H 面，垂直于 V、W 面)	正平面(平行于 V 面，垂直于 H、W 面)	侧平面(平行于 W 面，垂直于 H、V 面)
轴测图	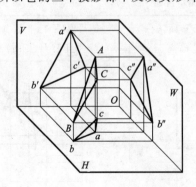		
立体上的面			
投影特性	(1) 水平投影表达实形； (2) 正面投影为直线，有积聚性，且平行于 OX 轴； (3) 侧面投影为直线，有积聚性，且平行于 OY_W 轴	(1) 正平投影表达实形； (2) 水平投影为直线，有积聚性，且平行于 OX 轴； (3) 侧面投影为直线，有积聚性，且平行于 OZ 轴	(1) 侧面投影表达实形； (2) 水平投影为直线，有积聚性，且平行于 OY_H 轴； (3) 正面投影为直线，有积聚性，且平行于 OZ 轴
小结	小结：(1) 在所平行的投影面上的投影表达实形； (2) 其余投影均为直线，有积聚性，且平行于相应的投影轴		

3. 一般位置平面的投影特性

对三个投影面都倾斜的平面称为一般位置平面，如图 3-38 所示，由于它对三个投影面都倾斜，所以它的三个投影都不反映实形，但具有类似性。

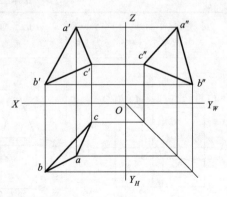

图 3-38　一般位置平面的投影特性

3.3.4　平面内的线和点

直线在平面内的几何条件如下。

（1）直线通过平面内的已知两点，如图 3-39（a）所示。

（2）直线含平面内的已知点，又平行于平面内的一已知直线，如图 3-39（b）所示。

以上几何条件是解决平面内直线作图问题的依据。

1. 平面内的一般位置直线

在平面内作直线，只要在平面内两已知直线上各取一点，然后连成直线即可。

例 3-14　在△ABC 给定的平面内作一任意直线。

分析　根据直线在平面内的几何条件可知，只要找到平面内已知两点即可求出该直线。

作图　如图 3-40 所示，在△ABC 内任意两边各取一点Ⅰ、Ⅱ，连接Ⅰ、Ⅱ的投影 12、1'2'即得一解。本例有无穷解。

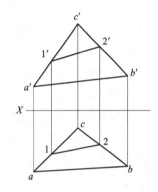

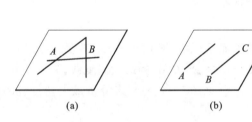

图 3-39　直线在平面内的条件

图 3-40　在平面内取线

例 3-15　判断 KL 是否在△ABC 平面内（见图 3-41）。

分析　根据直线在平面内的几何条件可知，若直线 KL 在平面 ABC 内，则直线 KL 或者与平面内两已知直线相交，或者与其中一条相交与另一条平行。

作图　（1）延长 k'l'，与 a'c'、b'c'分别交于点 1'、2'；

（2）分别在 ac、bc 上求出点 1、2，并连接点 1、2，看 12 和 kl 是否在一条直线上。如图 3-41 所示，显然线段 12 和 kl 不在一条直线上，所以 KL 不在△ABC 平面内。

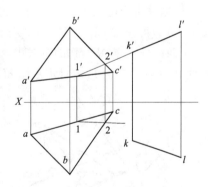

图 3-41　判断直线是否在平面内

2. 平面内的投影面平行线

平面内的投影面平行线既要满足投影面平行线的投影特性，又要满足直线在平面内的条件。由于投影面平行线作图方便，又有很多直接可量的投影特性，如反映实长、夹角等，所以为了解题的需要，经常用它作为辅助线。

例 3-16　在△ABC 平面内任作一正平线（见图 3-42）。

分析　因为正平线的水平投影平行于 X 轴，所以可先作水平投影，再求正面投影。

作图　（1）过水平投影任一点，如过 a 作 ad∥X 轴；

(2) 求出 d 的正面投影 d',则 AD 即为正平线。本例有无穷解。

例 3-17   在 $\triangle ABC$ 中,求距 H 面为 15 mm 的水平线(见图 3-43)。

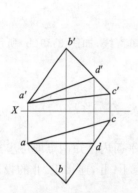

图 3-42   平面内的正平线

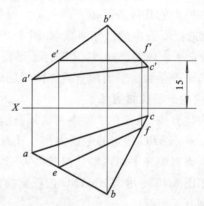

图 3-43   平面内的水平线

分析   水平线的正面投影平行于 X 轴,所以可先作正面投影,再求水平投影。

作图   (1) 取 $Z = 15$,作 $e'f' \parallel X$ 轴,与 $a'b'$、$b'c'$ 分别交于点 e'、f';

(2) 分别在 ab、bc 上求出点 e、f,连 e、f,则 EF 即为所求。

3. 平面内对投影面的最大斜度线

平面内的最大斜度线是垂直于该平面内的投影面平行线的直线。最大斜度线有三种:对水平面 H 的最大斜度线、对正平面 V 的最大斜度线、对侧平面 W 的最大斜度线。

下面以平面 P 内对水平面 H 的最大斜度线为例(见图 3-44(a)),来分析最大斜度线的投影特性。

P 为一般位置平面,AB 为平面 P 内一水平线,若过平面 P 内点 N 作一直线 NM 垂直于 AB(同样也垂直于迹线 P_H),作一任意斜线 NM_1,这时两直线与 H 面的夹角分别为 α 和 α_1。由图 3-44(a)可知,$NM_1 > NM$,可以作出直角三角形,如图 3-44(b)所示,所以 $\alpha > \alpha_1$。由此可知,过平面内任一点 N 所作的直线中,以垂直于水平线 AB 的直线 MN 与 H 面的夹角最大,故直线 NM 称为平面 P 内对水平面 H 的最大斜度线。

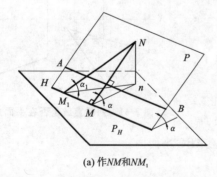

(a) 作 NM 和 NM_1

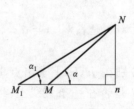

(b) 作直角三角形

图 3-44   平面内的最大斜度线

显然,α 角为最大斜度线 NM 对 H 水平面的倾角,也是平面 P 与 H 水平面的夹角。因此可用最大斜度线测定平面与投影面的夹角。从以上分析可知,最大斜度线有如下投影特性:

(1) 平面内的最大斜度线是垂直于该平面内的投影面平行线的直线;

(2) 平面内的最大斜度线反映平面与投影面的夹角。

例 3-18 求作 $\triangle ABC$ 平面对 H、V 面的倾角 α、β（见图 3-45）。

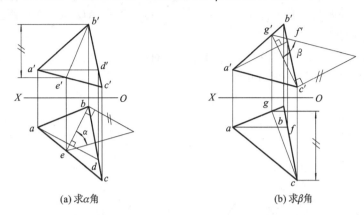

(a) 求 α 角   (b) 求 β 角

图 3-45 作平面对 H、V 面的倾角

分析 可用对 H、V 面的最大斜度线来求 α、β 角。求出最大斜度线后，再用直角三角形法或用换面法求 α、β 角。

作图 （1）过点 A 作水平线 $AD(ad,a'd')$；

（2）过点 B 作 $BE \perp AD(be \perp ad)$；

（3）在水平投影中用直角三角形法求 α 角，如图 3-45(a) 所示。

同理，如图 3-45(b) 所示，作出正平线 AF 的垂线 CG，CG 即为 $\triangle ABC$ 平面对 V 面的最大斜度线，再用直角三角形法求 β 角。

4. 平面内的点

点在平面内时，该点必在平面内的一已知直线上，因此，在平面内找点时，一般要在平面内作辅助线，然后在所作直线上取点。

例 3-19 已知 $\triangle ABC$ 平面内一点 K 的正面投影 k'，求它的水平投影 k（见图 3-46）。

作图 过点 K 可作任意直线，一般为了作图简便，往往可过平面上已知点作直线。如图 3-46 所示，可过点 k' 作 $a'd'$，则点 K 的水平投影必在 AD 的水平投影上，即求出点 K 的水平投影。

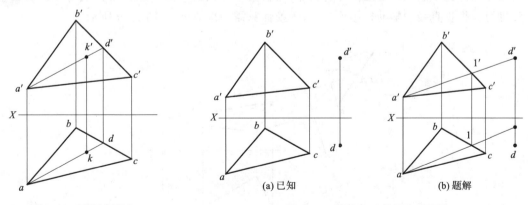

(a) 已知   (b) 题解

图 3-46 平面内取点   **图 3-47 判断点 D 是否在平面内**

例 3-20 判断点 D 是否在 $\triangle ABC$ 确定的平面内（见图 3-47）。

分析 如点 D 在平面内，则其与平面内的任意点的连线应满足直线在平面内的几何条件。

作图　(1) 连点 a'、d'，交 $b'c'$ 于点 $1'$；

(2) 连点 a、1 并延长，$a1$ 不和 $d'd$ 交于点 d，可见，1 不在 AD 的水平投影上，所以 D 不在 $\triangle ABC$ 确定的平面内。

例 3-21　试完成如图 3-48(a)所示的四边形平面的水平投影。

分析　若 $ABCD$ 是平面，则对角线必相交。

作图　(1) 连点 a'、c' 和点 b'、d'，得交点 k'；

(2) 连点 b、d，在 bd 上求出点 k，并连 ak；

(3) 由于点 c 在 ak 上，可求出点 c，分别连点 b、c 和点 d、c 即得题解，如图 3-48(b)所示。

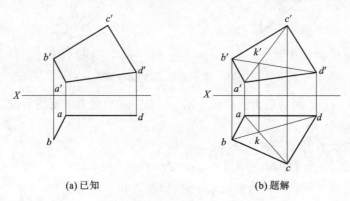

(a) 已知　　　　　　　(b) 题解

图 3-48　完成平面的水平投影

3.3.5　平面的辅助投影(换面法)

由于特殊位置平面能较多地表达平面图形的几何性质，如投影面平行面可表达实形，对解题较为有利，所以常把一般位置平面换成特殊位置平面，如换成投影面垂直面、投影面平行面等。

1. 将一般位置平面变为投影面垂直面(一次换面)

将一般位置平面变为投影面垂直面时，辅助投影面既要垂直于一般位置平面，又要垂直于基本投影面。为了满足以上条件，只要把一般位置平面内的一条投影面平行线变成投影面垂直线即可。根据直线的辅助投影可知，这种换面只需一次即可，如图 3-49 所示。

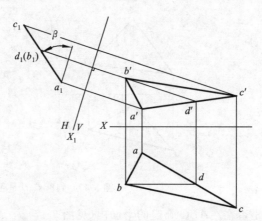

图 3-49　将一般位置平面变为投影面垂直面

例 3-22　求△ABC 对 H 面的倾角 α（见图 3-50）。

分析　求 α 时，不应改变平面与 H 面的相互位置关系，而应换 V 面，根据正垂面投影特性可知，正面投影与 X 轴的夹角为 α，因此应把平面换成 V_1 面的垂直面。

作图　（1）作水平线 $AD(ad,a'd')$；

（2）作 X_1 轴 $\perp ad$，在 V_1 上求出△ABC 的投影 $a_1'b_1'c_1'$，它与 X_1 轴的夹角即为 α。

2. 将投影面垂直面变为投影面平行面（一次换面）

将投影面垂直面变为平行面，只要取一辅助平面平行于垂直面即可。

例 3-23　求△ABC 的实形（见图 3-51）。

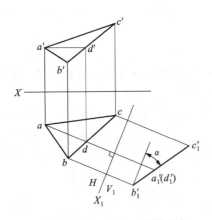

图 3-50　求△ABC 对 H 面的倾角

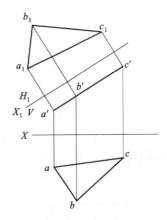

图 3-51　求△ABC 的实形

作图　（1）取 X_1 轴平行于 $a'b'c'$；

（2）根据点的辅助投影特性，求出 $a_1b_1c_1$，则△$a_1b_1c_1$ 反映△ABC 的实形。

3. 将一般位置平面换成平行面（二次换面）

如需将一般位置平面换成投影面平行面，则必须按前面介绍的方法，首先将一般位置平面变为垂直面，然后再将垂直面变成平行面。

例 3-24　求△ABC 的实形和对 V 面的倾角 β（见图 3-52）。

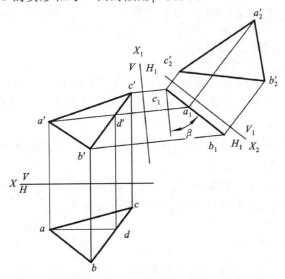

图 3-52　将一般位置平面变为投影面平行面

作图 作图方法如图 3-52 所示,先换 H 面,得到投影面垂直面的投影及 β 角,然后换 V 面得到△ABC 的实形。

3.4 旋 转 法

改变空间几何元素和投影面的相对位置,除了可以用辅助投影面法外,还可用旋转法。

如图 3-53 所示,△ABC 为一铅垂面,它在 V、H 面的投影都不反映实形,假如取一铅垂线(取包含 AB 的直线 OO)为轴,使△ABC 绕该轴旋转至与 V 面平行,则△ABC_1 在 V 面上的投影△$a'b'c'_1$ 反映实形。从以上分析可知,旋转法是使空间几何元素绕某定轴线旋转以达到预定位置的一种方法。

如图 3-54 所示,点 A 为旋转点,它绕轴线旋转时的轨迹是圆周,圆平面与旋转轴垂直,旋转轴与旋转平面的交点称为旋转中心,旋转中心与旋转点的连线称为旋转半径。因此,旋转法的五个基本要素是:旋转点、旋转轴、旋转半径、旋转平面和旋转中心。

旋转轴按其相对投影面的位置分有三种,即投影面垂直线、平行线和一般位置直线,所以旋转法一般分为绕垂直于投影面的轴旋转、绕平行于投影面的轴旋转和绕一般位置的轴旋转。由于绕垂直于投影面的轴旋转轨迹的投影是圆和直线,便于作图,而绕其他轴旋转的投影都会出现椭圆,不便于作图,所以这里只研究绕垂直于投影面的轴旋转的情况。

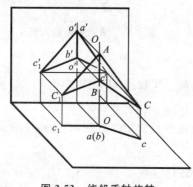

图 3-53 绕铅垂轴旋转

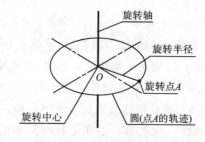

图 3-54 旋转要素

3.4.1 点的旋转

如图 3-55(a)所示,点 A 绕正垂轴 Oo' 旋转时,轨迹圆的正面投影为圆,水平投影是一段与 X 轴平行的直线段。如果点 A 旋转 θ 角,则正面投影同样旋转 θ 角,旋转轨迹的正面投影是一段圆弧 $a'a'_1$,水平投影则是平行于 X 轴的线段 aa_1。

图 3-55(b)所示为绕铅垂轴旋转时投影的情形,它的轨迹圆的水平投影为圆,反映实形,而正面投影为平行于 X 轴的直线段。

由此可知,点绕投影面垂直线旋转时的投影特性是:点在垂直于轴线的投影面上的投影做圆周运动,在另一投影面上的投影做与投影轴平行的直线运动。

3.4.2 线段的旋转

若要使线段绕某轴旋转一角度,则只要使线段上的两点绕同一轴沿相同方向旋转同一角度即可,通过这两点可确定它旋转后的位置。

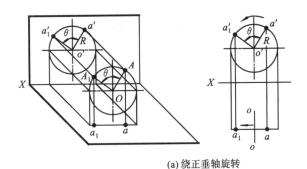
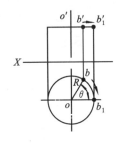

(a) 绕正垂轴旋转　　　　　　　　(b) 绕铅垂轴旋转

图 3-55　点的旋转

图 3-56 所示为一般位置直线绕铅垂线旋转 θ 角时的投影作法。由于是绕铅垂线旋转,所以直线上各点轨迹的水平投影为圆弧,正面投影是平行于投影轴的直线段,具体作图方法如下:

(1) 以点 o 为圆心、oa 为半径,逆时针旋转 θ 角得到点 A 的新的水平投影 a_1;

(2) 由 a_1 作直线与自 a' 所作平行于 X 轴的直线垂直相交,得到 a_1 的正面投影 $a_1{}'$;

(3) 用同样的方法得到点 B 的投影 b_1、$b_1{}'$;

(4) 分别连接点 a_1、b_1 和点 $a_1{}'$、$b_1{}'$,即得到 AB 的新投影 $a_1 b_1$、$a_1{}' b_1{}'$。

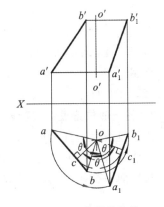

图 3-56　线段的旋转

由图 3-56 中可以看出,$\triangle aob$ 和 $\triangle a_1 o b_1$ 中,$ao = a_1 o$,$bo = b_1 o$,$\angle aob = \angle \theta - \angle boa_1 = \angle a_1 o b_1$,因此 $\triangle aob \cong \triangle a_1 o b_1$,$ab = a_1 b_1$。这就是说,当线段绕铅垂线旋转时,水平投影的长度不变。又由于 $ab = AB\cos\alpha$,而 $ab = a_1 b_1$,所以,$a_1 b_1 = AB\cos\alpha$。这说明:当线段绕铅垂线旋转时,该线段与 H 面间的倾角 α 的大小不变。

同理可得:当一线段绕正垂线旋转时,它的正面投影的长度不变,线段对 V 面的倾角 β 的大小不变。

为了简化作图,可以从 o 作 $oc \perp ab$,然后将 oc 逆时针旋转 θ 角得到 oc_1,作 $a_1 b_1 \perp oc_1$ 并取 $a_1 c_1 = ac$,$b_1 c_1 = bc$ 即可。

由直线的旋转可解决以下三个基本作图问题。

1. 将一般位置直线旋转成投影面平行线

可通过一次旋转使一般位置直线变成投影面平行线。

例 3-25　求 AB 的实长及其对 H 面的倾角(见图 3-57(a))。

分析　由于正平线可以反映实长及对 H 面的夹角,根据直线旋转的投影特性可知,当线段绕铅垂线旋转时 α 角不变,为了作图方便,可使旋转轴通过点 B,这样只旋转点 A 即可。

作图　如图 3-57(b)所示。

(1) 以点 b 为圆心、ba 为半径画圆弧,使 ba_1 平行于 X 轴,得到点 A_1 的水平投影;

(2) 由点 a' 作直线平行于 X 轴,使之与自 a_1 所作与 X 轴垂直的线段相交,得到点 $a_1{}'$,$a_1{}'$ 即为 A_1 的正面投影,则求出 $AB = a_1{}' b'$,$\alpha = \angle a' a_1{}' b'$。

2. 将投影面平行线旋转成投影面垂直线

可通过一次旋转使投影面平行线变为投影面垂直线。

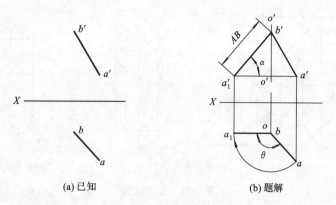

(a) 已知　　　　　　　　(b) 题解

图 3-57　求实长及 α 角

例 3-26　使水平线 CD 变成正垂线(见图 3-58)。

分析　使水平线变成正垂线,改变了 β 角,因此可选铅垂线为旋转轴。

作图　(1) 以 d 为圆心、cd 为半径画弧,使 $c_1d \perp X$ 轴;

(2) 求出 C_1 的正面投影 c_1'(与 d' 重合),则直线 CD 旋转到 C_1D 位置时为正垂线。

3. 将一般位置直线旋转成投影面垂直线

由于直线绕垂直于某一投影面的轴旋转时,直线对投影面的倾角不变,因此,要使一般位置直线绕垂直于投影面的轴旋转成为投影面垂直线,必须经两次旋转。由上述可知,一次旋转成为投影面平行线,再次旋转成为投影面垂直线。

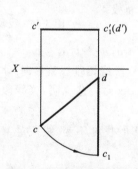

图 3-58　使水平线变成正垂线

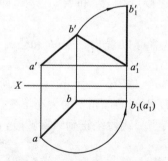

图 3-59　将一般位置直线变成铅垂线

例 3-27　使一般位置直线 AB 变成铅垂线(见图 3-59)。

作图方法如图 3-59 所示。

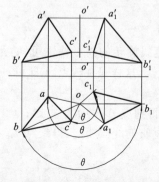

图 3-60　平面的旋转

3.4.3　平面的旋转

平面的旋转实际上是三点或相交两直线同轴、同方向、同角度旋转。图 3-60 所示为一般位置平面 $\triangle ABC$ 绕铅垂轴线旋转的作图情况。由图中可知,$ab = a_1b_1$、$bc = b_1c_1$、$ca = c_1a_1$,故 $\triangle abc \cong \triangle a_1b_1c_1$。这说明:当平面绕铅垂线旋转时,平面的水平投影的大小和形状不变,且对 H 面的倾角 α 不变。

同理,当平面绕正垂线旋转时,平面的正面投影的大小和形状不变,且对 V 面的倾角 β 不变。

平面的旋转可以解决以下三个作图问题。

1. 将一般位置平面旋转成投影面垂直面

根据平面的投影特性可知,当平面内有一直线垂直于某一投影面时,则此平面必然垂直于该投影面。因此,只要在平面内取一直线,将此直线旋转成投影面垂直线,则该平面也就旋转成投影面垂直面。根据直线的旋转可知,投影面平行线可一次旋转成投影面垂直线。因此,在平面内作一条投影面平行线进行旋转即可。

例 3-28　用旋转法使△ABC⊥V 面(见图 3-61)。

分析　要使一般位置平面旋转成正垂面,必须使平面内的水平线变成正垂线。这要改变平面对 V 面的倾角,因而应选择铅垂线为旋转轴。

作图　选旋转轴过点 B,先在平面内作水平线,然后使之旋转成正垂线即可。

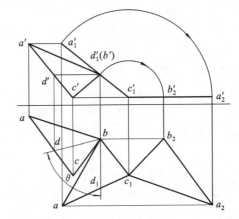

图 3-61　一般位置平面
转成正垂面

2. 将投影面垂直面旋转成投影面平行面

因为水平面和正垂面对 V 面的倾角 β 均为 90°,所以,只要绕正垂轴旋转一次,正垂面就可旋转成水平面。图 3-62 所示为将正垂面△ABC 旋转成水平面的作图过程。

同理,可经一次旋转将铅垂面变成正平面。

3. 将一般位置平面旋转成投影面平行面

由于平面绕铅垂线旋转,α 角不变,绕正垂线旋转,β 角不变,因此,要把一般位置平面旋转成投影面平行面需要进行两次旋转。

图 3-63 所示为使一般位置平面△ABC 旋转成水平面的作图过程:首先把△ABC 旋转成正垂面,然后再把正垂面旋转成水平面。

同理,要把一般位置平面旋转成正平面,也需进行两次旋转。

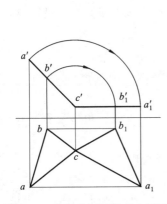

图 3-62　将正垂面旋转成水平面

图 3-63　将一般位置平面转成水平面

3.5　直线与平面、平面与平面的相对位置

3.5.1　平行问题

1. 直线与平面平行

若一条直线与一平面内的某一直线平行,则该直线平行于这一平面。

根据上述几何条件，解决平行问题作图的关键是直线的投影必须平行于平面内某条直线在同一投影面上的投影。在图形软件系统中，只要用好投影联系功能和画平行线功能，就能快速解决平行问题的作图问题。

例 3-29　已知△ABC 和点 D 的投影，过点 D 作一正平线 DF 平行于△ABC（见图 3-64）。

作图　（1）先在△ABC 中过点 B 取一条正平线 BE。过点 b 作 be // X 轴，并求出 b'e'；

（2）过点 d 作 df // be，过点 d'作 d'f' // b'e'；

（3）直线段 DF 即为所求正平线。

例 3-30　已知直线段 AB 的投影，过点 E 作一铅垂面与直线 AB 平行（见图 3-65）。

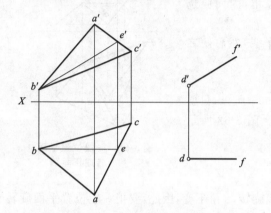

图 3-64　过点作正平线与已知平面平行　　　图 3-65　过点作铅垂面与已知直线平行

作图　（1）过点 e 作 ef // ab，过点 e'作 e'f' // a'b'；

（2）在 ef 延长线上任取一点 g，再作出正面投影 e'g'，则相交两直线 EF 与 EG 所确定的平面即为所求铅垂面。

由本例可以看出，若一直线与某一投影面的垂直面平行，则该直线必有一投影与平面具有积聚性的那个投影平行。

2．平面与平面平行

若一平面内的两条相交直线与另一平面内的两条相交直线对应平行，则这两个平面互相平行。

例 3-31　已知在△ABC 和△EFG 中，AB // EF，试判断这两个三角形是否平行（见图 3-66）。

作图　（1）在△ABC 中过点 B 作一正平线，求出其正面投影 b'm'；

（2）在△EFG 中过点 E 作一正平线，求出其正面投影 e'n'；

（3）b'm'与 e'n'不平行，因此两平面不平行。

3.5.2　相交问题

直线与平面、平面与平面在空间若不平行，就必然相交。直线与平面相交时要求出交点，平面与平面相交时要求出交线。两平面的交线即两平面的共有点所组成的直线段，因此，求两平面的交线，实质上也是求一平面内两条直线对另一平面的交点的过程。

1．利用积聚性求交点或交线

当相交的两空间几何元素有一个与投影面垂直时，利用其投影积聚性作图，可以简化求交点的过程。

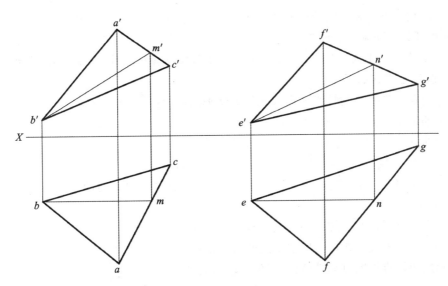

图 3-66　判断两已知平面是否平行

例 3-32　求铅垂线 AB 与 $\triangle DEF$ 的交点（见图 3-67）。

作图　（1）利用面内求点的方法可求出交点的正面投影 k'；

（2）利用 AB 与 DE 上的一对重影点的水平投影的 Y 坐标的大小判断可见性。

例 3-33　求 $\triangle ABC$ 平面与正垂面 $EFGH$ 的交线，并判断可见性（见图 3-68）。

分析　由于四边形 $EFGH$ 为正垂面，因此，两平面交线的正面投影一定在 $EFGH$ 的积聚性投影上，并且是两个平面的正面投影的公共部分，即图中 $k'l'$ 段。问题的关键是如何求出交线的水平投影。

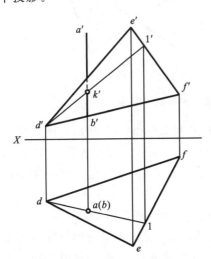

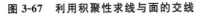

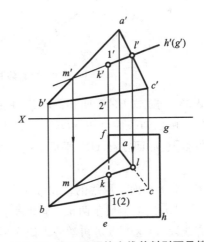

图 3-67　利用积聚性求线与面的交线　　　　图 3-68　求两平面的交线并判别可见性

因为交线 KL 是两平面的共有线，当然也是 $\triangle ABC$ 平面上的一条直线段，所以问题转化为在平面上取直线的问题。这样问题就迎刃而解了。

作图　（1）延长 $l'k'$，与 $a'b'$ 交于 m'；

（2）求出点 M 的水平投影 m，求出点 L 的水平投影 l；

（3）连接点 l、m 得直线 lm，与 ef 交于点 k，线段 kl 即为所求交线；

(4) 利用重影点 I 和 II 判断可见性,如图 3-68 所示。

2. 利用辅助平面求交点和交线

当相交的直线与平面都处于一般位置时,其投影都没有积聚性,求交点时,需要借助于辅助平面,一般作图步骤如下:

(1) 作包含已知直线的投影面垂直面为辅助平面;

(2) 求辅助平面与已知平面的交线 MN;

(3) 交线 MN 与已知直线的交点即为所求交点。

例 3-34 求直线 AB 与△CDE 的交点(见图 3-69)。

作图 (1) 将 $a'b'$ 视为辅助平面(正垂面)的积聚性投影,即得辅助平面与已知平面交线的正面投影 $m'n'$;

(2) 求出辅助平面与已知平面交线的水平投影 mn;

(3) mn 与 ab 的交点 k 即为所求交点的水平投影;

(4) 利用重影点判断可见性,将不可见线段画成细虚线。

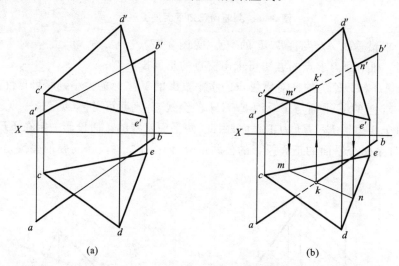

(a)　　　　　　　　　　(b)

图 3-69　求直线与平面的交点并判断可见性

例 3-35 求△ABC 平面和△DEF 平面的交线,并判断投影的可见性(见图 3-70)。

分析 由已知条件可知△DEF 为正垂面,所以两平面交线的正面投影一定在△DEF 的积聚性投影上,亦即在△ABC 平面上的直线段 HM 上。因此,问题转化为求直线段 HM 的水平投影。

作图 (1) 用面上取线的作图方法由 $h'm'$ 求出 HM 的水平投影 hm。

(2) 取 hm 线段上属于两个三角形平面的公共部分 hk,因为两平面的交线一定是两个平面的共有线段。(这一点对初学者来说容易被疏忽,特提请读者注意,仔细思考这一作图步骤的理由是什么。)

(3) 求出点 K 的正面投影点 k',线段 HK 即为所求交线。

(4) 利用水平投影面上的一对重影点(例如 I、II 两点)的 Z 坐标的大小判断水平投影的可见性。

如果两个一般位置平面相交,则求其交线上的共有点的方法通常有三种。第一种方法是上述求一般位置直线与一般位置平面交点的方法,求出交线上的两个点,则整条交线随之求

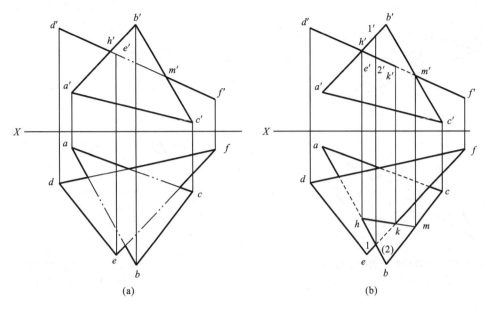

图 3-70　求两平面的交线并判断可见性

出。第二种方法是用三面共点的原理,一般作投影面的平行面为辅助平面,求出辅助平面分别与相交两平面的交线,两条交线的交点即三面共有点,也必然是相交两平面的共有点,即两平面交线上的点,如图 3-71 所示。如此作两次辅助平面求出交线上的两个共有点,则交线随之而定。第三种方法是投影变换的方法,设想将相交两平面中的一个变换为新投影面的垂直面,则可利用积聚性求出交线,然后将交线的投影返回原投影面体系即可。

例 3-36　求△ABC 与△DEF 的交线,用上述三种方法解本题。

作图　(1) 辅助平面法,如图 3-72 所示。

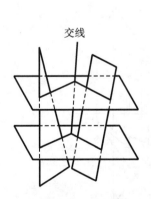

图 3-71　三面共点原理

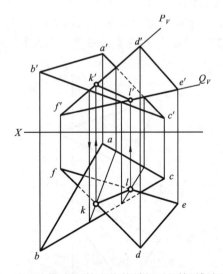

图 3-72　求平面与平面的交线并判断可见性(辅助平面法)

(2) 三面共点法,如图 3-73 所示。

(3) 换面法,如图 3-74 所示。

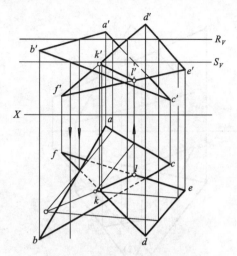

图 3-73　求平面与平面的交线并
　　　　判断可见性(三面共点法)

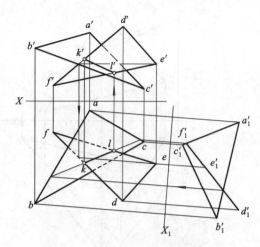

图 3-74　求平面与平面的交线并
　　　　判断可见性(换面法)

3.5.3　垂直问题

1. 直线与平面垂直

若一直线垂直于平面,则此直线必垂直于平面内所有直线,其中包括平面内的正平线和水平线。

根据初等几何学中直角投影定理可知,如果直线垂直于某一平面,则其投影图具有以下投影特性:

(1) 直线的正面投影垂直于该平面内正平线的正面投影;

(2) 直线的水平投影垂直于该平面内水平线的水平投影。

这也是图解垂直问题的重要几何依据。

例 3-37　过点 K 作一直线垂直于 $\triangle ABC$,并求出其垂足 L(见图 3-75)。

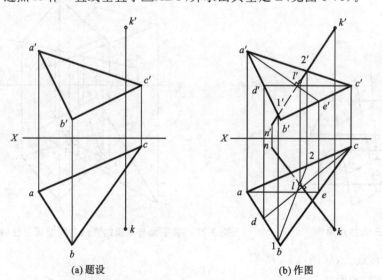

(a) 题设　　　　　　　　　　　　　　　　(b) 作图

图 3-75　过点作已知平面的垂线并求垂足

作图　如图 3-75(b)所示。

(1) 过点 c' 作平面内的水平线的正面投影 $c'd'$，过点 a 作平面内正平线的水平投影 ae；

(2) 求出水平线的水平投影 cd 和正平线的正面投影 $a'e'$；

(3) 根据直角投影特性作出平面的垂线的正面投影和水平投影；

(4) 最后用直线与平面求交点的方法求出垂足 L 的正面投影 l' 和水平投影 l。

2. 平面与平面垂直

若直线与一平面垂直，则包含此直线的所有平面都垂直于该平面。

由此可见，直线与平面垂直问题是解决平面与平面垂直问题的基础。

例 3-38　过点 K 作一平面垂直于已知 $\triangle ABC$ 平面。

作图　本例可采取两种作图方法。

方法一　如图 3-76(a)所示。

(1) 在 $\triangle ABC$ 平面中取水平线和正平线，并求出其投影；

(2) 过点 k' 作直线 KL 的正面投影 $k'l'$，使其垂直于正平线的正面投影；

(3) 在水平投影上，过点 k 作 kl 垂直于水平线的水平投影，则直线 KL 垂直于 $\triangle ABC$；

(4) 包含直线 KL 所作任一平面均为所求，所以本题有无穷多个解。

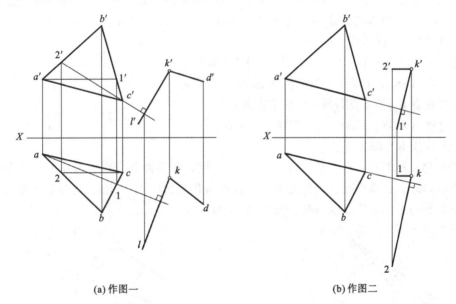

(a) 作图一　　　　　　　　(b) 作图二

图 3-76　过点作平面垂直于已知平面

方法二　如图 3-76(b)所示。

(1) 在 $\triangle ABC$ 平面上任取一直线 AC；

(2) 过点 K 作一由水平线和正平线组成的平面，该平面垂直于 AC；

(3) 所作的过点 K 的平面即为所求垂直于 $\triangle ABC$ 的平面。

由于 AC 为已知平面内任一直线，故用方法二也可以得出无穷多个解。

垂直问题中的一个典型问题是求两条异面直线的最短距离的问题。所谓最短距离，实质上是求两条异面直线之间的公垂线。这一问题有着广泛的工程应用背景，最具代表性的问题是求两层交叉管道之间连接管路的位置问题，如图 3-77(a)所示。

例 3-39　求作两条异面直线 AB 和 CD 之间的垂线 KL。

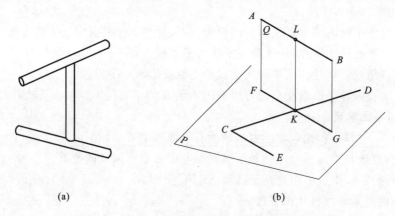

(a)　　　　　　　　　　　　　　　　(b)

图 3-77　两异面直线间的距离

分析　假设公垂线已经求出,如图 3-77(b)所示,显然,过直线 CD 可作一平面 P 与直线 AB 平行。其方法是过直线 CD 上任一点,例如点 C,作一直线 CE 平行于直线 AB;而过直线 AB 可以并且只能作一平面 Q 与平面 P 垂直,其方法是过直线 AB 上任一点,例如点 A,作 AF 垂直于平面 P 且交平面 P 于点 F,然后过点 F 作 FG∥CE,交直线 CD 于点 K,再过点 K 作 KL∥AF,KL 即为所求的异面直线之间的公垂线。这种预先假设答案再来分析求解的解题方法称为逆推法。这样,可以得到如图 3-78 所示的作图过程。

作图　(1) 过点 C 作 CE∥AB,得△CDE 平面;

(2) 过点 A 向△CDE 作垂线 AF,并求出垂足 F;

(3) 过点 F 作 FG∥CE,与 CD 交于点 K;

(4) 过点 K 作 KL∥AF,且交直线 AB 于点 L;

(5) 公垂线 KL 即为所求。

本例的另一种解法是换面法(见图 3-79)。试设想,如果两条异面直线中有一条是某投影面的垂直线,那么,这条直线在该投影面上的投影将积聚为一点。并且,此时公垂线与另一条直线在该投影面上的投影反映直角(请读者思考为什么)。

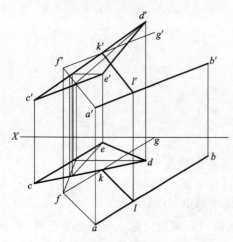

图 3-78　求两异面直线间的距离

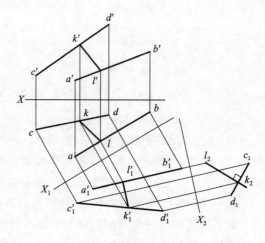

图 3-79　用换面法求两异面直线间的距离

3.5.4　综合性问题解题示例

前面介绍了直线、平面之间呈相交、平行和垂直等各种相对位置关系时的投影图的画法。本节通过两个综合性问题的分析,说明解答这类复杂画法几何问题时的正确思路和解题步骤。

解决此类问题通常要经过空间几何条件分析思考、确定解题方法和步骤,以及按各种相对位置的投影特性作投影图这样三个过程。所谓几何条件分析思考,就是根据题目的已知条件想象出本题目已知的和隐含的空间几何模型,然后根据已学过的画法几何知识进行空间分析、推理和判断,想象出最终结果的空间几何模型,从而得出投影图的作图方法和步骤。

例 3-40　已知条件如图 3-80 所示,试在正垂面 △CDE 上作一直线 KL 与直线 AB 垂直相交。

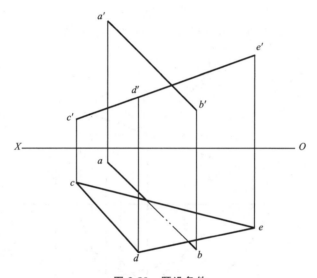

图 3-80　题设条件

分析　(1) 过直线 AB 上任一点可作无数条直线与 AB 垂直相交,这些直线组成了过该点且垂直于直线 AB 的一个平面 Q;

(2) 垂直于 AB 的平面 Q 与已知正垂面的交线就能满足本题的要求,空间分析图如图 3-81 所示。

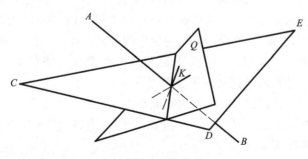

图 3-81　空间分析

(3) 已知 △CDE 为正垂面,实际上隐含提示了直线 AB 与 △CDE 之交点 K,为过直线 AB 上一点作直线的垂直面提供了条件。

(4) 求出直线 AB 与 △CDE 之交点 K 的投影 k 和 k′;

（5）过点 K 作△KGH 垂直于直线 AB，这就要用到直线与平面垂直的作图知识，即直线的正面投影垂直于平面内正平线的正面投影，直线的水平投影垂直于平面内水平线的水平投影。

（6）△CDE 与△KGH 之交线即为所求。由于已知△CDE 为正垂面，又为求平面与平面之交线提供了有利条件。

作图　（1）由于△CDE 为正垂面，所以很容易求出直线 AB 与△CDE 之交点的正面投影 k' 和水平投影 k；

（2）过点 k 作正平线 kh，并根据其投影特性画出它的正面投影 $k'h'$，即 $k'h'\perp a'b'$；

（3）同样，过点 k' 作水平线 $k'g'$，并作出其水平投影 kg，即 $kg\perp ab$，空间△KGH 即为过点 K 且垂直于直线 AB 的平面。

（4）根据已知条件△CDE 为正垂面，很容易求出它与△KGH 的交线 KL，在投影图上画出 KL 的正面投影 $k'l'$ 和水平投影 kl。最后解答如图 3-82 所示。

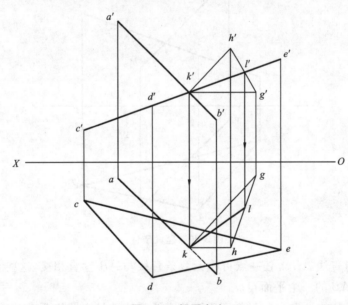

图 3-82　解题方法

通过本例的解题过程，可以得到一个启示，即解这一类综合题，通常采用逐个满足题目的限定条件的分析方法，而满足某一条件的解往往是一个集合，在几何学中称为"轨迹"，满足另一限定条件的解又是一个集合，这两个集合的交集则是最终解答。在本例中，题目限定条件有两个，一个是在正垂面△CDE 上，另一个则是垂直于直线 AB，满足第一个条件的解当然是△CDE，而满足第二个条件的解则是解题过程中所作的△KGH，它们的交集就是两个平面的交线。这种求解方法在画法几何学中，称为轨迹相交法。

例 3-41　已知条件如图 3-83 所示，试过点 E 作一直线，使其与直线 FG 相交，并且与△ABC 表示的平面平行。

分析　（1）过点 E 可作无数直线平行于△ABC，它们的轨迹就是过点 E 且平行于△ABC 的平面，假定用△EMN 表示；

（2）所求直线起点为 E，而另一端点既要在△EMN 上，以保证它平行于△ABC，又要在直线 FG 上，以满足所作直线与 FG 相交的限定条件，所以必须是直线 FG 与△EMN 的交点 K；

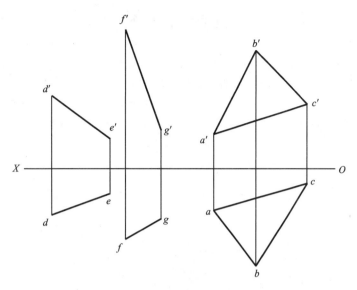

图 3-83　题设条件

（3）连接点 E 和点 K，所得直线即为所求。

空间分析的几何模型如图 3-84 所示。确定解题步骤和作投影图这两个过程请读者自行完成。

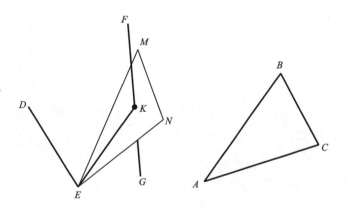

图 3-84　空间分析

思　考　题

1. 点的投影规律是什么？什么是重影点？
2. 按直线相对投影面的位置不同,直线可分为哪几类？其投影特征是什么？
3. 两直线的相对位置有哪几种？
4. 按平面对投影面的位置不同,平面可分为哪几类？其投影特征是什么？
5. 两平面的相对位置有哪几种？
6. 判定直线与平面平行的条件是什么？

问题与讨论

1. 为什么说点的投影规律是形体三视图"长对正、高平齐、宽相等"的理论依据?

2. 两垂直直线在投影面中要反映直角,需要具备什么条件?

3. 试设计一个形体,使其:既含有一般位置直线,又含有投影面平行线和投影面垂直直线;既含有一般位置平面,又含有三种投影面平行面和三种投影面垂直面的形体。标明各种直线和平面。

第4章

基本体及其截交线

学习目的与要求

(1) 熟悉基本体的投影；

(2) 熟练掌握截交线的投影和作图方法。

学 习 内 容

(1) 平面立体和曲面立体的投影；

(2) 立体表面的点和线；

(3) 平面立体的截交线；

(4) 回转体的截交线；

(5) 基本体的尺寸标注；

(6) 基本体及其变形的构形设计方法。

学习重点与难点

(1) 重点是截交线的性质、作图方法和作图步骤；

(2) 难点是截交线投影的求法和用线面分析法看图。

本章的地位及特点

基本体是复杂形体分析的基本单元；应该牢记各个基本体的三视图及其尺寸标注方法；掌握变形基本体的作图方法。

依表面性质不同，基本体有平面立体和曲面立体之分。表面全是平面的基本体称为平面立体，表面全是曲面或既有曲面又有平面的基本体称为曲面立体。

4.1 平 面 立 体

平面立体的各表面都是平面，可分为棱柱体和棱锥体(简称棱柱和棱锥)两种。平面与平面的交线称为棱线，棱线与棱线的交点称为顶点。画平面立体的投影图，可归结为画出它的所有顶点和棱线的投影。

4.1.1 棱柱

1. 棱柱的形成

封闭平面多边形沿某一不与其平行的直线移动就形成了棱柱，这个封闭多边形称为棱柱的特征平面,又称底面;其余各面称为棱面。若移动方向与底面垂直,就形成直棱柱(见图 4-1 (a));否则,形成斜棱柱(见图 4-1(b))。当底面为正多边形时,称为正棱柱。棱柱的棱线相互平行且相等。

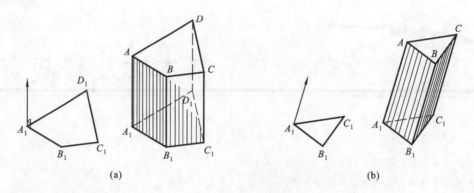

图 4-1　棱柱的形成

2. 投影分析及画法

画棱柱的投影图时:首先,要注意棱柱与投影面的相对位置,使棱柱的底面、棱面、棱线处于与投影面平行或垂直的位置,以简化作图;其次,尽量使棱线、棱面的投影可见,由于各棱线都是直线,所以画棱柱时只要画出各顶点的投影,再依次连接各顶点的同面投影,即得棱线的投影;最后判断可见性,并用粗实线表示可见的棱线、用细虚线表示不可见的棱线,即完成棱柱的投影。

例 4-1　根据直四棱柱的轴测图(见图 4-2(a)),画出其三投影图。

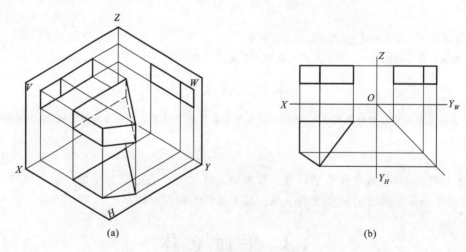

图 4-2　直四棱柱的投影图

分析　图 4-2(a)所示为直四棱柱,将其放在三投影面体系中,使其上、下底面均为水平面,所有棱线均为铅垂线,所有棱面均垂直于水平面。因此,上、下底面的水平投影反映实形并且重合在一起,其正面投影和侧面投影均积聚成一条直线;所有棱面的水平投影均积聚为直线并且与上、下底面的投影重合;后棱面为正平面,其正面投影反映实形,侧面投影积聚成一条直线;左棱面为侧平面,其侧面投影反映实形,正面投影积聚成一条直线;其余两棱面均为铅垂面,水平投影均积聚为一条直线,其余两投影均为矩形的类似形。

作图　根据以上分析,画图时,先画出直四棱柱的上、下底面的投影(见图 4-2(b)),再依次连接上、下底面的顶点,得到四条棱线的投影即可(见图 4-2(b))。

3. 可见性判断

画图时,要注意区分投影中的可见与不可见部分。区分可见性时,应注意以下几点。

(1) 在每个投影面上的投影,对该面的转向轮廓线都是可见的,用粗实线画出。

(2) 每一投影轮廓线内的直线的可见性,可用交叉直线的重影点来判断,例如判断图 4-3 中水平投影 bc 的可见性时,就利用了 AA_1 和 BC 的一对 H 面上的重影点 Ⅰ、Ⅱ,因 $Z_1 > Z_2$,故 aa_1 可见、bc 不可见。正面投影 $a_1'b_1'$、侧面投影 $a''b''$ 的可见性,请读者自行分析。

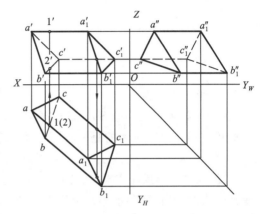

图 4-3　斜三棱柱的投影图

(3) 每一投影的轮廓线内,当三条直线交于一点时,若交点的投影可见,则三条直线均可见;否则,三条直线均不可见。如图 4-3 所示:在水平投影中 aa_1、a_1b_1、a_1c_1 交于一点 a_1,且点 a_1 可见,则 aa_1、a_1b_1、a_1c_1 均可见;同理,在正面投影中点 c' 不可见,则 $a'c'$、$b'c'$ 和 $c_1'c'$ 均不可见;在侧面投影中点 c_1'' 不可见,则 $a_1''c_1''$、$b_1''c_1''$ 和 $c''c_1''$ 均不可见。

(4) 各投影中,若棱面可见,则该棱面上的点、线的投影可见;若棱线可见,则该棱线上的点的投影可见。

4. 棱柱表面上的点

在平面立体表面上求点,首先要根据已知点的投影位置和可见性来判断该点究竟在哪个

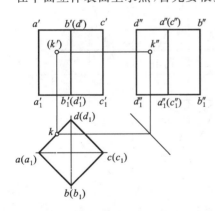

图 4-4　正四棱柱表面上的点

表面上。若点所在表面有积聚性,则利用积聚性直接求点;若点所在表面无积聚性,则根据平面内取点的原理,求出该点的其余投影。

例 4-2　已知正四棱柱表面上的一点 K 的正面投影 k'(见图 4-4),求点 K 的其余两投影 k、k''。

分析　根据点 K 的正面投影 k' 的位置及 k' 不可见,可知点 K 在平面 AA_1D_1D 内,且平面 AA_1D_1D 为铅垂面,其水平投影有积聚性,所以可利用积聚性直接求点。

作图　在平面 AA_1D_1D 内,过点 K 的正面投影 k' 作垂直投影线,交 AA_1D_1D 的水平投影于 k;由 k' 和 k 求出侧面投影 k'',并判断可见性,k'' 可见。

4.1.2　棱锥

1. 棱锥的形成

封闭平面多边形沿某一不与其平行的直线移动,同时各边按相同比例线性缩小并汇聚成一点就形成了棱锥,这个封闭多边形称为棱锥的特征平面,又称底面;其余各面称为棱面。若

移动方向与底面垂直,就形成直棱锥(见图4-5(a));否则,形成斜棱锥(见图4-5(b))。当底面为正多边形时,称为正棱锥。棱锥的棱线相交于一点,称为锥顶。

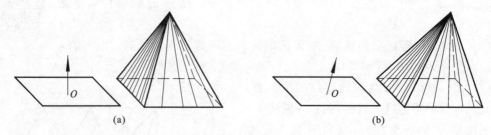

图 4-5　棱锥的形成

2. 投影分析及画法

例 4-3　根据正三棱锥 S-ABC 的轴测图(见图4-6(a)),画出其三投影图。

分析　图4-6(a)所示的是一正三棱锥,将其放在三投影面体系中,使其底面△ABC 为水平面,棱面△SAC 为侧垂面,棱线 SB 为侧平线,因此,底面△ABC 的水平投影反映实形,其正面和侧面投影均积聚成一直线。棱面△SAC 的侧面投影积聚成一直线,其正面和水平投影均为三角形棱面的类似形。棱面△SAB、△SBC 的三投影均为棱面的类似三角形,因为它们是一般位置平面。

作图　根据以上分析,画图时,先画出底面△ABC 的三个投影,再作出锥顶 S 的三个投影,如图4-6(b)所示;然后将锥顶 S 和底面△ABC 的顶点 A、B、C 的同面投影分别连线,最后判断可见性,即得正三棱锥的投影图,如图4-6(b)所示。

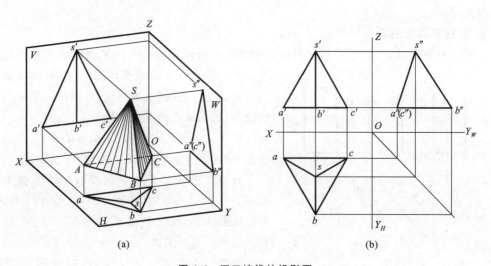

图 4-6　正三棱锥的投影图

3. 可见性判断

例4-3中:底面△ABC 的正面投影积聚为直线,棱面△SAB、△SBC 的正面投影可见,棱面△SAC 的正面投影不可见;底面△ABC、棱面△SAC 的侧面投影积聚为直线,棱面△SAB 的侧面投影可见,棱面△SBC 的侧面投影不可见;底面△ABC 的水平投影不可见,三棱面△SAB、△SBC、△SAC 的水平投影均可见。

4. 棱锥表面上的点

例 4-4　已知正三棱锥 S-ABC 表面上的一点 K 的正面投影 k'（见图 4-7），求点 K 的其余两投影 k、k''。

分析　根据点 K 的正面投影 k' 的位置及 k' 可见，可知点 K 在△SAB 内。△SAB 为一般位置平面，必须用平面内取点的方法求解。

作图　本题有两种解法。

方法一　在△SAB 内，连接锥顶 S 与点 K，延长并交 AB 于 Ⅰ。具体作图方法是：连 $s'k'$ 并延长，交 $a'b'$ 于 $1'$，再在 ab 上求出 1，在 $a''b''$ 上求出 $1''$，连 $s1$、$s''1''$，则 k 必在 $s1$ 上，k'' 必在 $s''1''$ 上。当然，也可以不作 $s''1''$，而由 k' 和 k 直接求出 k''，两种方法的结果是一致的（见图 4-7(a)）。

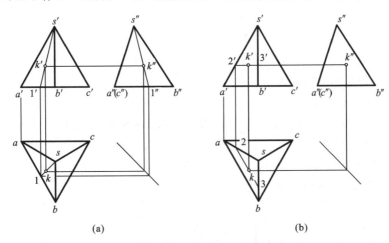

图 4-7　正三棱锥表面上的点

方法二　在△SAB 内，过点 K 作一水平线 ⅡⅢ，即过 k' 作该直线的正面投影 $2'3'$ // $a'b'$，再求出该直线的水平投影 23 // ab，则点 K 的水平投影 k 必在 23 上，然后由 k' 和 k 求出 k''（见图 4-7(b)）。

4.1.3　立体的三视图

大家知道，在投影体系中，投影轴反映了物体的投影和投影面之间的距离。若改变物体与投影面间的距离，则物体的各投影与投影轴的距离也将随之发生变化。但是物体与投影面的距离并不影响物体的投影形状以及投影之间的投影关系，因此，在物体的投影图中可省去投影轴，如图 4-8(a) 所示。省去投影轴后，画三视图时，可选取立体的轴线、对称面、端面或某一点为画图的基准（测量几何元素间相对距离的参照系），用相对坐标来确定物体上的点；也可以如图 4-8(b) 所示作 45° 斜线，以保持俯、左视图之间 Y 坐标相等的投影关系。

在画立体的三视图时，要特别注意以下两方面的关系。

1. 三视图之间的度量对应关系

按照三视图的投影原理，三视图之间应保持下列关系：主视图与俯视图长度（即 X 轴方向尺寸）相等，而且必须左右对正；主视图与左视图高度（即 Z 轴方向尺寸）相等，而且必须高低平齐；俯视图与左视图宽度（即 Y 轴方向尺寸）相等。这种度量对应关系不仅仅适用于整个立体，立体上的任一局部都必须满足这一对应关系。如图 4-9 所示的直四棱柱：主、俯视图的总长对正，主、左视图的总高平齐，俯、左视图的总宽相等；对棱线 CC_1 来说，其正面投影 $c'c_1'$ 与

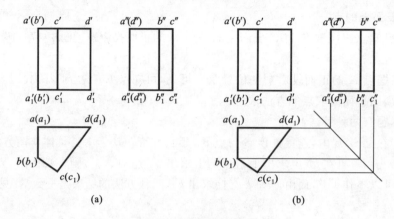

图 4-8 四棱柱的画法

水平投影 $c(c_1)$ 长对正;对底边 AB 来说,其水平投影 ab 与侧面投影 $a''b''$ 的宽度相等。

2. 三视图之间的方位对应关系

三视图之间的方位对应关系如图 4-10 所示。主视图反映物体的上、下和左、右方位,俯视图反映物体的左、右和前、后方位,左视图反映物体的上、下和前、后方位。

这里要特别注意俯视图与左视图在方位上的对应关系。在画图 4-10 所示立体的左视图时,应以平面 A 的侧面投影 a'' 为基准向后度量,确定平面 D 的侧面投影 d'';以平面 B 的侧面投影 b'' 为基准向前度量,确定平面 C 的侧面投影 c''。

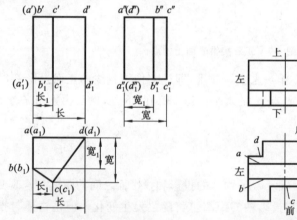

图 4-9 三视图之间的度量对应关系

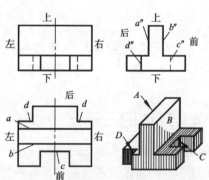

图 4-10 三视图之间的方位对应关系

4.2 平面立体的截交线

4.2.1 平面立体的截交线

基本体若被一个或数个平面截切,则形成不完整的基本体。截切立体的平面称为截平面,截平面与立体表面的交线称为截交线,截交线所围成的平面图形称为截断面。由于平面立体的表面是由若干平面围成的,因此,截平面与平面立体表面的截交线必定是一个封闭多边形。这个多边形的各边就是截平面与平面立体各表面的交线,而多边形的各顶点就是截平面与平

面立体各棱线的交点。因此,求平面立体的截交线有以下两种方法:

（1）求各棱线与截平面的交点——棱线法;

（2）求各棱面与截平面的交线——棱面法。

求平面立体的截交线时,首先应确定平面立体的原始形状,进而分析其与投影面的相对位置;再分析截平面相对投影面和平面立体的位置,明确截交线的形状和投影特性,如积聚性、类似性等。

例 4-5　试求正四棱锥被一正垂面 P 截切后的三视图（见图 4-11(a)）。

分析　截平面 P 与正四棱锥的四个侧棱面均相交,所以截交线为四边形。另外,截平面为正垂面,所以截交线的正面投影积聚在 P_V 上,而水平投影和侧面投影则具有类似性。

作图　（1）画出完整正四棱锥的三视图（见图 4-11(b)）;

（2）采用棱线法分别求截平面与各棱线的交点 Ⅰ、Ⅱ、Ⅲ、Ⅳ 的三面投影,这些交点就是截交线的端点（见图 4-11(c)）;

（3）将各端点的同面投影依次连接起来,即得截交线的投影;

（4）擦去被截平面截去的部分,保留未截的棱线,完成全图（见图 4-11(d)）。

有时需要求截断面的实形,可以采用换面法求解。

若平面立体被数个平面截切,应首先假想将各个截平面扩展为全截平面立体,并求出其截交线,然后再求截平面两两的交线,并以交线为界保留所需部分的截交线,完成全图。这种作图方法概括为"先求全截,后取局部"的方法。

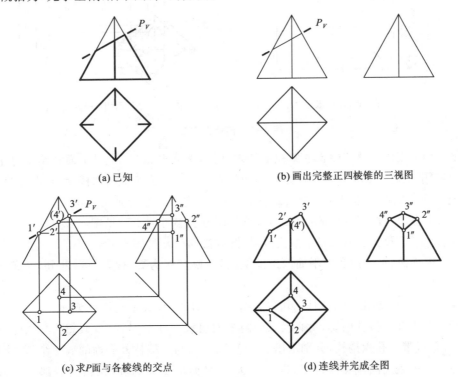

(a) 已知　　　　　　　　　　　(b) 画出完整正四棱锥的三视图

(c) 求 P 面与各棱线的交点　　　　　　(d) 连线并完成全图

图 4-11　正四棱锥切口

例 4-6　已知四棱台的切口和开槽如图 4-12(a)所示,试完成其俯视图,并求作左视图。

分析　四棱台的切口是由正垂面、水平面和侧平面组成的,其截交线为毗连的三角形、六边形和梯形;四棱台的开槽则由一个水平面和两个侧平面组成,其截交线分别为一个六边形和两个梯形。由于四棱台的四个棱面均为一般位置平面,无积聚性的投影,所以截交线的水平投影和侧面投影均需通过作图求出。

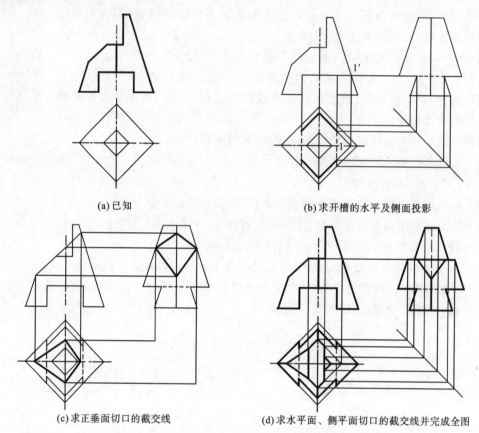

(a)已知　　　　　　　　　　　　　　　　(b)求开槽的水平及侧面投影

(c)求正垂面切口的截交线　　　　　　(d)求水平面、侧平面切口的截交线并完成全图

图 4-12　四棱台切口

作图　(1)完成完整四棱台的俯视图和左视图,再求开槽(一个水平面和两个侧平面)的水平投影和侧面投影,如图 4-12(b)所示。如假设将水平面扩展全截四棱台,与右侧棱线相交于点 I,过 1 作与底面各边对应平行的四边形,并取开槽所产生的交线部分。

(2)求正垂面全截四棱台的截交线,具体作图方法参考例 4-5(见图 4-12(c))。

(3)求水平面及侧平面切口的截交线,作图方法同(1)(见图 4-12(d))。

(4)求正垂面、水平面及侧平面两两的交线,并以交线为界,保留所需部分,完成全图(见图 4-12(d))。

例 4-7　已知带方孔的六棱柱的切口如图 4-13(a)所示,试完成其左视图。

分析　带方孔六棱柱的切口由 P_v、Q_v 两平面组成。作图时,可以假想将 P_v、Q_v 两平面扩大,各自全截带方孔六棱柱,分别求出 P_v、Q_v 两平面与六棱柱外表面的截交线,以及 P_v、Q_v 两平面与方孔内表面的截交线;然后以 P_v、Q_v 两平面的交线为界,保留所需部分的截交线。这里需注意以下两点:

(1)外表面(六棱柱)与内表面(方孔)同时产生了截交线;

(2)Q_v 平面与方孔右侧两个棱面相交产生两条铅垂线,其间宽度由水平投影中的 Y_1 量

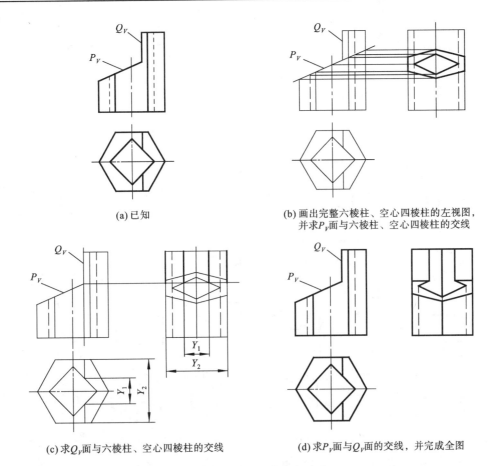

(a) 已知

(b) 画出完整六棱柱、空心四棱柱的左视图，
并求 P_V 面与六棱柱、空心四棱柱的交线

(c) 求 Q_V 面与六棱柱、空心四棱柱的交线

(d) 求 P_V 面与 Q_V 面的交线，并完成全图

图 4-13　六棱柱切口

取，如图 4-13(c)所示。

作图　(1) 画出完整带方孔六棱柱的左视图，用棱线法求出 P_V 面全截带方孔六棱柱的交线（见图 4-13(b)）；

(2) 用棱面法求出 Q_V 平面全截带方孔六棱柱的交线（见图 4-13(c)）；

(3) 求 P_V、Q_V 两平面的交线，并以交线为界，保留所需的部分，擦去多余的图线，完成全图（见图 4-13(d)）。

4.2.2　读图方法——线面分析法

平面立体被几个平面截切后，形成比较复杂的形体时，采用线面分析法来看图和画图会比较容易。读图时要注意以下几个问题。

(1) 要把几个视图联系起来看，弄清视图名称、投影方向，确定物体的基本形体。

一个视图只是物体一个方向的投影，不能确定物体的空间形状。如图 4-14 所示，如果只画出主视图的矩形线框，那么，该物体可以是四棱柱，也可以是三棱柱，还可以是半圆柱等立体。两个视图是物体两个方向的投影，有时可以唯一确定物体的空间形状，有时不能唯一确定物体的空间形状。如图 4-15 所示五种立体，可以看出，它们的主、俯视图完全一样，左视图各不相同，将三个视图结合起来，才能确定物体的空间形状。如果去掉俯视图，各个立体仍能确定；如果去掉左视图，仅保留主、俯视图，则立体的形状就不能唯一确定。因此，一般情况下，需

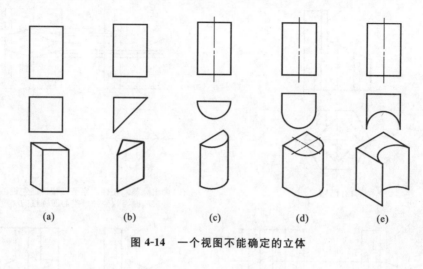

图 4-14　一个视图不能确定的立体

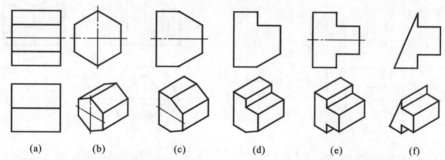

图 4-15　两个视图中若不含特征视图,也不能确定的立体

要三个视图才能充分确定物体的空间形状。看图时必须把几个视图联系起来看。

(2)要弄清视图中图线和线框的含义。

视图是由图线所组成的,图线又构成一个个封闭的线框,因此,看图和画图时必须弄清图线和线框的含义。这种利用视图中的图线、线框去分析物体的表面性质和相对位置,想象物体的空间形状的方法,称为线面分析法。

一般情况下:视图中的一个封闭线框代表物体上一个面的投影,不同的线框代表不同的面,这个面可以是平面、曲面、平面与曲面及曲面与曲面相切所组成的组合面,还可以是空洞;视图中的一条图线代表面与面的交线、特殊位置平面的积聚性投影或回转体的转向轮廓线等。

图 4-16 所示的是立体上的正平面、水平面、侧平面的投影。由投影面平行面的投影特性可知,投影面平行面除一个投影反映实形外,其余两个投影均积聚为平行于投影轴的直线,如图中粗实线所示。利用"长对正、高平齐、宽相等"的投影规律,分线框、找投影,便可读出投影面平行面的投影。

图 4-17(a)、(b)、(c)所示的分别是立体的三种投影面垂直面的投影。投影面垂直面的一个投影积聚成倾斜直线,另两个投影为类似形线框;图 4-17(d)所示的是立体的一般位置平面的投影,它的三个投影均为类似形线框。同样可利用"长对正、高平齐、宽相等"的规律,分线框、找投影,读出投影面垂直面、一般位置平面的投影。

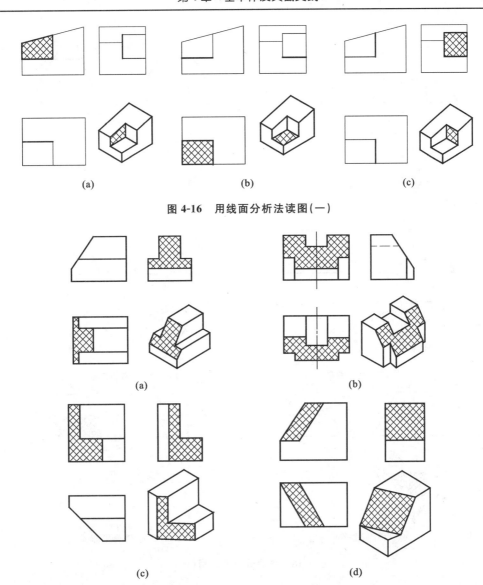

图 4-16 用线面分析法读图(一)

图 4-17 用线面分析法读图(二)

下面以图 4-18(a)为例来说明线面分析法。

分析整体形状。将图 4-18 中的棱线假想延长,可以看出三棱线相交于一点,所以它的基本形体是一个三棱台,下方开了一个通槽(见图 4-18(b))。

再利用"图上的一个封闭线框,在一般情况下,反映物体上一个面的投影"的规律去进行分析,并按"三等"对应关系找出三棱台的每一个表面和通槽切口每一个截平面的三投影。

从主视图看起,主视图上的线框 a',根据"长对正、高平齐",在俯、左视图上可以找到与它类似的线框 a、a'',并且线框 a、a'' 也保持宽相等的关系,因此,三棱台的左侧棱面 A 是一般位置平面(见图 4-18(c))。同样可以看出,三棱台的右侧棱面是一般位置平面。

俯视图线框 b,根据"长对正"在主视图上可以找到与它类似的外形线框 b',但按照"宽相等"在左视图上没有与它等宽的类似线框,它的侧面投影只可能是斜线 b'',所以三棱台的后侧棱面 B 是侧垂面(见图 4-18(d))。

主视图上的线 c',按照"长对正",在俯视图上找到线框 c,按照"高平齐",找到 c'',因此平面

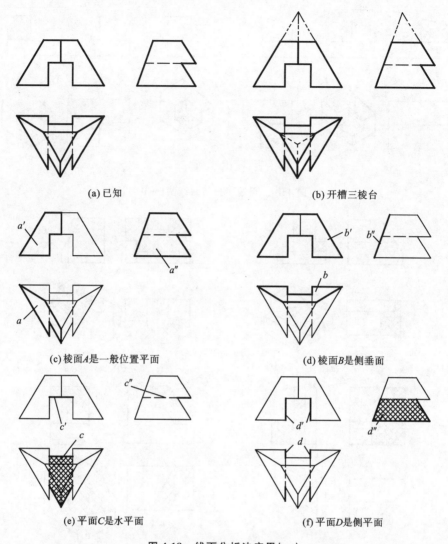

(a) 已知　　　　　　　　(b) 开槽三棱台

(c) 棱面*A*是一般位置平面　　　(d) 棱面*B*是侧垂面

(e) 平面*C*是水平面　　　　(f) 平面*D*是侧平面

图 4-18　线面分析法应用(一)

C 是水平面,其水平投影反映实形(见图 4-18(e))。

　　主视图上的线 *d′*,按照"长对正",在俯视图上找到线 *d*,按照"高平齐",找到线框 *d″*,因此平面 *D* 是侧平面,其侧面投影反映实形(见图 4-18(f))。

　　三棱台的上、下底面比较简单,读者可自行分析。

　　例 4-8　已知具有斜面的立体的主视图和俯视图,如图 4-19(a) 所示,求作其左视图。

　　分析　由于图中主、俯视图的轮廓基本上都是长方形,所以它的基本形体是一个长方体。主视图中有封闭线框 *a′*、*b′* 和斜线 *p′*。由斜线 *p′*,根据投影关系在俯视图中可找到封闭线框 *p*,因此 *P* 面是正垂面(见图 4-19(a)),它的侧面投影应当与水平投影类似。线框 *a′*、*b′* 分别与俯视图中的线 *a*、*b* 对应,因此 *A*、*B* 面为正平面(见图 4-19(b)、(c)),它们的侧面投影应积聚为平行于投影轴的直线。

　　作图　(1) 画出未经截切的平面立体的左视图(见图 4-19(d));

　　(2) 求出 *P* 面上各点 1、2、3、4、5、6、7、8 的侧面投影,并按各点水平投影的顺序将其侧面

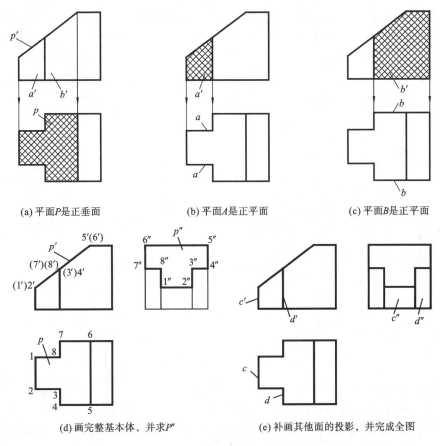

(a) 平面P是正垂面　　　　(b) 平面A是正平面　　　　(c) 平面B是正平面

(d) 画完整基本体，并求P″　　　　　　(e) 补画其他面的投影，并完成全图

图 4-19　线面分析法应用(二)

投影互相连接起来(见图 4-19(d))；

(3) 求出 A、B 面的侧面投影，完成全图(见图 4-19(e))。

最后，还可以用线面分析法来检查作图结果。线面分析法是看图、画图以及检查结果的重要手段，是经常使用的一种有效方法。请读者自行分析：图 4-19(e)所示的左视图中线框 $c″$、$d″$对应的主、俯视图的投影分别是哪条线？

4.3　回　转　体

回转体是由回转面或回转面与平面所围成的曲面立体。下面介绍回转面的形成、回转面的投影，以及常见的回转体如圆柱体、圆锥体、球体和圆环体等的三视图。

4.3.1　圆柱体

1. 圆柱体的形成

如图 4-20(a)所示，圆柱体表面是由圆柱面和上、下底平面所组成的。圆柱面可看成是由直线 AA_1 绕与它平行的轴线 OO_1 旋转一周而成。直线 AA_1 称为母线，圆柱面上任何一条平行于轴线 OO_1 的直线，均称为圆柱面的素线。

2. 投影分析及画法

图 4-20(a)所示为一圆柱体，将其放在三投影面体系中，如图 4-20(b)所示，使其轴线垂直

于水平投影面,此时:上、下底平面为水平面,它的水平投影为反映实形的圆,正面投影和侧面投影均积聚为直线;圆柱面上全部的素线皆为铅垂线,因此圆柱面的水平投影积聚为一圆周,且与上、下底平面的投影重合;另外,由于圆柱面光滑,不像平面立体的棱面那样有明显的棱线,必须用圆柱面转向轮廓线(外形线)的投影来表示圆柱面的轮廓,因此,圆柱面的其余两个投影是由上、下底平面和轮廓线组成的矩形线框,如图 4-20(b)、(c)所示。

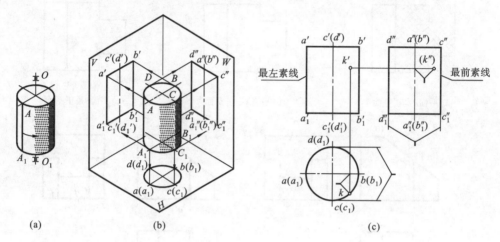

图 4-20   圆柱体的三视图

根据以上分析,轴线为铅垂线的圆柱体的俯视图为一个圆,主视图和左视图为相同的矩形。应注意:在投影为矩形的视图上要用细点画线画出回转轴的投影,在投影为圆的视图上要用互相垂直的两条细点画线的交点表示回转轴的积聚性投影,同时该交点也是圆心位置,这些细点画线称为中心线。在画其他回转体如圆锥、球、圆环等的投影时也都是这样规定的。

画图时,首先画出中心线,以确定回转轴的位置;其次画出投影为圆的那个视图;最后根据投影圆确定的轮廓线位置和圆柱的高度画出其余两个视图。

3. 分析轮廓线并判断曲面的可见性

1）轮廓线分析

由图 4-20(b)、(c)不难看出:投影圆与中心线的四个交点,分别是圆柱面四条转向轮廓线的积聚性投影,其中左右转向轮廓线 AA_1、BB_1 形成了主视图的轮廓线 $a'a_1'$、$b'b_1'$,但它们在左视图中与轴线重合,并不是左视图的轮廓线,因此画图时不必画出;同样,前后转向轮廓线 CC_1、DD_1 的投影形成了左视图的轮廓线 $c'c_1''$、$d'd_1''$,它们在主视图中的投影也与轴线重合,不必画出。

2）曲面的可见性分析

图 4-20(b)、(c)中:转向轮廓线 AA_1、BB_1 将圆柱面一分为二,在 AA_1 和 BB_1 前的半个圆柱面是可见的,而后半个圆柱面是不可见的,前、后两个半圆柱面在主视图中重影,可见 AA_1、BB_1 即为主视图上的可见部分与不可见部分的分界线;同理,对左视图来说,左半个圆柱面是可见的,右半个圆柱面是不可见的,CC_1、DD_1 即为左视图上的可见部分与不可见部分的分界线。

4. 圆柱面上的点

如图 4-20(c)所示,假设已知圆柱面上一点 K 的正面投影 k',求它的其余两投影。由于圆柱面的水平投影有积聚性,因此,点 K 的水平投影应在圆周上,另 k' 可见,所以点 K 必在前半个圆柱上,由此求得点 K 的水平投影 k。然后据 k'、k 便可求得点 K 的侧面投影 k'',因点 K 在右半圆柱上,所以 k'' 不可见,应加括号来表示。

4.3.2　圆锥体

1. 圆锥体的形成

如图 4-21(a)所示,圆锥体由圆锥面和底平面组成。圆锥面可以看成是直线 SA 绕与其相交的轴线 SO 旋转一周而成。直线 SA 称为母线,圆锥面上通过锥顶 S 的任一直线称为圆锥面的素线。母线与锥轴的夹角称为半锥角。

2. 投影分析及画法

图 4-21(a)所示为一圆锥体,将其放在三投影面体系中,如图 4-21(b)所示:使其轴线垂直于水平面,这时底平面为水平面,它的水平投影为一圆,正面投影和侧面投影均积聚为直线;圆锥面的水平投影为圆,与底平面的水平投影重合,同圆柱面一样,必须用转向轮廓线的投影来表示圆锥面的轮廓,因此,圆锥面其余的两投影均为底平面和轮廓线组成的相同的等腰三角形。

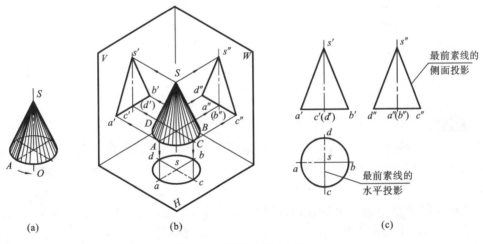

图 4-21　圆锥体的三视图

根据以上分析,轴线为铅垂线的圆锥体的俯视图为圆,主视图和左视图为相同的等腰三角形;圆锥面的三个投影都没有积聚性。画图时,首先画出中心线,以确定回转轴的位置;其次画出投影为圆的那个视图;最后根据投影圆确定的轮廓线位置和圆锥的高度画出其余两个视图。

3. 画法及轮廓线分析

1) 轮廓线分析

主视图的三角形两腰分别是最左(SA)、最右(SB)素线的投影,其水平投影分别与俯视图的横向中心线重合,其侧面投影均与圆锥轴线的侧面投影(中心线)重合,在图上均不必画出;左视图的三角形两腰分别是最前(SC)、最后(SD)素线的投影,其水平投影分别与俯视图竖向中心线重合,其正面投影均与圆锥轴线的正面投影(中心线)重合,在图上也不必画出。

2) 曲面的可见性分析

图 4-21(b)、(c)中:对于主视图,以 SA、SB 为界,前半个圆锥面是可见的,后半个圆锥面是不可见的;对于左视图,以 SC、SD 为界,左半个圆锥面是可见的,右半个圆锥面是不可见的;在俯视图上,圆锥面全部可见,底面全部不可见。

4. 圆锥面上的点

由于圆锥面的三投影均没有积聚性,所以在圆锥面上取点,一般要借助于辅助线。作辅助线的方法有下面两种。

1)素线法

如图 4-22(a)所示,假设已知圆锥面上一点 K 的正面投影 k',求作它的水平投影 k 和侧面投影 k''。在圆锥面上过点 K 及锥顶 S 作辅助素线 SA。这种过锥顶作辅助素线的方法称为素线法,即过点 K 的已知投影 k' 作 $s'a'$,求出 sa,按"宽相等"的关系求出 $s''a''$,即得素线 SA 的三面投影,又因点 K 在 SA 上,故可由 k' 求出 k 和 k''。另由于点 K 在左半圆锥面上,所以 k'' 是可见的,如图 4-22(a)所示。

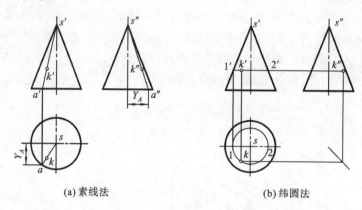

(a)素线法　　　　　　　　　　　(b)纬圆法

图 4-22　圆锥表面上的点

2)纬圆法

用垂直于回转体轴线的截平面截切回转体,其交线一定是圆,称为"纬圆"。这种利用纬圆求解的方法称为纬圆法。如图 4-22(b)所示,已知圆锥面上点 K 的正面投影 k',求水平投影和侧面投影时,可在圆锥面上过点 K 作水平纬圆,其水平投影反映实形。具体求法是过 k' 作纬圆的正面投影 $1'2'$,即过 k' 作轴线的垂线 $1'2'$,再以 $1'2'$ 为直径,以 s 为圆心画圆,求得纬圆的水平投影 12,则 k 必在此圆周 12 上,然后由 k' 和 k 求得 k''。

4.3.3　球体

1. 球体的形成

如图 4-23(a)、(b)所示,球体是由球面所组成的。球面可以看成是由一个半圆绕其自身直径 OO_1 旋转而成的。

2. 画法及轮廓分析

从球面的形成可知,必须用转向轮廓线(最大圆)的投影来表示球的轮廓。由图 4-23(a)、(b)可看出:球面上最大圆 A 将球面分成前、后两个半球面,前半球面可见,后半球面不可见,正面投影为圆 a',形成了主视图的轮廓线,而其水平投影和侧面投影都与相应的中心线重合,不必画出;最大圆 B 将球面分成上、下两个半球面,上半球面可见,下半球面不可见,俯视图中只需画出最大圆 B 的水平投影圆 b;最大圆 C 将球面分成左、右两个半球面,左半球面可见,右半球面不可见,左视图中只需画出最大圆 C 的侧面投影圆 c'';最大圆 B、C 的其余两投影与相应的中心线重合,均不应画出。因此,球的三个视图均为大小相等的圆,其直径和球的直径相同,这三个圆是球在三个方向的最大圆的投影,表示球在三个投影方向的轮廓,如图 4-23(b)、

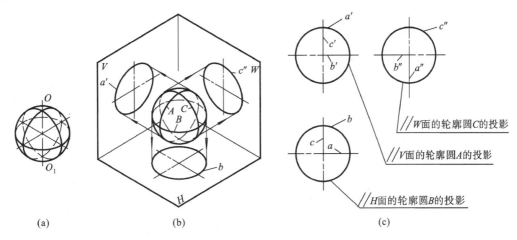

图 4-23　球体的三视图

(c)所示。

　　根据以上分析,画图时,首先画出中心线,以确定球心的位置(即各视图中的圆心),其次以相同的半径画出最大圆。

3. 球面上的点

　　因球面上不能取到直线,所以只能用纬圆法来确定球面上的点的投影。而当点位于球的最大圆上时,可直接利用最大圆的投影求出点的投影。

　　已知球和球面上的一点 M 的水平投影 m,求点 M 的正面投影 m' 和侧面投影 m''。作图时,可过点 M 在球面上作平行于正投影面的纬圆求解。如图 4-24(a)所示,过 m 作纬圆 12,再以 12 为直径,以球心为圆心在主视图上画圆得纬圆的正面投影 $1'2'$,则 m' 必在圆 $1'2'$ 的上半个圆周上(因 m 可见,表示点 M 在上半个球面上),由 m、m' 可求出 m''。因 m 在前左方,所以 m'、m'' 均可见。本例也可以用平行于水平投影面或侧投影面的纬圆求解。图 4-24(b)所示为利用水平纬圆求作点 M 投影的作图方法。至于如何作侧面纬圆求解,请读者自行分析和作图。

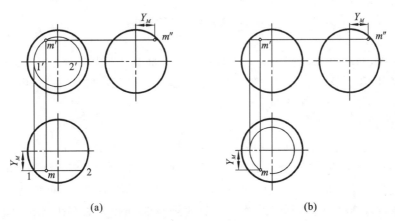

图 4-24　球面上的点

　　由以上分析可知,球面与圆柱面和圆锥面不同,它的每根直径均可视为球面的轴线,但在作图中经常被使用的只有三根,即分别垂直于 V、H、W 面的三根轴线,因此,可以产生这三个方向的纬圆。解题时,应根据"作图方便"的原则,适当选用不同方向的纬圆。

4.3.4　圆环体

1. 圆环体的形成

如图 4-25 所示,圆环体可以看成是以圆 $ABCD$ 为母线,绕与圆共面但不通过圆心的轴线

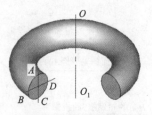

OO_1 旋转而成的。圆环体外面的一半表面,称为外环面,是由母线圆的 ABC 弧旋转形成的。圆环内面的一半表面,称为内环面,是由母线圆的 ADC 弧旋转形成的。

图 4-25　圆环体

2. 画法及轮廓分析

如图 4-26(a)所示,画图时:首先画出中心线,其次画出主视图中平行于正面的素线圆(转向轮廓线)$a'b'c'd'$ 和 $e'f'g'$ h',因为内环面从前面是看不见的,所以内环面的素线半圆应该画成细虚线;然后画出上、下两条轮廓线,它们是母线上最高、最低点的轨迹的投影;同样画出左视图;最后画出俯视图中最大轮廓圆、最小轮廓圆(喉圆)和中心圆,即完成作图。

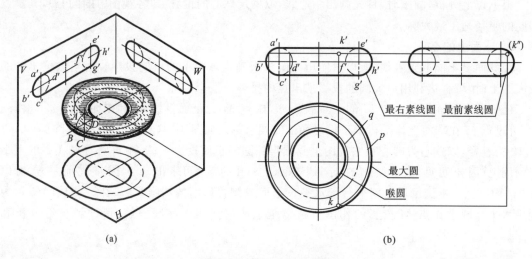

(a)　　　　　　　　　　　　　　(b)

图 4-26　圆环体的三视图

对于主视图,外环面的前半部可见,外环面的后半部及全部内环面均不可见;对于左视图,外环面的左半部可见,外环面的右半部及全部内环面均不可见;对于俯视图,内、外环面的上半部可见,内、外环面的下半部不可见。

3. 圆环面上的点

已知圆环面上一点 K 的正面投影 k',求水平投影 k 和侧面投影 k''。因圆环面上没有直线,所以必须利用纬圆法求解。在主视图上过 k' 作垂直于轴线的平面,这时可得到两个纬圆,一个是以轴线至外环面间距为半径的纬圆 p,另一个是以轴线至内环面间距为半径的纬圆 q。但根据已知条件,k' 是可见的,则 K 应在外环面的前半部,所以 k 必在纬圆 p 的水平投影的前半个圆周上,如图 4-26(b)所示,由 k'、k 可求出 k''。

4.3.5　几种常见的不完整的回转体

在机器零件上常常见到不完整的回转体,应该熟悉它们的视图(见图 4-27)。

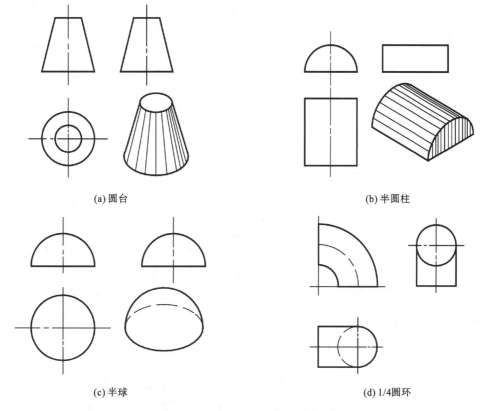

(a) 圆台　　　　　　　　　　　　　(b) 半圆柱

(c) 半球　　　　　　　　　　　　　(d) 1/4 圆环

图 4-27　常见的不完整回转体

4.4　回转体的截交线

　　由回转体的形成可知,回转体被平面截切,其截交线一般为封闭的平面曲线。曲线上的每一点都是截平面与回转体表面的共有点,所以求截交线就是求截平面和回转体表面上一系列的共有点,然后判断可见性,最后将这些点的同面投影光滑连接起来,即可得到截交线的投影。与在回转体表面取点一样,也可以采用素线法和纬圆法求解回转体的截交线。

　　回转体截交线的形状主要取决于被截立体的表面性质及截平面相对投影面的位置,而所求截交线的准确程度,取决于所求点的多少。下面讨论几种常见回转体的截交线问题。

4.4.1　圆柱体的截交线

　　平面与圆柱体相交时,根据截平面相对圆柱轴线的位置不同,其截交线有三种——矩形(与圆柱面的交线为两直素线)、圆和椭圆,如表 4-1 所示。

表 4-1　圆柱体的截交线

截平面位置	与圆柱轴线平行	与圆柱轴线垂直	与圆柱轴线倾斜
截交线形状	两平行直线	圆	椭圆

续表

截平面位置	与圆柱轴线平行	与圆柱轴线垂直	与圆柱轴线倾斜
立体图			
投影图			

例 4-9　如图 4-28 所示,求正垂面 P_V 与圆柱体的截交线。

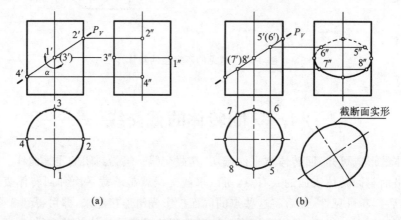

(a)　　　　　　　　　　　　　　(b)

图 4-28　圆柱体的截交线

分析　截平面与圆柱轴线成倾斜位置,截交线应是椭圆。因为正垂面 P_V 的正面投影有积聚性,圆柱面的水平投影有积聚性,所以截交线的正面投影积聚于 P_V,水平投影积聚于圆周上,仅需求侧面投影的椭圆。注意:截平面 P 与圆柱体前、后素线的交点 I、III 是截交线的侧面投影可见部分与不可见部分的分界点,位于右半圆柱面上的截交线是不可见的,用细虚线表示。下面用求点的方法作图。

作图　(1) 先求特殊点,即圆柱的前、后、左、右轮廓素线与 P_V 面的交点 I、II、III、IV(见图 4-28(a));

(2) 再求一般点 V、VI、VII、VIII(见图 4-28(b));

(3) 最后将所求各点依次光滑连接起来,并判断可见性,完成全图(见图 4-28(b))。

椭圆也可以求出长、短轴后,用四心法作图。

　　不难看出，当截平面 P_V 与圆柱的轴线的夹角 α 变化时，截交线椭圆也会发生变化。当 α ＝45°时，截交线椭圆的侧面投影变为一个圆，其圆心为截平面与轴线的交点，半径等于圆柱的半径。

　　例 4-10　如图 4-29(a)所示，根据中间开槽的圆柱体两面投影，画出其侧面投影。

　　分析　由图 4-29(a)可知，圆柱轴线是铅垂线，圆柱体是被两个与轴线平行的侧平面 P 和一个与轴线垂直的水平面 Q 截切形成的，P 面和圆柱面的截交线为两条直素线，P 面与上底面、Q 面也相交，得到两条截交线，四条截交线构成矩形；Q 面与圆柱体的截交线为圆弧，并和两 P 面相交成两直线。

　　作图　(1) 先画出完整圆柱的投影；

　　(2) 再根据"宽相等"画出 P 面和圆柱面相交的截交线的侧面投影；

　　(3) 再根据"高平齐、宽相等"画出 Q 面的侧面投影，并判断其可见性；

　　(4) 最后去掉上部被切去的圆柱轮廓线，完成全图，如图 4-29(b)所示。

　　例 4-11　根据中间开槽的空心圆柱体的两面投影(见图 4-30)，画其侧面投影。

　　本题和例 4-10 基本相似，只是空心圆柱体有共轴线的内、外两个圆柱面，P、Q 两平面同时与内、外圆柱面相交产生交线，其作图原理和方法与例 4-10 完全相同，请读者自行分析。

　　注意：P、Q 两平面所形成的截断面被空心圆柱体的内表面分为两部分(见图 4-30)。

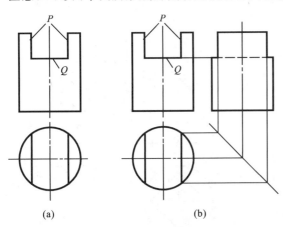

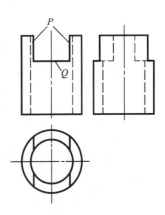

(a)　　　　　　　　　　(b)

图 4-29　圆柱通槽的画法　　　　　　　　**图 4-30　空心圆柱通槽的画法**

　　例 4-12　已知带方孔圆柱的主视图和俯视图(见图 4-31(a))，求作其左视图。

　　分析　带方孔圆柱的切口是由侧平面 P 和正垂面 Q 组成的，P 面与圆柱的轴线平行，其截交线为两素线，P 面与方孔的两棱面相交，其截交线也为两直线；Q 面与圆柱的轴线的夹角为 45°，其截交线椭圆的侧面投影为圆，Q 面与方孔的四个棱面均相交，其截交线为四边形；下部通槽的求法与例 4-11 相似。

　　作图　(1) 先画出完整带方孔的圆柱，并求通槽的侧面投影，如图 4-31(b)所示；

　　(2) 将 Q 面扩展为全截带方孔的圆柱，并求截交线——圆和四边形，如图 4-31(c)所示；

　　(3) 求 P 面的截交线，并求 P 面与 Q 面的交线，且以交线为界，保留所需的部分，如图 4-31(d)所示；

　　(4) 对圆柱的轮廓线、方孔棱线进行处理，完成左视图，如图 4-31(e)所示。

通过以上例题可知,求圆柱体的截交线,应先分析清楚截交线的空间形状和投影特性,然后采用不同的方法作图。若截交线的投影为圆,则只要确定圆心与半径;若截交线的投影为平面曲线,就要确定最高、最低、最前、最后、最左、最右点等特殊点,以及轮廓线上的点和可见、不可见部分的分界点。以上这些点统称为特殊点。

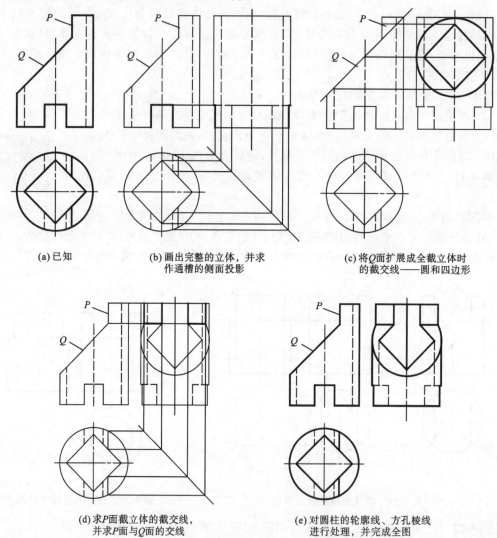

(a) 已知

(b) 画出完整的立体,并求作通槽的侧面投影

(c) 将Q面扩展成全截立体时的截交线——圆和四边形

(d) 求P面截立体的截交线,并求P面与Q面的交线

(e) 对圆柱的轮廓线、方孔棱线进行处理,并完成全图

图 4-31　立体内方孔圆柱切口

4.4.2　圆锥体的截交线

平面与圆锥体相交时,根据截平面相对圆锥轴线的位置不同,其截交线有五种——两相交直线、圆、椭圆、抛物线及双曲线,如表 4-2 所示。表中 α 为圆锥的半锥角,β 为截平面与锥轴的夹角。

表 4-2　圆锥体的截交线

截平面位置	过锥顶 $\beta < \alpha$	与轴线垂直 $\beta = 90°$	与轴线倾斜 $\beta > \alpha$	与一条素线平行 $\beta = \alpha$	与轴线平行 $\beta = 0°$
截交线形状	两相交直线	圆	椭圆	抛物线	双曲线

截平面 位置	过锥顶 $\beta < \alpha$	与轴线垂直 $\beta = 90°$	与轴线倾斜 $\beta > \alpha$	与一条素线平行 $\beta = \alpha$	与轴线平行 $\beta = 0°$
立 体 图					
投 影 图					

例 4-13　求正垂面 P 与横放圆锥体的截交线（见图 4-32）。

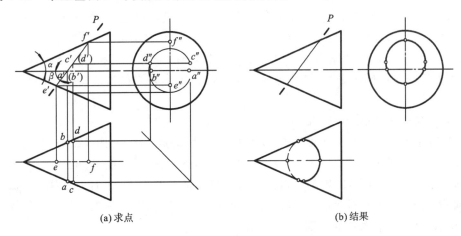

(a) 求点　　　　　　　　　　　　　　(b) 结果

图 4-32　正垂面与横放圆锥体的截交线

分析　如图 4-32 所示，圆锥的轴线为侧垂线，$\beta > \alpha$，其截交线是一个椭圆，它的正面投影积聚成一直线，而其水平投影和侧面投影则仍为椭圆。由解析几何定理可知，在与圆锥轴线垂直的那个投影面上，截交线的投影总是椭圆，而在与轴线平行的投影面上（此例的俯视图上），一般情况下也是椭圆，仅当 $\tan\beta = 1/\cos\alpha$ 时，截交线椭圆的水平投影才为圆。根据圆锥的投影特性可知：截交线椭圆的侧面投影全部可见，截平面与前、后素线的交点 A、B 为截交线水平投影可见与不可见部分的分界点，位于下半圆锥面上的截交线不可见。

作图　（1）求特殊点，即圆锥的前、后、左、右轮廓素线与平面 P 的交点 A、B、E、F，以及椭圆长、短轴的端点 C、D、E、F;由于截交线椭圆在空间中,其长、短轴互相垂直平分,且短轴为正垂线,所以两投影中长、短轴仍然垂直平分;

(2) 用纬圆法求出适当数量的一般点;

(3) 将所求各点依次光滑连接起来,并判断可见性,完成全图,如图 4-32(b)所示。

例 4-14　求铅垂面 P_H 与圆锥体的截交线(见图 4-33)。

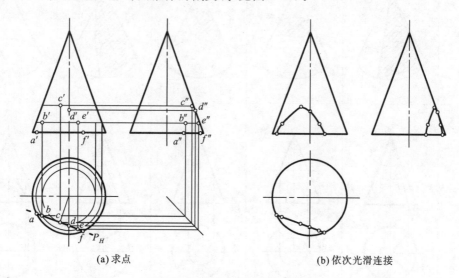

(a) 求点　　　　　　　　　　　　(b) 依次光滑连接

图 4-33　铅垂面与圆锥体的截交线

分析　如图 4-33 所示圆锥体的轴线为铅垂线,截平面 P_H 与圆锥轴线平行,所以截交线是双曲线,它的水平投影积聚成一直线,而其正面投影和侧面投影为双曲线的类似形。另根据圆锥的投影特性可知,截交线(位于前半圆锥)的正面投影全部可见;截平面 P_H 与最前素线的交点 D 为截交线侧面投影可见与不可见部分的分界点,位于右半圆锥面上的截交线不可见。

作图　(1) 求特殊点,即截平面 P_H 与底平面、圆锥的最前轮廓素线的交点 A、F、D 和最高点 C,其中最高点 C 的求法是:作圆与截平面 P_H 面相切,切点即为最高点 C 的水平投影 c,据 c 求出 c'、c'';

(2) 采用纬圆法求一般点 B、E;

(3) 将所求各点依次光滑连接起来,并判断可见性,完成全图,如图 4-33(b)所示。

例 4-15　已知圆锥切口的主视图(见图 4-34(a)),试完成俯、左视图。

分析　如图 4-34 所示,圆锥的切口由平行于轴线的侧平面 P、垂直于轴线的水平面 Q、过锥顶的正垂面 R 和与轴线斜交的正垂面 S 组成,截交线分别为双曲线、圆、两条相交直素线和椭圆。

作图　(1) 画出完整圆锥的俯、左视图,并求 P 面截圆锥体的截交线——双曲线,作图方法参考例 4-14,如图 4-34(b)所示;

(2) 求 Q 面截圆锥的截交线——水平纬圆,求 R 面截圆锥体的截交线——两条相交直线,同时求 P、Q、R 两两的交线,并以交线为界,保留所需的部分,如图 4-34(c)所示;

(3) 求 S 面截圆锥体的截交线——椭圆,求 S、R 平面的交线,并以交线为界,保留所需的部分,作图方法参考例 4-13,如图 4-34(d)所示;

(4) 对圆锥的轮廓线及底面进行处理,完成全图,如图 4-34(e)所示。

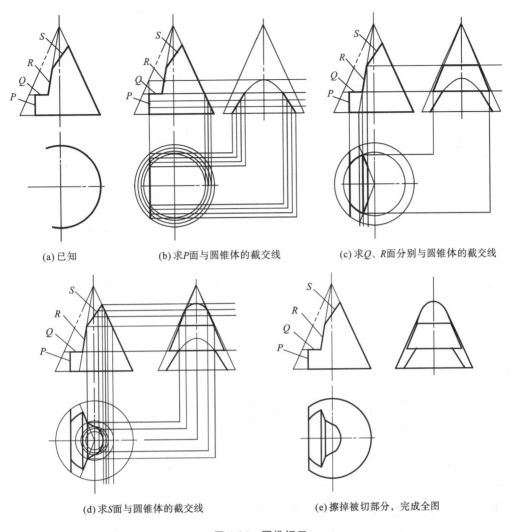

(a) 已知　　　　　　(b) 求P面与圆锥体的截交线　　　　　(c) 求Q、R面分别与圆锥体的截交线

(d) 求S面与圆锥体的截交线　　　　　　　　(e) 擦掉被切部分，完成全图

图 4-34　圆锥切口

4.4.3　球体的截交线

前面已经讲过，球的每根直径均可视为轴线，因此平面与球相交时，不论平面与球的相对位置如何，其截交线总是圆。但由于截平面相对投影面的位置不同，所得截交线（圆）的投影可以是直线、圆或椭圆，如表 4-3 所示。

例 4-16　已知一开槽半球的主视图（见图 4-35（a）），求其俯、左视图。

分析　由图 4-35 可知，半球是被两个侧平面 P 和一个水平面 Q 截切形成的。两个侧平面 P 与半球的截交线，其侧面投影是半圆的一部分，水平投影积聚成直线；水平面 Q 截球体，其水平投影是圆的一部分，侧面投影积聚成直线；两平面 P 与 Q 的交线均为正垂线。注意：左视图中的半球顶部的轮廓线被切掉了。

作图　先画 P、Q 面有积聚性的投影，再画投影为圆弧的部分，并判断可见性，完成全图，如图 4-35 所示。

表 4-3 球体的截交线

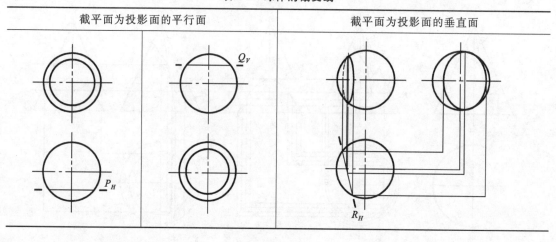

截平面为投影面的平行面	截平面为投影面的垂直面

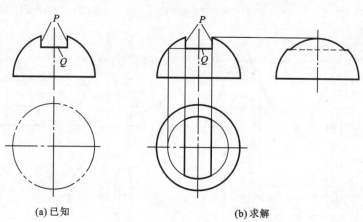

(a) 已知　　　　　　(b) 求解

图 4-35　半球切口

例 4-17　已知带切口球的主、俯视图(见图 4-36),完成其左视图。

分析　球的主视图可以分成线框 a'、b'、d' 和直线 c'、e'、f'(见图 4-36)。按照"长对正",线

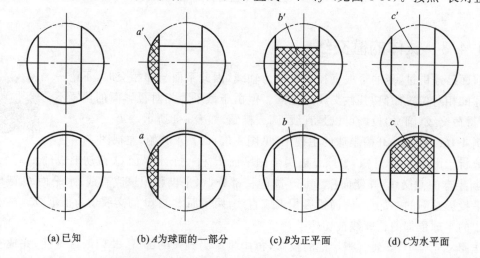

(a) 已知　　　(b) A 为球面的一部分　　　(c) B 为正平面　　　(d) C 为水平面

图 4-36　球切口

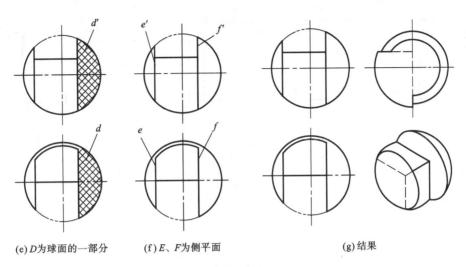

(e) D 为球面的一部分　　(f) E、F 为侧平面　　　　　　　　(g) 结果

续图 4-36

框 a' 对应俯视图线框 a，而且二者之间的圆弧半径相同，因此，A 为球面的一部分；线框 b' 对应俯视图直线 b，因此 B 为正平面；直线 c' 对应俯视图线框 c，因此 C 为水平面；线框 d' 对应俯视图线框 d，而且二者之间的圆弧半径相同，因此 D 为球面的一部分；直线 e'、f' 对应俯视图直线 e、f，因此 E、F 均为侧平面。

作图　（1）画出完整球的左视图，并画出 B、C 平面有积聚性的侧面投影；

（2）画出侧平面 E、F 的左视图——圆，并保留所需的部分，擦去被切掉的部分，完成全图。

4.5　基本体的尺寸标注

物体的一组视图，仅能表达物体的形状，而不能表达物体的真实大小和各部分的相对位置，所以画好视图后还应标注尺寸。标注尺寸的基本要求如下：

（1）齐全——所注尺寸能唯一地确定物体的形状大小和各部分的相对位置，尺寸不多不少；

（2）清晰——尺寸布局整齐清晰，尺寸注法符合国家标准 GB/T 16675.2—2012、GB/T 4458.4—2003 的规定；

（3）合理——所注尺寸既能保证设计要求，又符合加工、装配、测量等要求。

关于尺寸标注的合理性问题，将在后续课程中不断学习。初学阶段应以"齐全、清晰"为主要目标。确定物体形状大小的尺寸称为定形尺寸；确定物体各部分相对位置的尺寸称为定位尺寸；标注尺寸的起点称为基准。通常选择对称面、对称线、底面、端面等重要几何元素的投影作为标注尺寸的基准。

4.5.1　基本体的尺寸标注

由于基本体的几何特性不同，确定其形状大小所需的尺寸数量与标注方法有所不同，常见的基本体的尺寸注法如图 4-37 所示。

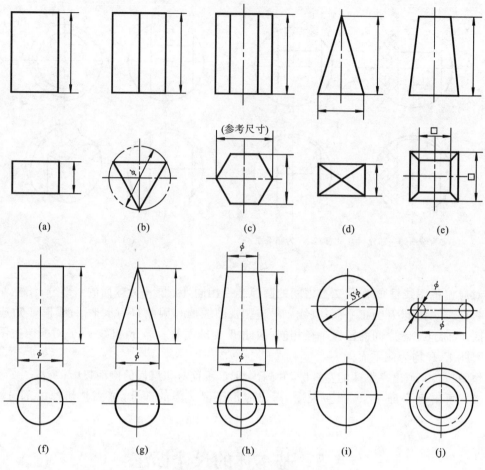

图 4-37　基本体尺寸标注

4.5.2　带切口的基本体的尺寸标注

基本体切割后标注尺寸时,需标注基本体本身的定形尺寸和切平面的定位尺寸,如果有开槽或穿孔,则需标注槽或孔的大小,以确定切平面的位置。一般不标注截交线的尺寸,如图4-38所示。图 4-38 中尺寸标注为⊗者是错误的,应该避免。

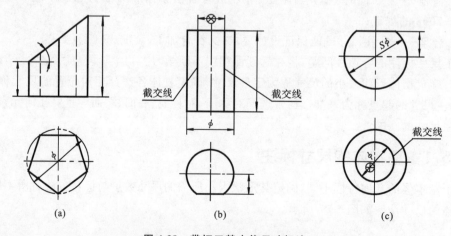

图 4-38　带切口基本体尺寸标注

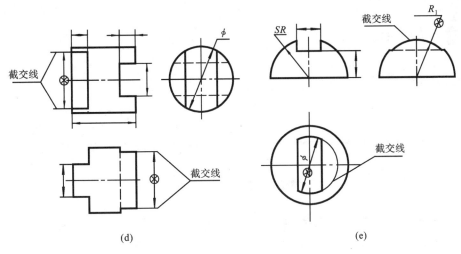

(d)　　　　　　　　　　　　　　　　　　　(e)

续图 4-38

思　考　题

1. 什么是平面立体？什么是曲面立体？

2. 平面立体与曲面立体表面上点、线的求法和画法是怎样的？什么是截交线上的特殊点？

3. 圆柱面、圆锥面、球面的截交线有几种？各有什么特点？

4. 什么是曲面立体的截交线上的特殊点？如何分析？

问题与讨论

看切割体的视图主要用什么方法？分析线框时应注意哪些问题？

第5章

组合体及其造型

学习目的与要求

(1) 掌握复杂形体的构形方法及其投影图的画法,实现从简单形体到机件的顺利过渡;

(2) 了解组合体的组合形式;

(3) 掌握相邻两表面之间的连接方式及其投影图的画法;

(4) 掌握基本几何体表面相交时相贯线的形状、投影特点及其作图的方法;

(5) 掌握用形体分析法和线面分析法进行读图、画图和尺寸标注;

(6) 掌握构形设计的基本方式,培养对空间形体的形象思维能力和创造性构思设计的能力。

学习内容

(1) 组合体的基本概念,组合体的组合形式与表面关系的视图表达方法;

(2) 组合体的构形设计方法;

(3) 相贯线的概念、性质和画法,特别是相贯线的简化画法和特殊相贯线的画法;

(4) 运用形体分析法画组合体的视图;

(5) 根据切割方式画组合体的视图;

(6) 尺寸标注的基本要求,尺寸基准的概念,尺寸标注的要点及方法;

(7) 运用形体分析法标注组合体的尺寸;

(8) 根据切割方式标注组合体的尺寸;

(9) 阅读组合体视图的方法与注意事项等。

学习重点与难点

(1) 重点是组合体的画图、看图、标注尺寸的方法;

(2) 难点是相贯线的求法。

本章的地位及特点

组合体及其造型是全书的一个重点,组合体画图和读图是培养形体想象能力的重要环节。通过学习本章内容能够将前面章节的知识有效地综合并加以运用,为后续内容的学习打下基础。组合体及造型的学习具有明显的承前启后的作用,组合体的画图、看图、标注尺寸的方法是零件图学习过程中需要掌握的最基本、最重要的方法。

5.1　组合体的形体分析和组合形式

5.1.1　组合体的形体分析

　　由若干个基本体按一定方式组合而形成的物体称为组合体。任何一个复杂的物体，从形体角度来看，总可把它分解成一些基本体来认识。如图 5-1(a)所示的支架，可以把它分解成底板、支承板、圆筒、肋板等简单立体，而底板是由长方体和半圆柱组合后穿孔形成的，支承板是长方体切去一个小长方体和一个半圆柱体形成的，如图 5-1(b)所示。

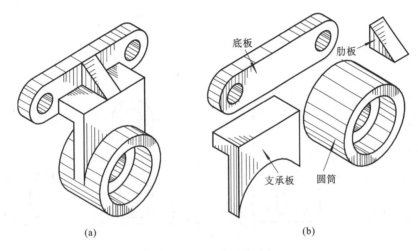

图 5-1　支架的形体分析

　　按照形体特征，假想把一个复杂的物体分解成若干个基本体来分析的方法称为形体分析法。形体分析法是画图和读图的基本方法。

5.1.2　组合体的组合形式及表面连接关系

　　组合体的组合形式通常分为叠加和切割两种。

　　叠加就是若干个基本体按一定方式"加"在一起，切割则是从一个基本体中"减"去另一些基本体。

　　如果用集合运算的方法来分析基本体的叠加和切割，那么，每个基本体就是一个集合，而叠加组合就是参与组合的基本体的并集，切割组合则是基本体的差集。在本课程的后续课程"计算机图形学"中，三维形体的造型设计都是采用基本体集合运算来产生复杂形体的。

　　组合体相邻两基本体表面之间的连接方式可分为共面、相切、相交等三种形式，如图 5-2 所示。

1. 共面

　　当相邻两基本体的某些表面平齐时，说明此时两立体的这些表面共面，共面的表面在视图上没有分界线隔开，如图 5-3(a)、(b)所示。

　　当相邻两基本体的表面在某方向不共面时，说明它们在相互连接处不存在共面情况，在视图上不同的表面之间应有分界线隔开，如图 5-4(a)、(b)所示。

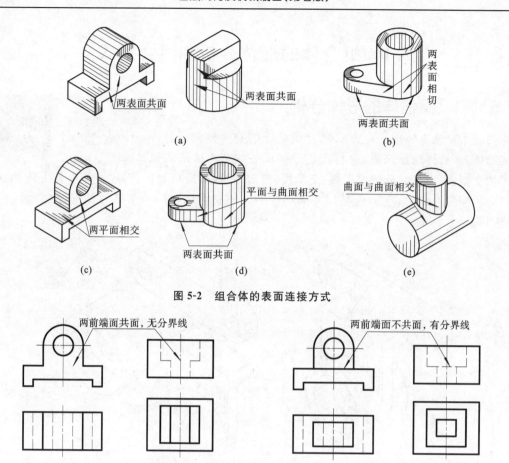

图 5-2　组合体的表面连接方式

图 5-3　表面共面　　　　　　　　　　图 5-4　表面不共面

2. 相切

所谓相切,是指两基本体表面在某处的连接是光滑过渡的,不存在明显的分界线。因此,当两个基本体的表面相切时,在相切处规定不画分界线的投影,相切面的投影应画到切点处。画法是先找出切点的位置,再将切面的投影画到切点处,如图 5-5(a)、(b)所示。

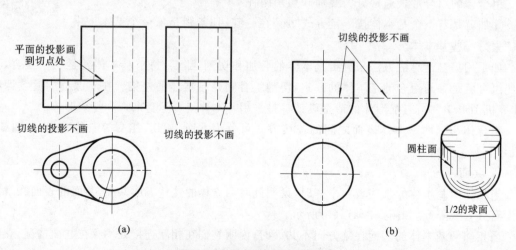

图 5-5　相切处切线的投影不画

在特殊情况下，当两圆柱面相切时，若它们的公共切平面垂直于投影面，则应画出相切的素线在该投影面上的投影，也就是两个圆柱面的分界线，如图 5-6 所示。

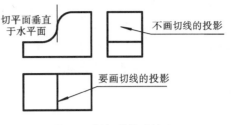

图 5-6　相切的特殊情况

3. 相交

当两立体表面相交时，在投影图上要正确画出交线的投影。相交有平面立体与平面立体相交、平面立体与曲面立体相交、曲面立体与曲面立体相交三种情况，分别如图 5-7(a)、(b)、(c)所示。平面立体与平面立体的交线实际上是平面与平面相交的交线，为空间折线，其求法在第 3 章中已讨论过；平面立体与曲面立体的交线实际上是平面与曲面相交的截交线，为若干段平面曲线组成的组合截交线。

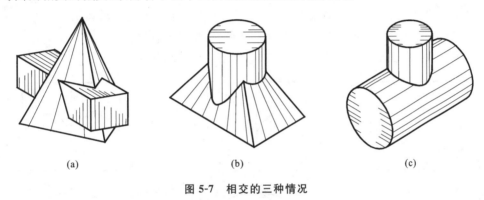

(a)　　　　　　　　　　(b)　　　　　　　　　　(c)

图 5-7　相交的三种情况

5.2　相贯线的画法

立体相交时必须画出截交线的投影，如图 5-8(a)、(b)所示。截交线形状取决于两相交形体的形状、大小和它们之间的相对位置。本节讨论曲面立体与曲面立体相交时的截交线画法。

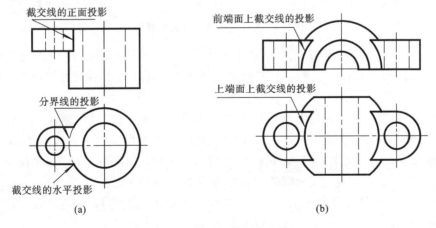

(a)　　　　　　　　　　　　　　(b)

图 5-8　截交线的投影画法

两立体表面相交所产生的截交线称为相贯线。相贯线具有以下两条基本性质：

（1）由于参与相贯的两立体大小是有限的,因此相贯线一般是封闭的;

（2）相贯线是两立体表面的共有线,也是两立体表面的分界线,因此,相贯线是相交两立体表面上一系列共有点的集合。

求相贯线的实质是求两相交立体表面上的一系列共有点,其基本方法是辅助面法。

辅助面法的作图原理是利用三面共点,即辅助面同时与两立体表面相交,两条交线的交点为三个面的共有点,也就是相贯线上的点。

辅助面的选择原则是,使辅助面与两立体相交的交线是最简单、易画的直线或圆。

5.2.1　辅助平面法

1. 平面立体与曲面立体相交

平面立体与回转体相交时,相贯线是由平面立体的每个棱面与回转体表面相交产生的截交线的组合,即相贯线是由若干段平面曲线所围成的。

例 5-1　求直立三棱柱与半圆球的相贯线,如图 5-9(a)所示。

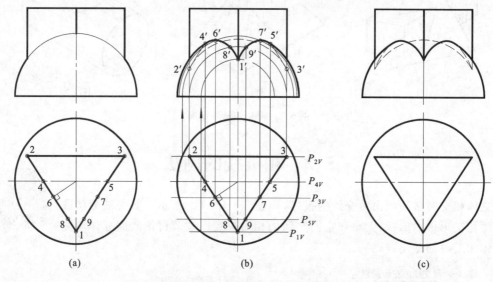

(a)　　　　　　　　(b)　　　　　　　　(c)

图 5-9　直立三棱柱与半圆球相贯

分析　参与相贯的两形体是直立三棱柱和半球。从俯视图上看,三棱柱的三个棱面分别与球面相交。任何一个平面与球相交,其截交线都是圆,所以它们的相贯线是由三段圆弧围成的封闭曲线。

直立三棱柱的左、右两个棱面为铅垂面,后棱面为正平面,相贯线的俯视图积聚在三个棱面的投影上,即积聚在三条直线上。左、右两个棱面截交线圆的正投影为椭圆,后棱面截交线圆的正投影反映实形。为了方便、准确地作图,可选正平面为辅助面。由于正平面与球的截交线为圆,与直立三棱柱的截交线为两条直素线,所以作图过程简便。

作图　（1）求相贯线上的特殊点。直线与立体表面相交的交点称为贯穿点。它是每段相贯线的起点或终点,也是两段相贯线之间的结合点。

① 求直立三棱柱的三条棱线与球面的贯穿点。三个贯穿点的水平投影根据积聚性可知为 1、2、3。过点 1、2(或 3)分别作正平面 P_{1V}、P_{2V},与半圆球的交线为半圆,在主视图上反映实

形。根据"长对正"的规律,求出贯穿点的正面投影 1′、2′、3′。

② 求相贯线上的最高点。从俯视图上看,6、7 两点是离球面上最高点最近的两点,也是截交线上的最高点。过 6、7 两点作正平面 P_{3v},它与球的交线为圆,再根据"长对正"求出 6′、7′。

③ 求相贯线上位于半球正面轮廓线上的点。从俯视图上看,4、5 两点是相贯线上位于半球正面轮廓线上的点的投影。

(2) 求一系列中间点,如 8、9 两点,作图方法同上。

(3) 根据可见性光滑连线。椭圆弧 1′8′6′4′ 和 1′9′7′5′ 在球的前半部,可见,用粗实线表示。椭圆弧 4′2′、5′3′ 和圆弧 2′3′ 都在球的后半部,不可见,用细虚线表示。

(4) 补全轮廓线。从俯视图上看,球正面上的轮廓线应画到 4′ 和 5′ 处。三棱柱的三条棱线应画到 1′、2′、3′ 处。其中被球遮挡部分为细虚线。

2. 两回转体相交

两回转体相交时,它们的相贯线一般为封闭的空间曲线。曲线上的点都是两个回转面的共有点。

例 5-2　求两正交圆柱的相贯线,如图 5-10 所示。

分析　参与相贯的两形体都是圆柱体,它们的轴线垂直相交,由此得出相贯线前后、左右对称。根据相贯线是两圆柱共有线和圆柱面投影的积聚性可知,相贯线的俯视图、左视图都积聚在两圆柱体的圆周上,也就是相贯线的俯视

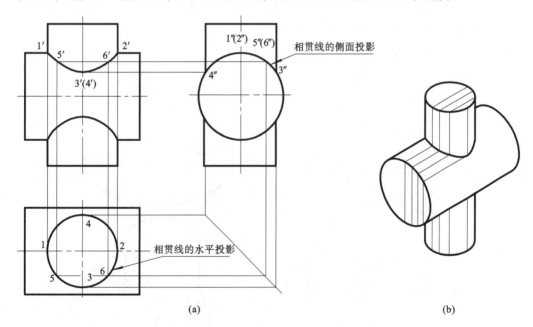

(a)　　　　　　　　　　　　　　　　　　　　　(b)

图 5-10　两正交圆柱相贯

图为一完整的圆,左视图为两形体公共的圆弧段(3″1″4″)。即已知相贯线的两个视图,可根据表面取点法求出相贯线的第三面投影。

作图　(1) 求出相贯线上的特殊点。相贯线上最前、最后点的水平投影为 3、4,最左、最右点(也为最高点)的水平投影为 1、2,根据"宽相等",它们的侧面投影分别为 3″、4″、1″、2″,再根据"长对正、高平齐"求出正面投影 3′、4′、1′、2′。

(2) 求一系列中间点。在相贯线的俯视图上任取中间点 5、6,根据"宽相等"可求出它们的

侧面投影 $5''$、$6''$,再根据"长对正、高平齐"求出正面投影 $5'$、$6'$。

(3) 根据可见性光滑连线。

(4) 完成轮廓线的投影。两圆柱体相贯后,它们正面投影的轮廓线部分被相贯线取代,在投影图上应擦去。

两圆柱面正交是机器零件中常见的结构。它有以下三种不同的形式:外表面与外表面相贯、内表面与外表面相贯和内表面与内表面相贯,如图 5-11 所示。当内表面由立体上的孔洞等结构形成时,内表面的相贯线画法与外表面的相贯线画法相同,只是其可见性要根据具体情况正确处理。

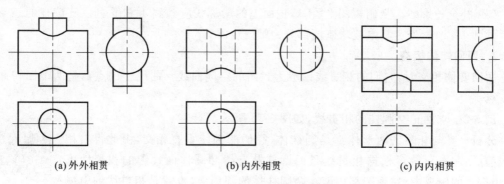

(a) 外外相贯　　　　　　　(b) 内外相贯　　　　　　　(c) 内内相贯

图 5-11　相贯线的三种形式

例 5-3　用辅助平面法求半圆球与圆柱的截交线,如图 5-12 所示。

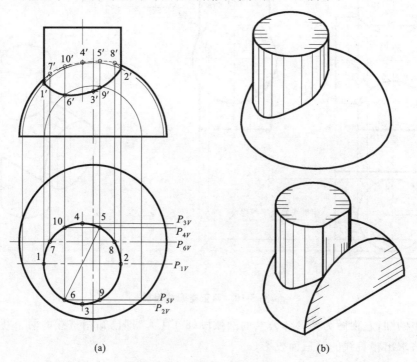

(a)　　　　　　　　　　　　　　(b)

图 5-12　圆柱与半圆球相贯

分析　参与相贯的两形体为半圆球和圆柱。根据积聚性可知,相贯线的俯视图积聚在圆柱的圆周上,这时相贯线的正面投影要选辅助平面来求。可选正平面为辅助面,正平面与球的截交线为圆,与圆柱的截交线为直线。当然也可以选水平面或侧平面为辅助面。

作图 （1）求相贯线上的特殊点的投影。从俯视图上可知，相贯线上的最左点、最右点、最前点、最后点、最高点、最低点的水平投影依次为 1、2、3、4、5、6。相贯线上位于半球正面轮廓线上点的水平投影为 7、8。分别过 1、3、4、5、6、7 点作水平面 P_{1V}、P_{2V}、P_{3V}、P_{4V}、P_{5V}、P_{6V}，交圆柱为两条直素线，交半圆球为圆，直线与圆的交点就是相贯线上的点，即得 $1'$、$2'$、$3'$、$4'$、$5'$、$10'$、$6'$、$9'$、$7'$、$8'$。

（2）已求出的相贯线上的点很多，所以可不再求其他的中间点。

（3）根据可见性光滑连线。相贯线的 $1'6'3'9'2'$ 段在圆柱体的前半部，可见，而 $1'7'10'4'5'8'2'$ 段不可见。

（4）补全轮廓线的投影。半球的正面轮廓线应画到 $7'$、$8'$ 处，其中部分被圆柱遮挡，为细虚线。圆柱体的轮廓线应画到 $1'$、$2'$ 处。

3. 相贯线的简化画法

两正交圆柱体的相贯线，在机器零件上经常见到，它是加工过程中自然形成的。因此，当对相贯线形状的准确度要求不高时，该相贯线可用圆弧代替。其简化的画法有以下两种。

（1）如图 5-13(a)所示，先求出相贯线上的三个特殊点 $1'$、$2'$、$3'$，过此三点作圆弧代替相贯线。

（2）如图 5-13(b)所示，以大圆柱体的半径为半径，过 $1'$、$2'$ 两个特殊点作圆弧代替相贯线。

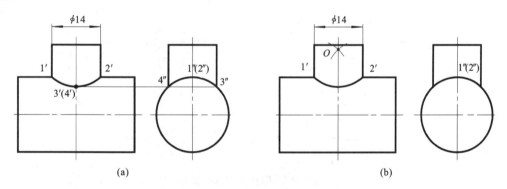

图 5-13　相贯线的简化画法

作图时应注意，圆弧的弯曲方向是向大圆柱投影内弯曲。

5.2.2　辅助球面法

球与任意回转体表面相交，只要球心位于回转体的轴线上，它们的相贯线就是一平面曲线——圆，并且该圆所在的平面与回转体的轴线垂直。若回转体的轴线平行于某投影面，则相贯线在该投影面上的投影积聚成一直线段。如图 5-14 所示，该直线段就是球面轮廓线与回转体轮廓线交点的连线。

根据以上原理，可以用球面作辅助面求相贯线，此即辅助球面法。使用辅助球面法的条件是，参与相贯的两形体均为回转体，其轴线相交且同时平行于某一投影面。

例 5-4　求圆锥与圆柱的相贯线，如图 5-15 所示。

分析　参与相贯的圆锥、圆柱都是回转体，它们的轴线相交且平行于正面，所以可以用辅助球面法求相贯线。它们的相贯线是前、后对称的。

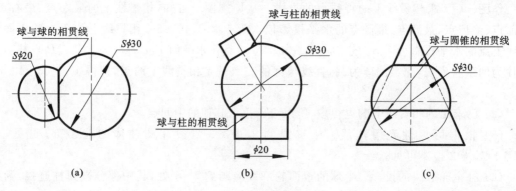

图 5-14　球与回转体相贯

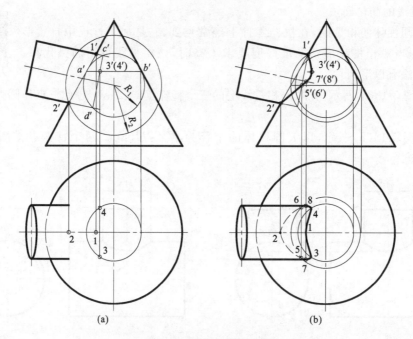

图 5-15　圆柱与圆锥相贯

辅助球的球心为两回转体轴线的交点。以此交点为球心,作一大小合适的辅助球,分别与圆柱、圆锥相交,球与它们的相贯线都是圆且在正面上的投影积聚成一条垂直于轴线的直线,此两直线的交点为三个曲面的共有点,即相贯线上的点。

作图 (1)确定辅助球半径的范围。最小半径 R_1 为圆锥内切球的半径。最大半径 R_2 为主视图上球心到两回转体轮廓线交点距离中的大者。

(2)求相贯线上的特殊点的投影。最高、最低点的正面投影为两轮廓线的交点,即 $1'$、$2'$。根据"长对正"求出水平投影 1、2,如图 5-15(a)所示。

(3)以 R_1 为半径作球,分别与两形体相交,交线的正面投影为 $a'b'$、$c'd'$,它们的交点为 $3'$($4'$)。过 $3'$($4'$)作水平平面与圆锥相交,交线为圆,在俯视图上反映实形,根据"长对正"求出 3、4,如图 5-15(a)所示。

(4)求一系列的中间点。在 R_1、R_2 之间取半径为 R 的辅助球,求出一系列的中间点,如图 5-15(b)所示。

(5)光滑连接 $1'$、$3'$、$5'$、$2'$等点,与圆柱的轴线交于点 $7'$和点 $8'$,根据"长对正"求出相应的水平投影点 7 和点 8。

　　(6) 光滑连接点 7、3、1、4、8 和点 8、6、2、5、7。

　　(7) 补全轮廓线。俯视图上圆柱的轮廓线画到 7、8 两点处,圆锥轮廓线中被圆柱遮挡的部分用细虚线表示,如图 5-15(b)所示。

　　采用辅助球面法时只在一个投影面上作图就可求出相贯线。如例 5-4 中的圆锥与圆柱相贯,只给出一个主视图就可以直接求出它们的相贯线。当然,由于难以控制辅助球面产生共有点的位置,相贯线上的某些特殊点不能准确求出,如本例中相贯线上的最左、最右两点的投影。因此,在只需画出一个视图或不宜采用辅助平面的情况下,辅助球面法有其独特的作用。

5.2.3　相贯线的特殊情况

　　一般情况下相贯线是一条封闭的空间曲线,但有时它可能退化为一条平面曲线。如图 5-16(a)所示,相贯两圆柱的直径相等且轴线垂直相交,它们的相贯线退化为一平面曲线——椭圆。当它们的轴线平行于某投影面时,相贯线在该投影面上的投影积聚成一条直线,如图 5-16(b)所示。

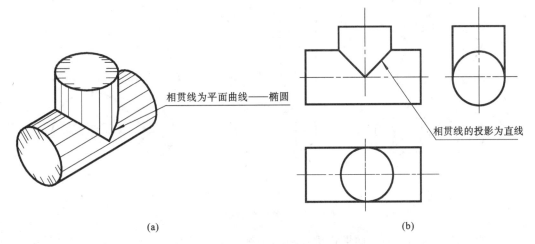

图 5-16　正交的两等直径圆柱体相贯

　　常见的相贯线特殊情况有以下几种。

　　(1) 球与任意回转体表面相交　只要球心位于该回转体的轴线上,其相贯线就是一平面曲线——圆,并且该圆所在的平面与回转体的轴线垂直。当回转体的轴线平行于某投影面时,相贯线在该投影面上的投影积聚成一垂直于回转体轴线的直线段,如图 5-14 所示。

　　(2) 任意两个回转体相贯　只要它们的轴线相交且有公共的内切球,则相贯线由空间曲线退化为平面曲线——椭圆。当它们的轴线都平行于某投影面时,相贯线在该投影面上的投影积聚成一直线段。图 5-16(b)、图 5-17(a)所示的是两圆柱相贯,它们的轴线相交,同时平行于正面,并且有公共的内切球,其相贯线退化为两个相同的椭圆,椭圆的正面投影积聚为两圆柱轮廓线交点的连线。图 5-17(b)、(c)所示的是一圆柱和一圆锥相贯,它们的轴线相交,都平行于正面,并且有公共的内切球,其相贯线也是两个椭圆,椭圆的正面投影也积聚为两立体轮廓线交点的连线。但其相贯线的水平投影是没有积聚性的,仍为两个椭圆。

　　(3) 两轴线平行的圆柱体相交　交线是两直线段,如图 5-17(d)所示。

　　(4) 两共顶的锥体　其相贯线是直素线,如图 5-17(e)所示。

求相贯线的步骤一般如下。

（1）进行形体分析。分析参与相贯的是哪两种立体，根据它们的大小和相对位置，判断相贯线的大致形状；分析相贯线在哪些投影面上的投影已知，在哪些投影面上的投影需要补画；判断相贯线是否属于特殊情况下的相贯线，如果是，判断在哪个投影面上的投影具有积聚性。

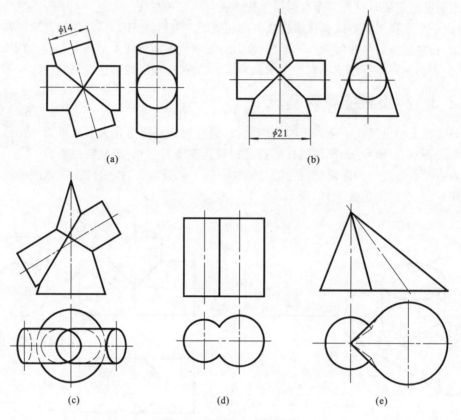

图 5-17　相贯线的特殊情况

（2）选择适当的辅助面。如果相贯线在两个视图上都具有积聚性，则可直接利用表面取点的方法求出相贯线在其他视图上的投影。

（3）先画相贯线上能求出的特殊点。常见的特殊点有位于轮廓线上相贯线可见与不可见部分的分界点，有相贯线上六个方位的极限位置点，即最前、最后、最高、最低、最左和最右点。这些特殊点不是每道题都能求出的。

（4）求一系列的中间点，最后光滑连成曲线。

（5）补全轮廓线的投影。求完相贯线后还要整理一下轮廓线，去掉因相贯而消失的轮廓线，补全保留的轮廓线，并判断可见性。

5.2.4　影响相贯线形状的因素

相贯线的形状与参与相贯的两基本立体表面的性质、相对位置、尺寸大小有关。表 5-1 说明：参与相贯的两立体表面的性质不同，相贯线的形状会不一样；参与相贯的两立体表面的性质相同，但两立体的相对位置不同，相贯线的形状也会不一样。表 5-2 说明：参与相贯的两立体表面的性质相同，两立体的相对位置也相同，但两立体的尺寸大小不同，则相贯线的形状也会不一样。

表 5-1 两立体表面性质和相对位置变化对相贯线形状的影响

表面性质	相 对 位 置		
	轴线正交	轴线斜交	轴线交叉
柱柱相贯			
锥柱相贯			
球柱相贯			

表 5-2 表面性质和相对位置相同时尺寸变化对相贯线形状的影响

相对位置	表面性质	直立圆柱的尺寸变化时		
轴线正交	柱柱相贯			

续表

相对 位置	表面 性质	直立圆柱的尺寸变化时		
轴线 正交	锥柱 相贯			

5.2.5　相贯线的实例分析

组合体一般由多个基本体组成。分析组合体表面的交线时,应首先用形体分析法分析该组合体由哪些基本体组成、哪些基本体之间有相交关系,从而得知有哪些截交线和相贯线,再逐个求出它们的投影。

例 5-5　补全图 5-18(a)所示的主、俯视图中漏画的线。

分析　(1)首先进行形体分析。从主视图上看,此组合体由三个基本体组成。Ⅰ为一圆台,Ⅱ、Ⅲ为两个半圆柱体。圆台的左半部分与圆柱Ⅱ相交,右半部分与圆柱Ⅲ相交;两圆柱体之间的组合方式是不平齐叠加。因此,主、俯视图上应有两条相贯线的投影和两圆柱接触平面的投影。

(2)从左视图上看,圆台Ⅰ与圆柱Ⅱ有公共的内切球,它们的相贯线为椭圆,左视图的投影为圆弧 $1''2''3''$ 段,主视图为直线段 $1'2'$,俯视图没有积聚性,相贯线为一椭圆弧 123。圆台Ⅰ与圆柱Ⅲ相交,相贯线的左视图为圆弧 $5''4''6''$,利用辅助平面法求出这段相贯线的主视图和俯视图。两圆柱接触平面的形状从左视图可知,为线框 A 和 B。根据高平齐和宽相等的关系,可求出它的主、俯视图的投影,如图 5-18(b)所示。

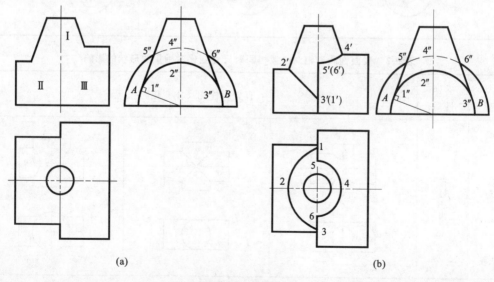

(a)　　　　　　　　　　　　　　　　(b)

图 5-18　补漏画线

例 5-6　已知组合体的主视图和俯视图,如图 5-19(a)所示,求它的左视图。

分析　俯视图中的圆,对应于主视图下方的两条平行线,可知该部分为直立圆柱体Ⅰ;俯视图圆中的两条平行线,对应于主视图中间的两条平行线,可知该部分为直立圆柱Ⅰ向上延伸后左、右各切一块的剩余部分Ⅱ;俯视图圆中的两条平行线,还对应于主视图上方的半圆弧,可知该部分为一半圆柱体与直立圆柱体Ⅰ向上延伸相贯后的剩余部分Ⅲ。此相贯线的主视图为圆弧 1′5′,俯视图为圆弧 15 和 ab 段;根据"长对正",半圆柱体的最高素线的长度为大圆柱体的直径,左视图如图 5-19(c)所示。

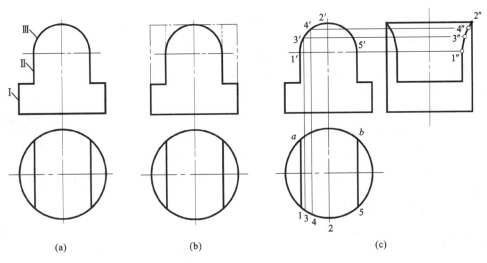

图 5-19　求左视图

例 5-7　求图 5-20(a)所示的三视图中的相贯线。

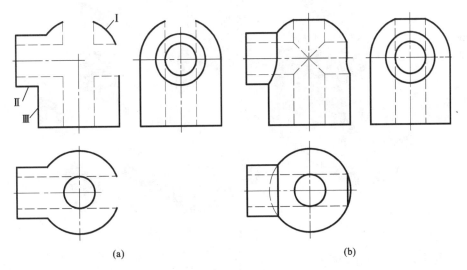

图 5-20　补相贯线

分析　(1) 形体分析。从主视图上看,此组合体可看成由半球Ⅰ和圆柱Ⅱ、Ⅲ叠加组合,并切去两个圆柱孔而形成。

(2) 分析外表面的相贯线。半球Ⅰ与圆柱体Ⅲ相切,切线不画。圆柱体Ⅱ的上半部分与半球相交,得到特殊相贯线——圆,主、俯视图为一直线段。圆柱体Ⅱ的下半部分与圆柱体Ⅲ

相贯,两圆柱的轴线垂直相交,直径不相等,相贯线为一空间曲线,用圆弧代替。

(3) 分析内表面的相贯线。从上到下、从左到右各切削出两圆柱孔。两圆柱孔的轴线垂直相交,直径相等,为一特殊相贯线,正面投影积聚成直线段。

(4) 分析内、外表面的相贯线。从上向下挖的圆柱孔,上段与半球相交,相贯线为平面曲线——圆,在主、左视图上的投影为一直线。从左向右挖的圆柱孔,右段的上部与半球相交,为特殊相贯线——圆,主、俯视图为一直线段,右段的下部与圆柱体Ⅲ相贯,两圆柱的轴线垂直相交,直径不相等,相贯线为一空间曲线,如图 5-20(b)所示。

5.3　组合体的画法

绘制组合体的三视图就是根据组成组合体的各基本体之间的相对位置,在正确处理各基本体表面之间的连接关系的基础上,画出它们投影的过程。

绘制组合体三视图的基本方法是形体分析法。在绘图之前,假想将组合体分解成若干个基本体,分析它们的形状、相对位置和组合形式,以及表面之间的连接方式,逐个画出每一个基本体的三视图,最后再综合处理各表面之间的连接关系,完成整个组合体的投影。这是用形体分析法画图的基本要求,必须牢固掌握。

5.3.1　叠加式组合体的画法

以图 5-21 所示的支架为例说明画组合体三视图的一般方法及步骤。

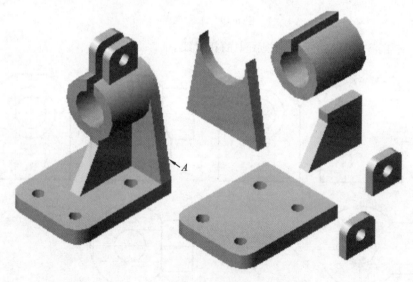

图 5-21　支架

1. 对组合体进行形体分析

对于图 5-21 所示的支架,可以把它分成五个部分:底板、支承板、圆筒、肋板和耳板。底板、支承板、肋板之间的连接可以看成叠加的组合形式。支承板与圆筒表面相切,圆筒与肋板表面相交、圆筒与耳板表面相交。

2. 确定放置位置,选择主视方向

确定放置位置,就是确定其上、下、左、右方位;选主视方向则是确定前、后方位。这一步骤

很重要。在对组合体进行形体分析后,就了解了物体的形状及其特征。主视图应尽可能反映该物体形状特征。

选择主视方向时应尽量做到以下几点。

（1）表达实形　使组合体上主要结构的重要端面平行于投影面;使其主要结构的轴线或对称平面垂直或平行于投影面。

（2）表达组合特点　能较多地反映组合体各部分的组合形式,以及各部分之间相对位置关系。

（3）视图清晰　即主视方向的选择应能使该组合体的视图细虚线数量为最少。

对于图 5-21 所示的支架,选箭头所示 A 向作为主视方向较好,这样能较全面地反映支架的五个组成部分的大多数形状,以及它们的上、下和左、右的相对位置关系。

3. 选比例,定图幅

画图前,先根据实物的大小和组成形体的复杂程度,选定画图的比例和图幅的大小。尽可能将比例选成 1∶1。如果是白纸,还应在图纸上画出图幅、图框和标题栏。

4. 布置视图

布图是指根据组合体的总长、总宽、总高确定各视图在图框内的具体位置,使三视图分布均匀。因此,画图时应首先画出各视图的基准,每一个视图需要确定两个方向的基准,以便布图。基准是画图和测量尺寸的起点,常用的基准是视图的对称线、大圆柱体的轴线以及大的端面。此支架的布置如图 5-22(a)所示。

5. 画底图

根据各基本体的相对位置,逐个画出每一个形体的投影。画图顺序是先画主要结构与大形体;再画次要结构与小形体;先画实体,后画虚体(挖去的形体)。画各个形体的视图时,应从反映该形体的形状特征的那个视图画起。如图 5-22(b)所示的圆柱,通常先画其左视图,再画其他视图。

画图时应注意以下几个问题。

（1）应利用投影联系,按投影规律逐个绘制每一个基本体的三视图。切忌照相式画图,也不应单独地画完组合体的一个视图后再画其他的视图。

（2）对于截交线的投影,要先画有积聚性的投影,再根据投影关系画出截交线的其他投影,分别如图 5-22(d)、(e)所示。

（3）相贯线的投影通常在最后画出。

（4）正确处理相邻两基本体表面的连接关系。

6. 用线面分析法检查图线,根据线型描深三视图

加深图线的顺序是先圆后直,即先加粗小圆弧,再根据小圆弧的粗细和浓淡加粗大圆和直线。直线的加粗顺序是从上到下,从左到右,以使图面清洁。结果如图 5-22(f)所示。

5.3.2　切割式组合体的画法

切割式组合体一般是由一基本体经过一系列切割后形成的。其画法与叠加组合体有所不同。首先仍用形体分析法分析该组合体在没有切割前完整的形体,分别有哪些截平面,每一个截平面的位置特征,然后逐一画出每一个切口的三面投影。如图 5-23(a)所示的组合体是由一半圆柱切掉图 5-23(b)所示形体而成。读者可以对照图 5-23(c)理解三维物体和二维视图的对应关系。图 5-24 所示为该组合体的画图过程。

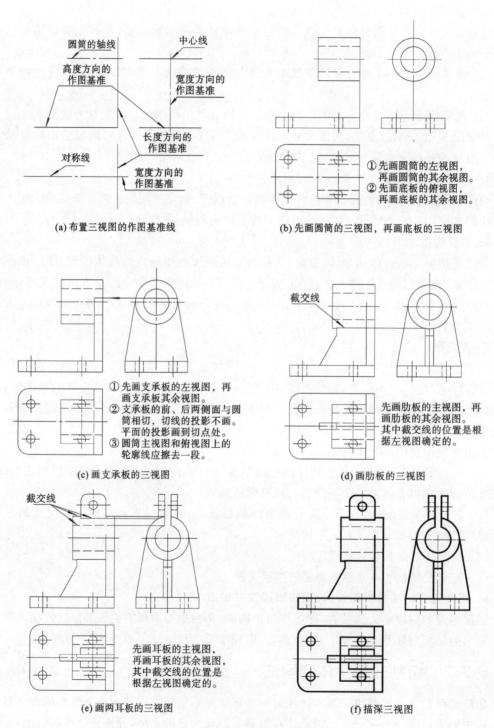

(a) 布置三视图的作图基准线

(b) 先画圆筒的三视图，再画底板的三视图

①先画圆筒的左视图，再画圆筒的其余视图。
②先画底板的俯视图，再画底板的其余视图。

(c) 画支承板的三视图

①先画支承板的左视图，再画支承板其余视图。
②支承板的前、后两侧面与圆筒相切，切线的投影不画。平面的投影画到切点处。
③圆筒主视图和俯视图上的轮廓线应擦去一段。

(d) 画肋板的三视图

先画肋板的主视图，再画肋板的其余视图。其中截交线的位置是根据左视图确定的。

(e) 画两耳板的三视图

先画耳板的主视图，再画耳板的其余视图，其中截交线的位置是根据左视图确定的。

(f) 描深三视图

图 5-22　组合体的画图步骤

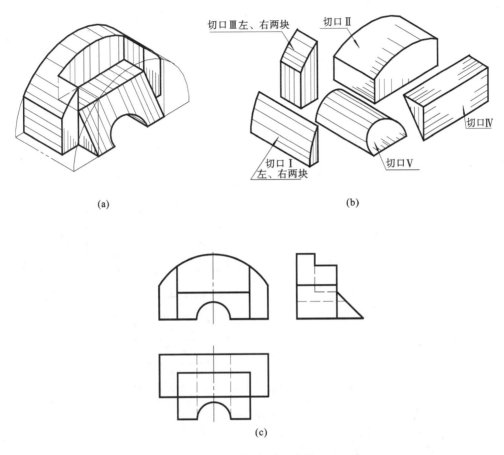

图 5-23 切割式组合体

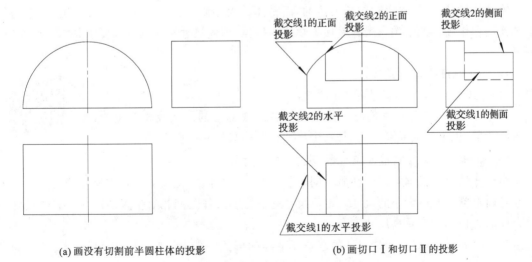

(a) 画没有切割前半圆柱体的投影   (b) 画切口Ⅰ和切口Ⅱ的投影

图 5-24 切割式组合体的画图步骤

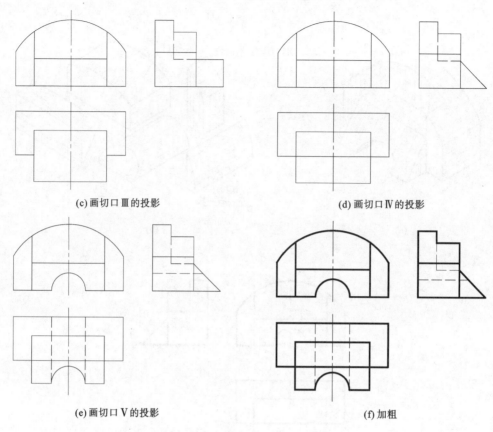

(c) 画切口Ⅲ的投影　　　　　　　　　　　(d) 画切口Ⅳ的投影

(e) 画切口Ⅴ的投影　　　　　　　　　　　(f) 加粗

续图 5-24

5.4　组合体的尺寸标注

物体的形状、结构是由视图来表达的,而物体的大小则由图上所标注的尺寸确定,它与绘图的比例和作图误差无关。尺寸是加工物体的依据,因此尺寸标注的基本要求是"正确、完整、清晰"。

1. 尺寸标注的基本要求

(1) 正确——尺寸标注应符合国家标准。

(2) 完整——所注尺寸能唯一确定物体各组成部分的形状及相对位置,尺寸既不遗漏,也不重复或多余,且每一个尺寸在图中只标注一次。

(3) 清晰——尺寸的布置应清晰、明了,方便读图。

组合体的尺寸根据它们的性质不同,可分为定形尺寸、定位尺寸和总体尺寸等三类。定形尺寸是确定单个形体大小的尺寸。定位尺寸是确定各形体之间相对位置的尺寸。总体尺寸是组合体的总长、总宽、总高尺寸。

尺寸的基准是标注、测量尺寸的起点。基准的形式一般有三种:点、线和面。通常作为基准的几何元素有大的端面、大圆柱体的轴线和物体的对称面等。由于物体有长、宽、高三个方向的尺寸,所以每个方向至少有一个尺寸基准。

为了保证尺寸齐全,标注组合体尺寸的基本方法是形体分析法。

仍以图 5-21 所示支架为例,说明标注尺寸的步骤。

2. 尺寸标注的步骤

(1)用形体分析法分析该组合体由哪些基本体组成,明确各基本体之间的组合方式及相对位置。

(2)选择长、宽、高三方向的尺寸基准。

(3)标注每一个形体的定形尺寸、定位尺寸,分别如图 5-25(a)、(b)、(c)、(d)所示。

(4)标注总体尺寸　在长、宽、高三方向上各去掉一个定形尺寸,再标注三个方向的总体尺寸。注意,当圆弧为主要轮廓线或某一尺寸与总体尺寸相同时,总体尺寸不标注。如图 5-25(f)所示形体的高度方向不标总体尺寸。底板的宽度就是支架的总体宽度尺寸,因此在宽度方向不再标注总体尺寸。

(5)检查　补全漏掉的尺寸,去掉多余的尺寸。检查的方法仍用形体分析法,检查每一个形体的定形、定位尺寸是否齐全。

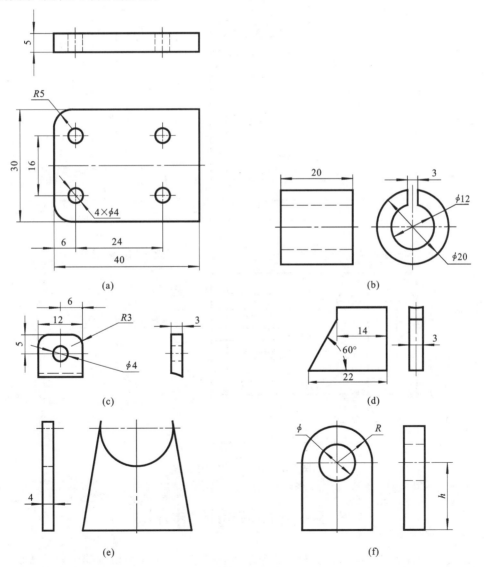

图 5-25　组合体的尺寸标注

3. 尺寸标注的注意事项

为了使组合体尺寸标注清晰,应注意以下几点。

(1) 尽量将尺寸布置在视图外部,并注意由小到大依次排列,避免尺寸线与尺寸界限相交。

(2) 每个形体的尺寸尽量标注在反映形体特征的视图上,如底板的长、宽尺寸都标注在俯视图上,如图 5-26 所示,圆柱的直径尺寸,最好标注在非圆的视图上。

(3) 对称图形只能标注一个尺寸,不能分成两个尺寸标注。如底板的宽度尺寸 30,不能标注成两个长度为 15 的尺寸。

(4) 尺寸应尽量不标注在细虚线上。

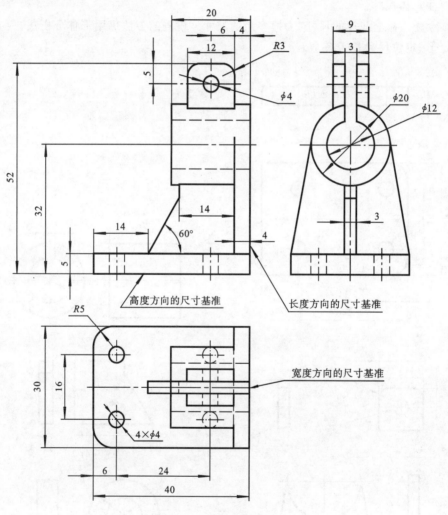

图 5-26　组合体的尺寸标注

5.5　组合体的读图方法

画组合体的视图是运用形体分析法把空间的三维实物,按照投影规律画成二维的平面图形的过程,即从三维形体到二维图形的过程。这一节要讨论的是根据已给出的二维的投影图,在投影分析的基础上,运用形体分析法和线面分析法想象出空间物体的实际形状,是从二维图形到三维形体的过程。画图和看图是分不开的两个过程。要正确、迅速地看懂视图,想象出物体的空间形状,必须掌握一定的读图方法。

5.5.1　读图的基本方法

读图的基本方法有形体分析法和线面分析法。

形体分析法读图是从形体的角度分析组合体的组成及结构,它适用于叠加式组合体的读图;线面分析法读图是从组合体各表面的形状和空间位置理解物体的结构,它特别适用于切割式组合体或局部形状较复杂的叠加式组合体的读图。

1. 形体分析法

用形体分析法读图必须熟悉各种基本体及带切口的基本体的投影。其读图的步骤如下。

(1) 看视图,明确它们之间的投影关系,即看这个组合体是用哪几个视图来表达的。如图5-27(a)所示的组合体是用主、俯两个视图表达的。

(2) 运用形体分析法,将组合体分成若干部分,即分解成若干个基本体。三视图中,凡是具有投影联系的两个或三个封闭线框通常都表示一个基本体的投影。主视图是最能反映物体形状特征的视图,因此,读图通常从主视图入手,将它分解成若干个大的粗实线线框,找出它们在其他视图上的相应投影。对于如图 5-27(a)所示的组合体,可先从主视图入手,找到两个粗

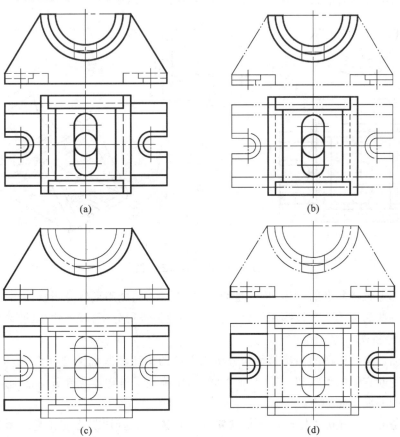

(a)　　　　　　　　　　　　　　　(b)

(c)　　　　　　　　　　　　　　　(d)

图 5-27　组合体的形体分析

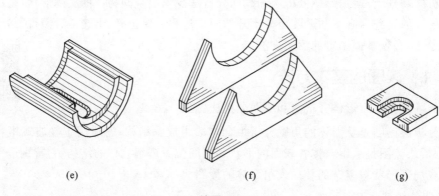

续图 5-27

实线线框,根据长对正、高平齐、宽相等的原则找出各部分在俯视图上的投影,如图 5-27(b)、(c)所示;然后根据俯视图剩余部分组成的线框,找到主视图上对应的投影,如图 5-27(d)所示。

(3) 按照投影联系识别各部分的形状。根据各线框的投影特点,确定各部分的空间形状。如图 5-27(a)所示的组合体,其各部分的空间形状分别如图 5-27(e)~(g)所示。

(4) 综合起来想象整体的形状。根据各部分的结构形状及它们的相对位置和连接方式,综合起来想象物体的整体形状,如图 5-28(b)所示。

(5) 根据组合体的空间形状,补画其左视图,如图 5-28(a)所示。

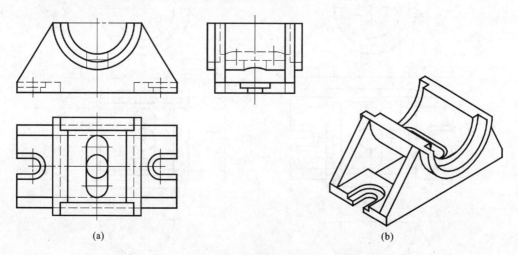

图 5-28　组合体的三视图

对于局部形状较复杂的物体,特别是切割式组合体,完全用形体分析法读图是不够的。必须对视图中一些局部的复杂投影用线、面的投影特性去进行分析、理解物体的形状。

2. 线面分析法

采用线面分析法读图的做法是逐个分析视图中的图线和线框的空间含义,即根据它们的投影特点来判断它们的形状和位置,从面的角度,正确地了解物体各部分的结构形状。用线面分析法读图的一般步骤如下。

(1) 首先用形体分析法粗略地分析切割式组合体在没有切割之前完整的形状,即物体的原形。

(2) 逐一分析视图中的每一条线、每一个线框的含义。用丁字尺、三角板、分规,按照"长对正、高平齐、宽相等"的投影规律,找出它们在其他视图上的相关投影。根据它们的两面或三面投影判断出它们的空间意义。

（3）根据物体上每一表面的形状和空间位置,综合起来想象物体的整体形状。

现通过几个例子,具体说明采用线面分析法读图的步骤。

例 5-8　已知组合体的主视图和左视图,如图 5-29(a)所示,求该组合体的俯视图。

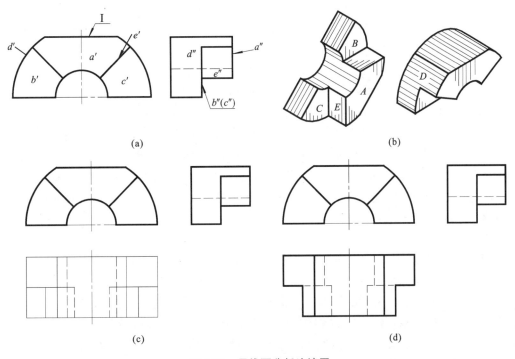

图 5-29　用线面分析法读图

分析　该组合体用了主、左两视图表达它的形状。由已知的两个视图可判断它是一切割式组合体,可用线面分析法读图。

（1）首先用形体分析法分析它的原形。如图 5-29(a)所示,此组合体主视图的主要轮廓线为两个半圆,根据"高平齐",左视图上与之对应的是两条相互平行的直线,所以其原形是半个圆柱筒。

（2）物体经过切割后,各表面的形状比较复杂,应该运用线面分析法分析每个表面的形状和位置,这样能有效地帮助读图。

主视图的上部被切掉,那么主视图中的 I 线一定是一水平面的投影,其在左视图中的投影必定为一直线。

主视图上有 a'、b'、c' 三个线框。a' 线框按"高平齐"在左视图的投影范围内,没有类似形对应,只能对应左视图中的最前的直线 a'',所以 a' 线框是物体上一正平面的投影,并反映该面的真实形状;同样,b'、c' 两线框为物体上两正平面的投影,反映它们的真实形状。从左视图可知,A 面在前,B、C 两面在后。

左视图上有 d''、e'' 两粗实线线框。d'' 线框按"高平齐"在主视图的投影范围内,没有类似形,只能对应大圆弧,所以 d'' 线框为圆柱面的投影;e'' 线框按"高平齐"在主视图的投影范围内,也没有类似形与之对应,只能对应一斜线,所以 e'' 线框为一正垂面的投影,其空间形状为该线框的类似形。

左视图上的细虚线,对应主视图中的小圆弧的最高点,为圆柱孔最高素线的投影。

从 b'、c'、e'' 三线框的空间位置可知,该半圆柱筒的左右两边各切掉一扇形块,切割深度从左视图上确定。

(3) 通过形体和线面分析后,综合想象出物体的整体形状,如图 5-29(b)所示。

根据物体的空间形状,补画其俯视图,如图 5-29(c)所示。

作图　(1) 画没有切割前原形的第三视图。

(2) 画每一截平面的投影,也就是画截平面与立体表面产生的每一条截交线的投影。注意,平面切多深,截交线就画多长。

(3) 检查截交线的长短及可见性,并正确处理好原形轮廓线在截切过程中的变化。

检查图形的方法仍是线面分析法。分析所画图线或线框是物体上什么元素的投影(空间意义),该元素的相关投影是哪些,这些投影是否符合投影关系。

俯视图中圆柱体的最左、最右的两条轮廓线是外圆柱体的最左、最右素线的投影,根据"长对正、高平齐",它对应左视图的最下方直线,很明显,不满足"宽相等"。由图 5-29(b)可知,这两条素线被切去了一段。同样,圆孔的最左、最右素线的投影被切去相同长度的一段。物体前端面 A 线框的俯视图也应按"长对正"的关系正确处理。B、C 线框的俯视图积聚成一直线,其中部分不可见,为细虚线。

(4) 加粗,如图 5-29(d)所示。

例 5-9　已知组合体的主视图和俯视图,如图 5-30(a)所示,求左视图。

分析　该组合体很明显为切割式组合体,可用线面分析法读图。

(1) 用形体分析法分析它的原形。由此物体的主、俯视图的外轮廓线可知,其原形可能是长方体,也可能是半圆柱体。如为半圆柱体,其左上角被切掉一角后,必有椭圆的截交线,但其俯视图中没有椭圆的投影,所以它的原形应为长方体,该立体是长方体经过切割后形成的。

(2) 运用线面分析法分析每个表面的形状和位置。主视图的左上角被切掉,所以主视图的线 1 一定为正垂面的投影。根据正垂面的投影特征可知,它在俯视图中的投影一定是一封闭线框,在"长对正"的投影范围内,其俯视图对应一梯形线框 q,正垂面的真实形状和侧面投影一定都是 Q 线框的类似形,即为等腰梯形。

俯视图左边的前、后各切掉一角,所以俯视图中的 2、3 直线一定是铅垂面的投影。根据铅垂面的投影特征可知,在"长对正"的投影范围内,它只能对应主视图中的 p' 线框,其空间形状和侧面投影一定是 P 线框的类似形。

主视图中的矩形线框 r',其俯视图在"长对正"的投影范围内没有类似形与它对应,只能对应一细虚线,所以线框 R 为正平面的投影,并且是凹进去的。

俯视图中由细虚线围成的直角梯形线框,只能对应主视图中的线 4,为水平面;上端面为水平面,对应俯视图中的 a 线框,反映实形。

综合起来,其整体形状如图 5-30(b)所示。

求其左视图的步骤是:首先,画没有切割前完整的长方体的左视图;其次,画两铅垂面的投影;再次,画正垂面的投影;然后,分析上端面、下端面的投影,左端面的投影;最后完成左视图,如图 5-30(c)所示。

5.5.2　读图的一般步骤

读图的一般步骤如下。

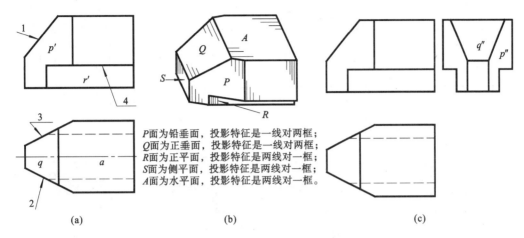

P面为铅垂面，投影特征是一线对两框；
Q面为正垂面，投影特征是一线对两框；
R面为正平面，投影特征是两线对一框；
S面为侧平面，投影特征是两线对一框；
A面为水平面，投影特征是两线对一框。

(a)　　　　　　　　　　(b)　　　　　　　　　　(c)

图 5-30　用线面分析法读图

（1）初步了解　从主视图入手，了解各视图之间的对应关系、物体的大概形状和大小，并分析物体是由哪几个主要部分组成的。

（2）深入分析　用形体分析法分析各部分的形状、相对位置和组合方式。对于较复杂的部分，应结合线面分析法，读懂已知的视图。

（3）根据各部分的形状、相对位置和组合方式，综合起来想象出物体的整体形状。

要正确、迅速地看懂视图，想象出物体的空间形状，仅有这些看图的知识和方法是不够的，还需不断地实践，多看，多练，有意识地培养自己的空间想象力和构形能力，这样才能逐步提高读图能力。

5.6　组合体的构形设计

组合体是工业产品及工程形体的模型，组合体的构形设计是根据已知条件，如初步形状要求、功能要求、结构要求等构思出立体的形状及大小，并用图形表达出来的设计过程。它是产品设计、建筑设计及其他工程设计的基础。因此，通过组合体构形设计的学习和训练，能培养读者的形象思维能力、审美能力和图形表达能力，为进一步培养工程设计能力、创新思维能力打下基础。

构成组合体的简单立体的种类、组合方式和相对位置应尽可能多样和变化，充分发挥想象力，突破常规的思维方式，力求构思出新颖、独特的造型方案。本节着重介绍特征视图构形设计和三维形体造型设计的相关知识。

5.6.1　特征视图的构形设计

1. 凸凹构思

组合体构形有叠加和切割两种形式。切割是指在基本体上挖切，叠加是指使基本体表面凸起。凸凹构思是根据相邻两表面的凸凹关系，构思物体结构的方法。如图 5-31 所示，将主视图中的各线框分别沿其投射方向拉伸，可形成凸凹不同的多层次的柱状体，使物体有高低错落的对比变化。

2. 平曲构思

围成实体的表面可以是平面也可以是曲面，构思中，合理使用平面和曲面，能反映出曲、直

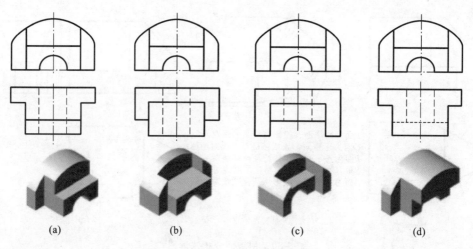

图 5-31　凸凹构思

的对比,增强形体变化的美感,如图 5-32 所示。

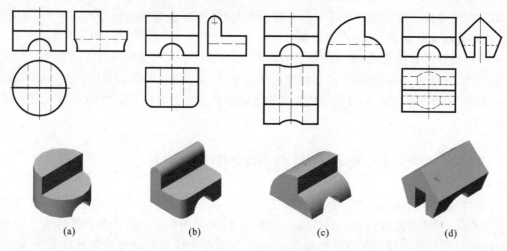

图 5-32　平曲构思

5.6.2　构形设计时应注意的问题

一个成功的构形设计,在保证功能要求的前提下,还应满足基本的审美要求和工程要求。

(1) 构造的组合体应结构紧凑,且为客观世界真实存在并有工程意义的实体,通常称为正则立体。各立体之间的连接要相互协调、稳定、牢固,相邻立体不能以点接触或线接触方式连接。如图 5-33 所示的形体就没有任何工程意义,属于非正则立体。

(2) 构形设计应简洁、美观、实用,尽量注意到工程美学和视觉美学的基本原则。

所谓视觉美是指形体是否符合美学原则,如形体是否匀称、协调、轻巧等,并遵循一定的美学规律,这样,设计出的形体才能给人以美感。任何物体只要具备和谐的比例关系(如黄金矩形、$\sqrt{2}$ 矩形等),就已具备视觉上的美感,如图 5-34 所示。

对称与均衡是取得良好视觉平衡的基本方式。对称形体具有稳定与平衡感,具有一定的静态美和条理美。均衡是不对称的平衡方式,它是以支点表现出的平衡。均衡的造型有静中有动、动中有静的美的秩序。构造非对称形体时,应注意形体大小和位置分布,以获得视觉上

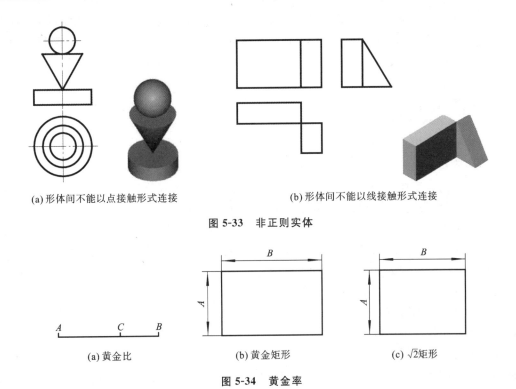

(a) 形体间不能以点接触形式连接　　　　　(b) 形体间不能以线接触形式连接

图 5-33　非正则实体

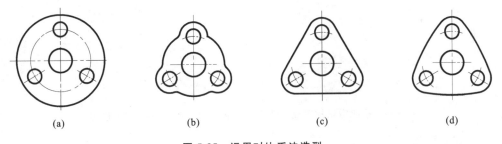

(a) 黄金比　　　　　(b) 黄金矩形　　　　　(c) √2矩形

图 5-34　黄金率

的平衡。

　　运用对比的手法可以表现形体的差异,产生直线与曲线、凸与凹、大与小、高与低、实与虚、动与静的变化效果,避免造型单调,如图 5-35 所示。

(a)　　　　　(b)　　　　　(c)　　　　　(d)

图 5-35　运用对比手法造型

　　构形时还应注重结构的安定与轻巧。安定与轻巧是造型美对立统一的两个方面。一般短粗、重心较低的形体给人以安定的感觉,但缺乏轻巧感;细长的形体,具有轻巧俊俏感,但缺乏安定感。一般可以通过增加(或减少)底部面积来增强安定感(或轻巧感)。

　　(3) 创新是设计的灵魂,没有创新,就没有设计。构形设计时应大胆创新,力求构思新颖,风格独特,同时,还应注意立体与环境之间的协调和谐。

5.7　复杂立体的造型

　　三维实体造型一般是基于特征的,也称参数化造型,即立体是由特征构成的。特征就是一种与功能相关的简单几何单元,它包括拉伸特征、旋转特征、孔、倒角等。

特征一般可分为基础特征、草图特征、定位特征和放置特征。基础特征就是建模的第一个特征,其后所有的特征都与其相关。草图特征是指基于草图的特征,如拉伸、旋转特征等,其特点是在草图的基础上生成的,第2章已经介绍。下面主要介绍 Inventor 软件的定位特征和放置特征。

5.7.1 定位特征

定位特征是为构造新特征提供定位功能的,它包括工作平面、工作轴、工作点。定位特征是抽象的构造几何图元,用它可以创建和定位新特征。

工作平面是放置在空间的、无限大的参数化构造平面。可以将工作平面作为新的草图平面,也可以将它作为特征的限位面以及装配时的辅助的定位面。

工作轴是无限长的参数化构造线,其主要用途:可以投影到草图上,成为关联的几何图元;可以放在圆柱中心处,辅助放置工作平面或工作点;可以作为环形阵列的中心;在部件中,可以沿工作轴约束已经放置的零部件;也可以使用工作轴来标记对称轴、中心线或两个旋转特征轴之间的距离等。

工作点是一种构造点,它可以定义坐标系、定义工作轴(两个工作点)和工作平面(三个工作点)、标记轴和阵列中心等。

在浏览器中位于零件名称下的"原始坐标系"中提供了系统默认的三个工作平面、三个工作轴和一个工作点,如图 5-36 所示。单击"模型"选项卡中的"定位特征"选项,如图 5-37 所示,即可以生成工作平面等。

图 5-36 系统默认的定位特征   图 5-37 "定位特征"工具条

1. 工作平面的创建

创建工作平面的方法就是根据几何知识确定平面的方法。下面是常用的工作平面。

(1) 过三点的工作平面。

(2) 过两条边(或工作轴)的工作平面。

(3) 对分两平行平面的工作平面。

(4) 相对一个平面偏移一定距离的工作平面。

(5) 过一条线且与一平面有夹角的工作平面。

(6) 过一个点且与一条边垂直的工作平面。

(7) 过一条线且垂直于平面的工作平面。

(8) 过点且平行于平面的工作平面。

(9) 与曲面相切且平行于平面的工作平面。

(10) 过一条线与曲面相切的工作平面。

2．工作轴的创建

创建工作轴的常用方法如下。

（1）沿着回转体轴线创建工作轴。

（2）沿着一条线创建工作轴。

（3）过两个点创建工作轴。

（4）过一个点且与一平面垂直创建工作轴。

（5）过两平面的交线创建工作轴。

（6）选一平面后再选一直线，则可生成直线投影到平面上的工作轴。

3．工作点的创建

工作点也称非固定的工作点。它可以用来定义坐标系、工作轴和工作平面，标记轴和阵列中心等。常利用现有的点、两线交点、线面交点、三面交点、草图线条的端点等创建工作点。

5.7.2　放置特征

放置特征必须在已有特征的实体上添加。放置特征是指立体造型过程中放置在其他特征上的各种结构要素，如倒角、圆角、孔等，这些特征包含在“模型”选项卡中的“修改”“阵列”面板上，如图 5-38 所示。这里介绍容易混淆的螺纹、加强肋（又称肋板）特征，其他特征的操作比较容易，不一一介绍。

图 5-38　“修改”“阵列”面板

1．螺纹特征

可在已有的孔或轴上创建螺纹特征。单击 Inventor Professional 2018“模型”选项卡中的“修改”面板上的螺纹特征图标按钮 螺纹，即弹出“螺纹”对话框。在“位置”选项卡中可以设置需要添加螺纹的表面和螺纹的长度等，在“定义”选项卡中可以设置螺纹的类型、大小、规格及其精度等，如图 5-39 所示。对话框默认螺纹类型是美国标准，图 5-39 所示选择了国家标准螺纹。

（a）螺纹“位置”选项卡　　　　　（b）螺纹“定义”选项卡

图 5-39　螺纹特征对话框

2. 加强肋和腹板特征

加强肋和腹板通常是铸件上用来提高刚度和防止弯曲的。使用开放的截面轮廓定义加强肋或腹板的截面。用户可以延伸截面轮廓使其与下一个面相交,即使截面轮廓与零件不相交,也可以指定一个深度。另外,还可以定义它的方向(以指定加强肋或腹板的形状)和厚度。也可以添加锥角值以向加强肋或腹板添加起模斜度。

通过在一个草图中指定多个相交或不相交的截面轮廓,可以创建网状加强肋。整个网状加强肋应用相同的厚度和锥角(如果已指定)。

单击"模型"选项卡中"创建"面板上的加强肋图标按钮 加强肋,即可生成加强肋或腹板特征。下面结合实例来具体操作。

5.7.3　实体建模

目前,市场上的三维软件较多,但操作过程类似。操作者要有准确的造型思路,注意以下几点:①形体分析,先实体后空体,先大结构后小结构;②形体之间以相对位置准确定位,注意工作平面、工作轴等的选取与建立;③注意放置特征的准确定位。

例 5-10　已知座体的三视图(见图 5-40),按图中尺寸完成座体的三维造型。

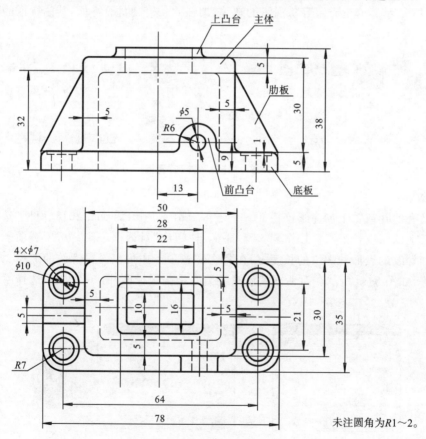

图 5-40　座体零件

分析　座体有一方形底板,长方体主体顶部加有一方形上凸台,右前面有一凸台,左右有对称三角形肋板等结构,同时有圆角结构。

作图　(1)构造座体的外形。启动 Inventor Professional,新建一 Standard.ipt 文档,进入

三维模型界面,单击"开始创建二维草图"按钮,进入草图界面,利用图标按钮⬚画矩形,注意确保所画矩形关于原点对称。利用图标按钮⬚将所画图形拉伸 5 mm 生成底板;单击图标按钮⬚,选择刚刚创建的底板上面作为草图放置面,同样生成长方体主体,构造座体的外形,如图 5-41(a)所示。注意主体草图的约束。

(2) 抽壳。抽壳特征就是将实体模型挖成一个内空的腔体,创建一个具有指定厚度的空腔零件。其中:⬚用于向零件内部偏移壳壁,原始模型的外壁为抽壳的外壁;⬚用于向零件外部偏移壳壁,原始模型的外壁为抽壳的内壁;⬚用于向零件内部和外部等距离偏移壳壁,即每侧占总厚度的一半。本例是向零件内部偏移壳壁,单击"修改"选项卡中的图标按钮⬚抽壳,弹出"抽壳特征"对话框,选择⬚图标,确定厚度为 5 mm,选择开口面,如图 5-41(b)所示;确定,完成抽壳,如图 5-41(c)所示。

(3) 创建顶部方形上凸台及其方孔。单击图标按钮⬚,依次选择主体的前、后面,创建主体的前、后对称面,如图 5-41(d)所示;单击图标按钮⬚,选择主体上面作为草图放置面,单击图标按钮⬚投影几何图元,选择刚刚创建的对称面投影作为上凸台草图的对称线,同样生成上凸台及其方孔,如图 5-41(e)所示,其中方孔的创建方法是:选择"拉伸"对话框中的"差集",并从"范围"复选框中选择"贯通"。

(4) 创建前凸台及其孔。单击图标按钮⬚,选择主体前面作为草图放置面,创建前凸台外形草图,拉伸生成凸台外形;选择"拉伸"对话框中的"并集",并从"范围"复选框中选择"从表面到表面",即从主体前面到底板前面创建。单击图标按钮⬚,弹出"打孔:打孔 1"对话框,如图 5-41(f)所示,在"放置"下拉框中选择"同心"(即设置孔的中心位置,孔的中心有四种设置方式——草图、线性、同心、参考点),选择前凸台表面作为放置表面,选择前凸台圆弧作为同心参考,设置孔径为 $\phi5$ mm、深度为 10 mm,确定,完成前凸台及圆孔的创建。

(5) 钻底板上孔。单击图标按钮⬚,弹出"打孔:打孔 2"对话框,如图 5-41(g)所示,在"放置"下拉框中选择"线性",选择底板上表面作为放置表面,单击"参考 1"选择底板右边作为定位参考 1,在弹出的"编辑对话"框中输入"7"(或者输入"$(78-64)/2$"),单击"参考 2",选择底板后边作为定位参考 2,在"编辑对话"框中输入"7"(或者输入"$(35-21)/2$"),其他输入如图 5-41(g)所示,确定生成阶梯孔。单击图标按钮⬚,弹出"矩形阵列"对话框,单击"特征"按钮选择刚刚创建的阶梯孔,按线性孔的相同方法,输入两个方向的定位尺寸和孔的个数,如图 5-41(h)所示。阵列特征是按照一定的规律对已有特征的复制,它包括矩形阵列和环形阵列。环形阵列需要指出环形阵列的轴、复制后的总的特征数量和环形阵列的区域(角度)以及是否将复制的特征发布在原有特征的两侧(利用图标按钮⬚),具体操作请读者自行练习。

(6) 构造肋板。选择"原始坐标系——XZ 平面",单击图标按钮⬚,进入草图界面,在图形区域,单击鼠标右键,选择快捷菜单中的"切片观察",单击图标按钮⬚投影几何图元,选择主体的左边、底板的上边及下边等投影,利用图标按钮⬚直线画肋板斜线,如图 5-41(i)所示,关闭草图;单击图标按钮⬚加强肋,弹出"加强肋"对话框,如图 5-41(j)所示,选择刚创建的斜线作为截面轮廓,单击"方向"可以预览斜线的填充范围的变化,选择需要的方向单击鼠标左键确定,设置厚度为

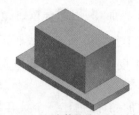

(a) 座体的外形

(b) "抽壳特征" 对话框

(c) 抽壳后的立体

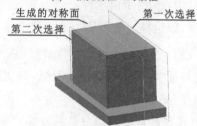

(d) 创建主体的前、后对称面

(e) 方形上凸台及其方孔

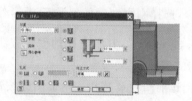

(f) "打孔:打孔1" 对话框

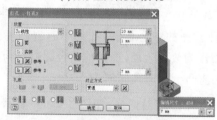

(g) "打孔:打孔2" 对话框

(h) "矩形阵列" 对话框

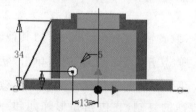

(i) 加强肋草图

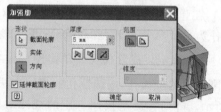

(j) "加强肋" 对话框

(k) "镜像" 对话框

(l) "圆角" 对话框

图 5-41 座体造型

5 mm再确定构造左肋板;单击图标按钮，弹出"镜像"对话框,如图 5-41(k)所示,选择左肋板作为特征,选择"原始坐标系——YZ 平面"作为镜像平面生成右肋板。镜像特征就是将已有的特征关于一平面对称放置。

(7) 倒圆角。单击图标按钮，弹出"圆角"对话框,按图 5-40 所示圆角尺寸依次输入尺寸,选择相应的边倒角,注意倒角的秩序,如图 5-41(l)所示。圆角特征是在零件上的一条或多条边添加内、外圆角特征。添加的圆角半径可以是等半径、变半径或大小不同的半径。

总之,读者应结合具体实例多练习,尽快熟悉设计软件。但无论三维软件还是二维软件都是应用工具,只能辅助设计者设计,不能代替设计者思维。

思 考 题

1. 什么是形体分析法? 运用形体分析法进行读图、画图及标注尺寸时的重点各是什么?
2. 组合体常用的组合形式有哪几种? 每种的特点是什么?
3. 相邻两个基本体表面之间的连接方式有哪几种? 每种方式的投影图如何绘制?
4. 绘制相贯线常用的方式有哪几种? 辅助面的选择原则是什么?
5. 请说明哪些情况下相贯线将由空间曲线退化成平面曲线。
6. 试说明哪些因素会影响相贯线形状。
7. 画组合体的视图时,正确的顺序是什么? 组合体的视图选择原则是什么? 分别以以叠加为主形成的组合体和以切割为主形成的组合体为例加以归纳总结。
8. 什么是尺寸基准、定形尺寸、定位尺寸及总体尺寸? 组合体尺寸标注的基本要求是什么? 标注总体尺寸时应注意什么问题?
9. 组合体尺寸标注的基本要求和步骤分别是什么?
10. 阅读组合体的视图的方法和步骤是什么? 阅读组合体的视图要注意哪些问题? 组合体视图上的线框有几种可能的含义?
11. 组合体常用的构形方式有哪些? 构形时要注意哪些问题?
12. 什么是构形的定位特征、放置特征?
13. 构形时一般要注意哪些问题?

问题与讨论

1. 自行设计组合形式既有叠加又有切割的组合体。
2. 怎样才能使组合体尺寸标注完整? 要使尺寸标注清晰,应注意哪些问题? 尺寸标注中"正确、完整、清晰"的要求分别指什么?

第 6 章

常用表达方法

学 习 目 的 与 要 求

掌握多种图样画法及国家标准《技术制图》、《机械制图》中关于视图、剖视图、断面图及简化画法和规定画法等表达方法的规定。

学 习 内 容

(1) 基本视图的形成和规定画法,向视图、局部视图、斜视图的定义、画法及标注;

(2) 剖视图的定义、画法及标注,全剖视图、半剖视图、局部剖视图的画法、标注及应用;

(3) 应用单一剖切面、几个平行的剖切平面、几个相交的剖切面剖切表达形体的内部结构的方法;

(4) 断面图的概念、种类、画法、标注;

(5) 局部放大图、常用的简化画法和其他规定画法。

学 习 重 点 与 难 点

(1) 重点是视图、剖视图、断面图及简化画法和规定画法等表达方法的规定;

(2) 难点是各种表达方法的综合运用。

本 章 的 地 位 及 特 点

本章在组合体三视图的基础上,根据表达需要,进一步增加视图数量(共六个基本视图和三种辅助视图)、扩充表达手段,内容由对机件的外形的表达扩展到其内部(剖视图)和断层(断面图)的表达。由于表达方法骤增,视图的种类繁多,投射方向和视图位置多变,又有许多简化画法相随,且都有国家标准予以严格的界定,因此本章内容既显得零散、琐碎,但又很规范。

基于上述特点,学习时应注意以下几点:

(1) 正确理解各种表达方法的概念,切实掌握其应用条件、画法和标注方法;

(2) 要善于比较各种表达方法的异同点,尤其要抓准各自独具的长处(它们没有重要不重要之分,只有常用不常用之别)。

(3) 要把各种表示方法加以综合调用、择优重组,选取最佳表达方案。

物体的形状多种多样,在实际生产中,当物体的形状和结构比较复杂时,仅采用前面章节所介绍的三视图还不足以完整、清晰地表达它们的内、外形状。为此,国家标准《技术制图》和《机械制图》中规定了各种表达方法,本章着重介绍一些常用的表达方法。

6.1 视 图

视图是指用正投影方法所绘制的物体的投影,主要用于表达物体的外部形状,一般只画物体的可见部分,必要时才画出其不可见部分。国家标准规定,表达物体的视图通常有基本视图、向视图、局部视图和斜视图四种。

6.1.1　六个基本视图

基本视图是物体向基本投影面投射所得的图形。在原来的正立投影面、水平投影面、侧立投影面三个基本投影面的基础上,增加了分别与它们平行的三个基本投影面,构成六面体方箱,将物体围在其中,这六面体的六个面均为基本投影面。将物体向六个基本投影面投射,即可得到六个基本视图。除前面已介绍的主、俯、左三个视图外,另三个视图分别为:右视图——由右向左投射所得的视图;仰视图——由下向上投射所得的视图;后视图——由后向前投射所得的视图。

各投影面展开时,规定正立投影面不动,其余各投影面按图 6-1 所示的方向,展开到与正立投影面在同一个平面上。

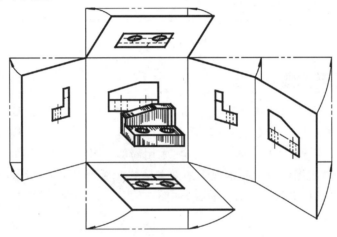

图 6-1　六个基本视图

六个基本视图之间仍应保持"长对正、高平齐、宽相等"的投影关系:主、俯、仰、后视图保持长对正关系;主、左、右、后视图保持高平齐关系;左、右、俯、仰视图保持宽相等关系。

左、右、俯、仰视图靠近主视图的一边代表物体的后面,远离主视图的一边代表物体的前面。在同一张图纸内,各视图按图 6-2 配置时,一律不标注视图的名称。

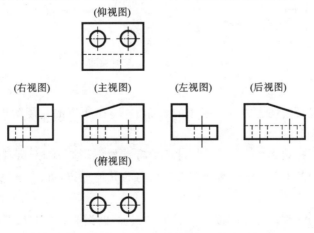

图 6-2　六个基本视图的配置

对于同一物体,并非要同时选用六个基本视图,至于选取哪几个视图,要根据物体的复杂程度和结构特点而定。选用基本视图时,一般优先选用主、俯、左三个视图。

6.1.2　向视图

向视图是可以自由配置的基本视图。为了便于读图,应在向视图上方标注视图的名称"×"("×"为大写拉丁字母的代号),并在相应视图的附近用箭头指明投射方向,并标注相同的字母,如图 6-3 所示。为使看图方便,表示投射方向的箭头应尽可能配置在相应视图附近。

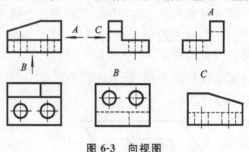

图 6-3　向视图

6.1.3　局部视图

将物体的某一部分向基本投影面投射所得的视图称为局部视图。局部视图适用情况:当物体的主体形状已由一组视图表达清楚,但仍有部分结构需要表达,而又没有必要画出完整的基本视图时,可采用局部视图。局部视图的断裂边界用波浪线或双折线表示。局部视图可以按基本视图的配置形式配置,如图 6-4 所示的俯视图为局部视图;也可以按向视图的配置形式配置并标注,如图 6-5 所示的 A 向视图、B 向视图、C 向视图。

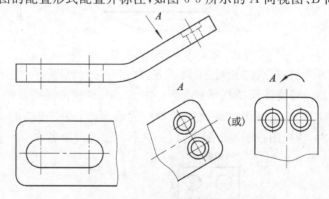

图 6-4　局部视图及斜视图

画局部视图时应注意以下几点。

(1)一般应在局部视图上方标出视图的名称"×";在相应的视图附近用箭头指明投射方向,并注上相同的字母。

(2)当局部视图按投影关系配置,中间又没有其他图形隔开时,可省略标注,如图 6-4 中的俯视图及图 6-5 中的 C 向视图;也可画在图纸内的其他地方,如图 6-5 中的 A 向视图,此时必须标注。

(3)局部视图的断裂边界用波浪线或双折线表示,但当所表示的局部结构是完整的,其外轮廓线又呈封闭状态时,波浪线或双折线可省略不画,如图 6-5 中的 C 向视图。

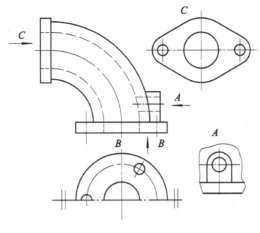

图 6-5 局部视图

（4）为了节省绘图时间和图幅，对称物体的视图可只画一半或四分之一，并在对称中心线的两端画出两条平行细实线，如图 6-5 所示。

6.1.4 斜视图

当物体上有不平行于基本投影面的倾斜结构时，用基本视图均无法表达这部分的真实形状，这就给画图、看图和标注尺寸都带来了不便。为了表达该结构的实形，可选用一个与倾斜结构的主要平面平行的辅助投影面，将这部分向该投影面投射，这样便可得到倾斜部分的实形。将物体向不平行于基本投影面的平面投射所得的视图称为斜视图，如图 6-4 及图 6-6 所示的 A 向视图。

斜视图通常按向视图的配置形式配置并标注。必要时，允许将斜视图旋转配置。表示该视图名称的大写拉丁字母应靠近旋转符号的箭头端，如图 6-6 所示，也允许将旋转角度标注在字母之后，如图 6-7 所示。

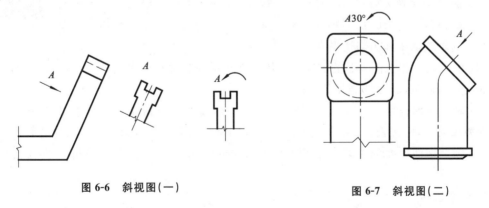

图 6-6 斜视图（一）　　　　　　图 6-7 斜视图（二）

画斜视图时，可将物体不反映实形的部分用双折线或波浪线断开而省略不画。同样，在相应的基本视图中也可省去倾斜部分的投影。

6.2 剖　视　图

当物体的内部形状复杂时，视图上就会出现很多细虚线，从而破坏图形的清晰性和层次性,既不利于看图,又不便于标注尺寸。为了清晰地表达物体的内部形状,国家标准《技术制图 图样画法 剖视图和断面图》中,规定可采用剖视图表达物体的内部形状。

6.2.1 剖视图的概念

1. 剖视图

假想用剖切面剖开物体,将处在观察者与剖切面之间的部分移去,而将其余部分向投影面投射所得的图形称为剖视图,如图 6-8 所示。剖视图可简称剖视。

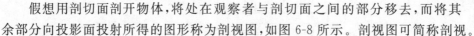
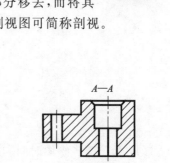
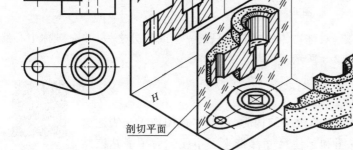
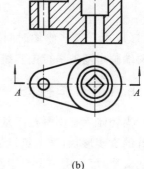

(a)　　　　　　　　　　　　　　　　　　(b)

图 6-8　剖视图

2. 画剖视图的步骤

(1)确定剖切面的位置。剖切面是指剖切被表达物体的假想平面或曲面,通常选用剖切平面。

为了能确切地表达物体内部的真实形状,所选剖切平面一般应与某投影面平行,并通过物体内部孔、槽的轴线或对称面。在图 6-8 中,选取了平行于正面且通过孔的轴线的平面为剖切平面。

(2)求剖切面和立体表面的交线。立体表面包括内表面和外表面,应求出剖切面与内、外表面的交线,画出截断面(即剖面区域)的投影。

(3)画上剖面符号。在截平面上画出剖面符号,以便区分物体上的实体和空心部分。在物体的截断面上,应按表 6-1 中所规定的各种不同材料的剖面符号画出其相应的剖面线。

(4)画剖切面后面的投影。剖切平面后面的可见轮廓线,一定要用粗实线画出,不能漏画。

3. 剖面区域

剖面区域是指假想用剖切面剖开物体时,剖切面与物体的接触部分,应在剖视图中剖面区域内画上剖面符号。

国家标准《机械制图 剖面区域的表示法》中规定了常用的剖面符号,如表 6-1 所示。在同一金属零件的图中,剖视图、断面图中的剖面符号,应画成间隔相等、方向相同且一般与剖面区域的主要轮廓或对称线成45°的平行线(见图 6-9(a)),向左或向右倾斜均可,通常称为剖面线。必要时,剖面线也可画成与主要轮廓线成适当角度(见图 6-9(b))。剖面线之间的距离视剖面区域的大小而异,通常可取 2~4 mm。

表 6-1 剖面区域表示法

材　料	图　例	材　料	图　例
金属材料(已有规定剖面符号者除外)		木质胶合板(不分层数)	
线圈绕组元件		基础周围的泥土	
转子、电枢、变压器和电抗器等的叠钢片		混凝土	
非金属材料(已有规定剖面符号者除外)		钢筋混凝土	
型砂、填砂、粉末冶金材料、砂轮、陶瓷刀片、硬质合金刀片等		砖	
玻璃及供观察用的其他透明材料		格网(筛网、过滤网等)	
木材纵剖面		液体	
木材横剖面			

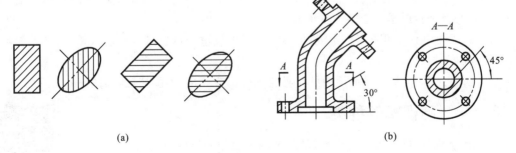

(a)   (b)

图 6-9　剖面线的画法

当图形的主要轮廓线与水平线成 45°时，该图形的剖面线应画成与水平线成 30°或 60°的平行线，其倾斜的方向仍与其他图形的剖面线一致，如图 6-9(b)中的主视图所示。

4. 剖视图的标注

为了方便看图，在画剖视图时一般需要标注剖切位置、投射方向和剖视图的名称，标注内容如下。

1) 剖切线

剖切线是指明剖切面位置的线，以细点画线表示，如图 6-10(a)所示。剖切线也可省略不画，如图 6-10(b)所示。

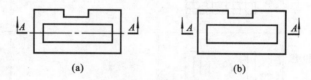

(a) (b)

图 6-10 剖视图的标注法

2) 剖切符号

剖切符号是指明剖切面的起、讫和转折位置及投射方向（用箭头或粗短画表示）的符号。剖切符号画在剖切面的迹线处，尽可能不与轮廓线相交。

3) 剖视图的名称

在剖视图的上方用"×—×"标出剖视图的名称。"×"为相同的大写拉丁字母或阿拉伯数字，在剖切符号的起、讫和转折处标出，位置不够时转折处的字母可以省略，如图 6-10 所示。如果在同一张图样上同时有几个剖视图，其名称应按字母的顺序排列，不得重复。

下列情况下剖视图的内容可简化或省略。

(1) 当剖视图处于主、俯、左等基本视图的位置，按投影关系配置，中间又没有其他的图形隔开时可省略箭头（如图 6-8 所示的标注可以省略箭头）。

(2) 当单一剖切平面通过对称平面或基本对称的平面，且剖视图按投影关系配置，中间又没有其他的图形隔开时，可不加任何标注，如图 6-8 所示的标注可以全部省略，如图 6-11 所示的所有图例都省略了标注。

5. 画剖视图时应注意的问题

画剖视图时应注意如下问题。

(1) 因为剖切是假想的，实际上物体并没有被剖开，所以除剖视图本身外，其余的视图应画成完整的图形。

(2) 为了使剖视图上不出现多余的截交线，选择的剖切平面应通过物体的对称平面或回转中心线，并要平行或垂直于某一投影面。

(3) 剖视图中一般可省略细虚线，但当画少量的细虚线可以减少视图数量，而又不影响剖视图的清晰度时，也可以画出细虚线。

(4) 在剖视图中，剖切平面后面的可见轮廓线都应画出，不能遗漏，如图 6-11 所示。

6.2.2 剖视图的种类

国家标准规定，剖视图分为全剖视图、半剖视图和局部剖视图三种。

1. 全剖视图

用剖切面完全地剖开物体所得的剖视图称为全剖视图。

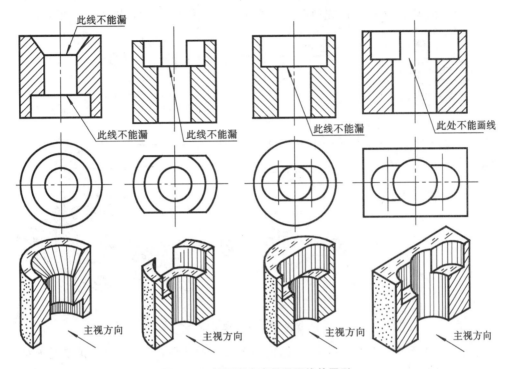

图 6-11　剖视图中容易漏画线的图形

如图 6-12(a)所示端盖的外形比较简单,内部比较复杂,且前后对称,假想用一个剖切平面沿着端盖的前、后对称面将它完全剖开,移去前半部分,将其余部分向正面进行投射,便得到全剖的主视图,这时俯视图中的细虚线可以省略。

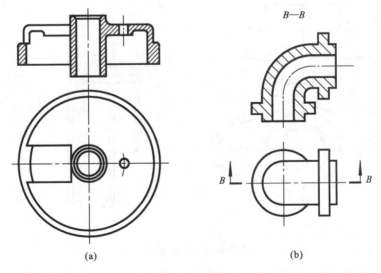

图 6-12　全剖视图

全剖视图一般适用于外部形状简单、内部形状较复杂且不对称的物体,或外形简单的回转体零件,如图 6-12(b)所示。

2. 半剖视图

当物体具有对称平面时,向垂直于对称平面的投影面上投射所得的图形,可以对称中心线为界,一半画成剖视图,另一半画成视图。这种剖视图称为半剖视图,如图 6-13 所示。

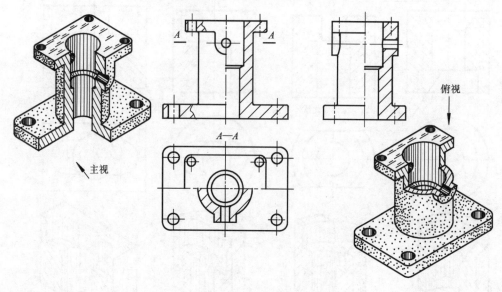

图 6-13　半剖视图

半剖视图适用于具有对称面且内、外结构均需表达的物体,当物体的形状接近于对称,且不对称的部分另有图形能表达清楚时,也可画成半剖视图,如图 6-14(b)所示。

画半剖视图时应注意以下几点。

(1) 半剖视图是由半个外形视图和半个剖视图组成的,而不是假想将物体剖去 1/4,因此,视图和剖视图之间的分界线是细点画线而不是粗实线,如图 6-13 及图 6-14 所示。

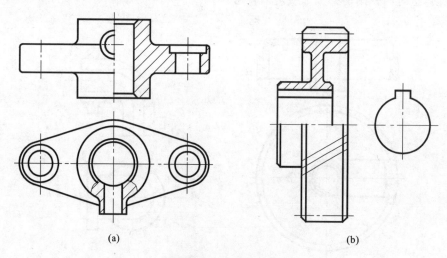

(a)　　　　　　　　　　　(b)

图 6-14　半剖视图

(2) 由于半剖视图的对称性,在表达外形的视图中的细虚线应省略不画。

(3) 半剖视图的标注规则与全剖视图相同。

3. 局部剖视图

用剖切面局部地剖开物体,所得的剖视图称为局部剖视图,如图 6-15 所示。局部剖视图以波浪线或双折线分界,如图 6-16 所示。

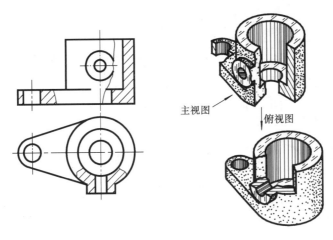

图 6-15　局部剖视图

局部剖视图是一种比较灵活的表达方法,在下列四种情况下宜采用局部剖视图。

(1) 物体只有局部内部形状需要表达,而不必或不宜采用全剖视图时,可用局部剖视图表达,如图 6-16 所示。

(2) 物体内、外形状均需表达而又不对称时,可用局部剖视图表达,如图 6-15 所示。

(3) 物体对称,但由于轮廓线与对称线或图形的中心线重合而不宜采用半剖视图时,可采用局部剖视图表达,如图 6-16 所示。

(4) 剖中剖的情况,即在剖视图中再做一次简单剖视的情况,可采用局部剖视图表达,如图 6-17 所示。

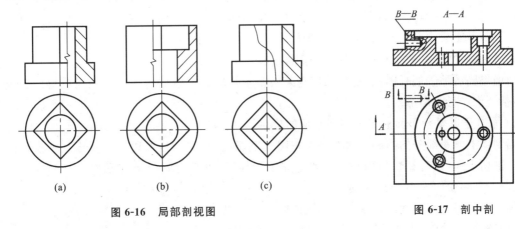

图 6-16　局部剖视图　　　　　　　　　　　　　图 6-17　剖中剖

画局部剖视图时应注意以下几点。

(1) 区分视图与剖视部分的波浪线,应画在物体的实体上,不应超出图形轮廓,也不应画入孔槽之内,而且不能与图形上的轮廓线重合,如图 6-18 所示。用双折线表示时,如图 6-16 (a)、(b)所示,此时双折线需超出图形 3~5 mm。

(2) 当被剖切的局部结构为回转体时,允许将该结构的轴线作为剖视图与视图的分界线,如图 6-19 所示的俯视图。

(3) 局部剖视图是一种比较灵活的表达方法,运用得好,可使视图简明清晰,但在同一视图中局部剖视图的数量不宜过多,不然会使图形过于破碎,不利于看图。

(4) 局部剖视图的标注方法与全剖视图相同,对于剖切位置明显的局部剖视图,一般可省

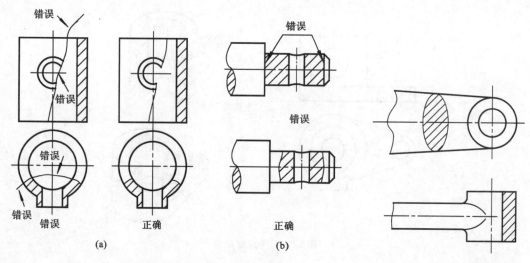

图 6-18　局部剖视图的正确与错误画法对比

图 6-19　局部剖视图特例

略标注。

6.2.3　剖切面的分类及其应用

根据《技术制图　图样画法　剖视图和断面图》(GB/T 17452—1998)，剖切面分为单一剖切面、几个平行的剖切平面、几个相交的剖切面（交线垂直于某一投影面）。

1. 单一剖切面的应用

单一剖切面包含单一剖切平面和单一剖切柱面（轴线垂直于某一投影面），简称单一剖。单一剖切平面还可根据其相对于投影面的位置分为与基本投影面平行和与基本投影面垂直的两种剖切平面。

1）与基本投影面平行的单一剖切平面的应用

前面提到的那些剖视图例，都是采用与某一基本投影面平行的单一剖切平面获得的剖视图，包括全剖、半剖、局部剖。

2）垂直于基本投影面的单一剖切平面的应用

当物体上倾斜部分的内部形状在基本视图上不能反映实形时，可以用垂直于基本投影面的单一剖切平面（此时剖切平面称为斜剖切平面）剖切，再投射到与剖切平面平行的投影面上，如图 6-20 中的 $B—B$ 斜剖面视图所示。

画由单一斜剖切平面剖切获得的剖视图时应注意以下几点。

（1）该剖视图必须注出剖切符号、投射方向和剖视图名称。

（2）为了看图方便，该剖视图最好配置在箭头所指方向上，并与基本视图保持对应的投影关系。为了合理利用图纸，也可将图形放平画出，但必须标注"×—× ⌒"，⌒为旋转符号，表示旋转方向，字母在箭头端，如图 6-21 所示。

（3）该剖视图主要用来表达倾斜部分的实形，应避免在该剖视图中表达物体上其余失真的投影，如图 6-21 所示的"$A—A$ ⌒"采用局部剖视图画出，避免了结构的失真投影。

3）单一剖切柱面的应用

国家标准规定：采用单一剖切柱面剖切获得的剖视图应按展开画法绘制，如图 6-22 所示的 $B—B$ 展开图为采用单一剖切柱面获得的局部剖视图。

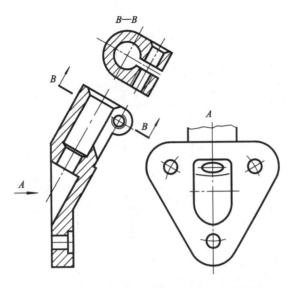

图 6-20　用单一斜剖切平面剖切获得的剖视图(一)

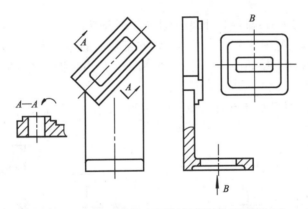

图 6-21　用单一斜剖切平面剖切获得的剖视图(二)

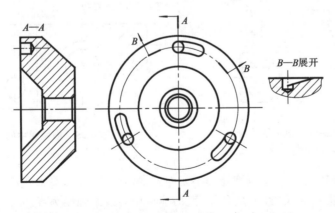

图 6-22　用单一剖切柱面剖切获得的局部剖视图

2. 几个平行的剖切面的应用

　　当物体上的孔或槽的轴线或中心线处在两个或多个相互平行的平面内时,可以用几个互相平行的剖切面获得剖视图。如图 6-23 所示的主视图就是采用的是三个互相平行的剖切平

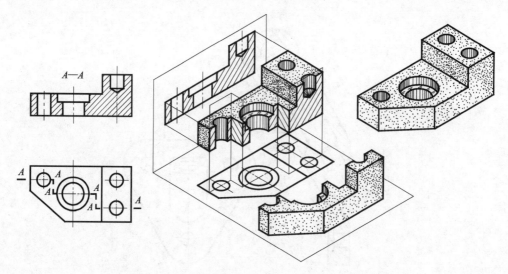

图 6-23　用几个平行的剖切平面剖切获得的剖视图(一)

面获得的全剖视图。

　　用几个平行的剖切平面获得剖视图时应注意以下几点:

　　(1) 在剖视图中,剖视图的名称、剖切符号,在剖切面的起讫和转折处必须用相同的字母标出,此时剖视图的标注方法如图 6-23、图 6-24 所示。但当转折位置有限又不引起误解时,允许省略字母。

　　(2) 剖切位置线的转折处不允许与图上的轮廓线重合,如图 6-25 中的俯视图所示。

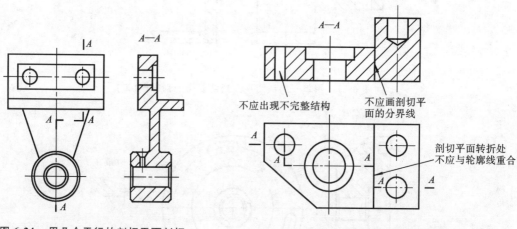

图 6-24　用几个平行的剖切平面剖切
　　　　　获得的剖视图(二)

图 6-25　剖视图中的错误画法

　　(3) 在剖视图中,不允许出现物体的不完整要素,只有当两个要素在剖视图中具有公共对称轴线时,才能各画一半,如图 6-26 所示,此时应以中心线或轴线为界。

　　(4) 不应在剖视图中画出各剖切平面的分界线,图 6-25 所示的画法是错误的,应引起注意。

3. 几个相交的剖切面的应用

　　当物体上的多个结构有公共回转轴线时,可以使其交线垂直于某一投影面,用几个相交的剖切面获得剖视图。

采用这种方法画剖视图时,先假想按剖切位置剖开物体,然后将被倾斜的剖切平面剖开的结构及其有关部分绕剖切平面的交线旋转到与选定的投影面平行,再进行投射。如图 6-27 所示的 $A—A$ 视图即为用两个相交的剖切平面获得的全剖视图。

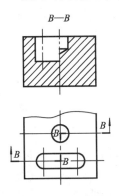

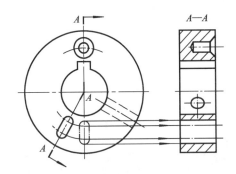

图 6-26　用几个平行的剖切平面剖切 获得的剖视图(三)　　　　**图 6-27　用几个相交的剖切平面剖切 获得的剖视图(一)**

几个相交的剖切面的交线常和物体的主要孔的轴线重合,因此,相应的剖视图一般用来表达盘类、端盖等具有回转轴线的物体,也可用来表达具有公共回转轴线的非回转体,如图 6-28 所示摇杆就是采用两个相交的剖切面获得的全剖视图。

画用几个相交的剖切平面获得的剖视图时应注意以下几点:

(1) 必须标注出剖切位置,并在它的起、讫和转折处标注字母"×",在剖切符号两端画出表示剖切后的投射方向的箭头,并在剖视图上方注明剖视图的名称"×—×",如图 6-28 所示;但当转折处位置有限又不致引起误解时,允许省略标注转折处的字母。

(2) 物体不处在剖切面上,而位于剖切平面后面的其他结构要素,一般仍按原来的位置投射,如图 6-28 所示的 $A—A$ 全剖的俯视图中的小孔仍按原来的位置画出。

(3) 当剖切后物体上产生不完整的要素时,应将此部分按不剖绘制,如图 6-29 所示物体中间的臂,在 $B—B$ 剖视图中仍按未剖时的投影画出。

(4) 几个相交的剖切面可以是剖切平面相交,也可以是剖切平面与剖切柱面相交。

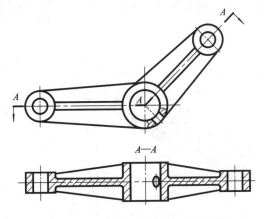

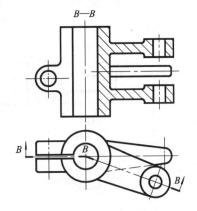

图 6-28　用几个相交的剖切平面剖切 获得的剖视图(二)　　　**图 6-29　用几个相交的剖切平面剖切 获得的剖视图(三)**

4. 多类剖切面的组合应用

当物体上的孔、槽等内部结构较复杂,应用上述三类剖切面都无法表达全部内部结构时,可以把上述若干类剖切面组合起来使用,如图 6-30 所示。采用这种方法画剖视图时,可将各剖切面展开至同一平面后再投影,此时应标注"×—×展开",如图 6-31 所示为采用多类剖切面组合剖切物体获得的剖视图的展开画法。

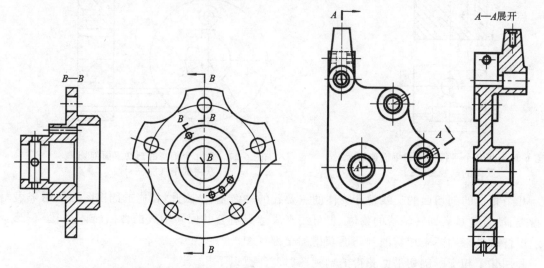

图 6-30　用多类剖切面剖切获得的剖视图(一)　　　图 6-31　用多类剖切面剖切获得的剖视图(二)

总之,用各类剖切面获得的剖视图均可以画成全剖视图、半剖视图、局部剖视图。画法如前面 6.2.2 节所述,在实际工作中,应根据物体的结构特点,合理选用表达方法。

6.3　断　面　图

6.3.1　断面图的基本概念

假想用剖切面将物体的某处切断,仅画出该剖切面与物体接触部分的图形,称为断面图,可简称断面,通常在断面上画上剖面线,如图 6-32 所示。

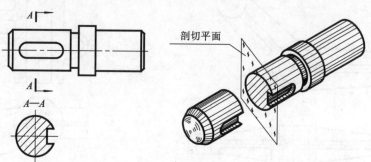

图 6-32　断面图的画法

断面图和剖视图的区别在于:断面图只画出断面的形状,而剖视图除了画出断面的形状外,还要画出断面后其余可见部分的投影。

断面图用于表达物体某一局部的断面形状,如轴上的键槽和孔、肋板和轮辐等,用断面图能使图形简单明了。

6.3.2 断面图的种类和标注

根据断面图在绘制时所配置的位置不同,断面图可分为移出断面图和重合断面图两种。

1. 移出断面图

画在视图外的断面称为移出断面图,如图 6-33 所示。移出断面图中物体的轮廓线用粗实线绘制。

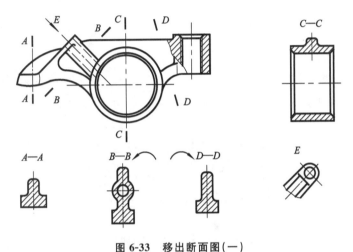

图 6-33 移出断面图(一)

为了方便看图,国家标准对断面图的画法做了如下规定。

(1)移出断面图应尽量配置在剖切位置的延长线上,如图 6-33 中的 A—A 断面图。为合理利用图纸,也可画在其他位置,在不致引起误解时,允许将图形旋转,如图 6-33 中的 B—B 和 D—D 断面图。

(2)画断面图时,一般只画断面的形状,但当剖切平面通过由回转面形成的孔或凹坑的轴线时,这些结构按剖视图绘制,如图 6-34 所示。当剖切平面通过非圆孔,会导致出现完全分离的两个断面时,这些结构也应按剖视图绘制,如图 6-35 所示。

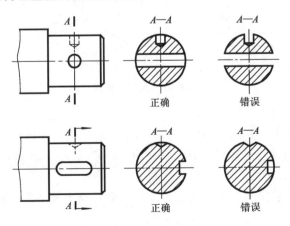

图 6-34 移出断面图(二)

（3）为了表达断面的实形,剖切平面一般应与被剖切部分的主要轮廓线垂直,如对图 6-36 所示的物体,为了表示倾斜加强板的断面的真实形状,剖切平面应垂直于板的轮廓线,可用两个相交平面来剖切,此时,两断面应断开画出。

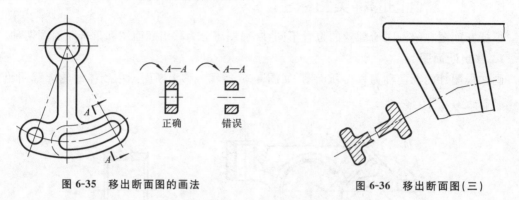

图 6-35　移出断面图的画法　　　　　　　　　　图 6-36　移出断面图(三)

（4）当断面图形对称时,也可画在视图的中断处,如图 6-37 所示。

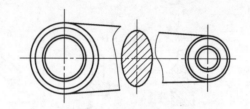

图 6-37　移出断面图(四)

2. 重合断面图

画在视图内的断面图称为重合断面图,如图 6-38 所示,重合断面的轮廓用细实线绘制。当视图中的轮廓线与断面的轮廓线重叠时,仍应将视图中的轮廓完整画出,不可间断。

重合断面图适用于断面形状简单,且不影响图形清晰度的场合。

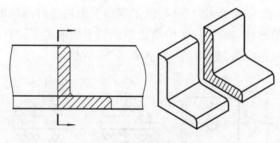

图 6-38　重合断面图

3. 断面图的标注

为便于看图,断面图一般要用剖切符号表示剖切位置,用箭头指明投射方向,并注上字母。在断面图的上方用同样的字母标出相应的名称"×—×",如图 6-33 所示。

在下列情况下,标注可简化或省略。

（1）省略字母　配置在剖切符号延长线上的不对称移出断面图、图形不对称的重合断面图均可不标注字母。

（2）省略箭头　断面图为对称图形时,如图 6-33 所示,可以省略表示投射方向的箭头。

（3）标注全部省略　如图 6-36 所示的配置在剖切平面迹线延长线上的对称移出断面图、

图 6-37 所示的配置在视图中断处的移出断面图、图 6-38 所示的重合断面图,均可省略全部标注。

6.4　规定画法与简化画法

规定画法是对标准中规定的某些特定表达对象所采用的特殊图示方法。简化画法包括规定画法、省略画法、示意画法等在内的图示方法。省略画法是通过省略重复投影、重复要素、重复图形等达到使图样简化的目的的图示方法。示意画法是用规定符号和(或)较形象的图线绘制图样的表意性图示方法。

1. 轮辐、肋在剖视图中的画法

对于机件的肋、轮辐及薄壁等,如按纵向剖切,即通过其厚度方向的对称平面剖切时,这些结构都不画剖面符号(剖面线),而只用粗实线将它与其邻接部分分开,如图 6-39 中 $A—A$ 剖视图所示。

当剖切平面垂直于轮辐和肋的对称平面或轴线(即横向剖切)反映肋板厚度时,轮辐和肋仍要画上剖面符号。如图 6-39 所示的俯视图中,肋板仍应画上剖面线。

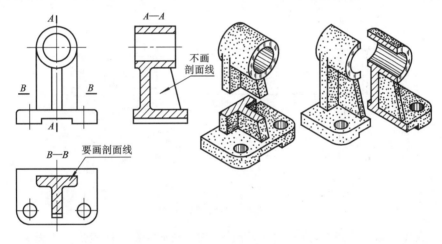

图 6-39　肋的画法

2. 均匀分布的结构要素在剖视图中的画法

当回转体上均匀分布的肋、轮辐、孔等结构不处在剖切平面上时,可将这些结构旋转到剖切平面上画出,分别如图 6-40、图 6-41、图 6-42 所示,图中"EQS"表示孔在圆周上均匀分布。

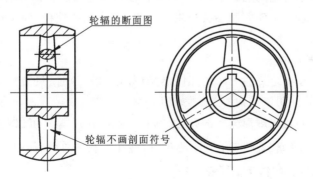

图 6-40　轮辐的画法

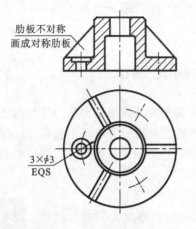

图 6-41　均布肋的画法

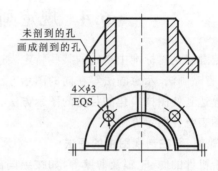

图 6-42　均布孔的画法

3. 局部放大图

当物体上某些细小结构在视图上表示不清楚或标注有困难时,可以把这部分按一定的比例放大,再画出它们的图形,如图 6-43 所示,Ⅰ 和 Ⅱ 处均为局部放大图。

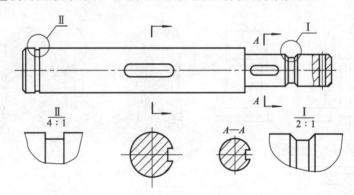

图 6-43　局部放大图

局部放大图可以画成视图、剖视图或断面图,它与被放大部分的表达方式无关。画图时一般要用细实线圆在视图上标明被放大部位;在放大图上方注明放大图的比例。当图上有多处部位放大时,还要用罗马数字依次注明放大部位的序号,并在局部放大图上方标出相应的序号和采用的比例,如图 6-43 所示。局部放大图应尽量配置在被放大部位的附近。

在局部放大图表达完整的前提下,允许在原视图中简化被放大部分的图形。

简化必须保证不致引起误解和不会产生歧义,应力求制图简便,便于识图和绘制,注重简化的综合效果。

4. 相同结构的简化画法

当物体具有多个按一定规律分布的相同结构(如齿、槽等)时,只需画出几个完整的结构,其余用细实线连接,并注明该结构的总数,如图 6-44 所示。

对于若干直径相同且成规律分布的孔(如圆孔、螺孔、沉孔等),可以仅画出一个或少量几个,其余只需用细点画线或"⊕"表示其中心位置,并注明孔的总数,如图 6-45 所示。

5. 网状物、编织物或物体上的滚花

网状物、编织物或物体上的滚花,应用粗实线完全或部分地表示出来,并在零件图或技术

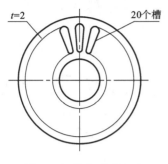

图 6-44　简化画法（一）

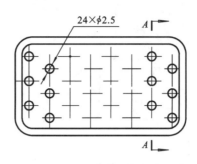

图 6-45　简化画法（二）

要求中注明这些结构的具体要求，如图 6-46 所示。

6．不能充分表达的平面

当图形不能充分表达平面时，可用平面符号（相交两细实线）表示，如图 6-47 所示。

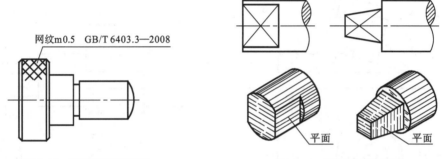

图 6-46　网纹的简化画法　　　　图 6-47　平面的简化画法

7．截交线及相贯线

物体上的某些截交线或相贯线，在不会引起误解时，允许简化，如图 6-48 所示。

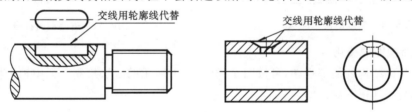

图 6-48　交线的简化画法

8．法兰盘上的孔

圆柱形法兰盘和与其类似的物体上均匀分布的孔，可按图 6-49 所示的方法绘制出。

9．对称图形的简化画法

当图形对称时，在不致引起误解的前提下，可只画视图的 1/2 或 1/4，并在对称中心线的两端画出两条与其垂直的平行细实线，如图 6-50 所示。

10．圆投影为椭圆

与投影面倾斜的角度小于或等于 30°的圆或圆弧，可用圆或圆弧来代替其在投影面上的投影——椭圆、椭圆弧，如图 6-51 所示。

11．剖面符号

在不致引起误解时，物体的移出断面允许省略剖面符号，但剖切位置和断面图的标注必须符合规定，如图 6-52 所示。

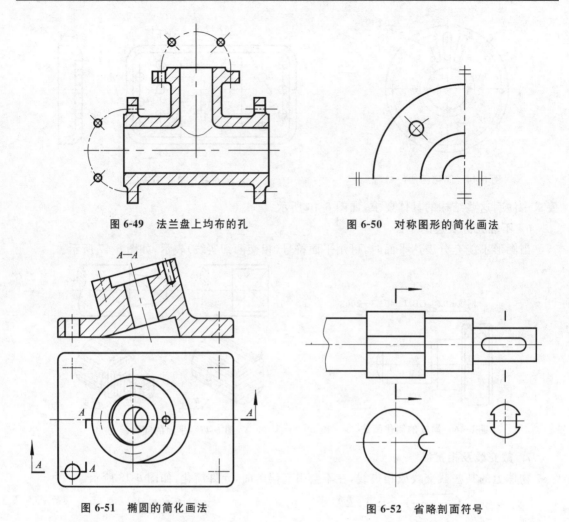

图 6-49　法兰盘上均布的孔　　　　　　图 6-50　对称图形的简化画法

图 6-51　椭圆的简化画法　　　　　　图 6-52　省略剖面符号

12. 局部视图的简化

物体上对称结构的局部视图,可按图 6-53(a)、(b)所示的方法绘制。图中轴上槽的结构都是按俯视图的局部视图绘制的。

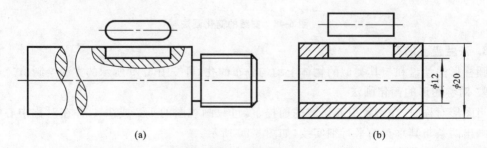

(a)　　　　　　　　　　(b)

图 6-53　局部视图的简化

13. 折断画法

较长的物体(如轴、杆、型材、连杆等)沿长度方向的形状一致或按一定规律变化时,可断开后缩短绘制。断开后的尺寸仍应按实际长度标注,断裂处的边界可采用波浪线、中断线或双折线绘制,如图 6-54 所示。也可以按图 6-53(a)所示的方法画出。

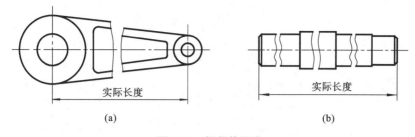

图 6-54　折断的画法

6.5　表达方法综合举例

前面介绍了物体的各种表达方法,在绘制物体图样时,应根据物体的形状和结构特点,灵活选用表达方法。对于同一物体,可以有多种表达方案,应加以比较,择优选取。选择表达方案的基本要求是:根据物体的结构特点,选用适当的表达方法,首先应考虑看图方便,在完整、清晰地表达物体形状的前提下力求制图简便。要求每一视图有一表达重点,各视图之间应相互补充而不重复。

在选择视图时,应把表示物体信息量最多的那个视图作为主视图,通常是将物体按工作位置、加工位置或安装位置放置来确定主视方向。当需要其他视图(包括剖视和断面)时,应按下述原则选取:

(1) 在明确表示物体的前提下,使视图的数量为最少;

(2) 尽量避免使用细虚线表达物体的轮廓及棱线;

(3) 避免不必要的细节重复。

例 6-1　选择图 6-55 所示的四通管的表达方案。

图 6-55　四通管

分析　如图 6-55 所示的四通管主要有三部分:中间带有上、下底板的圆筒,左部圆筒及右部倾斜的圆柱筒。为了清楚地表达四通管的内外结构,可采用图 6-56 所示的两个基本视图和三个局部视图来表示。其中主视图采用两个相交的平面做旋转剖(B—B),主要表达四个方向管的连通情况,是特征视图。俯视图采用两个平行的平面做阶梯剖(A—A),主要表达右边倾斜管的位置及下底板的形状。C—C 剖视图主要表达左边管的圆柱形状,左端面的圆盘形状,以及上面四个圆孔的分布情况。E—E 斜剖视图采用单一斜剖切平面剖切,主要表达了倾斜管的形状及其上部端面的形状;D 向视图主要表达上端面的形状及孔的分布情况。

如图 6-56 所示的几个视图,表达方法搭配适当,每个视图都有表达重点,目的明确,既起到了相互配合和补充的作用,又达到了视图数量适当的要求。

例 6-2　分析如图 6-57 所示的支座的视图。

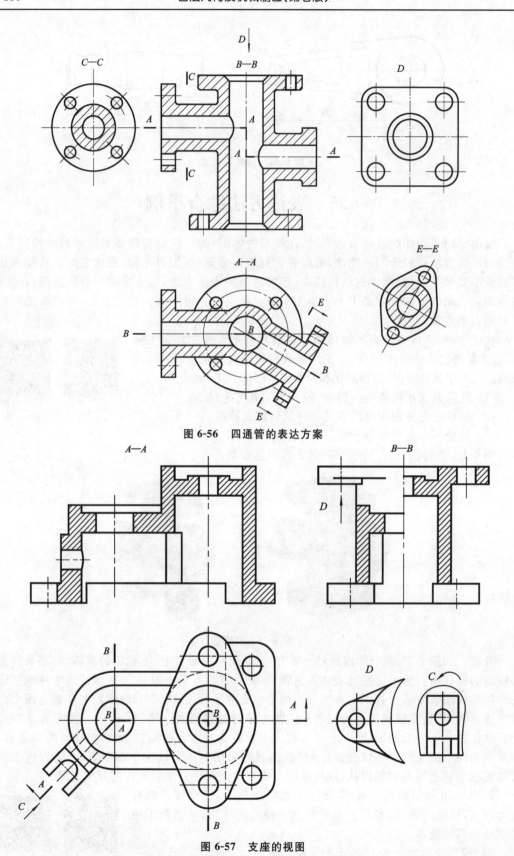

图 6-56　四通管的表达方案

图 6-57　支座的视图

分析 由图 6-57 所示的三视图可以看出,该物体由右边的圆柱筒和与平面连接的左边半圆柱组成,其内部结构较复杂。右边的圆柱上部有上耳板,下部有两个支承板,左部为一个小的支承板,右部为一平面支承板。

主视图表达了支座的形体特征,采用两个相交的平面剖切做旋转剖($A—A$),既表达了左部小的支承板倾斜部分的结构,又表达了内部孔的连接结构;俯视图是外形图,表达了各个板之间的连接关系;左视图采用阶梯剖,既可表现上耳板的厚度,又可反映它与圆柱体的连接情况;C 向旋转视图反映了左侧倾斜支承板的外形;D 向局部视图反映了上耳板的下部形状。俯视图中的细虚线可以保留,这样看图更方便。

6.6 轴测剖视图

画物体的轴测图时,为了表示物体的内部形状,可假想用剖切平面将物体的一部分剖去,画成轴测剖视图。为表达物体的内部结构,常假想用两个相交平面去切物体,两剖切平面的交线往往取在轴线上,这样,既可看到外形,又可看到内部结构,如图 6-58 所示。画轴测剖视图时,一般不画不可见的轮廓线。

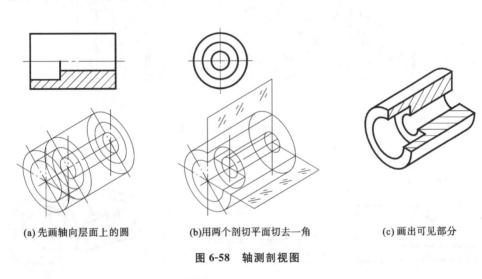

(a) 先画轴向层面上的圆　　(b) 用两个剖切平面切去一角　　(c) 画出可见部分

图 6-58　轴测剖视图

6.6.1 正等轴测剖视图

正等轴测剖视图的画法有两种:其一,先画外形再取剖视(见图 6-58);其二,先画剖面再补外形(见图 6-59)。

剖切平面通过物体的肋或薄壁等结构的纵向对称平面时,这些结构的剖视图都不画剖面符号,而用粗实线将它与邻接部分分开,如图 6-60(a)所示;在图中表现不够清晰时,也允许在肋或薄壁部分用细小的点表示被剖切部分,如图 6-60(b)所示。

6.6.2 斜二等轴测剖视图

斜二等轴测剖视图的画法与正等轴测剖视图的画法基本相同,如图 6-61 所示。

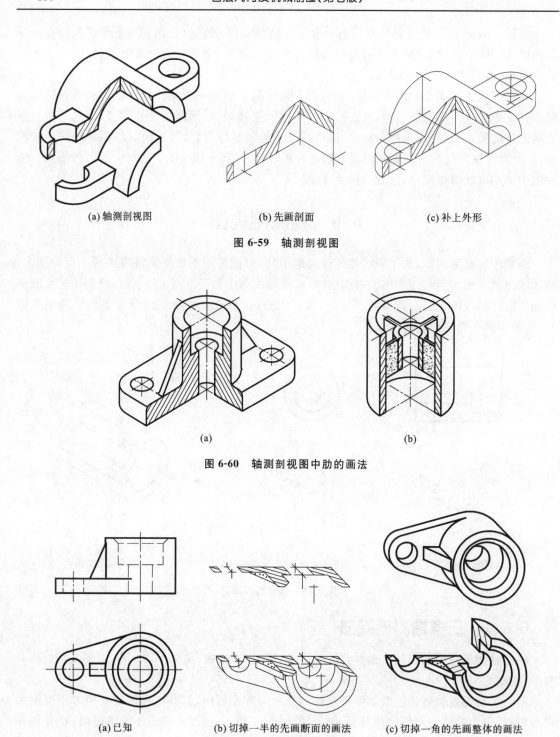

(a) 轴测剖视图　　　　　(b) 先画剖面　　　　　(c) 补上外形

图 6-59　轴测剖视图

(a)　　　　　　　　　(b)

图 6-60　轴测剖视图中肋的画法

(a) 已知　　　(b) 切掉一半的先画断面的画法　　　(c) 切掉一角的先画整体的画法

图 6-61　轴测剖视图的画法

6.6.3　轴测剖视图中的剖面线的画法

轴测剖视图中的剖面线的画法如图 6-62 所示。

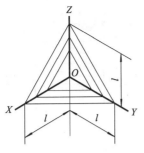
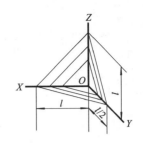

(a) 正等轴测剖视图中的剖面线　　　　　(b) 斜二等轴测剖视图中的剖面线

图 6-62　轴测剖视图中的剖面线的画法

6.7　第三角投影法介绍

　　世界各国的工程图样有第一角投影和第三角投影两种体系。我国国家标准规定采用第一角投影体系,而美国、日本等国则采用第三角投影,为了便于国际交流,现将第三角投影法简介如下。

　　两个互相垂直的投影面 V 面和 H 面把空间分成四个部分,每个部分称为一个分角,如图 6-63 所示。

　　把物体放在第一分角,并按"观察者—物体—投影面"的相互位置关系进行投射,称为第一角投影法。

　　将物体放在第三分角,并按"观察者—投影面—物体"这样的位置关系进行投射,称为第三角投影,此时应将投影面视为透明面,如图 6-64 所示。

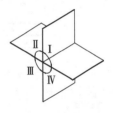

图 6-63　四个分角

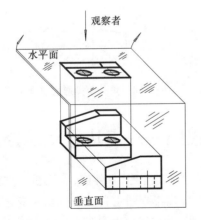
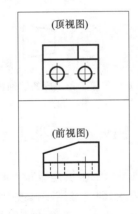

图 6-64　第三角投影的形成及画法

　　第三角投影法与第一角投影法的不同之处在于:

　　(1) 视图名称和配置不同;

　　(2) 各视图所反映的上、下、左、右、前、后方位关系不同,除后视图外,其他几个视图靠近前视图的一面表示物体的前面,而远离前视图的一面表示物体的后面,这一点恰恰与第一角投影相反,如图 6-65、图 6-66 所示。

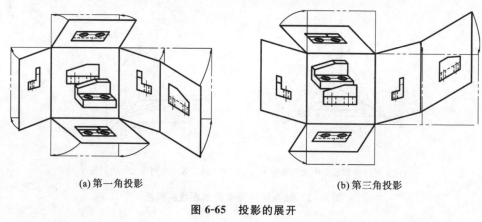

(a) 第一角投影　　　　　　　　　　　　　　(b) 第三角投影

图 6-65　投影的展开

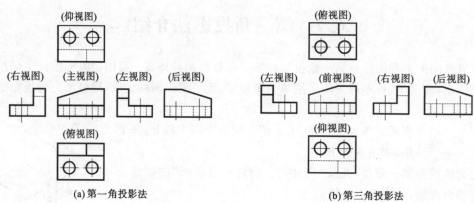

(a) 第一角投影法　　　　　　　　　　　　　(b) 第三角投影法

图 6-66　第一角和第三角的视图配置

为了识别第三角投影，国际标准化组织（ISO）规定了第三角投影的识别符号，如图 6-67 所示。图 6-68 所示为第一角投影的识别符号。

图 6-67　第三角投影的识别符号　　　　图 6-68　第一角投影的识别符号

6.8　Inventor 创建工程图——表达方法综合运用

Inventor 提供了由三维模型直接转换成二维工程图（零件图、装配图）的功能，而且可以做到二维与三维相关联，即三维模型修改后，其二维工程图也自动产生相应变化。但目前的三维软件大多不能很完美地生成所需的工程图。因为三维模型是按照正投影规则创建的，而二维工程图中有大量的人为规定，如简化画法与规定画法，这些规则各国的标准不尽相同，就是在我国，不同行业也有区别，因此熟悉国家标准是创建符合规定的二维工程图的基础。

这里特别说明一个重要的概念：Inventor 二维工程图不是"三维转换成二维"，而是三维模型在二维图纸平面上的"正投影"和参数引用，是模型的表达方式，所以 Inventor 二维工程图中的轮廓线不是二维软件中的图线。由三维模型创建二维工程图主要有四个基本步骤：设置工程图、创建视图、标注和打印工程图。

6.8.1 设置工程图

工程图也有自己的文件和环境,其文件的扩展名为".idw"。新建工程图文件时在新建文件菜单中选择 或在公制单位"Metric"中选择 ,单击"确定"按钮进入工程图环境,如图 6-69 所示。

图 6-69 新建文件菜单

这时默认的图纸大小为 A2;如不适合,可在"浏览器"中选择"图纸:1"并单击右键,在弹出的菜单中选择"编辑图纸"命令,弹出"编辑图纸"对话框,在"大小"下拉列表框中选择合适的图纸。例如选择"A4"和"纵向(P)"选项,单击"确定"按钮,图纸幅面和格式将发生变化,如图 6-70 所示。

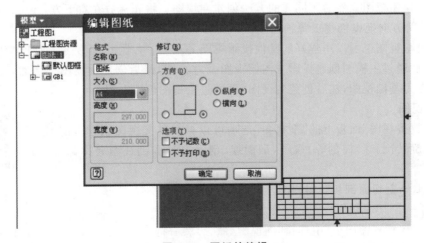

图 6-70 图纸的编辑

6.8.2 创建工程图

工程图的图形包括视图、剖视图、断面图等,按图形的位置又分为主视图、俯视图、左视图等。创建视图的工具栏如图 6-71 所示。

图 6-71 创建视图的工具栏

1. 基础视图

基础视图是不受任何约束的独立视图。基础视图决定其他视图的投射方向,可以是主视图,也可以是俯视图和左视图。

图 6-72 "旋转视图"对话框

单击"放置视图"中的基础视图图标按钮 ，弹出"工程视图"对话框,在"文件"框中找到要转换成工程图的三维模型文件,在"方向"框中选择需要的视图,然后在图纸合适位置单击鼠标左键即可得到基础视图。选择该视图(红色矩形虚线框),单击右键,在弹出的菜单中选择"旋转"命令,在弹出的对话框中选择"绝对角度",然后输入角度值可以使该视图旋转,得到旋转后的视图。"旋转视图"对话框如图 6-72 所示。

2. 投影视图

创建了基本视图后,可使用"投影视图"命令,创建其他视图;投影视图可以是视图,也可以是正等轴测图。

利用"投影视图"命令可以创建多个视图,所创建视图与基础视图对齐,符合投影关系,并且继承基础视图的比例和显示方式。

创建投影视图的步骤很简单,即在"放置视图面板"上单击投影视图图标按钮 ，将光标放到基础视图上或附近,出现红色矩形虚线框后单击鼠标左键;向上拖动创建主视图,如果向下拖动则创建俯视图。然后用同样的方法创建左视图。将光标放在右下方,还可以用"投影视图"命令向斜方向拖曳创建正等轴测图。

创建投影视图也可以用建好的其他投影视图为基础。如图 6-73 所示,首先创建基础视图主视图,然后通过主视图创建投影视图俯视图及左视图,最后创建轴测图。当然,也可以先创建俯视图作为基础视图,然后创建主视图,再通过主视图创建左视图。

3. 剖视图

利用"放置视图"面板上的"剖视图"选项可以根据其父视图创建全剖(包括单一剖切、旋转剖和阶梯剖等)视图,剖面线、剖面符号和剖视图名称都可以自动创建。

1) 用单一剖切面剖切获得视图

创建单一剖切面剖切视图的步骤如下。

(1) 在"放置视图面板"中选择"剖视图"命令,然后将光标放在父视图上,待红色矩形虚线框出现后,单击基础视图,则基础视图中的图线被激活;

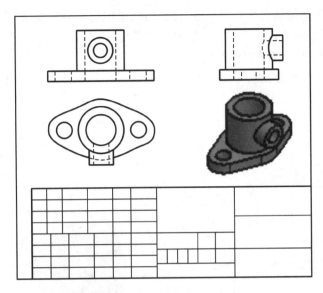

图 6-73　基础视图及投影视图

（2）将光标放在剖切位置上，如孔的中心，会自动出现细虚线，根据细虚线画出剖切符号；

（3）单击右键，在弹出的菜单中选择"继续"命令，出现"剖视图"对话框；

（4）在对话框中可选择"比例"和输入文本的名称，可以将比例去掉，或单击图标按钮 ⬚ ⬛ 修改文本的可见性及对文本进行编辑，然后单击"确定"按钮，得到剖视图，可以看到箭头、剖视图名称等自动形成。如图 6-74 所示。

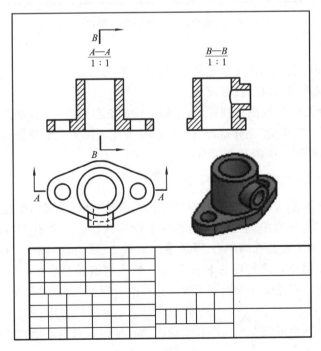

图 6-74　剖视图

2）用平行的剖切面剖切获得剖视图

该剖视图由几个互相平行的剖切平面剖开零件得到，故剖切符号有一个或多个转折，画法上与用单一剖切平面剖切基本相同。显然,得到的结果中有多余的线条,可以分别选中它们再单击鼠标右键,在弹出的菜单中选择"可见"命令将其隐藏。

3) 用相交的剖切面剖切获得剖视图

该剖视图由两个相交的剖切平面剖切得到,还是采用剖视图功能,在圆心处转折,即可以得到剖视图,如图 6-75 所示。

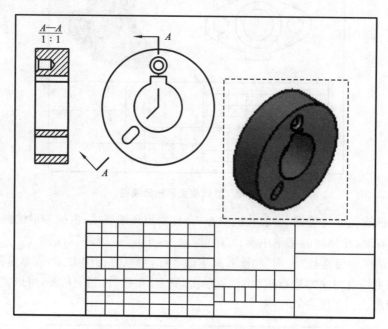

图 6-75　用相交的两个平面剖切获得剖视图

4) 局部剖

Inventor 创建局部剖视图的方法比较简单,其步骤如下。

(1) 创建基础视图和相应的投影视图。

(2) 选择要创建局部剖视图的视图,单击俯视图的红色点线边框,单击鼠标左键使该视图可用,单击"草图"菜单栏中的"创建草图"图标,创建与主视图关联的草图,在草图环境中用"样条曲线"画出封闭的轮廓。如图 6-76 所示。

(3) 完成草图,单击局部剖视图图标按钮 ![icon]。

(4) 选择要创建局部剖视图的视图和封闭轮廓,这时弹出"局部剖视图"对话框,如图 6-77 所示。"局部剖视图"对话框中的"深度"选项用于设置剖切面在垂直于当前视图方向上的位置,将鼠标移到主视图上安装孔的中心,系统感应到圆心(绿色点),然后"确定"创建局部剖视图。如果绘制的波浪线不对或与视图不相互关联,则出现错误提示框,如图 6-78 所示。

(5) 在相应的基础视图即在俯视图上选择深度点(剖切平面位置),单击"确定"按钮,得到局部剖视图。

(6) 用同样的方法也可以在主视图和俯视图的其他位置做局部剖,如图 6-79 所示。

5) 半剖视图

Inventor 没有创建半剖视图的命令,可以用"局部剖视图"命令创建。在草图环境用直线或矩形命令创建封闭轮廓;用"局部剖视图"命令创建半剖视图,然后将多余的线隐藏,再画上中心线即可。如图 6-80 所示。

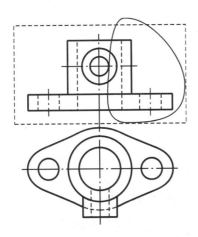

图 6-76　绘制与主视图相关联的样条曲线

图 6-77　"局部剖视图"对话框

图 6-78　错误提示框

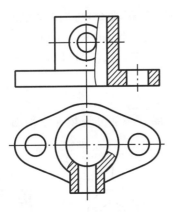

图 6-79　局部剖视图

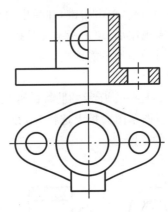

图 6-80　半剖视图

6.8.3　工程图的标注

1. 图形的修饰

利用 Inventor 创建的视图和剖视图可能存在许多问题，例如未画出细点画线、肋板部分出现不应画的剖面线，以及将不必要的细虚线隐藏等。

1）添加中心线和轴线

添加中心线和轴线的命令在工程图标注面板上。选择"标注"命令，弹出"工程图标注面板"工具栏，如图 6-81 所示。

图 6-81 "工程图标注面板"工具栏

"工程图标注面板"工具栏包括尺寸标注、中心线标记、表面粗糙度符号等。

添加中心线时先单击"中心线标记"图标按钮⊞,然后单击要添加中心线的圆即可。如果需要加长,可在结束该命令后单击中心线,这时在中心线的端点会出现绿色的圆点,拖动圆点即可加长或缩短中心线。

添加轴线时,单击图标按钮◢,然后单击轴线两侧的轮廓线,便会自动画出轴线,也可以选择图标按钮◢,选择两点,通过两个已知点绘制中心线,中心线的长度当然也可以加长。

2）隐藏多余线

前面创建的视图、剖视图中有些线条是多余的,创建了视图后大部分细虚线也需要隐藏。隐藏线条的步骤是,选中要隐藏的线条后单击鼠标右键,在弹出的快捷菜单中将"可见性"复选框取消勾选,即将其隐藏。如果所有的细虚线都需隐藏,可以选中要隐藏细虚线的视图(红色矩形框)后双击鼠标左键,弹出视图的对话框,在"显示方式"项中单击不显示细虚线图标按钮❻,然后单击"确定"按钮就可将该视图中所有的细虚线隐藏。

3）肋板画法的修改

当剖切平面沿肋板等薄壁结构纵向剖切时,该处不画剖面线,用粗实线将其与其他部分隔开。而用 Inventor 创建这样的剖视图时,都画上了剖面线,如图 6-82 所示,因此需要修改,修改步骤如下。

（1）选中剖面线,单击右键,在弹出的菜单中选择"隐藏"命令,将剖面线隐藏。

（2）选择左视图后,单击标准工具栏中的"创建草图"按钮,进入草图模式。

（3）因这时的图形不能捕捉,为此,在工程图草图面板上选择"投影几何图元",将左视图投影。

（4）画出如图 6-83 所示的肋板的形状。

（5）在工程图草图面板上选择"填充",将剖面一部分一部分地填充上剖面线,图 6-83 所示为完成填充的草图。

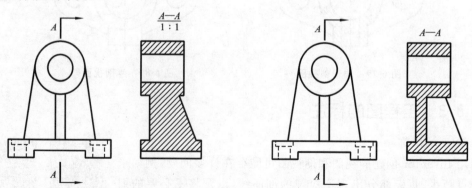

图 6-82　有错的剖视图　　　　　图 6-83　画出肋板部分并填充剖面线

2. 工程图的尺寸标注

工程图标注,包括尺寸、几何公差、表面粗糙度的标注等,是创建工程图不可或缺的重要内容,Inventor 提供了较强的标注能力。

工程图标注命令可以在尺寸标注面板中选择,如图 6-84 所示。

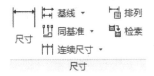

图 6-84　尺寸标注面板

工程图中有两种尺寸,即模型尺寸和图纸尺寸。

模型尺寸定义草图特征的大小和位置,并且控制该特征的大小。如果修改了工程图中的模型尺寸,零件尺寸也会随之更新,但修改图形尺寸不会影响零件的大小。

在工程图中修改模型尺寸,只能对单个尺寸做较小的修改,如果做较大的修改或者把尺寸修改为基于其他尺寸的关联尺寸,就必须打开零件文件来编辑草图特征。

在创建基础视图时,可以在"显示选项"选项卡中选择是否显示模型尺寸。模型尺寸不全,需要用图纸尺寸补充。另外,模型尺寸可能标注得不正确或位置不合适,也需要修改。工程视图显示选项如图 6-85 所示。

图 6-85　显示所有模型尺寸选项

通过"通用尺寸"命令标注图纸尺寸的方式与创建草图尺寸的方式完全相同,即通过选择点、直线、圆和圆弧,就可以标注线性尺寸、角度尺寸、半径和直径尺寸,如图 6-86 所示。

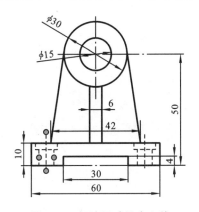

图 6-86　标注尺寸及中心线

思 考 题

1. 试述六个基本视图的配置关系。什么情况下基本视图需要标注?

2. 基本视图和向视图的区别是什么? 在什么情况下使用向视图来表达形体的外形结构?

3. 什么是剖视图? 常用的剖视图有哪几种? 各适用于何种场合?

4. 什么是断面图? 常用的断面图有哪几种? 它和剖视图有什么区别?

5. 常用的剖切面有哪些? 各适用于何种场合? 在用几个相互平行的剖切面或两个相交的剖切面剖切机件时需要注意些什么?

6. 机件上肋板、轮辐在剖视图上有哪些规定画法?

7. 移出断面图和重合断面图在表达方法上有哪些不同?

8. 什么情况下圆盘形零件上的孔要在剖视图中画出?

9. 什么情况下可以使用简化画法?

问题与讨论

1. 国家标准规定表达外形结构的视图有哪几种? 这些视图彼此之间的异同点有哪些? 各自在什么情况下使用?

2. 什么情况下可以画物体的全剖视图、半剖视图、局部剖视图? 作图时要注意些什么? 什么情况下要将剖切范围与剖切面种类结合起来考虑表达方法?

3. 什么情况下使用两个相交的平面剖切获得剖视图? 用几个相交的平面剖切,可不可以将剖视图画成全剖、半剖或局部剖的剖视图?

4. 什么情况下使用几个相互平行的剖面剖切获得剖视图? 用几个相互平行的平面剖切,可不可以将剖视图画成全剖、半剖或局部剖的剖视图?

第7章

常用机件及结构要素的特殊表达方法

学习目的与要求

（1）了解真实零件与理想立体的关系、零件与部件的关系；

（2）掌握螺纹和螺纹紧固件，键、销等标准件的规定标记和规定画法，能在机械图样上正确表达和标注，能正确识读机械图样上的相关表达；

（3）掌握常用件的基本知识、规定标记、规定画法，能在机械图样上正确表达和标注，并能正确识读机械图样上的表达；

（4）了解参数的确定方法（包括计算和查表），为后续学习机器或部件中零件的连接、支承、传动等内容及其画法打下一定的基础。

学 习 内 容

（1）零件与部件的关系；

（2）螺纹的形成、种类和用途，螺纹及螺纹连接的规定画法和标注方法，螺栓连接、螺柱连接、螺钉连接的画法，以及常用螺纹紧固件的标准代号；

（3）键连接和销连接的规定画法和标注方法。

（4）齿轮的种类及其应用场合、齿轮的基本参数、齿轮及其啮合的规定画法；

（5）滚动轴承的种类及其应用场合、滚动轴承的画法和标记；

（6）弹簧的种类及其应用场合，圆柱螺旋弹簧的参数、画法和标记。

学习重点与难点

（1）重点是标准螺纹及其连接件、键连接、销连接、圆柱直齿齿轮及其啮合，滚动轴承、圆柱螺旋弹簧的规定画法和标记；

（2）难点是标准螺纹及其连接件、键连接和销连接的规定画法；齿轮的啮合画法、滚动轴承三种画法的应用场合。

本章的地位及特点

在生产实际中的正规图样（包括零件图和装配图）几乎都涉及螺纹紧固件、键连接和销连接等内容，因此应对其予以重视。螺纹紧固件，键、销等标准件的结构、尺寸都已标准化，其投影图的画法均有相应的规定；标准件的种类、形式、规格以代（符）号表示。以上内容各自独立，知识的逻辑性及连续性不强，且较琐碎。

常用件的标准结构的基本尺寸计算、常用件的工作图画法和尺寸注法等知识重在理解，在此基础上来理解和熟悉圆柱直齿齿轮及其啮合、滚动轴承、圆柱螺旋弹簧的规定画法，进而推广到锥齿轮、蜗杆、蜗轮的画法以及其他弹簧的画法。

常用件一般需要绘制正规的零件工作图，其中常用件的标准结构按规定画法来表达，而常用件的非标准结构需按前面所讲的各种表达方法来表达，两者结合起来就形成了常用件的零件工作图。

7.1 零件与部件的关系

一台机器,一般由设计部门进行产品设计,即先根据用户要求设计总体结构,绘制出机器的装配图,然后再依据装配图拆画出全部零件的零件图。生产部门按提供的零件图加工零件,再将加工好的零件装配成机器。如果是重新改制或修配一台已有的机器,则需要先根据实物测绘出装配示意图、零件草图,由零件草图经过校核后,绘制出装配图和零件图,然后对其进行加工生产,最后投入使用。总之,机器从设计、试制、制造到投入使用是一个非常复杂的过程,在这一过程中要依赖的就是零件图和装配图这两种重要的图样。

7.1.1 装配图与零件图的内容

图 7-1 所示是拆开的齿轮减速器,下面以齿轮减速器为例,说明装配图与零件图的内容。

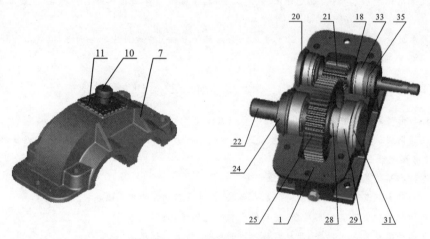

图 7-1 拆开的齿轮减速器

1. 装配图的内容

装配图是表示产品及其组成部分的连接、装配关系(包括零件之间的相对位置、配合关系、连接方式等)及其工作原理和技术要求的图样。

图 7-2 所示为齿轮减速器的装配图。查阅有关资料,对照图 7-1 所示可以知道,齿轮减速器是一种高速输入低速输出的装置。

由齿轮减速器的装配图可见,装配图应具有以下主要内容。

(1)一组视图 表达机器或部件的结构、组成机器或部件的零件主要结构形状、零件之间的装配关系、机器工作情况等。

(2)必要的尺寸 标明机器或部件的规格(性能),说明整体外形及零件间配合、连接、定位和安装等方面的尺寸。

(3)零件序号、明细表与标题栏 说明组成机器的各零件的名称、材料、数量、规格等,其固有格式都应遵循相关规定。

(4)技术要求 指有关产品在装配、安装、检验、调试及运转时应达到的技术要求,常用符号或文字注写。

序号	零件名称		数量	材料
35	端盖		1	HT15-33
34	毡圈 20 FJ145		1	
33	深沟球轴承 6204		1	
32	键 GB/T 1096 10×8×22		1	
31	端盖		1	HT150
30	调整环		1	Q235
29	深沟球轴承 6206		1	
28	套筒		1	15
27	螺塞 JB/ZQ 4450—2006		1	Q235
26	油圈		1	工业用革
25	齿轮 m=2 z=55		1	HT200
24	端盖		1	HT150
23	毡圈 28 FJ145		1	
22	轴		1	45
21	齿轮轴 m=2 z=15		1	45
20	端盖		1	HT150
19	调整环		1	Q235
18	挡油环		1	Q235
17	小盖		1	HT150
16	反光片		1	铝板
15	油面指示片		1	有机玻璃
14	螺钉 GB/T 65 M3×14		3	
13	衬片		2	压纸板
12	螺钉 GB/T 67 M3×10		4	
11	小盖		1	Q235
10	通气塞		1	Q235
9	螺母 GB/T 6170 M10		1	
8	垫片		1	压纸板
7	箱盖		1	HT150
6	螺栓 GB/T 5782 M8×70		4	
5	螺栓 GB/T 5782 M8×28		2	
4	螺母 GB/T 6170 M8		6	
3	垫圈 GB/T 93 8		6	
2	销 GB/T 117 3×18		2	
1	箱体		1	HT150

华中科技大学

比例	重量		第 张
1:1			共 张

零件名称				
齿轮减速器				

制图

校对

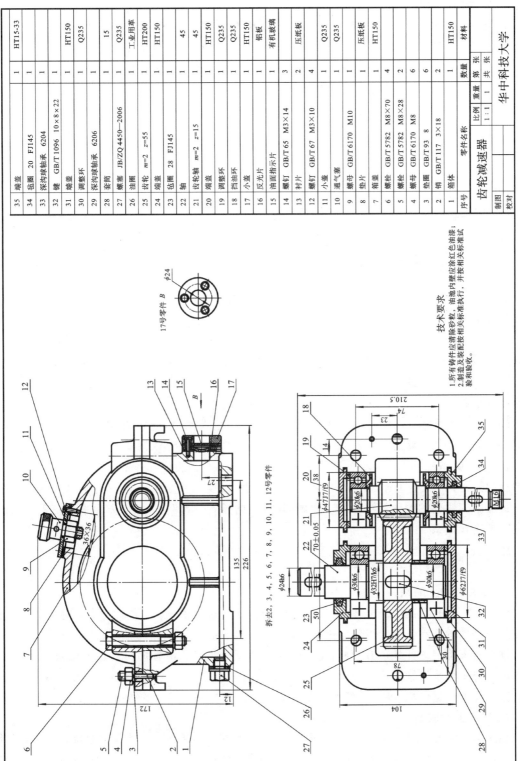

技术要求
1. 所有铸件应清除砂粒、油池内壁应涂红色油漆;
2. 制造及装配应按相关标准执行,并按相关标准试验和验收。

图 7-2 齿轮减速器装配图

2. 零件图的内容

表示零件结构大小及技术要求的图样称为零件图，图 7-3 所示为减速器箱盖的零件图。零件图是工厂制造和检验零件的依据，是设计部门和生产部门的重要技术资料之一。

为了满足生产部门制造零件的要求，一张零件图必须包括以下几个方面的内容。

（1）一组视图　唯一表达零件各部分的结构及形状，主要采用第 6 章介绍的各种表达方法。

（2）全部尺寸　确定零件各部分的形状大小及相对位置的定形尺寸和定位尺寸，以及有关公差。

（3）技术要求　说明在制造和检验零件时应达到的一些工艺要求，如表面结构要求、尺寸公差、几何公差、材料及热处理要求等。

（4）图框和标题栏　用来标注零件的名称、材料、数量、比例、图号、设计者、零件图完成的时间等内容。

7.1.2　零件的分类

零件是部件中的组成部分。一个零件的结构是由零件在部件中的作用来决定的。

零件按其在部件中所起的作用，以及其结构是否标准化，大致可分为以下三类。

（1）标准件，包括常用的螺纹紧固件，如螺栓、螺钉、螺母等，以及标准件组件，如滚动轴承等，这一类零件的结构已经标准化，国家制图标准中已制定了标准件的规定画法和标注方法。

（2）传动件，常用的有齿轮、蜗轮、蜗杆、带轮、丝杠等，这类零件的主要结构已经标准化，并且有规定画法。

（3）除上述两类零件以外的零件都可以归纳到一般零件中，例如轴、盘盖、支架、壳体、箱体等。它们的结构形状、尺寸大小和技术要求由相关部件的设计要求和制造工艺要求确定。

作为零件，不论其大小及结构形状是复杂还是简单，都是组成部件不可缺少的。零件在部件中所起的作用，是通过确定其结构形状、尺寸大小，以及一些技术要求来实现的。下面以齿轮减速器中的输出轴的轴系零件的装配局部图样（见图 7-4）为例，从几个方面来讨论零件与部件之间的密切关系。

7.1.3　零件与部件的关系

1. 相关结构上的联系

如图 7-4 所示，在轴（22 号零件）安装齿轮的位置上有一键槽，是用来安装平键用的，平键的作用是将轴的转动传递给齿轮。这一结构涉及轴、平键、齿轮上的键槽，它由设计时所选定的平键结构来确定。此外还有轴肩，此结构的作用是防止齿轮沿轴向移动。而轴肩的另一侧的作用是防止轴承做轴向移动。有一定功能要求的一组零件组合在一起，它们的相关结构会有对应的要求。这些均说明，零件上的结构的产生都是与相关零件的结构紧密关联的。

2. 尺寸上的联系

如图 7-4 所示，轴与齿轮和两轴承装配在一起时，轴的公称尺寸（轴径都是 $\phi 30$ mm）与轴承的孔径应一致。齿轮安装处的轴的直径与齿轮的孔径应一致。此外，轴在轴向的一系列尺寸之和与箱体底座（1 号零件）的两孔槽之间的距离必须相等，否则，轴系零件无法装配到底座上。为了弥补轴向尺寸出现的误差，设计时特地增加了一个调整环（30 号零件）。装配零件时，只需选择或修配调整环的轴向尺寸，就可以达到装配的设计要求。

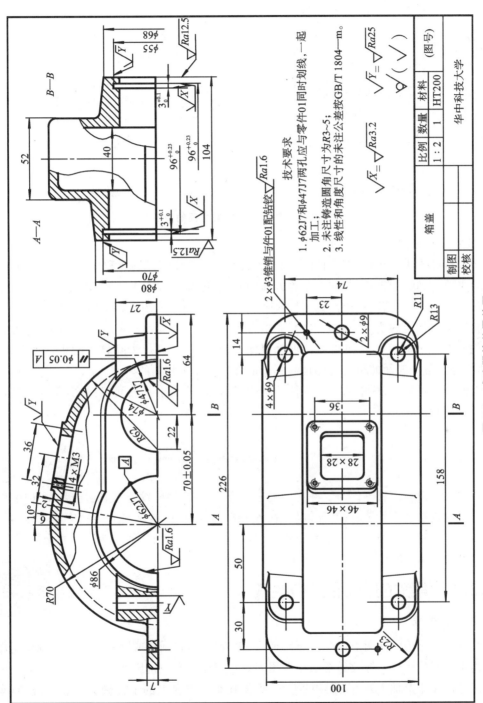

图 7-3　减速器箱盖零件图

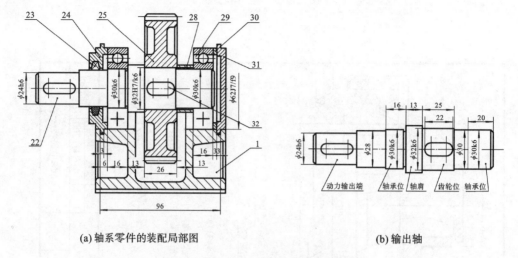

(a) 轴系零件的装配局部图　　　　　　　　(b) 输出轴

图 7-4　轴系零件与箱体、轴之间的关系

3. 技术要求上的联系

若要求机器能正常运行，其零件既要满足设计要求，又要满足制造和加工工艺等方面的要求。机器也要达到装配设计、装配工艺等方面的要求，这些要求统称为技术要求。轴上安装两轴承的位置，不仅尺寸精度要求高，而且表面结构要求也高。凡是有接触或连接关系的表面，其表面精度都有一定的要求。而非接触、非配合的表面(例如底座上的一些外表面、内腔的非接触表面)，其尺寸精度和表面精度要求就很低，甚至不需要进行去除材料的机械加工工序。这说明，零件上各个表面的粗糙度都是与其在部件中的作用相关的。

由上面分析可知，部件中的任一零件的结构形状、尺寸大小及表面粗糙度，都与它在部件中的作用密切相关。

7.2　螺纹的基本知识

在各种机器设备中将零件与零件连接起来的方式主要有：螺纹连接、键连接、销连接、焊接等。由于螺纹连接便于安装、拆卸和维修，在各种机器设备、仪器仪表上应用广泛，因此，螺纹紧固件的需求量较大。为便于制造和使用，已将螺纹及螺纹紧固件的结构和尺寸全部标准化，同时为了方便制图，还规定了它们的简化画法。

7.2.1　螺纹的形成和结构要素

1. 螺纹的形成

螺纹可认为是由平面图形(如三角形、梯形、锯齿形等)在圆柱或圆锥表面上做螺旋运动而形成的连续凸起的牙体。螺纹通常采用专用刀具在机床或专用机床上制造。图 7-5(a)、(b)所示的分别是在车床上加工外、内螺纹的方法，夹持在车床卡盘上的工件做等角速度旋转，车刀沿轴线方向做等速移动，刀尖相对于工件表面的运动轨迹便是圆柱螺旋线。在圆柱表面上形成的螺纹为圆柱螺纹；在圆锥表面上形成的螺纹为圆锥螺纹。在零件的圆柱或圆锥外表面上经加工形成的螺纹称为外螺纹，在零件圆柱或圆锥内表面(孔壁)上经加工形成的螺纹称为内螺纹。另外，还可以用如图 7-5(c)所示的丝锥攻制内螺纹和用板牙套制外螺纹。

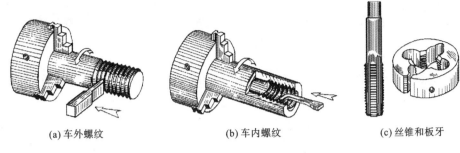

(a) 车外螺纹　　　　　　　(b) 车内螺纹　　　　　　　(c) 丝锥和板牙

图 7-5　加工螺纹

2. 螺纹的结构要素

下面介绍国家标准《螺纹术语》(GB/T 14791—2013)中有关螺纹结构要素的术语。

1) 牙型

牙型是在螺纹轴线平面内的螺纹轮廓形状。螺纹的牙型有三角形、梯形、矩形、锯齿形等,不同牙型的螺纹有不同的用途,如三角形螺纹用于连接,梯形、矩形螺纹用于传动等。在螺纹牙型上,两相邻牙侧之间的夹角称为牙型角,以 α 表示。

2) 公称直径

螺纹的公称直径分为大径、中径和小径(见图 7-6)等三种。

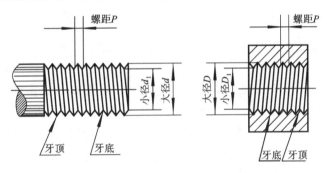

图 7-6　螺纹各部分的名称

(1) 大径是指与外螺纹的牙顶或内螺纹的牙底相切的假想圆柱或圆锥的直径。外螺纹的大径用 d 表示,内螺纹的大径用 D 表示。公称直径是代表螺纹尺寸的直径。对于紧固与传动螺纹,其大径公称尺寸是螺纹的代表尺寸;对管螺纹,其管子公称尺寸是螺纹的代表尺寸。

(2) 小径是指与外螺纹的牙底或内螺纹的牙顶相切的假想圆柱的直径。外螺纹的小径用 d_1 表示,内螺纹的小径用 D_1 表示。

(3) 中径是一个设计直径。假设有一个圆柱或圆锥的母线通过圆柱(锥)螺纹上牙厚与牙槽宽相等的地方,此假想圆柱(锥)称为中径圆柱(锥)。中径圆柱(锥)的直径称为中径。外螺纹的中径用 d_2 表示,内螺纹的中径用 D_2 表示。

3) 线数

螺纹有单线螺纹与多线螺纹之分。只有一个起始点的螺纹称为单线螺纹,具有两个或两个以上起始点的螺纹称为多线螺纹。线数又称头数,通常以 n 表示。

4) 螺距

螺距是相邻两牙在中径线上对应两点的轴向距离,以 P 表示,如图 7-7 所示。

5) 导程

导程是最邻近的两同名牙侧与中径线相交所得两点间的轴向距离,即螺纹旋转一周沿轴向移动的距离,以 P_h(或 L)表示。导程与螺距和线数的关系: $P_h = nP$。

6) 旋向

螺纹有左旋和右旋之分,将螺纹轴线竖直放置,螺纹右上、左下则为右旋,螺纹左上、右下则为左旋。右旋螺纹顺时针转时旋合,逆时针转时退出;左旋螺纹反之。常用的是右旋螺纹。判断左旋、右旋螺纹的方法如图 7-8 所示。

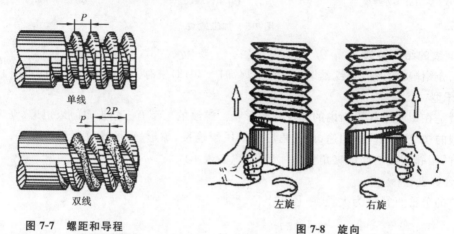

<table>
<tr><td>单线</td><td></td></tr>
<tr><td>双线</td><td>左旋　　　右旋</td></tr>
<tr><td>图 7-7　螺距和导程</td><td>图 7-8　旋向</td></tr>
</table>

内、外螺纹通常是配合使用的,只有上述六个结构要素完全相同的内、外螺纹才能旋合在一起。

在螺纹的诸要素中,螺纹牙型、公称直径和螺距是决定螺纹的最基本要素,凡是这三个要素都符合国家标准规定的螺纹都称为标准螺纹。若牙型符合国家标准规定,公称直径和/或螺距不符合国家标准规定,称为特殊螺纹。若螺纹牙型不符合国家标准规定,则称为非标准螺纹。

7.2.2　螺纹的种类

按螺纹的用途可把螺纹分为两大类:连接螺纹和传动螺纹(见表 7-1)。

表 7-1　常用螺纹的种类与用途

螺纹的种类及特征代号		外形及牙型	用　　途
连接螺纹	粗牙普通螺纹 M	60°	最常用的连接螺纹。粗牙普通螺纹一般用于机件的连接。细牙普通螺纹的螺距较粗牙小,且深度较浅,一般用于薄壁零件或细小的精密零件
	细牙普通螺纹 M		
	圆柱管螺纹 G 或 Rp	55°	用于水管、油管、煤气管等薄壁管子,是一种螺纹深度较浅的特殊细牙螺纹,仅用于管子的连接。分为非密封(代号 G)与密封(代号 Rp)两种

续表

螺纹的种类及特征代号		外形及牙型	用　　途
传动螺纹	梯形螺纹 Tr	30°	用于传动,各种机床的丝杠多采用这种螺纹
	锯齿形螺纹 B		只能传递单向动力,例如螺旋压力机的传动丝杠就多采用这种螺纹

常见的连接螺纹有粗牙普通螺纹、细牙普通螺纹和管螺纹三种。

连接螺纹的共同特点是牙型都是三角形,其中普通螺纹的牙型角为 60°,管螺纹的牙型角为 55°。同一种大径的普通螺纹,一般有几种螺距,螺距最大的一种称为粗牙普通螺纹,其余称为细牙普通螺纹。

细牙普通螺纹多用在细小的精密零件或薄壁件上,或者是承受冲击、振动载荷的零件上,而管螺纹多用在水管、油管、煤气管上等。

传动螺纹是用来传递动力和运动的,常用的是梯形螺纹,在一些特定的情况下也采用锯齿形螺纹。

7.2.3　螺纹的规定画法

螺纹是由空间曲面构成的,其真实投影的绘制十分烦琐,在加工制造时也不需要它的真实投影,因而国家标准《机械制图　螺纹及螺纹紧固件表示法》(GB/T 4459.1—1995)中规定了螺纹的简化画法,其主要内容如下。

1. 内、外螺纹的规定画法

(1) 可见螺纹的牙顶用粗实线表示,可见螺纹的牙底用细实线表示,当外螺纹画出倒角或倒圆时,应将表示牙底的细实线画入圆角或倒角部分,此即“摸得着的画粗实线,摸不着的画细实线”。在垂直于螺纹轴线的投影面的视图中,表示牙底的细实线圆只画约 3/4 圈,此时轴或孔上的倒角的投影不应画出。外螺纹的规定画法如图 7-9 所示,管螺纹的规定画法如图 7-10 所示,内螺纹的规定画法如图 7-11 所示。

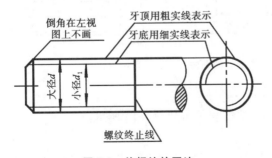

图 7-9　外螺纹的画法

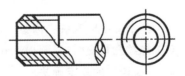

图 7-10　管螺纹的画法

(2) 有效内、外螺纹的终止界线(简称螺纹终止线),规定用一条粗实线来表示。

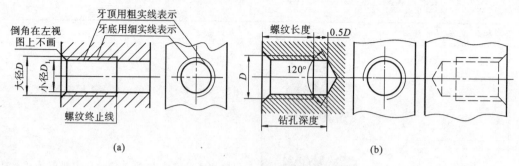

图 7-11　内螺纹的画法

(3) 螺尾部分一般不必画出,当需要表示螺尾时,该部分的牙底用与轴线成 30°的细实线绘制。

(4) 螺纹不可见时所有图线用细虚线绘制(见图 7-11(b))。

(5) 在绘制不穿通的螺孔(又称螺纹盲孔)时,一般应将钻孔深度与螺纹深度分别画出,且钻孔深度一般应比螺纹深度大 0.5D,其中 D 为螺纹大径,钻头端都有一圆锥,锥顶角为 118°,钻孔时不穿通(称为盲孔),底部造成一锥面,在画图时钻孔底部锥面的顶角可简化为 120°(见图 7-11(b))。

(6) 在内、外螺纹的剖视图或断面图中,剖面线都必须画到粗实线为止(见图 7-11 和图 7-12(b))。

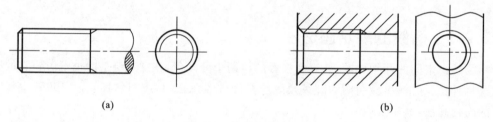

图 7-12　螺尾的表示法

(7) 当需要表示螺纹牙型时,或对于非标准螺纹(如方牙螺纹),可按图 7-13 所示方法绘制。

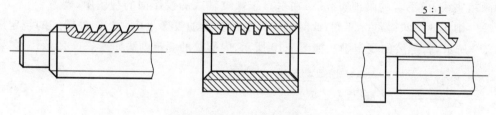

图 7-13　非标准螺纹的画法

(8) 圆锥外螺纹和圆锥内螺纹的画法如图 7-14 所示。

(9) 螺纹孔相交时,只画出钻孔的交线(用粗实线表示),如图 7-15 所示。

2. 螺纹连接的规定画法

只有牙型、直径、线数、螺距及旋向等结构要素都相同的螺纹才能旋合在一起。通过内、外螺纹旋合以及通过螺纹紧固件紧固在一起的物体是简单的装配体。必须掌握和了解装配图中关于螺纹连接的规定画法。为了方便设计者画图,并使读图者能迅速地从装配图中区分出不

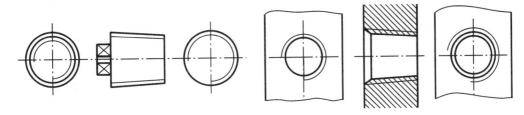

图 7-14　圆锥内、外螺纹的画法

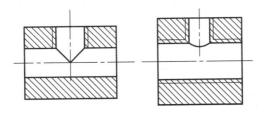

图 7-15　螺纹孔相交的画法

同零件,国家制图标准对有关装配图在画法上做了一些规定。下面介绍国家制图标准中的相关基本规定。

(1) 当剖切平面通过实心杆件及螺栓、螺柱、螺钉、螺母及垫圈等标准件的轴线时,实心杆件及标准件均按不剖切绘制,如图 7-16(a)、图 7-17(b) 所示;但是,如果垂直于这些零件的轴线横向剖切,则应画出剖面线,如图 7-17(c) 所示;而对于有些结构如键槽、销孔则用局部剖视图表示(参考图 7-24、7-25、7-26)。

(2) 在剖视图中,表示内、外螺纹的连接时,其旋合部分应按外螺纹的画法绘制,且表示外螺纹牙顶的粗实线,必须与表示内螺纹牙底的细实线在一条直线上,表示外螺纹牙底的细实线,也必须与表示内螺纹牙顶的粗实线在一条直线上;不旋合部分仍按各自的画法表示,如图 7-16 所示。

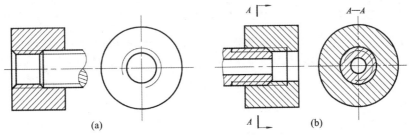

图 7-16　螺纹连接的画法

(3) 在剖视图中,相邻两零件可用剖面线的方向或间距来区分,分别如图 7-16、图 7-17 所示。如有第三个零件相邻,则采用不同疏密间距的剖面线,最好与同方向的剖面线错开,如图 7-17(c) 所示。同一零件在同一装配图样中的各个视图上,其剖面线方向必须一致,间隔相等,如图 7-16(b) 所示。当零件的厚度小于 2 mm 时,可采用涂黑的方式代替剖面符号。

(4) 两零件表面接触时,画一条粗实线;不接触时画两条粗实线,间隙过小时应夸大画出,如图 7-17 所示的光孔与螺栓之间的画法。

(5) 螺纹紧固件的工艺结构如倒角、退刀槽、缩颈、凸肩等均可省略不画,对照图 7-17(a),可以看出图 7-17(b) 中省略了工艺结构;常用的螺栓、螺钉的头部及螺母等可采用简化画法,参见标准 GB/T 4459.1—1995。

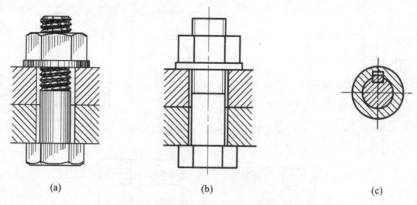

(a)　　　　　　　　　　(b)　　　　　　　　　(c)

图 7-17　螺纹紧固件装配图的规定画法

7.2.4　螺纹的标注

由于螺纹采用统一规定的画法,为了便于识别螺纹的种类及其要素,对螺纹必须按规定格式在图上进行标注。标准螺纹、特殊螺纹和非标准螺纹有不同的标注方法,下面分别进行说明。

1. 标准螺纹的标注

1) 普通螺纹的完整标注格式

单线普通螺纹的一般标注格式为:

| 螺纹特征代号 | 螺纹尺寸代号 | × | 螺距 | 旋向 | — | 螺纹公差带代号 | — | 旋合长度代号 |

多线普通螺纹的一般标注格式为:

| 螺纹特征代号 | 螺纹尺寸代号 | × | 导程 | (螺距 P) | 旋向 | — | 螺纹公差带代号 | — | 旋合长度代号 |

(1) 特征代号　如表 7-1 所列,粗牙普通螺纹和细牙普通螺纹均用"M"作为特征代号。

(2) 公称直径　除管螺纹(代号为 G 或 R)为管子公称直径外,其余螺纹均为大径。

(3) 导程(螺距 P)　单线螺纹只标导程即可(螺距与之相同),多线螺纹的导程、螺距均需标出。粗牙螺纹的螺距已完全标准化,查表即可,不必标注。

(4) 旋向　当旋向为右旋时,不标注;左旋时要标注"LH"两个大写字母。

(5) 螺纹公差带代号　由表示公差等级的数字和表示基本偏差的字母组成,外螺纹用小写字母,内螺纹用大写字母,如 5g、6g、6H 等。内、外螺纹的公差等级和基本偏差都已有规定。

需要说明的是,外螺纹要控制顶径(即大径)和中径两个公差带,内螺纹也要控制顶径(即小径)和中径两个公差带。

标注螺纹公差带代号时,应顺序标注中径公差带代号和顶径公差带代号,当两公差带代号完全相同时,则只标注一项。

(6) 旋合长度　螺纹的旋合长度分为短、中、长三组,分别用 S、N、L(分别为 short、normal、long 的第一个字母)表示。一般情况下,可不加标注,按中等旋合长度考虑。

2) 标准螺纹标注举例

在表 7-2 中列出了常用标准螺纹的标注示例。

表 7-2　常用标准螺纹的标注示例

螺纹种类	标 注 图 例	代号的意义	说　明
粗牙普通螺纹	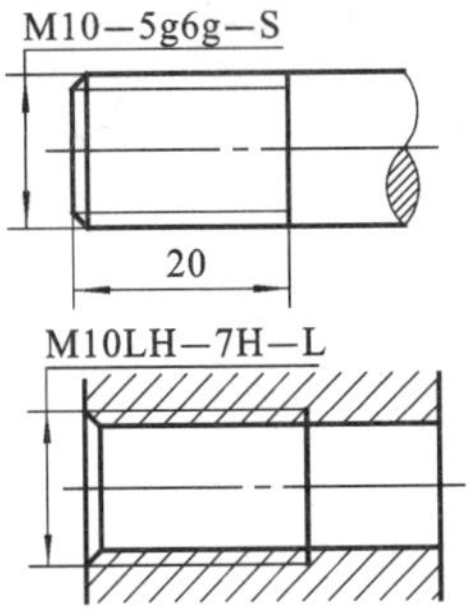 M10—5g6g—S 20 M10LH—7H—L	M10—5g6g—S └ 旋合长度 └ 顶径公差带代号 └ 中径公差带代号 └ 螺纹大径 M10LH—7H—L └ 中径和顶径公差带(相同)代号 └ 旋向(左旋)	(1) 粗牙螺纹不注螺距； (2) 单线、右旋不注线数和旋向，多线或左旋要标注； (3) 中径和顶径公差带代号相同时，只注一个代号，如 7H； (4) 旋合长度为中等长度时，不标注； (5) 图中所注螺纹长度不包括螺尾
细牙普通螺纹	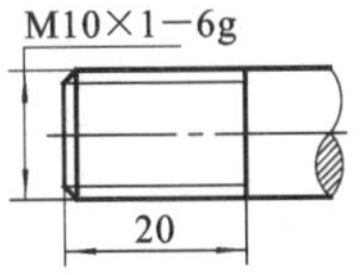 M10×1—6g 20	M10×1—6g └ 螺距	(1) 细牙螺纹要注螺距； (2) 其他规定同粗牙普通螺纹
非螺纹密封的管螺纹	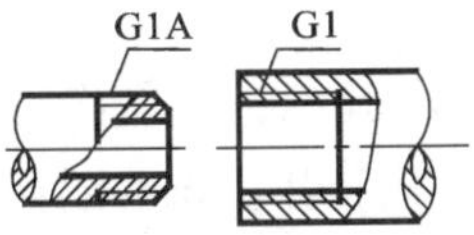 G1A　G1	G 1 A └ 公差代号 └ 尺寸代号	(1) 管螺纹尺寸代号不是螺纹大径，作图时应据此查出螺纹大径； (2) 只能以旁注的方式引出标注； (3) 右旋省略不注
用于密封的圆柱管螺纹	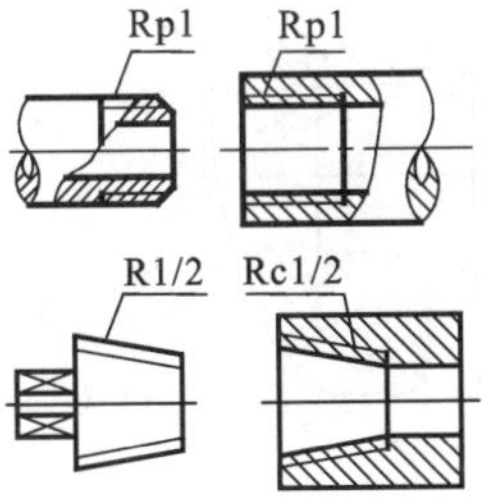 Rp1　Rp1 R1/2　Rc1/2	Rp 1 └ 尺寸代号 外螺纹 R 1/2 内螺纹 Rc 1/2	
单线梯形螺纹	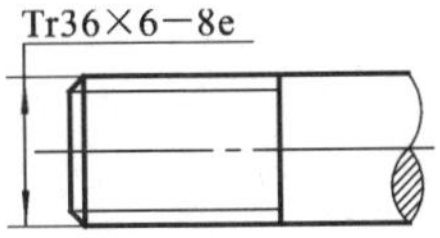 Tr36×6—8e	Tr36×6—8e └ 公差带符号 └ 螺距 └ 螺纹大径	(1) 要注螺距； (2) 多线螺纹还要注导程； (3) 右旋省略不注，左旋要注 LH； (4) 旋合长度分为中等(N)和长(L)两组，中等旋合长度符号 N 可以不注
多线梯形螺纹	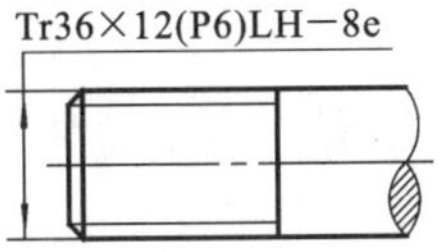 Tr36×12(P6)LH—8e	Tr36×12(P6)LH—8e—L └ 左旋 └ 螺距 └ 导程	

（1）管螺纹应标注螺纹符号、尺寸代号和公差等级。

注意　管螺纹必须采用指引线标注，指引线从大径线引出；公差等级代号，外螺纹分 A、B 两级标记，内螺纹则不标记。

（2）梯形、锯齿形螺纹应标注螺纹代号（包括牙型符号 Tr 或 B、螺纹大径、螺距等）、公差带代号及旋合长度三部分。

2. 特殊螺纹与非标准螺纹的标注

（1）对于特殊螺纹，应在牙型符号前加注"特"字，并标出大径和螺距（见图 7-18(a)）。

（2）绘制非标准螺纹时，应画出螺纹的牙型，并注出所需要的尺寸及有关要求（见图 7-18(b)）。

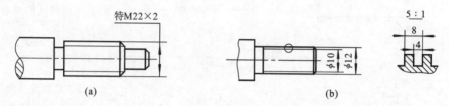

图 7-18　特殊螺纹与非标准螺纹的标注

3. 螺纹副的标注方法

需要时，在装配图中应标注出螺纹副的标记。该标记的表示方法可参考相应螺纹标准的规定。

螺纹副的标注方法与螺纹的标注方法相同。对于米制螺纹，其标记应直接标注在大径的尺寸线上或其引出线上（见图 7-19(a)）；对于管螺纹，其标记应采用引出线由配合部分的大径处引出标注（见图 7-19(b)）。

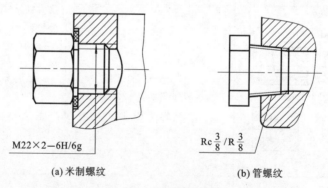

(a) 米制螺纹　　　　　　　(b) 管螺纹

图 7-19　螺纹副的标注

7.2.5　常用螺纹紧固件的画法及标记

螺栓、螺柱、螺钉、螺母和垫圈等统称为螺纹紧固件，它们都属于标准件，一般由标准件厂生产，不需要画出它们的零件图，外购时只要写出规定标记即可。

1. 常用紧固件的比例画法

紧固件的各部分尺寸可以从相应的国家标准中查出，但在绘图时为了简便和提高效率，却大多不必查表绘图而采用比例画法。

所谓比例画法就是当螺纹大径选定后除了螺栓等的有效长度要根据被紧

固零件的实际长度确定外,紧固件的其他各部分尺寸都取与紧固件的螺纹大径 d(或 D)成一定比例的数值来作图的方法。

下面分别介绍六角头螺母、垫圈、六角头螺栓和双头螺柱的比例画法,如图 7-20 所示。

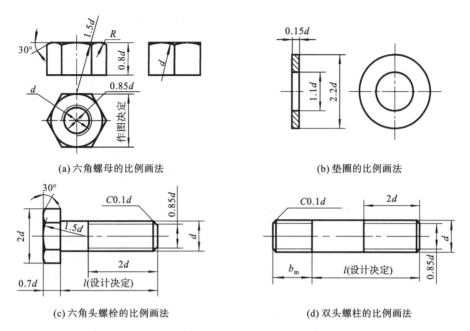

(a) 六角螺母的比例画法　　　　　　　　(b) 垫圈的比例画法

(c) 六角头螺栓的比例画法　　　　　　　　(d) 双头螺柱的比例画法

图 7-20　常用紧固件的比例画法

1) 六角头螺母

六角头螺母各部分尺寸及其表面上用几段圆弧表示的交线,都根据螺纹大径 d 按比例画出,如图 7-20(a)所示。

2) 垫圈

垫圈各部分尺寸按其与垫圈相配合的螺纹紧固件的大径 d 的比例关系画出,如图 7-20(b)所示。

3) 六角头螺栓

六角头螺栓各部分尺寸与螺纹大径 d 的比例关系如图 7-20(c)所示。六角头除厚度为 $0.7d$ 外,其余尺寸与螺纹大径的比例关系和画法与六角螺母相同。

4) 双头螺柱

双头螺柱的外形可按图 7-20(d)所示的简化画法绘制,其各部分尺寸与螺纹大径 d 的比例关系如图中所示。

2. 螺纹紧固件的标记方法

螺纹紧固件有完整标记和简化标记两种。完整标记如下:

表 7-3 列出了一些常用的螺纹紧固件及其完整标记和简化标记。在一般情况下,紧固件采用简化标记法,简化原则如下。

表 7-3　常用的螺纹紧固件简化标记　　　　　　　　　　　　　单位:mm

名称及标准编号	图　例	说　明
六角头螺栓 GB/T 5782—2016		粗牙螺纹,规格 d=M8、公称长度 l=35 mm、表面氧化、性能等级为 8.8 级、产品等级为 A 级的六角头螺栓。其标记为: 　螺栓 GB/T 5782　M8×35
双头螺柱 GB 898—88		螺纹规格 d = M10、公称长度 l = 35 mm、旋入机体一端长 b_m = 12.5 mm、性能等级为 4.8 级、不经表面处理的 B 型双头螺柱。其标记为: 　螺柱 GB 898　M10×35 　螺柱为 A 型时,应将螺柱的规格大小写成"AM10×35"。其标记为: 　螺柱 GB 898　AM10×35
开槽圆柱头螺钉 GB/T 65—2016		螺纹规格 d = M10、公称长度 l = 50 mm、性能等级为 4.8 级、不经表面处理、产品等级为 A 级的开槽圆柱头螺钉。其标记为: 　螺钉　GB/T 65　M10×50
开槽沉头螺钉 GB/T 68—2016		螺纹规格 d = M10、公称长度 l = 60 mm、性能等级为 4.8 级、不经表面处理、产品等级为 A 级的开槽沉头螺钉。其标记为: 　螺钉　GB/T 68　M10×60
开槽长圆柱端紧定螺钉 GB 75—85		螺纹规格 d = M10、公称长度 l = 30 mm、性能等级为 14H 级、表面氧化的开槽长圆柱端紧定螺钉。其标记为: 　螺钉　GB/T 75　M10×30

续表

名称及标准编号	图　　例	说　　明
Ⅰ型六角 螺母 GB/T 6170—2015		螺纹规格 d＝M10、性能等级为 8 级、不经表面处理、产品等级为 A 级的Ⅰ型六角螺母。其标记为： 　　螺母　GB/T 6170　M10
平垫圈 GB/T 97.1—2002		标准系列、规格为 10 mm、性能等级为 140HV(硬度)级、不经表面处理、产品等级为 A 级的平垫圈。其标记为： 　　垫圈　GB/T 97.1　10
标准型弹簧垫圈 GB/T 93—1987		规格为 12 mm、材料为 65 Mn、表面氧化处理的标准型弹簧垫圈。其标记为： 　　垫圈　GB/T 93　12

　　(1) 类别(名称)、标准年代号及其前面的"—"，允许全部或部分省略。省略年代号的标准应以现行标准为准。

　　(2) 标记中的"—"，允许全部或部分省略；标记中"其他直径或特征"前面的"×"允许省略。但省略后不应导致对标记的误解，一般以空格代替。

　　(3) 当产品标准中只规定一种产品形式、性能等级或硬度或材料、产品等级、扳拧形式及表面处理方式时，允许全部或部分省略。

　　(4) 当产品标准中只规定两种及其以上的产品形式、性能等级或硬度或材料、产品等级、扳拧形式及表面处理方式时，按规定可以省略其中的一种，并在产品标准的标记示例中给出省略后的简化标记。

7.2.6　螺纹紧固件的装配图画法

1. 螺栓连接

　　螺栓连接的特点是：用螺栓穿过两个零件的光孔，加上垫圈，用螺母紧固。其中，垫圈用来增大支承面面积和防止损伤被连接的表面。螺栓的有效长度 l 先按下式估算：

$$l = \delta_1 + \delta_2 + m + h + a$$

如图 7-21(b)所示，其中：δ_1 和 δ_2 为两连接件的厚度；m 为螺母的厚度，由相应的标准得到；h 为垫圈的厚度，由相应的标准得到；a 为螺栓伸出螺母外的长度，a＝5～6 mm。然后根据螺栓的标记查相应的标准尺寸，选取一个与估算值相近的标准尺寸数值。

　　画图时也可采用以公称尺寸为参数的比例画法，简化作图，如图 7-21(c)所示。

　　注意　螺栓的螺纹终止线应高于接合面，而低于上端面。

2. 双头螺柱连接

双头螺柱连接的特点是：一端(旋入端)全部旋入被连接零件的螺孔中，另一端通过被连接件的光孔，用螺母、垫圈紧固。螺柱旋入端的长度 b_m 与机体的材料有关。当机体的材料为钢或青铜等硬材料时，选用 $b_m = d$ 的螺柱，其标准为 GB 897—88；材料为铸铁时，选用 $b_m = 1.25d$ 的螺柱，其标准为 GB 898—88；材料为铝等轻金属时，选用 $b_m = 2d$ 的螺柱，其标准为 GB 900—88。绘图时与螺栓类似，需先按下式估算螺柱的公称长度 l：

$$l = \delta + m + h + a$$

式中各符号的意义类似于螺栓(可参见图 7-22)，不再重复说明。

注意　画图时旋入端的螺纹终止线应与被连接零件上的螺孔的端面平齐，如图 7-22 所示。

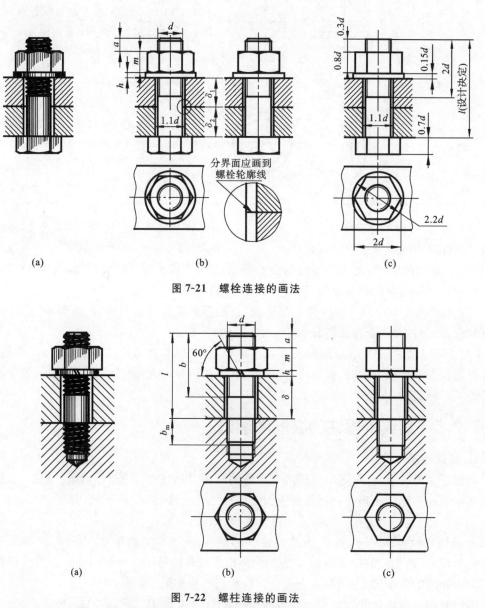

图 7-21　螺栓连接的画法

图 7-22　螺柱连接的画法

3. 螺钉连接

螺钉连接的特点是:不用螺母,仅靠螺钉与一个零件上的螺孔旋配连接。

注意 (1) 圆柱头螺钉是以钉头的底平面作为画螺钉的定位面(见图 7-23(a)、(b)、(d)),而沉头螺钉则是以锥面作为画螺钉的定位面(见图 7-23(c));

(2) 螺纹终止线应在螺孔顶面以上(见图 7-23(a)、(b)、(c)、(d));

(3) 在投影为圆的视图中,旋具槽通常画成倾斜 45°的粗实线,当槽宽小于 2 mm 时,可以涂黑表示(见图 7-23(b)、(c))。

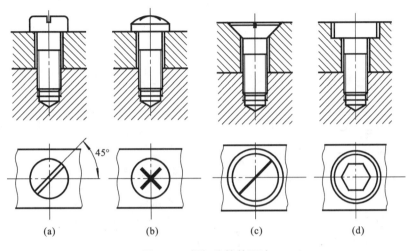

图 7-23 螺钉连接的画法

7.3 键、销连接

键、销都是标准件,对它们的结构、形式和尺寸都有规定,使用时可从有关手册中查阅选用。下面对它们做一些简要介绍。

7.3.1 键及其连接

键是用来连接轴及轴上的传动件,如齿轮、带轮等零件,起传递扭矩的作用。一般分为两大类。

1. 常用键

常用的键有普通平键、半圆键和钩头楔键。它们的形式和标注如表 7-4 所示。

表 7-4 常用键的形式及规定标记

名称	图 例	规定标记与示例
普通平键	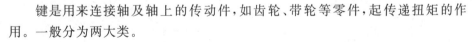	A 型圆头普通平键,键宽 $b=10$ mm,高 $h=8$ mm,长 $L=36$ mm。 标记示例: GB/T 1096 键 10×8×36

名称	图 例	规定标记与示例
半圆键		半圆键,键宽 $b=6$ mm,高 $h=10$ mm,$D=25$ mm。 标记示例: GB/T 1099.1 键　$6\times10\times25$
钩头楔键		钩头楔键,键宽 $b=8$ mm,长 $L=40$ mm。 标记示例: GB/T 1565 键　8×40

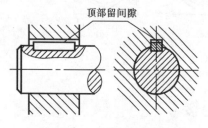

图 7-24　普通平键的装配图

常用键在装配图中的画法分别如图 7-24、图 7-25、图 7-26 所示。普通平键和半圆键的两个侧面是工作面,顶面是非工作面,因此,键与键槽侧面之间应不留间隙,而与轮毂的键槽顶面之间应留有间隙;钩头楔键的顶面有 1:100 的斜度,连接时将键打入键槽,因此,键的顶面和底面同为工作面,与槽底和槽顶之间都没有间隙,键的两侧面为非工作面,与键槽的两侧面之间留有间隙。

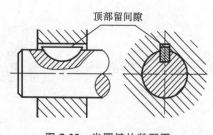

图 7-25　半圆键的装配图

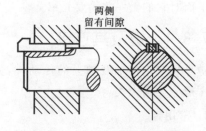

图 7-26　钩头楔键的装配图

2. 花键

花键的齿形有矩形、渐开线形等。常用的是矩形花键。

花键直接做在轴上和轮毂上,与它们形成一整体,因而具有传递扭矩大、连接强度高、工作可靠、同轴度和导向性好等优点,广泛应用于机床、汽车等的变速箱中。

1) 矩形花键的画法

国家标准对矩形花键的画法有如下规定(见图 7-27、图 7-28)。

(1) 花键轴　在平行于花键轴线的投影面的视图中,大径用粗实线、小径用细实线绘制;花键工作长度的终止端和尾部长度的末端均用细实线绘制,并与轴线垂直,尾部线则画成与轴

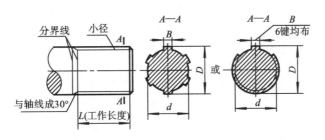

图 7-27　矩形花键轴的画法和尺寸标注

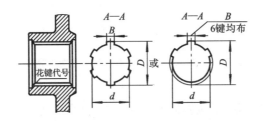

图 7-28　矩形花键孔的画法和尺寸标注

线成 30°的斜线。在垂直于花键轴线的投影面上的剖视图中画出一部分或全部键形,如图 7-27 所示。

（2）花键孔　在平行于花键轴线的投影面的剖视图中,大径及小径均用粗实线绘制,并用局部视图画出一部分或全部键形,如图 7-28 所示。

（3）花键连接用剖视图表示时,其连接部分按外花键的画法绘制,如图 7-29 所示。

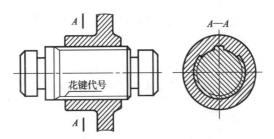

图 7-29　花键连接的画法和代号标注

2）矩形花键的尺寸标注

矩形花键的标记代号应按次序包括键数 N、小径 d、大径 D、键宽 B,公称尺寸及配合公差带代号和标准号,例如:

$$\sqcap 6×23f7×26a11×6d10　GB/T 1144—2001$$

其中 $\sqcap$ 表示矩形花键,该花键有 6 键,小径为 23f7,大径为 26a11,键宽为 6d10。比较小径和大径的配合要求,可见矩形花键是以小径定心的。

7.3.2　销及其连接

销也是一种标准件,主要用来连接和定位,常用的有圆柱销、圆锥销和开口销等。用圆柱销和圆锥销连接或定位的两个零件上的销孔是在装配时一起加

工的,在零件图上应注写"装配时作"或"与××件配作",如图 7-30(a)所示。圆锥销的公称尺寸是指小端直径。

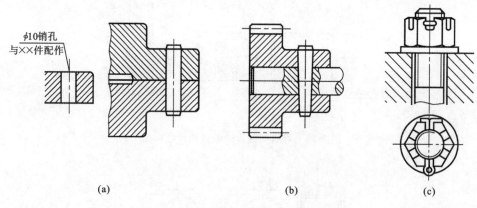

图 7-30　销孔的标注和销连接的装配图画法

1. 圆柱销

常用的圆柱销分为四种形式,按不同的直径公差,可与销孔形成不同的配合。销孔需要铰制,多次装拆会降低定位精度和连接的紧固性。主要用于定位,也可用于连接,只能传递不大的载荷。

2. 圆锥销

圆锥销分 A、B 两种形式,有 1∶50 的锥度(有自锁作用),定位精度比圆柱销高,销孔需铰制。主要用于定位,也可用于固定零件和传递动力。多用于经常装拆的轴上,如图 7-30(b)所示。

3. 开口销

开口销工作可靠,拆卸方便。用于锁定其他紧固件,常与六角槽形螺母配合使用,如图 7-30(c)所示。

常用销的形式、特点与应用及规定标记如表 7-5 所示。

表 7-5　常用销的形式、特点与应用及规定标记

名称及标准编号	图　例	规定标记示例
圆柱销(不淬硬钢和奥氏体不锈钢) GB/T 119.1—2000 圆柱销(淬硬钢和马氏体不锈钢) GB/T 119.2—2000		公称直径 $d=10$、公差为 m6、公称长度为 $L=40$ mm、材料为钢、不经淬火、不经表面处理的圆柱销,其标记为: 　　销　GB/T 119.1　10 m6×40 公称直径 $d=10$、公差为 m6、公称长度为 $L=40$ mm、材料为钢、A 型(普通淬火)、表面氧化处理的淬硬圆柱销,其标记为: 　　销　GB/T 119.2　10×40 当淬硬钢圆柱销为 B 型(表面淬火)时,其标记为: 　　销　GB/T 119.2　B10×40

续表

名称及标准编号	图　例	规定标记示例
圆锥销 GB/T 117—2000	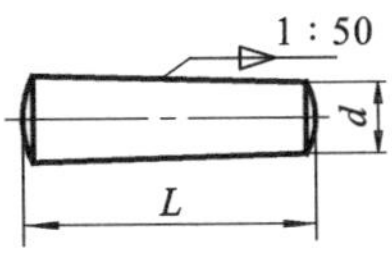 1:50	公称直径 $d=10$、公称长度为 $L=40$ mm、材料为 35 钢、热处理硬度为 28～38 HRC、表面氧化处理、A 型(磨削)圆锥销,其标记为: 　　　销　GB/T 117　10×40 当销为 B 型(切削或冷墩)时,其标记为: 　　　销　GB/T 117　B10×40
开口销 GB/T 91—2000	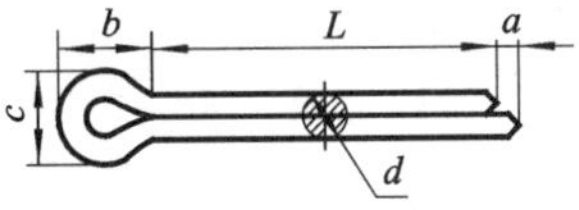	公称直径 $d=8$ mm、公称长度为 $L=60$ mm、材料为 Q215 或 Q235、不经表面处理的开口销,其标记为: 　　　销　GB/T 91　8×60

圆柱销、圆锥销和开口销的装配图画法如图 7-30 所示。

7.4* 焊　　接

焊接是将需要连接的金属零件,用电弧或火焰在连接处进行局部加热,同时填充熔化金属或施加压力,使其熔合在一起的加工方法,是一种不可拆卸的连接方法。其焊接熔合处即为焊缝。焊接的工艺简单、质量可靠,而且结构重量轻,因此在现代工业中应用很广。

焊接而成的零件和部件统称为焊接件,它是不可拆卸的一个整体。为说明它的制造工艺,在图纸上应按规定的格式及符号将焊缝的形式表示清楚。GB/T 12212—2012 和 GB/T 324—2008 对焊缝的形式及符号进行了详细的规定,下面简要介绍常见焊接结构的代号及其标注。

7.4.1　焊缝的代号及其标注

焊接的结构形式用焊缝代号表示。焊缝代号主要由基本符号、辅助符号、补充符号、引出线和焊缝尺寸符号等组成。常用的焊缝基本符号如表 7-6 所示。

常用的焊缝补充符号如表 7-7 所示。表 7-8 所示为补充符号的应用示例。

---

* 该节为选修内容。

表 7-6　常用的焊缝基本符号(摘自 GB/T 324—2008)

焊缝名称	焊缝形式	符号	焊缝名称	焊缝形式	符号
V 形焊缝		V	I 形焊缝		||
单边 V 形焊缝		V	点焊缝		○
带钝边 V 形焊缝		Y	角焊缝		△
带钝边 U 形焊缝		Y	堆焊缝		⌒⌒

表 7-7　常用的焊缝补充符号

名　称	示意图	符　号	说　明
平面符号		—	焊缝表面平齐 (一般通过加工)
凹面符号		⌣	焊缝表面凹陷
凸面符号		⌢	焊缝表面凸起
周边焊缝符号		○	表示环绕工件施焊的焊缝

表 7-8　焊缝补充符号的应用

名　　称	示　意　图	符　　号
平齐的 V 形对接焊缝		
凸起的双面 V 形焊缝		
凹陷的角焊缝		
平齐的 V 形焊缝 和封底焊缝		

　　焊缝的指引线由箭头线和两条基准线(一条为细实线、一条为细虚线)组成,如图 7-31 所示。如果焊缝在接头的箭头侧,则将基本符号标在基准线的细实线侧;如果焊缝在接头的非箭头侧,则将基本符号标在基准线的细虚线侧;标注对称焊缝及双面焊缝时可不加细虚线。

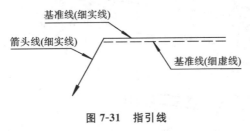

图 7-31　指引线

　　焊缝符号一般由基本符号与指引线组成,必要时加上补充符号和焊缝尺寸符号;基本符号是表示焊缝横截面的基本形式或特征的符号;补充符号是为了补充说明焊缝或接头的某些特征而采用的符号。

7.4.2　焊接结构图例

　　焊接结构图实际上是装配图。对于简单的焊接件,一般不单画各组成构件的零件图,而是在结构图上标出各组成构件的全部尺寸并在备注中说明"无图";对于复杂的焊接件,应在明细表中注出各构件的名称、代号、材料和数量。如图 7-32 所示为右夹头的焊接图,其中构件 2、构件 3、构件 4 有全部尺寸,构件 1 的图号是 MD-16-1。

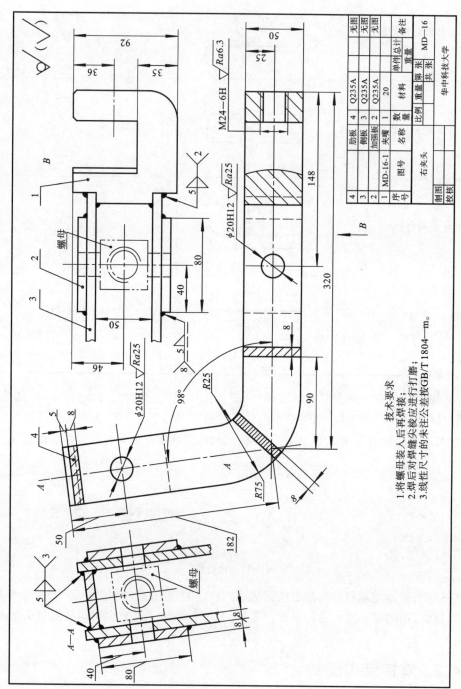

技术要求
1. 将螺母装入后再焊接;
2. 焊后对焊缝尖棱应进行打磨;
3. 线性尺寸的未注公差按GB/T 1804—m。

图 7-32　右夹头的焊接图

4	肋板	4	Q235A		无图
3	侧板	3	Q235A		无图
2	加强板	2	Q235A		无图
1	夹嘴	1	20		
MD-16-1				单件 总计	备注
序号	名称	数量	材料	重量	
右夹头		比例	重量	第 张 共 张	MD—16
制图					华中科技大学
校核					

7.5 齿　　轮

齿轮是机器和部件中应用广泛的传动零件。齿轮的参数中只有模数、压力角已经标准化。齿轮不仅可以传递两轴间的动力,并且还能改变转速和方向。

图 7-33 所示为三种常见的齿轮传动形式。因此,根据其传动情况可把齿轮分为以下三类:

(1) 圆柱齿轮　通常用于平行两轴之间的传动。

(2) 圆锥齿轮　用于相交两轴之间的传动。

(3) 蜗杆、蜗轮　用于交叉两轴之间的传动。

(a)圆柱齿轮传动　　　　　　(b)圆锥齿轮传动　　　　　　(c)蜗杆蜗轮传动

图 7-33　齿轮传动的种类

7.5.1　圆柱齿轮

常见的圆柱齿轮有直齿、斜齿和人字齿齿轮三种。齿轮在机器中必须成对使用,两齿轮是通过轮齿啮合来进行工作的,所以轮齿是它的主要结构。凡轮齿符合国家标准规定的为标准齿轮,在标准的基础上,轮齿做某些改变的为变位齿轮。这里主要介绍标准直齿圆柱齿轮的基本知识和规定画法。

1. 圆柱齿轮各部分的名称和尺寸关系

标准直齿圆柱齿轮各部分的名称如图 7-34 所示。

(1) 齿顶圆　通过轮齿顶部的圆称为齿顶圆,直径以 d_a 表示。

(2) 齿根圆　通过轮齿根部的圆称为齿根圆,直径以 d_f 表示。

(3) 分度圆　标准齿轮上齿厚与齿间相等处的圆称为分度圆,直径以 d 表示。

(4) 齿高　齿根圆到齿顶圆的径向距离称为齿高。分度圆将轮齿分为两个不相等的部分:从分度圆到齿顶圆的径向距离称为齿顶高,以 h_a 表示;从分度圆到齿根圆的径向距离,称为齿根高,以 h_f 表示。齿高为齿顶高与齿根高之和,即 $h = h_a + h_f$。

(5) 齿距　分度圆上相邻两齿的对应点之间的弧长称为齿距,以 p 表示($p = s + e$)。如果轮齿有 z 个齿,则有:$\pi d = zp$ 或 $d = (p/\pi)z$。

(6) 齿厚　每个轮齿的两侧面齿廓在分度圆上的弧长,称为分度圆齿厚,以 s 表示。

(7) 齿间　在端平面上,一个齿槽的两侧齿廓之间的分度圆上的弧长,又称端面齿间,以 e 表示。

(8) 模数　计算齿轮各部分尺寸和制造齿轮时的一个重要参数。为了便于计算和测量,

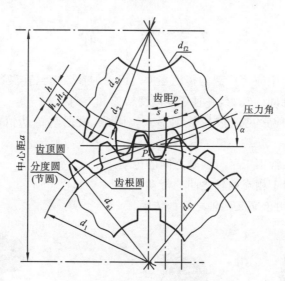

图 7-34　圆柱齿轮各部分名称

令 $m = p/\pi$，m 称为齿轮的模数，其值越大，齿距越大。齿数一定的情况下，模数大的齿轮，其分度圆的直径就大，轮齿也大，齿轮的承载能力也就大。制造齿轮时，刀具的选择以模数为准。模数也是确定齿轮规格大小的参数。为了设计和制造方便，国家标准已将模数的数值系列化，其标准数值如表 7-9 所示。

表 7-9　渐开线圆柱齿轮模数系列(摘自 GB/T 1357—2008)　　　　　　　　　　单位:mm

第一系列	0.1,0.12,0.15,0.2,0.25,0.3,0.4,0.5,0.6,0.8,1,1.25,1.5,2,2.5,3,4,5,6,8,10,12,16,20,25,32,40,50
第二系列	0.35,0.7,0.9,1.75,2.25,2.75,(3.25),3.5,(3.75),4.5,5.5,(6.5),7,9,(11),14,18,22,28,36,45

注　①在选用模数时,优先选用第一系列,括号内的模数尽可能不用;

　　②本表适用于渐开线圆柱齿轮,对于斜齿轮是指法面模数。

(9)压力角　在一般情况下,两个相啮合的轮齿齿廓在接触点 P 处的公法线与两分度圆的公切线所夹的锐角,称为压力角,以 α 表示。我国标准齿轮的压力角为 20°。

只有模数和压力角都相同的齿轮才能相互啮合,达到传动、变速、换向等目的。

在设计齿轮时要先确定模数和齿数,其他各部分尺寸都可由模数和齿数计算出来。标准直齿圆柱齿轮各公称尺寸的计算公式如表 7-10 所示。

表 7-10　标准直齿圆柱齿轮各公称尺寸的计算公式

各部分名称	代　号	计　算　公　式
分度圆直径	d	$d = mz$
齿顶高	h_a	$h_a = m$
齿根高	h_f	$h_f = 1.25m$
齿顶圆直径	d_a	$d_a = m(z+2)$
齿根圆直径	d_f	$d_f = m(z-2.5)$

续表

各部分名称	代　号	计　算　公　式
齿距	p	$p=\pi m$
齿厚	s	$s=p/2=\pi m/2$
齿间	e	$e=p/2=\pi m/2$
中心距	a	$a=(d_1+d_2)/2=m(z_1+z_2)/2$

2. 单个圆柱齿轮的画法

齿轮的轮齿是在齿轮加工机床上用一定形状的齿轮刀具加工出来的。因此,没有必要画出它的真实投影,如图 7-35 所示。齿轮的轮齿按国家标准 GB/T 4459.2—2003 的规定绘制:

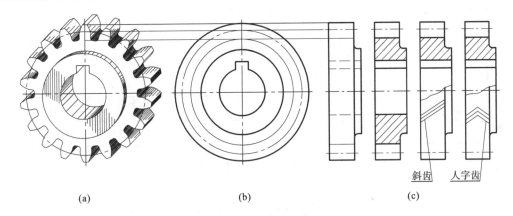

(a)　　　　　　　　　(b)　　　　　　　　　(c)

斜齿　人字齿

图 7-35　圆柱齿轮的画法

(1) 齿顶圆和齿顶线用粗实线表示;分度圆和分度线用细点画线表示;齿根圆和齿根线用细实线表示,也可省略不画。

(2) 在剖视图中,当剖切平面通过齿轮的轴线时,轮齿一律按不剖处理,齿根线用粗实线绘制。

(3) 对于斜齿或人字齿,还需在外形图上画出三条平行的细实线用以表示齿线(指齿轮齿面与过分度圆的圆柱面的交线)。

图 7-36 所示为典型的圆柱齿轮的零件图。参数表一般配置在图样的右上角,参数项目可根据需要增加或减少。

3. 圆柱齿轮啮合的画法

两标准齿轮相互啮合时,它们的分度圆处于相切位置,此时分度圆又称节圆,啮合部分的规定画法(见图 7-37)如下:

(1) 在垂直于圆柱齿轮轴线的投影面上的视图中,两齿轮的节圆相切,啮合区内的齿顶圆用粗实线绘制或省略不画。

(2) 在平行于圆柱齿轮轴线的投影面上的视图中,啮合区内的齿顶线不需画出,节线用粗实线绘制,其他处的节线用细点画线绘制。

(3) 在剖视图中,当剖切平面通过两啮合齿轮的轴线时,在啮合区内,将一个齿轮的轮齿用粗实线绘制,另一个齿轮的轮齿被遮挡的部分用细虚线绘制(见图 7-38),也可省略不画。

(4) 在剖视图中,当剖切平面通过啮合齿轮的轴线时,轮齿一律按不剖绘制。

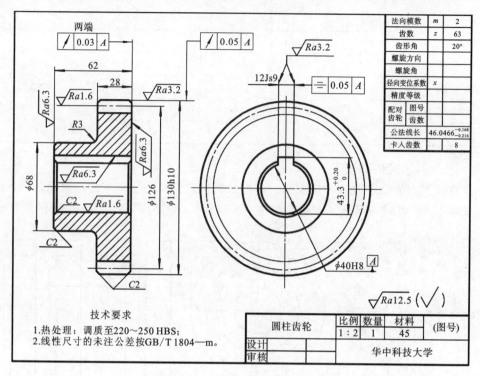

法向模数	m	2
齿数	z	63
齿形角		20°
螺旋方向		
螺旋角		
径向变位系数	x	
精度等级		
配对齿轮	图号	
	齿数	
公法线长		$46.0466^{-0.168}_{-0.216}$
卡入齿数		8

技术要求
1.热处理：调质至220～250 HBS；
2.线性尺寸的未注公差按GB/T 1804—m。

圆柱齿轮	比例	数量	材料	(图号)
	1:2	1	45	
设计				
审核			华中科技大学	

图 7-36　圆柱齿轮零件图

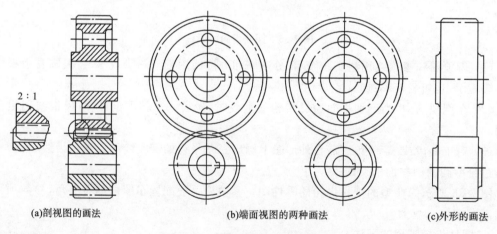

(a)剖视图的画法　　　　(b)端面视图的两种画法　　　　(c)外形的画法

图 7-37　圆柱齿轮啮合时的画法

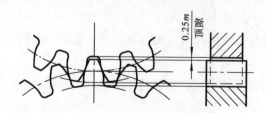

图 7-38　齿轮啮合投影的画法

4. 齿轮和齿条啮合的画法

齿条是一种特殊形状的齿轮。当齿轮的直径无限大时,它的齿顶圆、齿根圆和分度圆都成了直线,轮齿的轮廓曲线(渐开线)也成了直线。因此,齿条可视为直径为无限大的齿轮的一部分。齿轮和齿条啮合时,齿轮和齿条分别做旋转运动和直线运动。

　　齿轮和齿条啮合的画法如图 7-39 所示。此时,在主视图(齿轮表达为圆的外形图)中,齿轮的节圆与齿条的节线(直线)相切。在剖视图(左视图)中,应将啮合区内的齿顶线之一画成粗实线,另一轮齿被遮挡部分画成细虚线或省略不画。在俯视图中,齿条上齿形的终止线用粗实线表示。

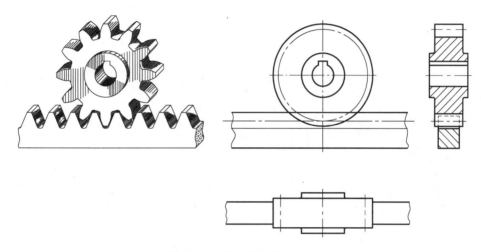

图 7-39　齿轮和齿条啮合的画法

7.5.2　锥齿轮

　　锥齿轮的轮齿是在圆锥面上加工出来的,因而一端大、一端小,在轮齿的全长上的模数、齿厚、齿高及齿轮的直径等也都不同,大端尺寸最大,其他部分的尺寸则沿着锥顶方向缩小。为了计算和制造方便,规定以大端端面模数(大端端面模数值由 GB/T 12368—1990 规定)为标准模数来计算大端轮齿各部分的尺寸。故在图样上标注的分度圆、齿顶圆等尺寸均是大端尺寸。锥齿轮各部分的名称和符号如图 7-40 所示。

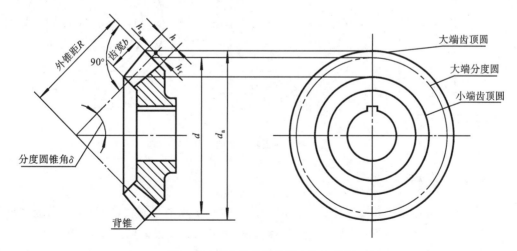

图 7-40　锥齿轮各部分的名称和符号

锥齿轮的画法和圆柱齿轮的画法基本相同。主视图画成剖视图,在左视图中,用粗实线表示齿轮的大端和小端的齿顶圆,用细点画线表示出大端的分度圆,齿根圆则不用画出,如图7-40所示。图7-41所示为锥齿轮的零件图。

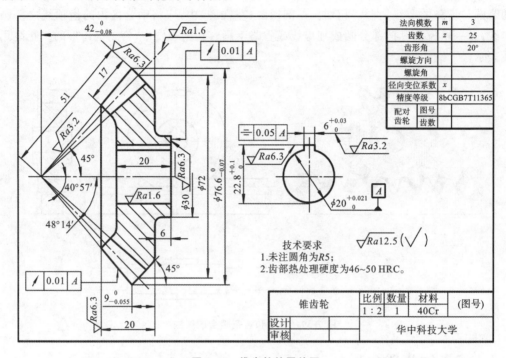

图 7-41　锥齿轮的零件图

图 7-42 所示为锥齿轮啮合的画法,在啮合区内,将其中一个齿轮的轮齿作为可见,画成粗实线,另一个齿轮的轮齿被遮挡部分画成细虚线,也可省略不画。

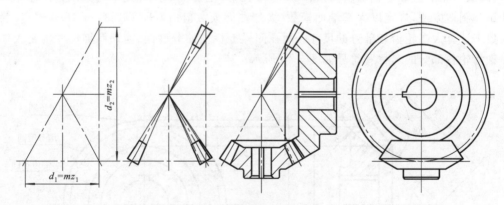

图 7-42　锥齿轮啮合的画法

7.5.3　蜗杆

蜗杆与蜗轮常用于垂直交叉两轴之间的传动。蜗轮实际上是斜齿的圆柱齿轮,为了增加它与蜗杆啮合时的接触面积,提高其工作寿命,蜗轮的齿顶和齿根常加工成圆环面。

蜗杆的传动可获得较大的传动比。传动时,一般蜗杆是主动件,蜗轮是从动件。蜗杆与螺杆一样,也有单线和多线之分。当线数为 z_1 的蜗杆转动一圈时,蜗轮就跟着转过 z_1 个齿。因此,用蜗轮蜗杆传动,可得到很大的降速比。对于相互啮合的蜗轮、蜗杆,不仅要求其模数和压力角都相同,还要求蜗轮的螺旋角 β 和蜗杆的螺旋升角 λ 大小相等(即 $\beta=\lambda$)、方向相同。

图 7-43 所示为蜗杆的零件图。一般可用一个视图表示出蜗杆的形状,有时还用局部放大图表示轮齿的形状并标注有关参数。图 7-44 所示为蜗轮的零件图,其画法和圆柱齿轮基本相

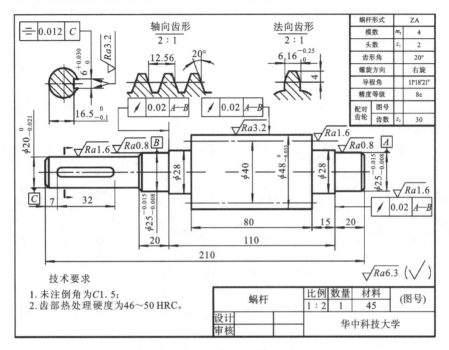

图 7-43　蜗杆的零件图

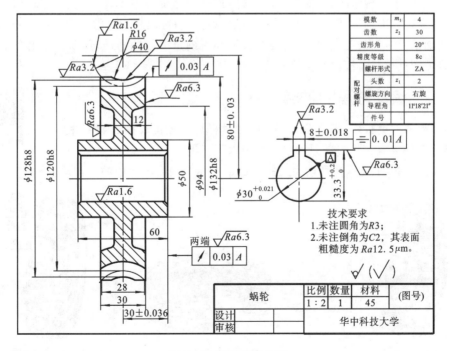

图 7-44　蜗轮的零件图

同,但在投影为圆的视图中,只画分度圆和最大圆,齿根圆和齿顶圆不必画出,其他结构仍按投影关系画出。

　　蜗轮、蜗杆啮合的画法如图 7-45 所示。在蜗轮投影为圆的视图中,蜗轮的分度圆与蜗杆的分度线相切;在蜗杆投影为圆的视图中,蜗轮被蜗杆遮挡的部分不必画出,其他部分仍按投影关系画出。在剖视图中,当剖切平面通过蜗轮轴线并垂直于蜗杆轴线时,在啮合区内将蜗杆的轮齿用粗实线绘制,蜗轮的轮齿被遮挡的部分可省略不画;当剖切平面通过蜗杆轴线并垂直于蜗轮轴线时,在啮合区内,蜗轮的外圆、齿顶圆和蜗杆的齿顶线可以省略不画。

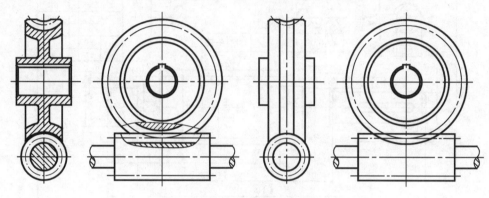

图 7-45　蜗轮、蜗杆啮合的画法

7.6　滚　动　轴　承

　　机器中支承轴的零件称为轴承,轴承有滑动轴承和滚动轴承两大类。

　　滚动轴承由于结构紧凑、摩擦阻力小、动能损耗少和旋转精度高等优点,在机器中应用广泛。滚动轴承是标准部件,国标为其制定了代号和标记,可以从相应的国家标准中查出其全部尺寸,滚动轴承由专门的工厂生产,需要时根据要求确定型号选购即可,所以不必绘制它的零件图,在装配图上也只需按比例简化画出。

7.6.1　滚动轴承的种类

　　滚动轴承的种类很多,但它们的结构大致相似,一般由外圈、内圈、滚动体和保持架等零件组成。其按受力方向可分为以下三类:

　　(1) 向心轴承,主要承受径向力,图 7-46(a)所示为向心轴承中的深沟球轴承。

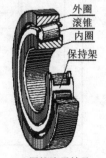

　　(a) 深沟球轴承　　　　　　　(b) 推力球轴承　　　　　　　(c) 圆锥滚子轴承

图 7-46　滚动轴承

（2）推力轴承，只承受轴向力，图 7-46（b）所示为推力轴承中的推力球轴承。

（3）向心推力轴承，能同时承受径向和轴向力，图 7-46（c）所示为向心推力轴承中的圆锥滚子轴承。

7.6.2　滚动轴承的标记

滚动轴承的标记由名称、代号、标准编号三部分组成。轴承代号有基本代号、前置代号和后置代号。基本代号表示轴承的基本类型、结构和尺寸，是轴承代号的基础。滚动轴承的基本代号（滚针轴承除外）由轴承类型代号、尺寸系列代号和内径代号三部分从左向右按顺序排列组成。滚动轴承的标记如下：

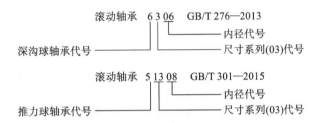

当只需表示类型时，常将右边的几位数字用 0 表示，如 6000 就表示深沟球轴承，30000 表示圆锥滚子轴承，51000 表示推力球轴承等。

关于代号的其他内容可查阅有关手册。

类型代号用数字或字母表示，表 7-11 所示为部分常见轴承的类型代号。

表 7-11　部分常见轴承的类型代号

代　号	类 型 代 号	代　号	类 型 代 号
1	调心球轴承	6	深沟球轴承
3	圆锥滚子轴承	8	推力圆柱滚子轴承
5	推力球轴承	N	圆柱滚子轴承

为适应不同的工作（受力）情况，在内径一定的情况下，滚动轴承有不同的宽（高）度和不同的外径大小，它们成一定的系列，称为轴承的尺寸系列。尺寸系列代号由轴承的宽（度）系列代号和直径系列代号组成，用数字表示。滚动轴承的尺寸系列代号如表 7-12 所示。深沟球轴承的部分尺寸系列代号如表 7-13 所示。部分轴承公称内径代号如表 7-14 所示。

表 7-12　滚动轴承的尺寸系列代号

直径系列代号	向 心 轴 承								推 力 轴 承			
	宽度系列代号								高度系列代号			
	8	0	1	2	3	4	5	6	7	9	1	2
	尺寸系列代号											
7	—	—	17	—	37							
8	—	08	18	28	38	48	58	68	—	—	—	—
9	—	09	19	29	39	49	59	69	—	—	—	—
0	—	00	10	20	30	40	50	60	70	90	10	

续表

直径系列代号	向心轴承								推力轴承			
	宽度系列代号								高度系列代号			
	8	0	1	2	3	4	5	6	7	9	1	2
	尺寸系列代号											
1	—	01	11	21	31	41	51	61	71	91	11	—
2	82	02	12	22	32	42	52	62	72	92	12	22
3	83	03	13	23	33	—	—	—	73	93	13	23
4	—	04	—	24	—	—	—	—	74	94	14	24
5	—	—	—	—	—	—	—	—	—	95	—	—

尺寸系列代号有时可以省略:除圆锥滚子轴承外,其余各类轴承宽度系列代号"0"均省略;深沟球轴承和角接触球轴承的 10 尺寸系列代号中"1"可以省略;双列深沟球轴承的宽度系列代号中"2"可以省略。

表 7-13　深沟球轴承的尺寸系列代号

17	37	18	19	(0)0	(1)0	(0)2	(0)3	(0)4

注　表中括号内的数字在轴承代号中省略。

附录表 D-1、表 D-2 分别给出了深沟球轴承、圆锥滚子轴承的各部分尺寸。

表 7-14　轴承公称内径代号

轴承公称内径/mm	内 径 代 号	示 例
10 到 17	10　　　　00 12　　　　01 15　　　　02 17　　　　03	深沟球轴承 6200 $d=10$ mm
20 到 480 (22、28、32 除外)	公称内径除以 5 的商数,商数为个位数,需在商数左边加"0",如 08	深沟球轴承 6208 $d=40$ mm
大于或等于 500 以及 22、28、32	用公称内径毫米数直接表示,但与尺寸系列代号之间要用"/"分开	深沟球轴承 62/22 $d=22$ mm

基本代号示例如下。

(1) 轴承 6302　6——类型代号,表示深沟球轴承;

　　　　　　　3——系列尺寸代号,表示 03 系列(0 省略);

　　　　　　　02——内径代号,表示公称内径 15 mm。

(2) 轴承 51206　5——类型代号,表示推力球轴承;

　　　　　　　12——系列尺寸代号,表示 12 系列;

　　　　　　　06——内径代号,表示公称内径 30 mm。

(3) 轴承 321/28　3——类型代号,表示圆锥滚子轴承;

　　　　　　　21——系列尺寸代号,表示 21 系列;

28——内径代号,表示公称内径 28 mm。

（4）轴承 N2008　　N——类型代号,表示圆柱滚子轴承;

20——系列尺寸代号,表示 20 系列;

08——内径代号,表示公称内径 40 mm。

当轴承在形状结构、尺寸、公差、技术要求等方面有改变时,可使用补充代号。在基本代号前面添加补充代号（字母）称为前置代号,在基本代号后面添加补充代号（字母或字母加数字）,称为后置代号。前置代号、后置代号的有关规定可查阅有关手册。

7.6.3　滚动轴承的画法

如前所述,滚动轴承一般不必画零件图,在机器或部件的装配图中,滚动轴承可以用三种画法来绘制,这三种画法分别是规定画法、通用画法和特征画法。通用画法和特征画法同属于简化画法,在同一张装配图样中可以只采用这两种简化画法中的任意一种。对于滚动轴承的画法,国家标准《机械制图　滚动轴承表示法》（GB/T 4459.7—2017）做了如下规定。

1. 规定画法和特征画法

在装配图中根据给定的轴承代号,从轴承标准中查出外径 D、内径 d、宽度 $B(T)$ 等几个主要尺寸,按规定画法和特征画法画出,其具体画法见表 7-15。

表 7-15　常用滚动轴承的规定画法和特征画法

名称和代号	结构形式	规定画法	特征画法	应用
深沟球轴承 （轴承 6000） GB/T 276— 2013 类型代号 6 主要参数: d、D、B				主要承受径向力
圆锥滚子轴承 （轴承 30000） GB/T 297— 1994 类型代号 3 主要参数: d、D、T、 B、C				可同时承受径向力和轴向力

名称和代号	结构形式	规定画法	特征画法	应用
推力球轴承 (轴承 51000) GB/T 301— 2015 类型代号 5 主要参数： $d(d_1)$、 D、T	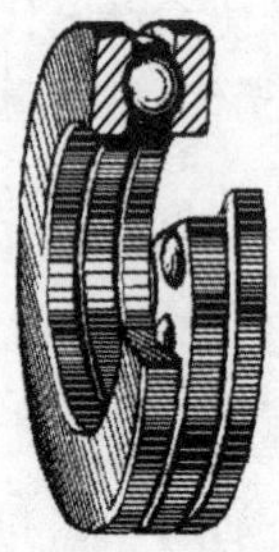	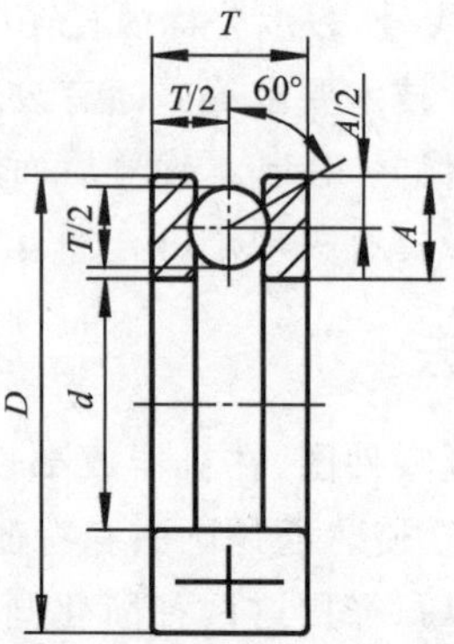	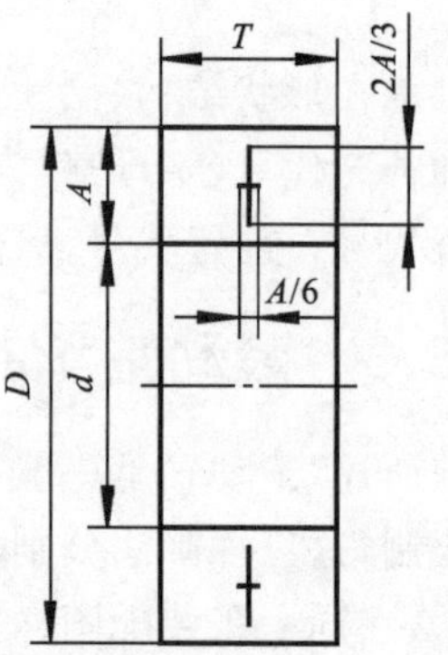	承受单方向的轴向力

注：表中的尺寸 A 是由查得的数据计算出来的。

2. 通用画法

当不需要确切地表示滚动轴承的外形轮廓、载荷特性、结构特征时，可将轴承按表 7-16 所示的通用画法画出。图 7-47 中的圆锥滚子轴承上一半按规定画法画出(轴承的内圈和外圈的剖面线方向和间隔均要相同)，而另一半按通用画法画出，即用粗实线画出正十字。

表 7-16　滚动轴承通用画法的尺寸比例

一般通用画法	需要表示滚动轴承内圈或外圈有、无挡边时	
	外圈无挡边的通用画法	内圈有单挡边的通用画法

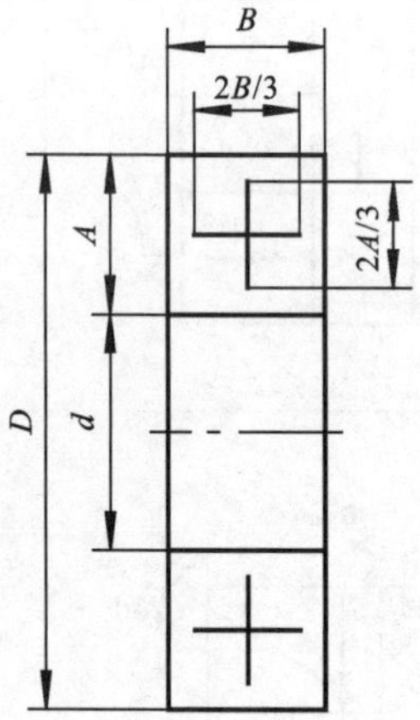

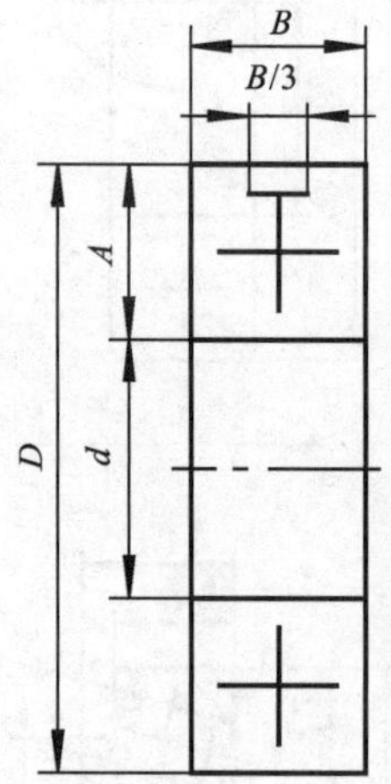

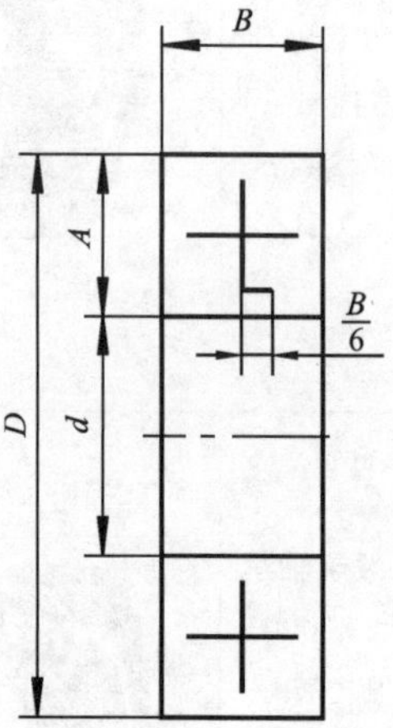

在表示滚动轴承端面的视图上，无论滚动体的形状(如球、柱、锥、针等)和尺寸如何，一般均按图 7-48 所示的方法画出。

画滚动轴承时要注意以下几点：

(1) 通用画法、规定画法及特征画法中表示滚动轴承的各种符号、矩形线框和轮廓线均用粗实线绘制；

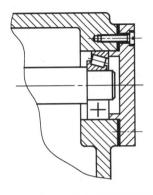
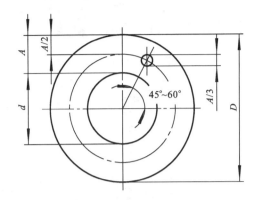

图 7-47　装配图中滚动轴承的画法　　　　图 7-48　滚动轴承轴线垂直于投影面的特征的画法

　　(2) 绘制滚动轴承时,其矩形线框或外框轮廓的大小应与滚动轴承的外形尺寸(由手册中查出)一致,并与所属图样采用同一比例;

　　(3) 在剖视图中,用通用画法和特征画法绘制滚动轴承时,一律不画剖面线;采用规定画法绘制时,轴承的滚动体不画剖面线,其外圈和内圈可画成方向和间隔相同的剖面线,如图 7-49 所示。若轴承带有其他零件或附件(如偏心套、紧定套、挡圈等)时,其剖面线应与内圈或外圈的剖面线呈不同方向或取不同间隔,如图 7-50 所示。在不致引起误解时也允许省略不画。

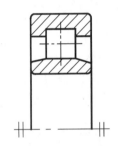
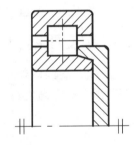

图 7-49　滚动轴承的剖面线画法　　　　　图 7-50　滚动轴承带附件的剖面线画法

7.7　弹　簧

　　弹簧是一种常用零件,它的作用是减振、夹紧、储能、测力等。弹簧的类型很多,常见的有螺旋压缩(或拉伸)弹簧、扭力弹簧和涡卷弹簧等,如图 7-51 所示,这里只介绍圆柱螺旋压缩弹簧的画法,其他种类的弹簧的画法请查阅 GB/T 4459.4—2003 中的有关规定。

(a)压缩弹簧　　　　(b)拉伸弹簧　　　　(c)扭力弹簧　　　　(d)涡卷弹簧

图 7-51　常用弹簧的种类

7.7.1　圆柱弹簧的参数

圆柱螺旋压缩弹簧的各部分名称及尺寸关系如图 7-52 所示。

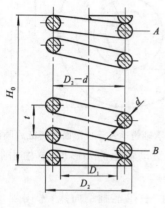

图 7-52　弹簧参数

（1）线径 d　制造弹簧的钢丝直径。

（2）弹簧外径 D_2　弹簧的最大直径。

（3）弹簧内径 D_1　弹簧的最小直径，$D_1 = D_2 - 2d$。

（4）弹簧中径 D　弹簧内、外径之和的平均直径，$D = (D_1 + D_2)/2$。

（5）有效圈数 n　保持等节距的圈数，即 A、B 之间的圈数。

（6）支承圈数 n_z　两端贴紧磨平的圈数，包括磨平圈，即 A 以上和 B 以下的圈数。n_z 通常取 1.5、2、2.5 等。

（7）总圈数 n_1　$n_1 = n + n_z$。

（8）节距 t　除支承圈外，相邻两圈的轴向距离。

（9）自由高度 H_0　弹簧在不受外力时的高度，$H_0 = nt + (n_z - 0.5)d$。

（10）弹簧的展开长度 L　制造时坯料的实际长度，$L \approx n_1 \sqrt{(\pi D)^2 + t^2}$。

7.7.2　圆柱螺旋压缩弹簧的规定画法

（1）在非圆的视图上，各圈的外轮廓线画成直线。

（2）右旋弹簧在图上一定画成右旋。左旋弹簧也允许画成右旋，但不论画成右旋或左旋，一律要加注"左"字。

（3）有效圈数在 4 圈以上时，可只画两端的 1～2 圈，中间各圈可省略不画，同时可适当缩短图形的长度，画法如图 7-53 所示。

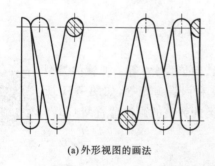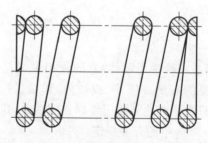

(a) 外形视图的画法　　　　　　　　　　　　　(b) 剖视图的画法

图 7-53　弹簧的一般画法

（4）由于弹簧的画法实际上只起一个符号作用，因而压力弹簧要求两端并紧并磨平时，不论支承圈数多少，均可按图 7-53 所示方法绘制，即以 $n_0 = 2.5$ 的形式来画。

（5）在装配图中，弹簧后面的机件按不可见处理，可见轮廓线只画到弹簧钢丝的剖面轮廓或中心线上，如图 7-54(a)所示。簧丝直径小于或等于 2 mm 时，簧丝剖面可全部涂黑，如图 7-54(b)所示，也可采用示意画法，如图 7-54(c)所示。

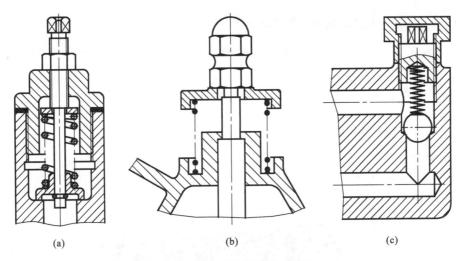

图 7-54　弹簧在装配图中的画法

7.7.3　圆柱螺旋压缩弹簧的画图步骤

圆柱螺旋压缩弹簧的画图步骤如图 7-55 所示:

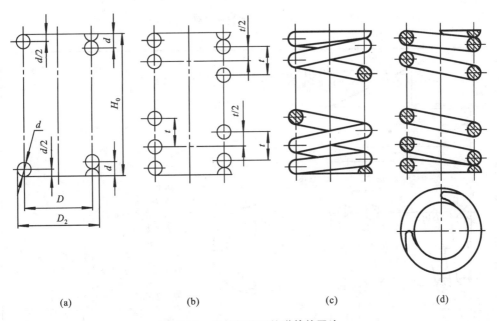

图 7-55　圆柱螺旋压缩弹簧的画法

(1) 算出弹簧中径 D 及自由高度 H_0,画出两端贴紧圈;

(2) 画出有效圈部分直径与簧丝直径相等的圆,先在右边中心线处,以节距 t 在右边画两个圆,以 $t/2$ 在左边画两个圆;

(3) 按右旋方向作相应圆的公切线,完成全图。

必要时,可画成剖视图或画出俯视图。

7.7.4　圆柱螺旋压缩弹簧的零件图

图 7-56 所示为圆柱螺旋压缩弹簧,图 7-57 所示为其零件图,在绘制零件图时应注意以下画法规则。

(1) 弹簧的参数应直接标注在图形上,当直接标注有困难时,可在技术要求中加以说明。

(2) 当需要表明弹簧的负荷与高度之间的变化关系时,必须用图解表示。螺旋压缩弹簧的力学性能曲线均画成直线。其中:

F_1——弹簧的预加负荷;

F_2——弹簧的最大负荷;

F_j——弹簧的允许极限负荷。

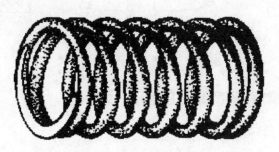

图 7-56　圆柱螺旋压缩弹簧

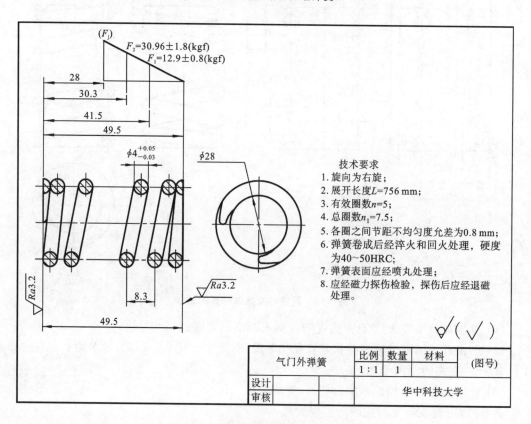

技术要求
1. 旋向为右旋;
2. 展开长度 $L=756$ mm;
3. 有效圈数 $n=5$;
4. 总圈数 $n_1=7.5$;
5. 各圈之间节距不均匀度允差为0.8 mm;
6. 弹簧卷成后经淬火和回火处理,硬度为40～50HRC;
7. 弹簧表面应经喷丸处理;
8. 应经磁力探伤检验,探伤后应经退磁处理。

(F_j)

$F_2=30.96\pm1.8$(kgf)

$F_1=12.9\pm0.8$(kgf)

28

30.3

41.5

49.5

$\phi4^{+0.05}_{-0.03}$

$\phi28$

$\sqrt{Ra3.2}$

$\sqrt{Ra3.2}$

8.3

49.5

$\sqrt[\diamond]{}(\sqrt{})$

气门外弹簧	比例	数量	材料	(图号)
	1:1	1		
设计				
审核			华中科技大学	

图 7-57　圆柱螺旋压缩弹簧的零件图

思　考　题

1. 零件与部件有什么关系？常用机件有哪些？它们的哪些结构是标准的？举例说明。

2. 标准件规定标记包括哪些内容？

3. 螺纹的基本要素有哪些？内、外螺纹连接时，它们的要素应该符合什么要求？

4. 外螺纹和内螺纹在规定画法中有什么不同？内、外螺纹旋合画法有哪些特点？

5. 如何按国家标准查表和采用比例画法绘制螺纹紧固件及其连接图？

6. 常用的销与键各有哪几种？它们有何功用？如何按国家标准的规定画法绘制键、销连接图？

7. 直齿圆柱齿轮的基本参数有哪些？如何根据这些参数计算齿轮的几何尺寸？

8. 两齿轮啮合的首要条件是什么？如何绘制直齿圆柱齿轮及其啮合时的装配图？

9. 滚动轴承的基本代号由哪几部分组成？其具体含义是什么？滚动轴承的通用画法、规定画法、特征画法分别用在什么场合？

10. 弹簧如何标注？如何绘制？

11. 试述以下代号或标记的含义：

(1) M20×1.5—5g6g；

(2) M16×1.5LH—6H；

(3) G3/4A；

(4) Tr40×14(P7)LH—7H；

(5) B32×6—8c；

(6) Rc1/2；

(7) 螺栓　GB/T 5782　M12×60。

问题与讨论

1. 常见内、外螺纹及其连接画法有哪些具体规定？螺栓连接、螺柱连接、螺钉连接的规定画法中哪些规定体现了实物连接的形象表达？举例说明。

2. 有一轴和齿轮需用圆头普通平键连接。已知轴和齿轮轮毂孔的直径为 60 mm。试问：怎样查表确定键的尺寸（键宽和键高）及轴、齿轮轮毂上键槽的宽度尺寸（轴和齿轮为紧密连接）和深度尺寸（含极限偏差）？其数值各为多少？

第 8 章

零件图

学习目的与要求

(1) 了解零件结构的工艺性;

(2) 能根据所表达零件的功能和制造工艺过程掌握分析典型零件表达方法和尺寸标注的步骤;

(3) 能够在机械图样上正确标注表面结构要求、极限与配合、几何公差等技术要求和阅读机械图样上的技术要求。

(4) 掌握画零件图和读零件图的方法与步骤。

学习内容

(1) 零件的常见工艺结构、零件的结构分析;

(2) 零件表达方案的选择;

(3) 零件图的尺寸标注;

(4) 零件的技术要求,包括表面结构要求、极限与配合、几何公差的标注及识读;

(5) 零件测绘;

(6) 零件图的读图方法和步骤。

学习重点与难点

(1) 重点是画零件图和读零件图的方法与步骤;

(2) 难点是根据所表达零件的功能和制造工艺过程,分析零件的表达方法和尺寸标注,以及表面结构要求、极限与配合、几何公差等技术要求的一致性。

本章的地位及特点

零件图是生产中必需的技术资料,其内容较多,且和生产实践联系密切,是机件表达方法在工程中的实际应用。在学习时不要急于求成,应分清主次和弄清要求,在实践中逐步掌握。

前面介绍了螺纹紧固件、齿轮、键、销等标准件和常用件的规定画法及其有关尺寸的标注和标记。除标准件和常用件外,其他的零件统称一般零件。本章着重讨论零件图的内容、零件的工艺结构、零件的视图选择、零件图上的尺寸标注,以及零件测绘、绘制零件图和读零件图的基本方法。

8.1 零件构形设计与工艺结构

8.1.1 零件构形设计

1. 零件构形设计的内容

零件在机器中的作用不同,其结构形状也各不相同。零件构形设计是为了得到足以完成某种功能而且具有较高质量、较低费用、受到市场认可的产品。零件构形设计应考虑零件的几何形状、尺寸大小、工艺结构及其材料等内容。

无论二维设计还是三维设计,在进行零件构形设计时应首先了解零件在部件中的功能,零件与相邻零件的关系,以及相互之间的一致性,从而想象出该零件是由什么几何形体构成的,分析为什么采用这种形体构成,是否合理,还有没有其他形体构成方案,在主要分析几何形状的过程中同时分析尺寸、工艺结构、材料等,最终确定零件的整体形状。

2. 零件构形设计的要求

零件构形设计要遵循某些规则,才能满足设计的基本要求。零件构形设计要达到以下要求。

(1) 构形设计要保证实现预定功能。

零件的功能分为包容、支承、传动、连接、定位、密封等,一个零件往往包含一项或多项功能。零件的功能是确定零件主体结构形状和尺寸的主要依据之一,例如:要求两零件允许做相对旋转运动,则设计时配合表面的形状为回转面(如圆柱、圆锥等);如果进一步要求两零件连接后一起转动,则要通过圆柱或圆锥的过盈配合来实现。至于尺寸大小则需由传动力矩的大小来确定。保证实现预定功能有两层含义:一是零件的结构形状和尺寸能使其发挥作用,实现预定功能;二是有足够的强度、刚度和稳定性,能使零件工作安全、可靠。

(2) 构形设计要满足工艺要求。

零件的构形结构是通过相应的加工方法(如铸造、锻造、车削等)来实现的,由原材料转化为所构形的物体的过程称为工艺。工艺要求是确定零件局部结构的主要依据之一。确定了零件的主体结构之后,要考虑零件加工的可能性、加工的经济性及加工方法的特性,使零件的局部结构构形也合理。

(3) 构形设计要合理使用材料。

材料是构形的物质基础,好的产品构形主要依赖于材料的特征、性能。构形设计要合理使用材料包括两层含义:一方面是构形要充分利用各种材料本身的性能,使零件更好地实现其功能;另一方面,要通过改变形状和调整结构节约材料。

(4) 构形设计要使零件形状美观。

形状美观是零件细部构形的另一主要依据,外形与内形应一致,若内形为回转面,外形也应为回转面;内形为方形,外形也应是相应的方形。不同的形状会产生不同的视觉效果,影响人们的心理、情绪等,关系到生产效率和产品质量,关系到客户的购买欲望。现代设计应充分考虑人-机之间的匹配、物与环境的匹配。随着人类文明的进步,产品的精神功能已越来越受到重视。

(5) 构形设计要有良好的经济性。

构形设计应尽可能做到形状简单美观、制造容易、材料来源方便且价格低廉,降低成本,提高生产效率,以获得良好的经济效益,这是企业赖以生存的主要条件之一。

3. 零件结构分析

图 8-1 所示为轴承架,通常成对使用,其功能是支承轴系零件并将其固定于机架或基座上。为实现其功能,该零件的结构设计分为三个主要部分。

(1) 上部孔径为 $\phi 72H8$ 的圆筒为工作部分,用来安装轴承;轴承需要润滑才能正常工作,因此,圆筒上方附有安装油杯的凸台、螺孔;润滑油要密封,圆筒端面有安装盖板,其上有均匀分布的三个 $\phi 7$ 的通孔。这就形成了轴承架的主体结构。

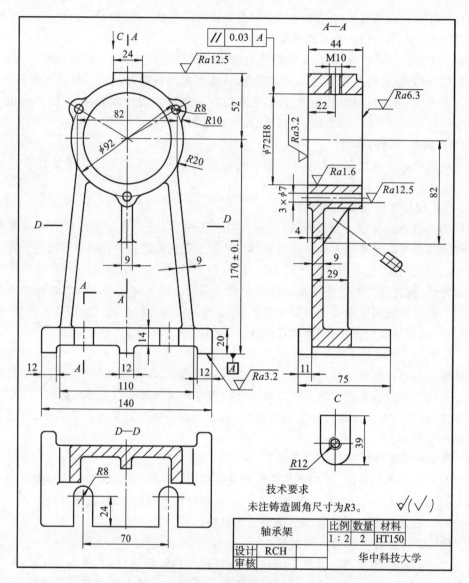

图 8-1　轴承架零件图

(2) 底部 140×75 带 U 形槽的矩形底板为安装部分,通过底板可将轴承架安装、连接到机架或基座上。

(3) 中间梯形立板及两侧凸缘将工作部分与安装部分连接到一起并起支承作用;工作部分圆筒的下方还有三角形肋板,起辅助支承作用。

考虑轴承架的耐磨性和经济性,轴承架采用铸铁材料;考虑合理使用材料,减小圆筒外径,圆筒外壁设计了三个 R8 的半圆柱凸台并加工了 φ7 的通孔;考虑工艺性,设计了安装油杯的凸台、底板上三个宽 12 的脚以及铸造圆角等;为了穿螺栓或螺钉和安装的稳定,设计了底板上的两个 U 形槽等局部结构。

总之,在零件的构形设计过程中,必须注意满足设计要求和工艺要求,同时要兼顾零件的外形并考虑生产零件的成本。

8.1.2　零件的工艺结构

绝大部分机械零件,都需要经过铸造、锻造、机械加工等过程才能制造出来,因此设计零件时,不仅要考虑它在机器或部件中的作用,而且还要根据现有的生产水平,考虑铸造、锻造和机械加工的一些特点,使所绘制的零件符合铸造、锻造和机械加工的要求,以保证制造出的零件质量好、产量高、成本低。下面分别介绍零件上常见的铸造工艺结构和机械加工工艺结构的特点。

1. 铸造工艺结构

1) 最小壁厚

为了防止金属熔液在充满砂型之前就已凝固,铸件的壁厚不应小于表 8-1 所列数值。

表 8-1　铸件的最小壁厚　　　　　　　　　　　　　　　　单位:mm

铸造方法	铸件尺寸	灰铸铁（HT）	铸钢（ZG）	球墨铸铁（QT）	可锻铸铁（KT）	铝合金	铜合金
砂型	＜200×200	5～6	8	6	5	3	3～5
	200×200～500×500	7～10	10～12	12	8	4	6～8
	＞500×500	15～20	15～20	—	—	6	—

2) 壁厚均匀

铸件的壁厚不均匀时,各部分的冷却速度不一致,薄的实体部分冷却快,先凝固,厚的实体部分冷却慢,收缩时没有足够的金属熔液来补充,容易形成缩孔或产生裂纹,所以设计铸件时,应使铸件的壁厚尽量均匀或逐渐变化,如图 8-2 所示。

为了保证铸件局部结构的强度,不能单纯增加壁厚,而应在相应部位增加肋板来保证强度要求,从而使壁厚均匀,以及使整个铸件的冷却速度一致。内、外壁厚与肋板的厚度设计原则通常是:内部壁厚应稍小于外部壁厚,肋板的厚度为壁厚的 0.7～0.9 倍。图 8-3 中尺寸 $a>b>c$。

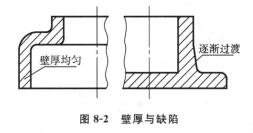

图 8-2　壁厚与缺陷

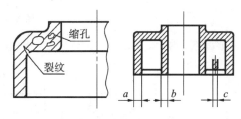

图 8-3　内、外壁与肋的厚度

3) 起模斜度

铸造时为了能使木模顺利地从砂型中取出,木模沿起模方向一般有一定的斜度,称为起模斜度。因此,铸造零件非加工的内外表面都保留有起模斜度。起模斜度通常取 1∶10～1∶20,斜度比较小,有时在零件图中可不画起模斜度(见图 8-4(a)),但是要在技术要求中用文字说明。如果在一个视图中画了起模斜度,那么,其他视图只按小端画出,如图 8-4(b)所示。

4) 铸造圆角

为了防止起模时尖锐处砂型脱落和浇铸时金属熔液冲坏砂型,以及尖锐处应力集中,避免产生裂纹、夹砂、缩孔等缺陷,铸造时砂型在转弯处做成圆角(见图 8-4(a)),称为铸造圆角。因此,铸造零件的非加工表面留有铸造圆角。同一铸件上的铸造圆角半径大致相等时,不必一一注出,可统一在技术要求中用文字注明,例如"未注铸造圆角尺寸为 $R3\sim5$"。

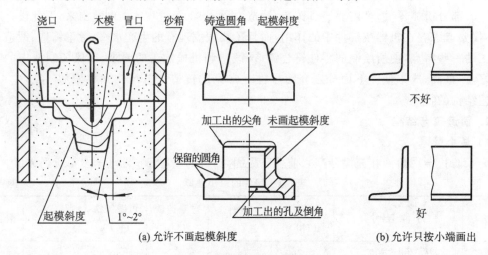

(a) 允许不画起模斜度　　　　　　　(b) 允许只按小端画出

图 8-4　起模斜度与铸造圆角

由于铸造圆角的影响,铸件表面的截交线、相贯线变得不明显。为了看图时能明确相邻两形体的分界面,画零件图时,仍按理论相交的部位画出其截交线或相贯线的投影,此时将截交线或相贯线称为过渡线。即过渡线只画到理论位置,不与图中的粗实线圆角相交,且用细实线表示。

如图 8-5 所示,两曲面立体相贯时,过渡线与圆角不能接触。

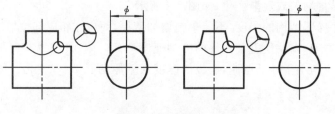

图 8-5　过渡线(一)

如图 8-6 所示,两曲面立体轮廓线相切时,过渡线在切点附近应该断开。

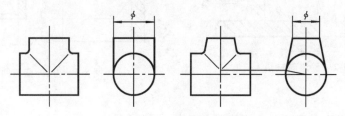

图 8-6　过渡线(二)

如图 8-7 所示,平面立体与平面立体、平面立体与曲面立体相交时,过渡线在转角处应断开,并加画过渡圆弧,其弯曲方向与铸造圆角的方向一致。

如图 8-8 所示,当三个形体两两之间的三条过渡线汇集于一点时,过渡线在该点附近应当都断开。

图 8-9 所示为连杆类零件上常见的肋与圆柱面相交或相切时过渡线的画法,由图中可以

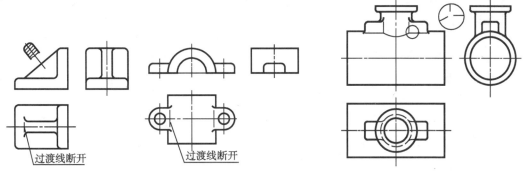

图 8-7　过渡线（三）　　　　　　　　　　图 8-8　过渡线（四）

看出,过渡线的形状取决于肋的断面形状及肋与圆柱的组合形式。

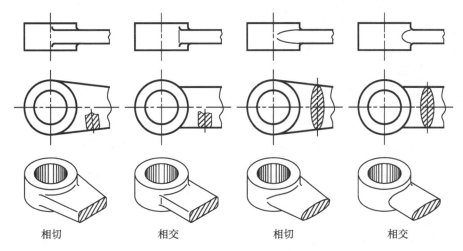

相切　　　　　　　相交　　　　　　　相切　　　　　　　相交

图 8-9　连杆类零件的过渡线

在设计铸造零件时,除了考虑上述工艺结构外,还应避免在起模方向上出现内凹结构(见图 8-10),避免在铸件内壁上设置加工面(见图 8-11)。

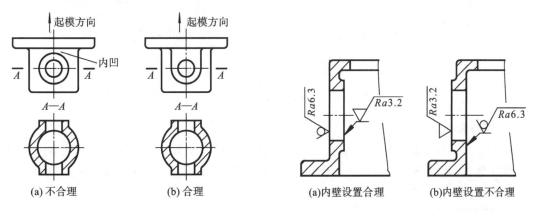

(a) 不合理　　　　　　(b) 合理　　　　　　　(a) 内壁设置合理　　　　(b) 内壁设置不合理

图 8-10　起模方向避免内凹结构　　　　图 8-11　避免在铸件内壁上设置加工面

2. 机械加工工艺结构

图 8-12 和图 8-13 所示为常见的零件机械加工工艺。读者应深入车间,仔

细观察零件加工的过程,这对掌握零件的工艺结构的设计是非常有益的。零件上常见的机械加工工艺结构如下。

(a) 车外圆

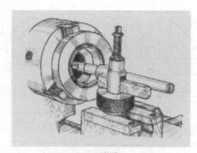

(b) 镗孔

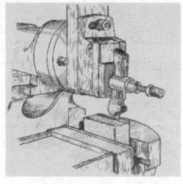

(c) 刨平面

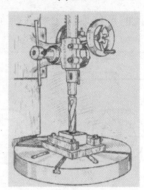

(d) 钻孔

图 8-12　车、镗、刨、钻加工

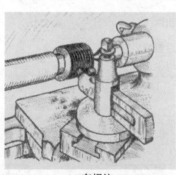

(a) 车螺纹

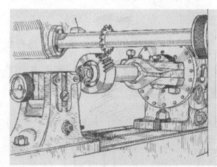

(b) 铣齿

图 8-13　车、铣加工

1）倒角和倒圆

一般零件经切削加工后会形成毛刺、锐边,为了避免毛刺、锐边伤人和划伤其他零件表面,以及便于装配,常在轴端或孔口加工倒角或倒圆,如图 8-14 所示。倒角和倒圆的尺寸应查阅有关标准。

2）工艺孔或工艺槽

在加工螺纹、阶梯轴、阶梯孔或不通孔等结构时,为了方便刀具进入或退出,应预先车出退刀槽(见图 8-15(a));在磨削时,为了使砂轮能够磨到根部或磨削端部,常在待加工面的末端预先加工出砂轮越程槽(见图 8-15(b));在钻大孔时,往往先钻一个小孔即工艺孔(见图 8-15

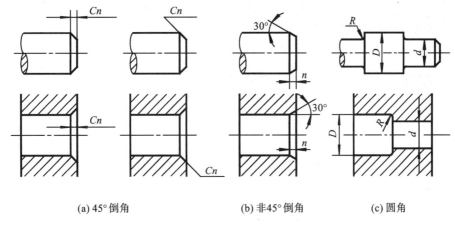

(a) 45°倒角   (b) 非45°倒角   (c) 圆角

图 8-14 倒角和倒圆

注:n 为倒角宽度

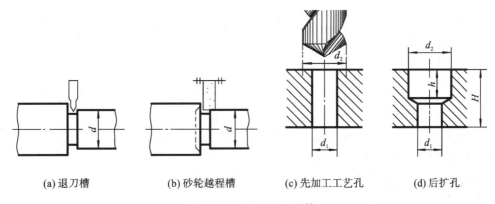

(a) 退刀槽   (b) 砂轮越程槽   (c) 先加工工艺孔   (d) 后扩孔

图 8-15 工艺孔或工艺槽

(c)),再扩孔(见图 8-15(d))。

3)钻孔结构

因钻头是头部呈倒锥状、锥角约为 120°的细杆件,用钻头钻孔时,要求钻头的轴线尽量垂直于被钻孔的端面,还要尽可能避免钻头单边受力,以避免钻头折断,并保证钻孔的准确性。因此,在倾斜表面上钻孔时,宜增设凸台或凹槽,如图 8-16 所示。

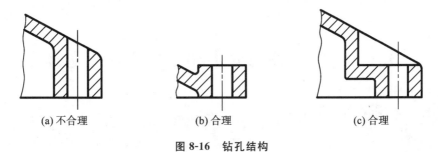

(a) 不合理   (b) 合理   (c) 合理

图 8-16 钻孔结构

4)凸台和凹坑

零件上与其他零件接触的表面,一般都要经过机械加工。为了减少加工面积,保证接触良好,常常在铸件上设计出凸台、凹坑。图 8-17 所示为毛坯上预制出的安装螺栓或螺母接触面的凹坑、凸台和凹槽;图 8-18 所示为零件底板常采用的凹槽形式,也可以减少加工面。有的轴孔设计成阶梯状,如图 8-19 所示。

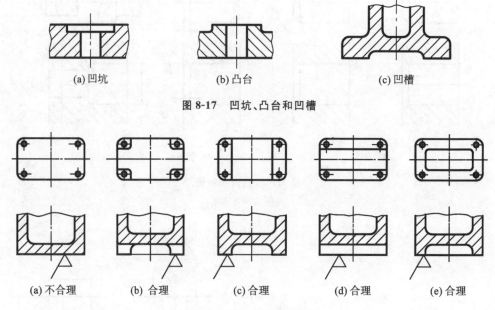

(a) 凹坑　　　　　(b) 凸台　　　　　(c) 凹槽

图 8-17　凹坑、凸台和凹槽

(a) 不合理　　　(b) 合理　　　(c) 合理　　　(d) 合理　　　(e) 合理

图 8-18　零件底板常用结构

5. 滚花

为了防止操作时打滑,常在某些调节旋钮、调节手柄的头部加工出滚花。滚花有两种标准形式,即直纹和网纹,如图 8-20 所示。

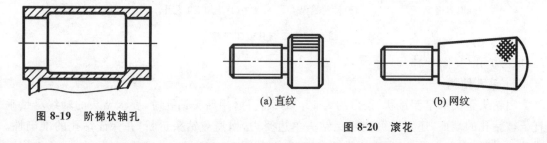

图 8-19　阶梯状轴孔

(a) 直纹　　　　　　　　　　(b) 网纹

图 8-20　滚花

由此可见,真实零件是在组合体的基础上,根据零件的作用、考虑其加工工艺性而设计出来的。

8.2　一般零件的分类和零件的视图选择

8.2.1　一般零件的分类

一般零件的形状千变万化,但根据它在部件中所起的作用、基本形状及其与相邻零件的关系,并考虑其加工工艺,可以将一般零件分成轴套类、盘盖类、叉架类和箱壳类四种类型,如图 8-21 所示。每类零件的结构都有一些共同点,因此,视图选择和尺寸标注都有共同之处,下面分别讨论各类零件的结构特点和视图选择的一般原则。

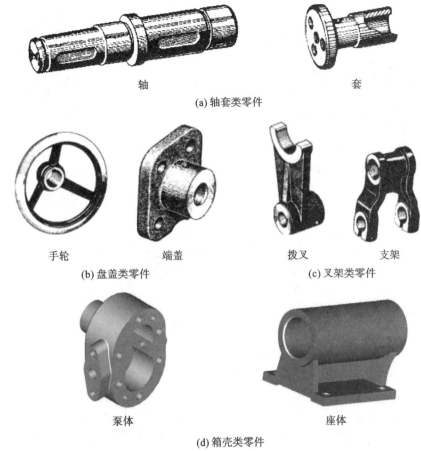

(a) 轴套类零件

　　　　　　　　　　　　　　　　　　　　　　　　　　　　　　　　　　轴　　　　　　　　　　　　　　　　　　　　套

手轮　　　　　　　端盖　　　　　　　　　　　　　拨叉　　　　　　支架

(b) 盘盖类零件　　　　　　　　　　　　　　　　(c) 叉架类零件

泵体　　　　　　　　　　　　　　　　座体

(d) 箱壳类零件

图 8-21　一般零件的分类

8.2.2　视图选择的一般原则

　　要正确、完整、清晰地表达零件的全部结构形状,关键在于抓住零件的结构特点,按零件的自然结构逐一分析,灵活地运用第 6 章所介绍的机件的基本表达方法(如视图、剖视图、断面图及其他表达方法),选择所需的视图,然后进行综合、调整。一般来说,视图数量应适当,且每个视图都要有表达的重点,互相补充而不重复,并考虑到看图方便、绘图简单。

　　1. 主视图的选择

　　主视图是表达零件最主要的视图,主视图的选择是否合理直接关系到看图、画图是否方便,并关系到其他视图的选择,最终影响整个零件的表达方案。因此,在选择主视图时应考虑以下三个方面。

　　(1) 零件的加工位置　主视图的选择应尽量符合零件的主要加工位置(即零件在主要工序中的装夹位置),这样便于加工操作时看图(见图 8-22)。

　　(2) 零件的工作位置　主视图的选择应尽量符合零件在机器或部件中的工作位置,如图 8-23 所示的起重机吊钩,其主视图按工作位置绘制,这样比较形象,便于读图。

　　(3) 零件的形状特征　对于一些工作位置不固定而加工位置又多变的零件(如某些运动零件),在选择主视图时,应以表达零件形状和结构特征以及各组成部分之间的相互关系为主。

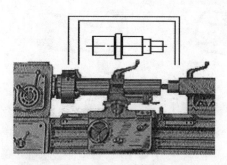

图 8-22　按零件的加工位置选主视图

图 8-23　按零件的工作位置选主视图

如图 8-24 所示的摆杆,其主视图反映了自身的组成部分及其各部分之间的相对位置。

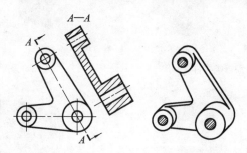

图 8-24　按零件的形状特征选主视图

2. 其他视图的选择

选择其他视图时,应以主视图为基础,按零件的自然结构特点,优先选用基本视图或在基本视图上取剖视图,以表达主视图中尚未表达清楚的主要结构和主要形状,再用一些辅助视图(如局部视图、斜视图等),作为对基本视图的补充,以表达次要结构、细小部位或局部形状。采用局部视图或斜视图时应尽可能按投影关系将其直接配置在相关视图附近。

下面分类加以说明。

8.2.3　几类典型零件的视图选择

1. 轴套类零件

(1) 结构分析　这类零件的结构一般比较简单,各组成部分多是同轴线、不同直径的回转体(如圆柱或圆锥等),而且轴向尺寸大、径向尺寸相对小;另外,这类零件一般起支承轴承、传动零件的作用,因此,常带有键槽、轴肩、螺纹及退刀槽、中心孔等结构(见图 8-25)。

(2) 主视图的选择　这类零件主要在车床、磨床上加工成形,选择主视图时,多按加工位置将轴线水平放置,以垂直于轴线的方向作为主视图的投射方向。

(3) 其他视图的选择　通常采用断面图、局部剖视图、局部放大图等表达方法表示键槽、退刀槽、中心孔等结构。

(4) 实例分析　如图 8-25 所示的主动齿轮轴,各部分均为同轴线的圆柱体,有一个键槽,齿轮部分的两端有砂轮越程槽。主视图取轴线水平放置,键槽朝前,以表达键槽的形状;键槽的深度用断面图 C—C 表示,并在断面图上标注尺寸和公差;另用一个局部放大图表示砂轮越程槽的形状和大小。

如图 8-26 所示的可换套,外表面呈圆柱状且左端有一短锥结构,内表面是一个 4 号莫氏锥度的锥孔(莫氏锥度是工具柄自锁标准圆锥系列号)。因此,主视图采用半剖视表达内、外结

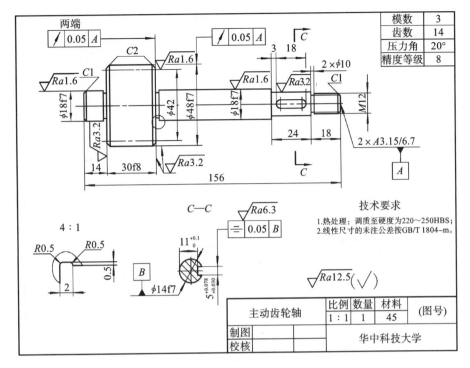

图 8-25　主动齿轮轴零件图

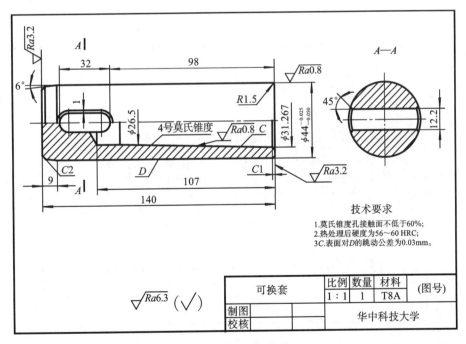

图 8-26　可换套零件图

构,用断面图 A—A 表示垂直于轴线的腰圆形通孔。

2. 盘盖类零件

(1) 结构分析　这类零件的主体结构是同轴线的回转体或其他平板形结构,且厚度方向的尺寸比其他两个方向的尺寸小,包括各种端盖和带轮、齿轮等盘状传动件。端盖在机器中起密封和支承轴的作用,往往有一个端面是与其他零件接触的重要面,因此,常设有安装孔、支承孔等;盘状传动件一般带有键槽,通常以一个端面与其他零件接触定位(见图 8-27、图 8-28)。

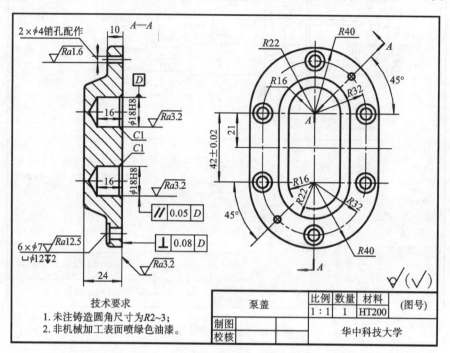

图 8-27　泵盖零件图

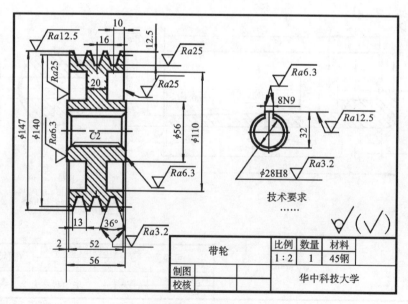

图 8-28　带轮零件图

　　(2) 主视图的选择　与轴套类零件一样,盘盖类零件主要在车床上加工成形,选择主视图时,多按加工位置将轴线水平放置,以垂直于轴线的方向作为主视图的投射方向,并用剖视图表示内部结构及其相对位置。

　　(3) 其他视图的选择　有关零件的外形和各种孔、肋、轮辐等的数量及其分布情况,通常选用左(或右)视图来补充说明。如果还有细小结构,则还需增加局部放大图。

(4)实例分析 如图 8-27 所示的泵盖,主视图采用 A—A 剖视图表达两支承孔和销孔、安装孔的深度及泵盖的厚度,左视图表达安装孔、销孔的位置及端盖形状。

如图 8-28 所示的带轮,主视图采用全剖视表达带轮的孔、槽的形状和它的厚度及轮辐厚度,另外,用一局部视图表达键槽的深度和宽度。

3. 叉架类零件

(1)结构分析 这类零件的结构形状差异很大,许多零件都有歪斜结构,包括连杆、拨叉、支架、摇杆等,一般起连接、支承、操纵调节作用。

(2)主视图的选择 鉴于这类零件的功用及其在机械加工过程中位置不大固定,因此,选择主视图时,对这类零件常考虑其主要结构特征来选择。

(3)其他视图的选择 由于这类零件的形状变化大,因此,视图数量也有较大的伸缩性。它们的倾斜结构常用斜视图或斜剖视图来表示。安装孔、安装板、支承板、肋板等结构常采用局部剖视图、移出断面图或重合断面图来表示。

(4)实例分析 如图 8-29 所示的拨叉,主视图采用局部剖视图表达拨叉叉形部分的结构、圆筒的通孔及二者之间的相对位置,左视图也采用局部剖视图表达圆筒上的凸台及上面的孔。另用一 K 向斜视图表达凸台的形状,用移出断面图表达十字形肋板的截断面形状。

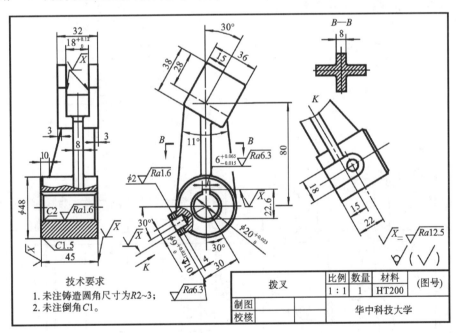

图 8-29 拨叉零件图

4. 箱壳类零件

(1)结构分析 箱壳类零件是组成机器或部件的主要零件之一,其内、外结构形状一般都比较复杂,多为铸件。它们主要用来支承、包容和保护运动零件或其他零件,因此,这类零件多为有一定壁厚的中空腔体,箱壁上伴有支承孔和与其他零件装配的孔或螺孔结构。为了使运动零件得到润滑与冷却,箱体内常存放有润滑油,因此,有注油孔、放油孔和观察孔等结构。为了使它们与其他零件或机座装配在一起,这类零件上还设有安装底板、安装孔等结构(见图 8-30)。

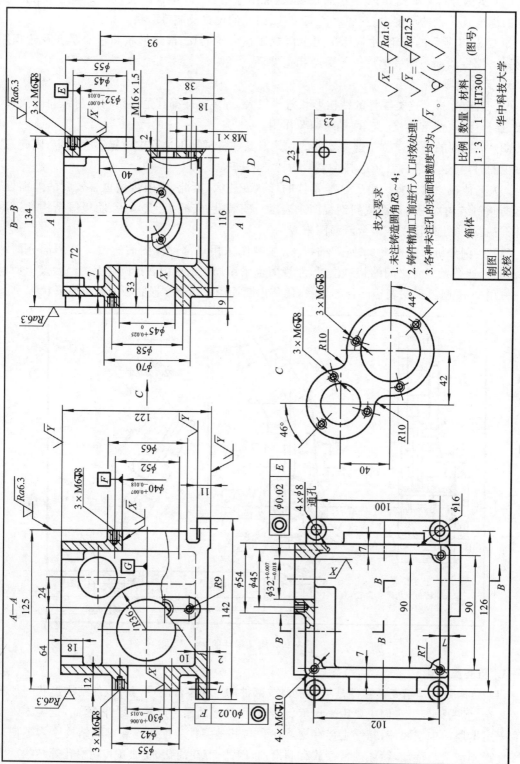

图 8-30　箱体零件图(一)

（2）主视图的选择　由干箱壳类零件机械加工工序较多,选择主视图时,这类零件常按零件的工作位置放置,以垂直于主要孔中心线的方向作为主视图的投射方向,常采用通过主要孔的单一剖切平面、几个平行的剖切平面、几个相交的剖切平面的视图来表达其内部结构形状,如图 8-30 所示;或者以沿着主要孔中心线的方向作为主视图的投射方向,主视图着重表达零件的外形(参考第 7 章图 7-3)。

（3）其他视图的选择　对于主视图上未表达清楚的零件内部结构和外形,需采用其他基本视图或在基本视图上取剖视来表达;对于局部结构,常用局部视图、局部剖视图、斜视图、断面图等来表达。

（4）实例分析　如图 8-30 所示的箱体零件图,主视图按工作位置放置,以通过左、右箱壁轴承孔的局部剖视图 $A—A$ 来表达轴承孔的结构,兼顾观察孔、放油孔的外形,并用少量细虚线表示壁厚和后壁上内凸台的完整形状;左视图采用 $B—B$ 局部剖视图表达后壁下支承孔和前壁支承孔,再用局部剖视图表达观察孔、放油孔,左视图同时还表达了左凸台的外形;俯视图主要用来表达箱体的外形、上端面的形状及螺孔位置、底板安装凸台形状及位置,仅用较小的局部剖视图对后壁上方的通孔进行补充说明;图中用 C 向局部视图表达后凸台的外形及其上面的安装螺孔位置,用 D 向局部视图对底板安装平面进行补充说明。

8.2.4　零件表达方案的分析比较

零件结构形状的表达方案,一般说来不会只有一种。设计时可做多种方案,然后进行分析比较,择优而用。

通过对图 8-30 所示的零件进行分析,可知该箱体分为中空四棱柱腔体和带安装孔的方底板两部分;其四壁上都有安装轴承的孔,前壁上设有观察孔、放油孔,箱体的上端、四壁凸台均有装配盖板的螺孔,底板上有安装孔等。想象出该箱体的立体图,如图 8-31 所示。

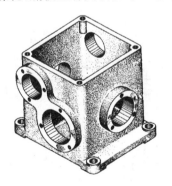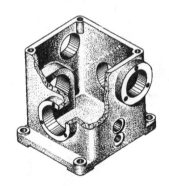

图 8-31　箱体零件立体图

箱体零件还可以怎样表达呢？比如将箱体转 90°放置,使图 8-30 中的左视图成为主视图,而采用 $B—B$ 全剖的左视图表达前、后壁上同轴的轴承孔,这样,必须增加 $C—C$ 局部剖视图表达左壁内凸台的形状,增加 E 向局部视图表达观察孔、放油孔,形成图 8-32 所示的表达方案。相比较而言,该视图方案比较零碎。

当然,此箱体还有其他的表达方案,请读者自行分析并比较其优缺点。

综上所述,对于形体较复杂的零件,在选择视图时,必须进行多个方案的选择比较,最后确定较好的视图方案,做到完整、清楚、简明地表达零件。

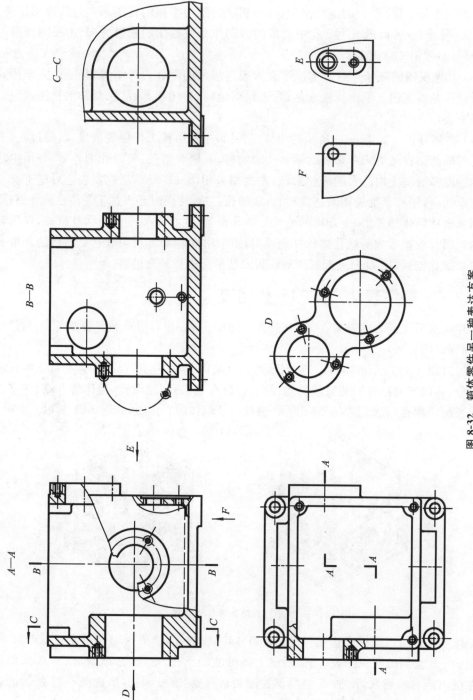

图 8-32　箱体零件另一种表达方案

8.3　零件图的尺寸标注

零件图上所注的尺寸应当满足正确、完整、清晰和合理的要求。前三项已在前面章节中做过介绍。所谓合理，即标注的尺寸既要满足设计要求，又要满足工艺要求，换言之，既要保证零件在机器中的工作性能，又要使加工测量方便。要真正达到这一要求，需要一定的专业知识和生产实践经验，本节只简单介绍零件尺寸合理性的基本知识。

8.3.1　主要尺寸、装配尺寸链、尺寸基准

1. 主要尺寸和非主要尺寸

凡直接影响零件的使用性能和安装精度的尺寸称为主要尺寸。主要尺寸包括零件的规格尺寸、有配合要求的尺寸、确定其他零件之间相对位置的尺寸、连接尺寸、安装尺寸等。

仅满足零件的力学性能、结构形状和工艺要求等方面的尺寸称为非主要尺寸。非主要尺寸包括外形轮廓尺寸、非配合的尺寸，如壁厚、退刀槽、凸台、凹坑、倒角等，一般不注公差。

2. 装配尺寸链

图 8-33 所示为齿轮泵的装配局部示意图。为了更好地表达各零件之间的尺寸联系，将垫片厚度 A_2 和轴向间隙 ΔA 等夸张表示。沿轴线方向上的尺寸 A_1、A_2、A_3 和间隙尺寸 ΔA 首尾连接，构成一个环状，反映了主动齿轮轴、泵体、垫片、泵盖各零件沿轴向的尺寸联系。这种确定部件中各零件间相对位置的成组尺寸，称为装配尺寸链。其中每一尺寸 A_1、A_2、A_3、ΔA 均称为组成环，而间隙尺寸 ΔA 是装配后自然形成的，称为终结环，它的大小直接影响主动齿轮轴的轴向窜动，关系到部件的使用性能和工作精度，因此，必须控制它的大小。由图 8-33 可以看出：ΔA 的准确度受 A_1、A_2、A_3 的准确度的影响，所以 A_1、A_2、A_3 自然成为相应零件（泵体、垫片、主动齿轮轴）的轴向主要尺寸。

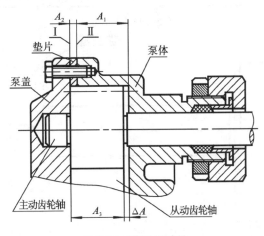

图 8-33　装配尺寸链

3. 尺寸基准及其选择

度量尺寸的起点，称为尺寸基准，即用来确定其他几何元素位置的一组线、面。基准按其用途不同，分设计基准和工艺基准两种。

1) 设计基准和工艺基准

（1）设计基准　它用来确定零件在机器或部件中的准确位置，可通过分析
各零件在部件中的作用和装配时的定位关系来确定，是设计零件时首先要考虑的。图 8-33 中
端面Ⅰ是主动齿轮轴轴向的设计基准，端面Ⅱ是泵体沿长度方向的设计基准。

（2）工艺基准　它是加工过程中零件在机床夹具中的定位面或测量时的定位面，是为了
加工和测量的方便而附加的基准，如图 8-34 所示。

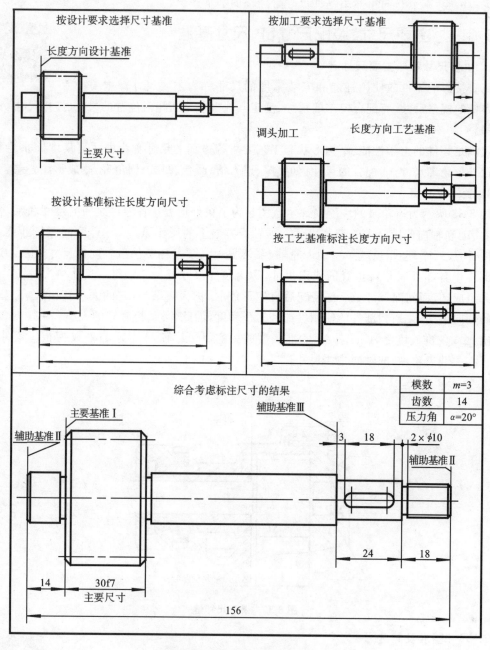

模数	m=3
齿数	14
压力角	α=20°

图 8-34　设计基准和工艺基准

2）主要基准和辅助基准

每个零件都有长、宽、高三个方向的尺寸，因此，每个方向上至少要有一个基准。当某一方向上有若干个基准时，可以选择一个设计基准作为主要基准，其余的尺寸基准是辅助基准。如图 8-34 所示，沿轴线方向，端面Ⅰ为主要基准，端面Ⅱ、Ⅲ为辅助基准。辅助基准和主要基准之间应有一个尺寸直接联系起来，即要有一个定位尺寸。如尺寸 14 将基准Ⅰ、Ⅱ联系起来。

3）尺寸基准的选择

综合考虑设计与工艺两方面的要求，合理地选择尺寸基准，是标注零件尺寸时首先要考虑的重要问题。标注尺寸时应尽可能使设计基准和工艺基准重合，做到既满足设计要求，又满足工艺要求。但实际上往往不能兼顾设计和工艺要求，此时必须对零件的各部分结构的尺寸进行分析，明确哪些是主要尺寸，哪些是非主要尺寸；主要尺寸应从设计基准出发进行标注，以直接反映设计要求，能体现所设计零件在部件中的功能，如图 8-34 所示的尺寸 30f7。对于非主要尺寸，如图 8-34 所示的尺寸 14、18、24 等，应考虑加工测量的方便，以加工顺序为依据，由工艺基准引出，以直接反映工艺要求，便于操作和加工测量。

8.3.2 零件图上标注尺寸时的注意事项

零件图上标注尺寸的一般原则是：为保证设计的精度要求，应将主要尺寸直接标注在零件图上。标注尺寸时应注意的事项如下。

1. 相关尺寸的一致性

相互关联的零件之间的相关尺寸要一致，包括配合尺寸、轴向和径向定位尺寸，以避免发生差错。如图 8-35 所示的泵盖上的销孔与泵体上的销孔的定位尺寸注法上完全一致，容易保证装配精度，因此是合理的。

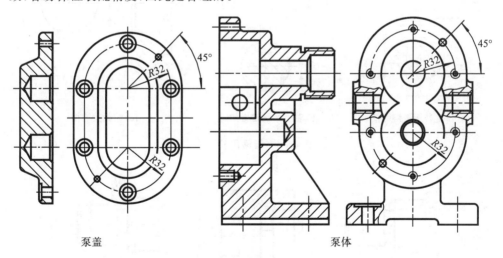

泵盖　　　　　　　　　　　　　　　　泵体

图 8-35 相关尺寸的一致性

2. 避免注成封闭尺寸链

零件某一方向上的尺寸首尾相互连接，构成封闭尺寸链，如图 8-36（a）所示的轴的轴向尺寸 A、A_1、A_2、A_3 就构成了封闭尺寸链。标注尺寸时，应选择一个最不重要的尺寸 A_3 不予标注，如图 8-36（b）所示，以避免注成封闭尺寸链。

有时为了避免现场计算，方便加工、下料，可加注参考尺寸。参考尺寸必须经过换算并加括号表示，如图 8-37 所示。

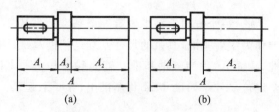

图 8-36 避免标注成封闭尺寸链

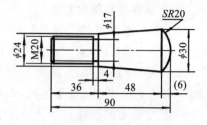

图 8-37 参考尺寸

3. 加工、测量方便

在满足零件设计要求的前提下,标注尺寸时要尽量符合零件的加工顺序和方便测量,即尺寸应注在表示该结构最清晰的图形上,同一工序尺寸应尽量集中注写。如图 8-34 所示键槽的定位尺寸和长度尺寸,集中注在主视图上。

4. 零件上的标准结构按规定标注

零件上的标准结构,如螺纹、退刀槽、键槽、销孔、沉孔等,应查阅有关国家标准,按规定标注尺寸。图 8-38 所示为零件上的键槽尺寸的注法;图 8-39 所示为零件上的工艺槽尺寸的注法;表 8-2 所示为零件上常见的各种不同形式和不同用途的光孔、螺孔、盲孔、沉孔等的画法及尺寸注法。

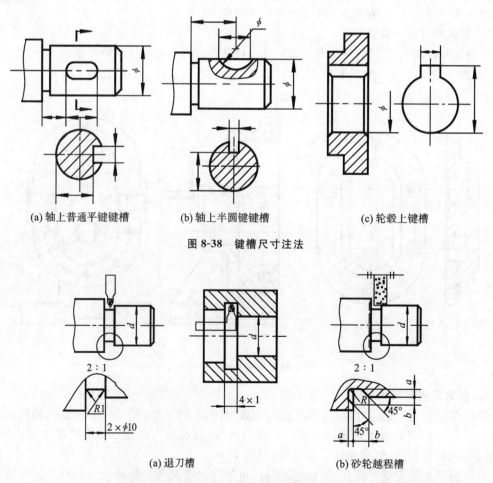

(a)轴上普通平键键槽　　　　(b)轴上半圆键键槽　　　　(c)轮毂上键槽

图 8-38 键槽尺寸注法

(a)退刀槽　　　　(b)砂轮越程槽

图 8-39 工艺槽尺寸注法

表 8-2 零件上常见孔(光孔、螺孔、沉孔)的尺寸注法

类型	简化后		简化前
光孔	4×φ4H7▽12	4×φ4H7▽12	4×φ4H7 12
螺孔	3×M6—7H	3×M6—7H	3×M6—7H
螺孔	3×M6—7H▽10 孔▽13	3×M6—7H▽10 孔▽13	3×M6—7H 10 13
沉孔	6×φ6.5 ∨φ10×90°	6×φ6.5 ∨φ10×90°	90° φ10 6×φ6.5
沉孔	4×φ6.4 ⨆φ12▽4.5	4×φ6.4 ⨆φ12▽4.5	φ12 4.5 4×φ6.4
沉孔	4×φ9 ⨆φ20	4×φ9 ⨆φ20	φ20 4×φ9

5. 加工面与非加工面的标注

对于铸造或锻造零件,同一方向上的加工面和非加工面应各选择一个基准,分别标注有关尺寸,并且两个基准之间只允许有一个联系尺寸。图 8-40(a)中零件的非加工面间由一组尺寸 M_1、M_2、M_3、M_4 相联系,加工面间由另一组尺寸 L_1、L_2 相联系。加工基准面与非加工基准面之间用一个尺寸 A 相联系。如图 8-40(b)所示标注方式是不合理的。

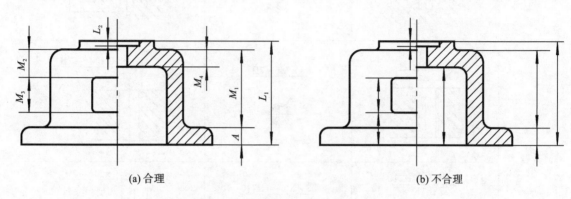

(a) 合理　　　　　　　　　　　　　　　(b) 不合理

图 8-40　加工面与非加工面的标注

8.3.3　零件尺寸标注举例

在零件图上标注尺寸的一般步骤是:分析装配关系及零件的结构→明确设计基准和主要尺寸→选择尺寸基准→按设计要求标注主要尺寸→按工艺要求和形体特征标注其他尺寸。

泵体的工作位置如图 8-33 所示,主动、从动齿轮轴的齿轮部分分别装在泵体的两空腔内,两空腔的轴线互相平行。

分析图 8-41 中的基准。

长度方向有三个基准:

(1) 主要基准为泵体的左端面Ⅱ(设计基准);

(2) 加工面辅助基准为泵体的右端面Ⅲ(工艺基准);

(3) 非加工面辅助基准为端面Ⅳ(工艺基准)。

宽度方向有一个基准:泵体的前后对称面。

高度方向有两个基准:

(1) 泵体的下底面为主要基准(设计基准);

(2) 辅助基准为主动齿轮轴的轴线(设计基准)。

主要尺寸有泵体两空腔尺寸 $\phi48\text{H}8$,两支承孔尺寸 $\phi18\text{H}7$,两腔中心距 42 ± 0.02,上腔轴线至底面的距离 108,泵体进、出油口规格尺寸 G1/4,底板安装孔定位尺寸 15、48、68,泵体左端面螺孔、销孔连接尺寸 $R32$、45°等。这些主要尺寸应直接注出。

请读者自行分析其余非主要尺寸的标注。

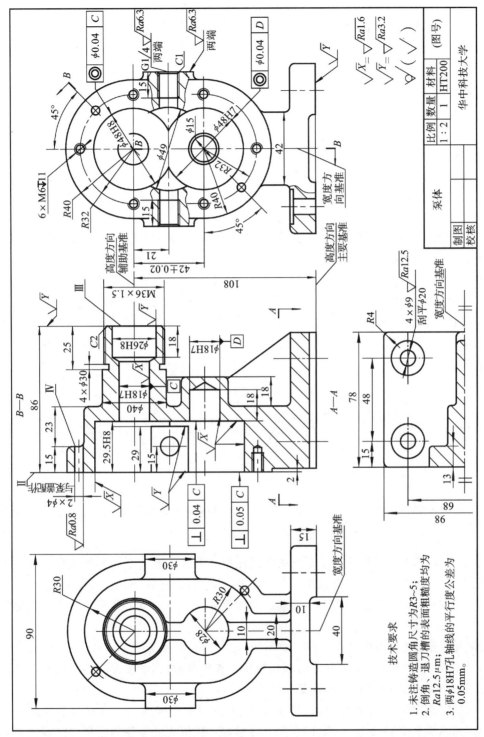

图 8-41　零件尺寸标注示例

8.4　零件图中的技术要求

零件图中的技术要求是用来控制零件制造质量的,标注技术要求必须使用规定符号和文字。

8.4.1　零件图上表面结构要求及其标注

1. 表面结构要求

零件图上注写的技术要求有:表面结构要求、极限与配合、几何公差、材料及材料热处理、零件加工与质量检验要求等项目。其中有些项目有技术标准,应按规定的代号或符号注写在图上。无技术标准规定时应该用文字简明地注写在图样下方的空白处。

表面结构要求是表面粗糙度、表面波纹度、表面缺陷、表面纹理和表面几何形状的总称。

表面粗糙度是表示零件表面质量的重要指标之一。零件经过加工以后,其表面看似光滑,但如果用放大镜观察,就会看到凸凹不平的峰谷,如图 8-42(a)所示。零件表面所具有的这种微观几何形状误差特性称为表面粗糙度。它是由于刀具与加工表面的摩擦、挤压,以及加工时高频振动等而产生的。表面粗糙度对零件的工作精度、耐磨性、密封性乃至零件间的配合都有直接的影响。因此,恰当地选择零件的表面粗糙度,对提高零件的工作性能和降低生产成本都将具有重要的意义。

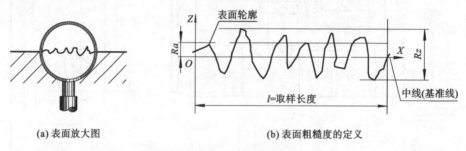

(a) 表面放大图　　　　　　　　(b) 表面粗糙度的定义

图 8-42　表面粗糙度

由于加工振动,在零件的表面所形成的间距比粗糙度大得多的表面不平度称为表面波纹度。表面粗糙度、表面波纹度及表面几何形状误差同时生成在同一表面上,加上表面缺陷、表面纹理,它们都是影响零件使用寿命和引起振动的重要因素。本节主要介绍常用的表面粗糙度表示法。

2. 表面粗糙度的主要参数

GB/T 3505—2009 中规定了评定表面粗糙度的轮廓参数,其中较常用的是两种高度参数 Ra(轮廓算术平均偏差)和 Rz(轮廓的最大高度)。

Ra 参数定义:在一个取样长度内,轮廓偏距(Z 方向上轮廓线上的点与基准线之间的距离)绝对值的算术平均值,如图 8-42(b)所示。显然,Ra 数值大的表面较粗糙,Ra 数值小的表面较光滑。测量 Ra 的取样长度推荐值列于表 8-3 中。

表 8-3　Ra 取样长度 l 的推荐值

$Ra/\mu m$	l/mm
⩾0.008～0.02	0.08

续表

$Ra/\mu m$	l/mm
$>0.02\sim0.1$	0.25
$>0.1\sim2.0$	0.8
$>2.0\sim10.0$	2.5
$>10.0\sim80.0$	8.0

Rz 参数定义:在一个取样长度内,最大轮廓峰高 H_{max} 与最大轮廓谷深 H_{min} 之和,如图 8-42(b)所示。

在实际应用中,以 Ra 用得更多,其数值规定见表 8-4。表面粗糙度获得的方法及应用举例见表 8-5。

表 8-4 Ra 数值系列 单位:μm

基本系列	补充系列	基本系列	补充系列	基本系列	补充系列	基本系列	补充系列
—	0.008	—	0.125	—	2.0	—	32
—	0.010	—	0.160	—	2.5	—	40
0.012	—	0.2	—	3.2	—	50	—
—	0.016	—	0.25	—	4.0	—	63
—	0.020	—	0.32	—	5.0	—	80
0.025	—	0.4	—	6.3	—	100	—
—	0.032	—	0.50	—	8.0		
—	0.040	—	0.63	—	10.0		
0.050	—	0.8	—	12.5	—		
—	0.063	—	1.00	—	16.0		
—	0.080	—	1.25	—	20		
0.1	—	1.6	—	25	—		

表 8-5 表面粗糙度获得的方法及应用举例

表面粗糙度		表面外观情况	获得方法举例	应 用 举 例
$Ra/\mu m$	名称			
	毛面	除净毛口	铸、锻、轧制等经清理的表面	如机床床身、主轴箱、溜板箱、尾架体等的未加工表面
50,100	粗糙面	明显可见刀痕	用粗车、粗刨、粗铣等加工方法获得的表面	没有要求的自由表面,表面粗糙度要求很低的加工面,如螺钉孔、倒角表面及机座底面等
25		可见刀痕		
12.5		微见刀痕		
6.3	半光面	可见加工痕迹	精车、精刨、精铣、刮研和粗磨	支架、箱体和盖等的非配合表面,一般螺栓支承面
3.2		微见加工痕迹		箱、盖、套筒要求紧贴的表面,键和键槽的工作表面
1.6		看不见加工痕迹		要求有不精确定心及配合特性的表面,如轴承的配合表面、锥孔表面等

续表

表面粗糙度		表面外观情况	获得方法举例	应 用 举 例
$Ra/\mu\mathrm{m}$	名称			
0.8	光面	可辨加工痕迹方向	金刚石车刀精车、精铰,拉刀和滚压刀加工,精磨、珩磨、研磨、抛光	要求保证定心及配合特性的表面,如支承孔、衬套、带轮的工作表面
0.4		微辨加工痕迹方向		要求能长期保证规定的配合特性的、公差等级为 7 级的孔和 6 级的轴
0.2		不可辨加工痕迹方向		主轴的定位锥孔,$d<20$ mm 淬火的精确轴的配合表面

3. 表面结构要求的图形符号及代号(GB/T 131—2006)

表面结构要求的图形符号及意义如表 8-6 所示。

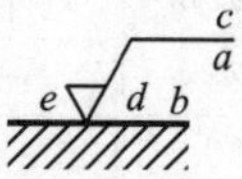

图 8-43　表面结构要求代号填写格式

表面结构要求代号填写格式如图 8-43 所示。

(1) 基本符号的尖顶必须指向并接触零件表面。

(2) a、b 为表面结构要求参数允许值(μm),其中 a 处注写第一表面结构要求,b 处注写第二表面结构要求。

(3) c 处注写加工方法,表示镀铬和其他表面处理。

(4) d 处注写加工表面纹理和方向符号。

(5) e 处注写加工余量(mm)。

表 8-6　表面结构要求的图形符号及其意义

符　号	意　义
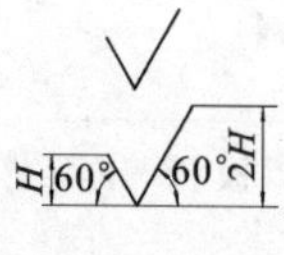 H 60° 60° $2H$	基本符号及其画法,仅用于简化代号的标注,单独使用这个符号是没有意义的
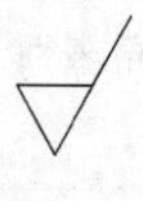	基本符号上加一短画,表示表面特征是用去除材料的方法获得的,如车、铣、钻、磨、抛光、腐蚀、电火花加工等
	基本符号上加一小圆,表示表面特征是用不去除材料的方法获得的,如铸、锻、冲压、热轧、冷轧、粉末冶金等,用于保持原供应状况的表面

续表

符　　号	意　　义
(a)　(b)　(c)	在以上各种符号的长边上加一横线,以便注写对表面结构特征的补充信息: (a) 允许任何工艺,用文字表达图形符号为 APA; (b) 去除材料,用文字表达图形符号为 MRR; (c) 不去除材料,用文字表达图形符号为 NMR

4. 表面结构要求标注方法

表面结构要求标注方法及其示例如表 8-7 所示。

表 8-7　表面结构要求在图样上的注法

图　　例	说　　明	图　　例	说　　明
$Ra1.6$ ……1 2 3 4 5 6	代号中数字的方向必须与尺寸数字的方向一致; 对某个视图构成封闭轮廓的各表面有相同表面结构要求时,应在完整图形符号上加一圆圈,标注在封闭轮廓线上	$Rz12.5$　$Ra1.6$　$Ra1.6$　$Rz12.5$　$Rz6.3$	表面结构要求注在轮廓线上,其符号应从材料外指向接触表面
铣 $Ra6.3$　车 $Ra6.3$	可以用带箭头或黑点的指引线引出标注	$Ra3.2$ [0.2] $\phi20\pm0.1$ $Ra6.3$ $\phi0.2$ A	对每一表面一般只注一次,并尽可能注在相应的尺寸及其公差的同一视图上
抛光 $Ra3.2$ ($\sqrt{}$)	零件上的表面有相同表面结构要求时,可统一标注在图样的标题栏附近,在表面结构要求符号后面的圆括号内给出基本符号	$Ra6.3$　$Rz6.3$　$Ra1.6$	所有圆柱表面或平面有相同表面结构要求时,可只注一次

续表

图　　例	说　　明	图　　例	说　　明
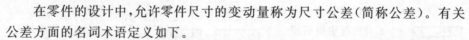	多数表面有相同表面结构要求时，则可统一标注在图样的标题栏附近，在表面结构要求符号后面的圆括号内给出不同的表面结构要求		在图纸空间有限、多数表面有相同表面结构要求时，用带有完整符号的简化注法，以等式形式在图形或标题栏附近注出

8.4.2　极限与配合及其标注

极限与配合是尺寸标注中的一项重要技术要求。基于以下三个方面的原因，本书引入了极限与配合的内容。

（1）零件加工制造时必须给尺寸一个允许变动的范围。

（2）零件之间在装配中要求有一定的松紧配合，这种要求需要由零件的尺寸偏差来满足。

（3）零件互换性的要求　　所谓互换性是指在装配时，在相同零件中，对所取的某一零件不经意地选择和修配，就能满足其在部件中所要求的装配性能。

在设计中选择极限与配合时，要使零件在制造与装配中既经济又便于制造，这样所确定的极限与配合才是合理的。

1. 尺寸公差的有关术语（GB/T 1800.1—2009）

1）公差的概念

在零件的设计中，允许零件尺寸的变动量称为尺寸公差（简称公差）。有关公差方面的名词术语定义如下。

（1）公称尺寸　　设计时根据计算或经验所决定的尺寸，也是图样规范确定的理想形状要素的尺寸。

（2）实际尺寸　　对制成的零件经实际测量所得的尺寸。

（3）上极限尺寸　　尺寸要素允许达到的最大尺寸。

（4）下极限尺寸　　尺寸要素允许达到的最小尺寸。

（5）上极限偏差　　上极限尺寸与公称尺寸的代数差。

（6）下极限偏差　　下极限尺寸与公称尺寸的代数差。

（7）尺寸公差＝上极限尺寸－下极限尺寸＝｜上极限偏差－下极限偏差｜。尺寸公差简称公差，不可能为零，且均为正值。

（8）零线　　表示公称尺寸的一条直线，以其为基准确定偏差和公差。

（9）公差带　　用来表示公差大小及其相对于零线位置的一个区域。公差带表示上、下极限偏差的两条直线所限制的区域，如图 8-44 所示。

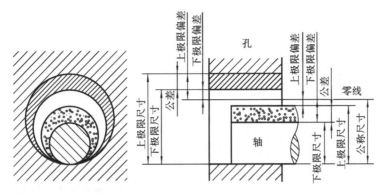

图 8-44　公差名词术语示意图

（10）公差带图　为了方便分析，将尺寸公差与公称尺寸的关系，按放大比例画成简图，如图 8-45 所示。

公差带由两个要素组成：公差带的大小——用标准公差的等级来表示；公差带的位置——用基本偏差的符号来表示。

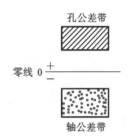

图 8-45　公差带简图

2）标准公差

标准公差（IT）决定公差带的大小。国家标准将它分为 20 级：IT01，IT0，IT1，…，IT18。IT01 级最高，其公差值最小；IT18 级最低，其公差值最大。同一公差等级（如 IT7）对所有公称尺寸的一组公差被认为具有同等精确程度。级别与公差值在国家标准中用列表的形式来表示，可参见附录中表 G-1。

3）基本偏差

基本偏差是在极限与配合中，确定公差带相对于零线位置的那个极限偏差。

基本偏差用拉丁字母表示。大写字母代表孔，小写字母代表轴。

当公差带在零线上方时，基本偏差为下极限偏差；当公差带在零线下方时，基本偏差为上极限偏差。如图 8-46 所示。

4）公差带代号

公差带代号是由基本偏差代号加表示标准公差等级的数字所组成的，如 H7、f8 等。公差带代号应用同一号字体书写。假设有一个标注为 $\phi50H7$，其中 $\phi50$ 为公称尺寸，H 为基本偏差代号，7 表示标准公差等级为 IT7 级。查附录中表 E-2 可得：$\phi50H7 = \phi50^{+0.025}_{0}$。

2. 配合

1）概念

配合是指公称尺寸相同并且相互结合的孔和轴公差带之间的关系。根据机器的设计和工艺要求，国家标准将配合分为三种类型。

（1）间隙配合　具有间隙的配合，此时，孔的公差带在轴的公差带之上。

（2）过盈配合　具有过盈的配合，此时，孔的公差带在轴的公差带之下。

（3）过渡配合　可能具有间隙或者过盈的一种配合。此时，孔、轴的公差带相互交叠。

2）配合制

国家标准规定了两种配合：基孔制配合和基轴制配合（见图 8-47）。采用配合制的目的是为了统一基准件的极限偏差，以达到减少定位刀具和量具规格的数量，获得最大的经济效益。

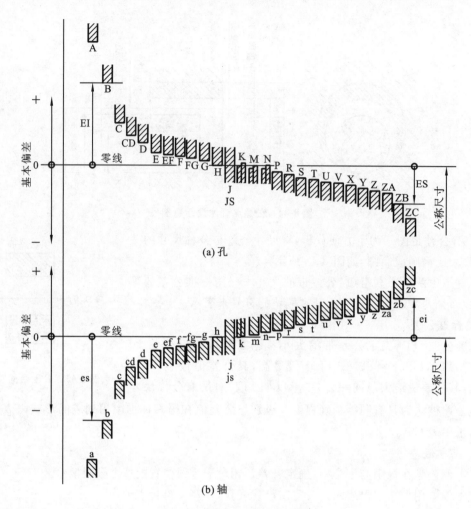

图 8-46　基本偏差系列示意图

国家标准还规定,一般情况下优先采用基孔制配合。

(1) **基孔制配合**　基孔制是指基本偏差为一定的孔的公差带与不同基本偏差的轴的公差带形成各种配合的一种制度。在基孔制配合中,孔为基准孔,基准孔的基本偏差代号为 H。这种制度是指在同一公称尺寸的配合中,将孔的公差位置固定,通过变动轴的公差带位置,得到各种不同的配合。

(2) **基轴制配合**　基轴制配合是指基本偏差为一定的轴的公差带与不同基本偏差的孔的公差带形成各种配合的一种制度。在基轴制配合中,轴为基准轴,基准轴的基本偏差代号为 h。这种制度是指在同一公称尺寸的配合中,将轴的公差位置固定,通过变动孔的公差带位置,得到各种不同的配合。

查附表 E-1 及附表 E-2 可知:基准孔 H 的上偏差总是为正值,下偏差为零;基准轴 h 的上偏差总是为零,下偏差为负值。

3. 公差与配合的标注

1) 装配图上尺寸公差带代号及配合的标注

装配图上相互配合的零件的尺寸公差是在装配图上标注的。配合代号是由两个相互结合的孔和轴的公差带代号组成的。配合代号是在公称尺寸后面

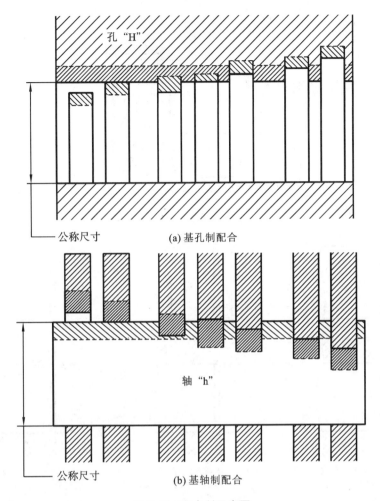

图 8-47　配合制示意图

用分数形式注写的。对于孔要求用大写字母注出公差带代号，写在分子处；对于轴要求用小写字母注出公差带代号，写在分母处，如图 8-48 所示。

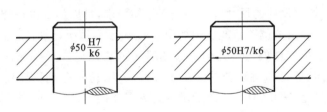

图 8-48　配合的标注

　　标注标准件、外购件与一般零件（轴与孔）的配合代号时，可以仅标注相配零件的公差带代号，如图 8-49 所示。

　　2）**零件图上的公差标注**

　　零件图上的尺寸公差可按图 8-50 所示的三种形式中的一种进行标注。当上、下偏差数值相同时还可以这样标注：$\phi 50 \pm 0.008$。

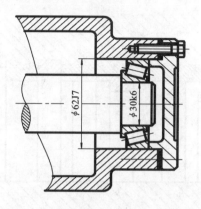

图 8-49 与滚动轴承配合的孔、轴的标注

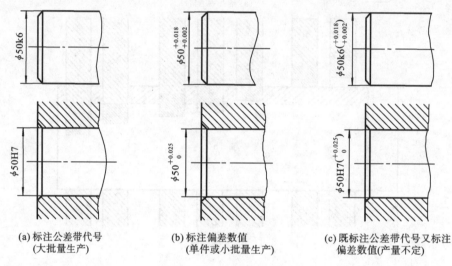

(a) 标注公差带代号
(大批量生产)

(b) 标注偏差数值
(单件或小批量生产)

(c) 既标注公差带代号又标注
偏差数值(产量不定)

图 8-50 公差的标注形式

8.4.3 几何公差

在实际生产中,按照设计的尺寸公差和表面结构要求,可以加工出符合要求的零件来。但是零件的形状及相关要素的位置可能出现如图 8-51 所示的情况,此时就需要提出几何公差的要求。几何公差是被测零件的实际几何要素相对于理想几何要素所允许的变动量,包括形状、方向、位置和跳动公差。图 8-51(a)、(b)所示分别为生产过程中形成的零件形状误差,图 8-51(c)、(d)所示分别为零件位置误差。这些误差超过一定的限制会影响零件的互换性,并直接影响机器的工作精度和寿命。

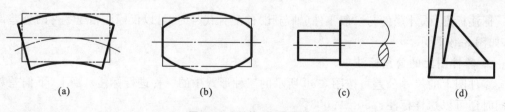

(a)   (b)   (c)   (d)

图 8-51 形状、位置误差

　　例 8-1　图 8-52(a)所示是一个直径较小的短圆柱销,由于销的直径较细,无法通过中心孔定位,所以需用无心磨床加工。加工后得到的实际零件如图8-52(b)所示。用游标卡尺来测量零件的对径,会发现各处都满足尺寸公差的要求,但是零件的形状却不是所需的。

　　这个例子说明,在对零件提出技术要求时,仅仅有尺寸公差是不够的,还需要对零件的几何形状加以约束。这就是设置几何公差要求的缘由。

图 8-52

　　在通常情况下,零件的形状、方向、位置、跳动误差可以由尺寸公差、加工零件的机床精度和加工工艺来限制,从而获得质量保证。几何公差只是用于零件上某些有较高要求的部分。

　　GB/T 1182—2008、GB/T 4249—2009、GB/T 16671—2009、GB/T 17851—2010 等国家标准对几何公差的术语、定义、符号、标注和图样中的表示方法做了详细规定。图 8-53 所示为零件图上标注几何公差的示例。

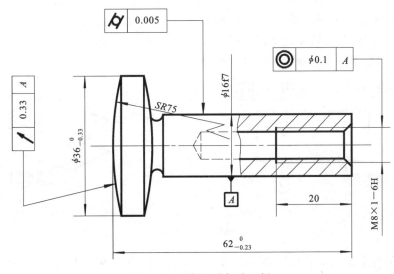

图 8-53　几何公差标注示例

　　几何公差的基本概念如下。

　　(1) 应按照功能要求给定几何公差,同时考虑制造和检测上的要求(但不一定要指明应采用的加工和检测方法)。

　　(2) 对要素规定的几何公差确定了公差带,该要素应限定在公差带之内。

　　(3) 要素是零件上的特定部位(如点、线、面),可以是组成要素(如圆柱面)和导出要素(如中心线或中心面)。

　　(4) 根据公差的几何特征及其标注方式,公差带的主要形状有:一个圆内的区域、两同心圆之间的区域、两平行线或两等距曲线之间的区域、一个圆柱面内的区域、两同轴圆柱面之间的区域、两平行平面或两等距曲面之间的区域,以及一个球内的区域。

（5）除非有进一步限制的要求，被测要素在公差带内可以具有任何形状、方向或位置。

（6）除非另有规定，公差适用于整个被测要素。

（7）基准要素指用来确定被测要素的方向或（和）位置的要素，理想的基准要素简称基准。相对于基准给定的几何公差并不限定基准要素本身的几何误差。

例 8-2　如图 8-54 所示，对零件轴线有直线度 $\phi0.08$ 的公差要求。其含义是：以零件的理论轴线为轴，以 0.08 mm 为直径作一个理想圆柱体。要求在有限点集范围内（注意：零件的轴线不能延伸），被测零件的实际轴线上所有的点都落在表示公差带的理想圆柱范围内。

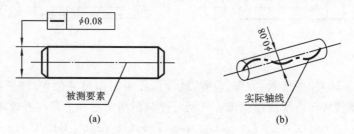

图 8-54　直线度公差

此例中，由于公差带的形状是圆柱形，所以公差带数值前应该加"ϕ"。

例 8-3　如图 8-55 所示，对长方体形状的零件上表面指定平行度公差。此公差要求的含义是：以零件的下表面为测量基准，下表面称为基准要素；上表面是被测要素。经过被测平面的最高点和最低点作基准要素的平行平面作为参考平面，这两个参考平面之间的距离为 t。如果 $t \leqslant 0.01$ mm，则零件上表面的平行度合乎要求。

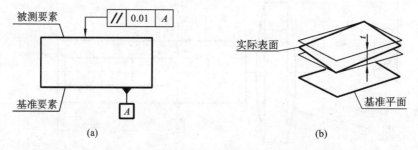

图 8-55　平行度公差

注意：此平行度公差是限制被测要素——上表面的。作为基准要素的下平面我们认为是理想的平面。在实际零件上，作为基准的几何元素一般应该具有足够的精度，如果基准要素本身有几何公差方面的要求，需要另外标注。本例中，由于公差要求指的是两平面之间的距离，所以公差数值之前不加"ϕ"。

几何公差的几何特征符号如表 8-8 所示。几何公差注法如表 8-9 所示。几何公差示例及说明如表 8-10 所示。

表 8-8　几何公差的几何特征及符号（摘自 GB/T 1182—2008）

	直线度	平面度	圆度	圆柱度	线轮廓度	面轮廓度
形状公差	—	▱	○	⌀	⌒	⌓

续表

	平行度	垂直度	倾斜度	线轮廓度	面轮廓度	—
方向公差	//	⊥	∠	⌒	◠	—
位置公差	同轴度 （用于轴线）	同心度 （用于中心点）	对称度	位置度	线轮廓度	面轮廓度
	◎	◎	⌰	⊕	⌒	◠
跳动公差	圆跳动	全跳动	—	—	—	—
	/	⌿	—	—	—	—

表 8-9　几何公差注法

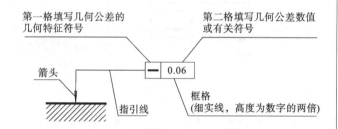

第一格填写几何公差的几何特征符号　　第二格填写几何公差数值或有关符号

箭头　　　指引线　　　框格（细实线，高度为数字的两倍）

框格中的数字与图中的尺寸数字同高。框格一端与带箭头的细实线相连，箭头指向被测要素，当被测要素为轮廓线或面时，应指在提取要素的轮廓线或其延长线上，而且明显地与尺寸线错开。当被测要素为轴线或中心平面时，则指引线的箭头应与该要素的尺寸对齐

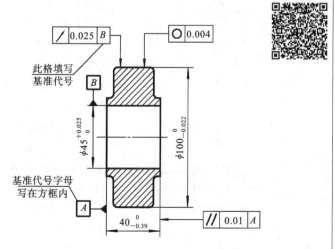

此格填写基准代号

基准代号字母写在方框内

与提取要素相关的基准用一个大写字母表示，字母标注在基准方框内，与一个涂黑或空白的三角形相连。涂黑的与空白的基准三角形含义相同。当三角形对齐有关尺寸线时，表示基准部位是轴线或对称平面，如 ▲B。当基准要素为线或面时，基准代号应明显地与尺寸线错开，如 ▲A

表 8-10　几何公差示例及说明

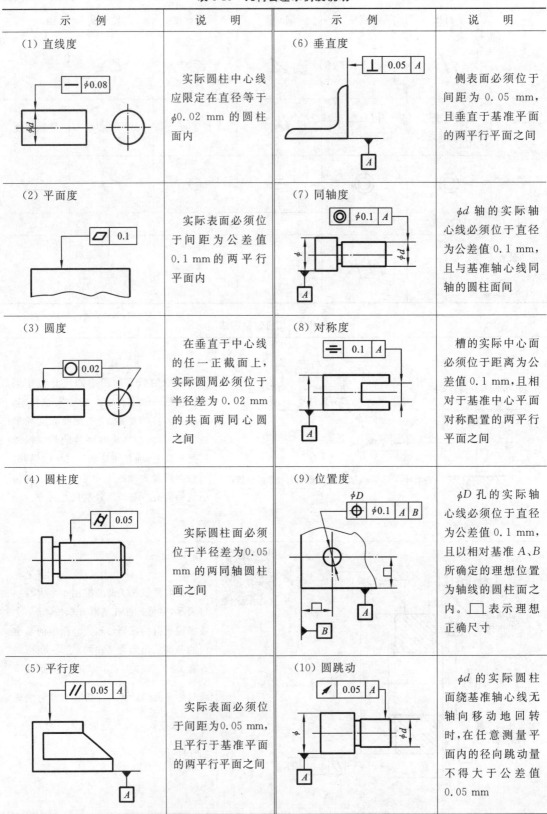

示　　　例	说　　　明	示　　　例	说　　　明
（1）直线度	实际圆柱中心线应限定在直径等于 $\phi0.02$ mm 的圆柱面内	（6）垂直度	侧表面必须位于间距为 0.05 mm，且垂直于基准平面的两平行平面之间
（2）平面度	实际表面必须位于间距为公差值 0.1 mm 的两平行平面内	（7）同轴度	ϕd 轴的实际轴心线必须位于直径为公差值 0.1 mm，且与基准轴心线同轴的圆柱面间
（3）圆度	在垂直于中心线的任一正截面上，实际圆周必须位于半径差为 0.02 mm 的共面两同心圆之间	（8）对称度	槽的实际中心面必须位于距离为公差值 0.1 mm，且相对于基准中心平面对称配置的两平行平面之间
（4）圆柱度	实际圆柱面必须位于半径差为 0.05 mm 的两同轴圆柱面之间	（9）位置度	ϕD 孔的实际轴心线必须位于直径为公差值 0.1 mm，且以相对基准 A、B 所确定的理想位置为轴线的圆柱面之内。▢ 表示理想正确尺寸
（5）平行度	实际表面必须位于间距为 0.05 mm，且平行于基准平面的两平行平面之间	（10）圆跳动	ϕd 的实际圆柱面绕基准轴心线无轴向移动地回转时，在任意测量平面内的径向跳动量不得大于公差值 0.05 mm

8.5 零件测绘和零件图的绘制

在实际工作中零件图的绘制,一般有两种情况:一种情况是根据装配图,画出其全部零件的工作图,主要在设计新机器或旧机器的技术改造时进行;另一种情况是根据已有的机器零件,画出零件的工作图,通常在仿制机器或机器维修时进行。本节重点讨论后一种情况,至于前一种情况将在第 10 章中介绍。

8.5.1 零件测绘步骤

根据现有的零件画出其零件工作图,称为零件测绘。零件测绘步骤如下。

(1) 概括了解零件所属机器或部件的工作原理、装配关系,以及零件的名称、材料和作用等。

(2) 根据零件的特征,恰当地选择表达方案,绘制所需的视图(包括剖视图、断面图等)。

(3) 根据零件工作情况及加工情况,合理地选择尺寸基准,并进行尺寸测量和标注,对有配合要求的尺寸,应进行精确测量并查阅有关手册,拟订合理的公差配合等级。

(4) 标注表面结构要求,编写技术要求和填写标题栏。

8.5.2 零件尺寸的测量方法

测量零件尺寸时,应根据零件尺寸的精确程度,选择相应的量具。常用的量具有钢尺、内卡钳、外卡钳、游标卡尺等。

现将常用的几种测量方法简介如下。

1. 线性尺寸的测量

一般用钢尺直接测量读数,也可用内、外卡钳与钢尺配合进行测量,如图 8-56 所示。

2. 直径尺寸的测量

一般用内、外卡钳及游标卡尺等量具测量。游标卡尺可以直接读数,且测量精度较高;内、外卡钳须借助钢尺来读数,且测量精度较低。它们的测量情况如图 8-57 所示。

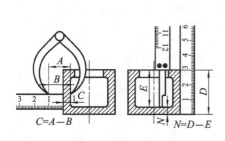

图 8-56 直线尺寸的测量

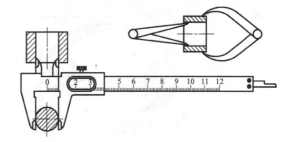

图 8-57 直径尺寸的测量

3. 中心距的测量

测量两孔间的中心距时,可直接用钢尺或卡尺测量。当孔径相等时,可按图 8-58(a)所示的方法测量;当孔径不等时,则可按图 8-58(b)所示的方法测量,中心距为

$$A = B + \frac{D_1}{2} + \frac{D_2}{2}$$

4. 圆角的测量

图 8-59 所示为用圆角规测量圆角的方法。圆角规由一组内圆角和外圆角组成。测量时

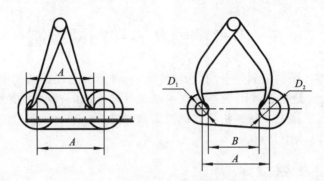

图 8-58　中心距的测量

只要在圆角规中找出与被测量部分完全吻合的一片,记下其上的读数即可。铸造圆角一般用目测估计其大小。

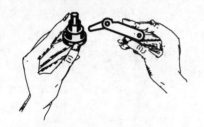

图 8-59　圆角的测量

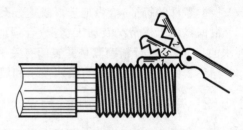

图 8-60　螺距的测量

5. 螺纹的测量

测量螺纹时要测出螺纹直径和螺距的大小。对于外螺纹,要测量螺纹大径和螺距;对于内螺纹,要测量螺纹小径和螺距,然后查手册取标准值。螺距的测量方法与圆角的测量方法类似,如图 8-60 所示。

6. 对精确度不高的曲线轮廓的测量

可以用拓印法在纸上拓印出零件的轮廓形状,然后用几何作图的方法求出各连接弧的尺寸和中心位置,如图 8-61 所示的 R_1、R_2、R_3、R_4 等。

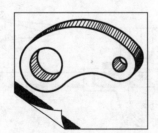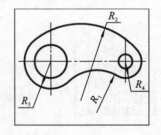

图 8-61　曲线轮廓的测量

8.5.3　画零件草图的方法和步骤

测绘时,往往受时间和工作场所的限制,通常先画出零件草图,整理以后,再根据草图画出零件的工作图。画零件草图绝不能潦草从事,草图和工作图一样,必须有图框、标题栏等,视图和尺寸同样要求正确、清晰,线型分明,图面整洁,技术要求标注完全。

画零件草图的方法是凭目测或利用手边的工具粗略地测量之后,得出零件各部分的比例关系,再根据这个比例,徒手在白纸或方格纸上画出草图。尺寸的真实大小则是在画完尺寸线后,再用工具测量,得出数据,填到草图上去。

画零件草图的一般步骤如下。

1. 分析零件选择视图

根据零件的名称和用途,结合零件的材料、结构进行形体、结构分析,确定零件的表达方法,选择主视图和其他视图。如图 8-62 所示的托架,由两面相互垂直的安装板、支承肋板、支承孔三部分组成。以工作位置放置,选用主、左视图,主视图用来表达三部分的相对位置,左视图主要表达安装板的外形和安装孔的位置;支承孔采用局部剖视在左视图中表示。另用移出断面图表达支承肋板的断面形状,用局部放大图表达退刀槽。

2. 定比例

根据视图的数量和目测实物大小,确定适当的比例,并选择合适的图纸或方格纸画出零件草图(见图 8-63(a))。

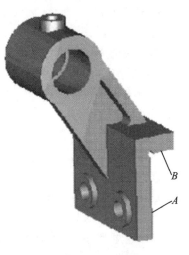

图 8-62　托架立体图

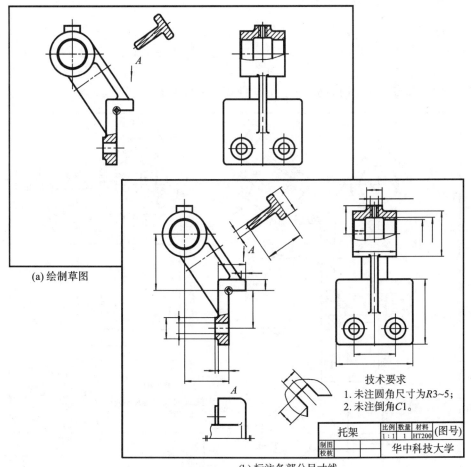

(a) 绘制草图

(b) 标注各部分尺寸线

图 8-63　托架零件草图

3. 选择基准

选择基准,画出全部尺寸界线、尺寸线及箭头,注出零件各表面结构要求。

如图 8-62 所示的零件,应分别选择相互垂直的安装板表面 A、B 为长度、高度方向的基准,选择前、后对称面为宽度方向的基准。

4. 测量尺寸

测量全部尺寸,定出技术要求,并将尺寸数字和技术要求注写在图中,填写标题栏(见图 8-63(b))。

零件测绘时,必须注意以下几个问题。

(1)制造时产生的误差、缺陷或使用过程中产生的磨损,如对称图形不对称、圆形不圆,以及砂眼、缩孔、裂纹等不应照画。对于零件上的非主要尺寸,应四舍六入圆整为整数,并应选择标准尺寸系列中的数据。

(2)零件上的标准结构要素,如倒角、圆角、退刀槽、键槽、螺纹等的尺寸,需查阅有关标准来确定。零件上与标准零、部件(如滚动轴承等)配合的轴与孔的尺寸,也需要通过查表得到。

(3)对一些主要尺寸,不能单纯靠测量得到,还必须通过设计计算来校核,如一对啮合齿轮的中心距等。

8.5.4 画零件工作图

零件草图是现场测绘的,受时间、场所等因素的影响,所采用的通常不是零件的最佳表达方案。因此,在画零件工作图时,必须对草图的表达方案进行调整、综合,使零件工作图的视图数量适当,每个视图都有表达重点,相互补充、相互说明。画零件工作图与画草图的方法步骤大致一样,这里不再赘述。图 8-62 所示托架的零件图如图 8-64 所示。

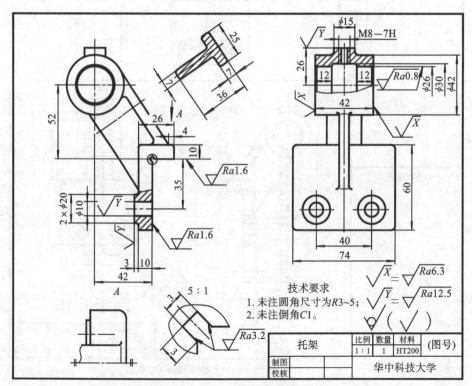

图 8-64 托架零件图

8.6　零件图的读图方法

　　零件图是付诸生产实践的图样。因此,读零件图不仅需看懂零件的结构形状,还必须进行尺寸和技术要求分析,从而明确零件的全部功能和质量要求,制定出加工零件的可行性方案。下面以图 8-65 为例,说明读零件图的一般方法和步骤。

8.6.1　概括了解零件

　　首先应从标题栏入手读图。从标题栏中的名称、比例、材料等,可以分析零件的大概作用、类型、大小、材质等情况。如图 8-65 所示标题栏中的名称是蜗轮减速器箱体,材料为 HT200,比例为 1∶1。由此可见,它是支承蜗轮、蜗杆的箱体零件,是用灰铸铁铸造且经过机械加工而成的,大小与图形一样大。

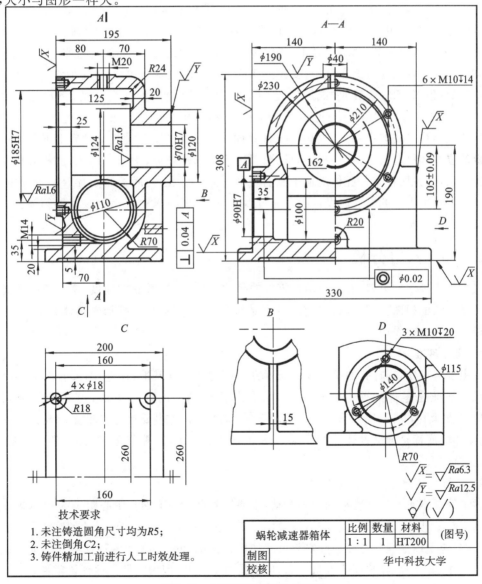

图 8-65　蜗轮减速器箱体零件图

除了看标题栏以外,还应尽可能参看装配图及相关的零件图,进一步了解零件的功能以及它与其他零件的关系。

8.6.2　分析视图剖析结构

分析视图时首先应确定主视图,并弄清主视图与其他视图的投影联系,明确各视图采用的表达方法,从而明确各视图所表达零件的结构特点。分析视图还必须采用由大到小、从粗到细的形体分析方法。首先明确零件的主体结构,然后进行各部分的细致分析,深入了解和全面掌握零件各部分的结构形状,想象出视图所反映的零件形状。

如图 8-65 所示蜗轮减速器箱体的零件图中:主视图反映箱体的工作位置,采用全剖视的表达方法,主要表达箱体的内部结构和蜗杆、蜗轮支承孔之间的相对位置;左视图采用半剖视的表达方法。结合这两个主要的基本视图,可以将该箱体分成三部分:一是上部内腔尺寸为ϕ190 和 ϕ70、外形尺寸为 ϕ230 和 ϕ120 的两个阶梯圆柱筒,此腔体包容蜗轮,右端 ϕ70H7 孔用于支承蜗轮轴;二是中部内腔尺寸为 ϕ110、外形尺寸为 ϕ140 的圆柱体,其轴线与上部轴线交叉垂直,此腔体包容蜗杆,两端 ϕ90H7 孔用于支承蜗杆轴;三是下部的矩形平板,是蜗轮减速器箱体的安装结构。经过这样分析,就大致明确了箱体的主要结构,对于其他结构还需进一步分析。例如:顶部 M20 螺孔是加油孔,是为了注入润滑、冷却油而设计的;下部接近底板的M14 螺孔是放油孔,是为了更换润滑、冷却油而设计的;由 C 向视图结合主、左视图,可以看出底板的凹坑结构和安装孔的大小和位置;而 B 向视图表达了上部圆柱后凸台和底板之间的支承肋板的位置和厚度及起模斜度;D 向视图表达了上部圆柱体、中间圆柱体、底板和肋板之间的位置关系,并说明在蜗杆腔体端面上钻有三个均布的螺孔,而底板侧面有 R70 圆弧槽,这是为满足与端盖装配时的需要而设计的。通过以上分析,就可以了解蜗轮减速器箱体的各部分结构特点。

8.6.3　尺寸分析

尺寸是零件图的灵魂,看图时结合零件的尺寸,可以加快看图的速度,例如直径不论标注在圆还是非圆的视图上,都可以确定是圆形结构。下面以图 8-65 所示的箱体为例,说明看图时分析零件尺寸的作用。

1. 尺寸基准分析

由主视图可知,蜗杆孔的中心线是长度方向的主要尺寸基准;由左视图可知,宽度方向的主要尺寸基准是零件的前后对称平面,结合左视图半剖的表达方法,可知箱体前后均有ϕ90H7 的支承孔,是通孔;结合主、左视图可知,高度方向的主要尺寸基准是蜗轮腔的中心轴线,而箱体的底面是辅助设计基准,从这个基准出发标注蜗轮、蜗杆的中心距,能确保蜗轮、蜗杆的正常运行。

2. 分析主要尺寸和非主要尺寸

为了保证蜗轮蜗杆准确地啮合和传动,主要尺寸有:上、下轴孔中心距 105 ± 0.09,上轴孔中心高 190,以及各支承孔尺寸 ϕ70H7、ϕ185H7、ϕ90H7 等。标有主要尺寸的结构是零件上的重要结构,应予以重视。另外一些安装尺寸如底板上的 260、160 和大圆柱的左端面上的螺孔的定位尺寸 ϕ210 等,其精度要求虽不高,但也是主要尺寸,因为它们是保证该零件与其他零件准确装配连接的尺寸,也应予以重视。

8.6.4　技术要求分析

技术要求的分析包括尺寸公差、几何公差、表面结构要求及技术要求文字说明等,它们都是零件图的重要组成部分,阅读零件图时也要认真进行分析。

经过上述读图过程,对零件的形状、结构特点及其功用、尺寸有了较深刻的认识,然后结合有关技术资料、装配图和相关零件图,就可以真正读懂一张零件图图样。

8.7　Inventor 中零件的建模及其工程图的创建

零件的建模过程与第 5 章组合体的建模过程类似,但建模时应充分体现面向制造的设计(design for manufacturing,DFM)准则,以提高零件的可制造性。

对于零件工程图,在 Inventor 中除了要用到第 6 章所述正确的表达方法外,还有尺寸、技术要求和标题栏的创建和处理。

8.7.1　零件建模的总体原则、总体要求和流程

《机械产品三维建模通用规则　第 2 部分:零件建模》(GB/T 26099.2—2010)规定了零件建模的总体原则、总体要求、详细要求以及模型简化、检查、发布与应用。下面以机加工类零件建模为例简单介绍。

机加工零件设计需考虑零件刚度、强度要求、工艺性要求、制造成本等方面,应考虑零件的装配、拆卸和维修。

1. 零件建模的总体原则

(1) 零件建模应能准确表达零件的设计信息,零件模型的信息表达应具备在保证设计意图的情况下可被正确更新或修改的能力。

(2) 零件建模包含零件的几何要素、约束要素和工程要素(包括材料名称、密度、弹性模量、泊松比、屈服极限、折弯因子、热传导率、热膨胀系数、硬度、剖面形式等),它们之间要建立正确的逻辑关系和引用关系,应能满足模型各类信息实时更新的需要。

(3) 不允许冗余元素存在,不允许含有与建模结果无关的几何元素。

(4) 建模时应充分体现面向制造的设计准则,提高零件的可制造性;零件的建模顺序应尽可能与机械加工顺序一致;机加零件设计时应充分考虑工艺性(包括刀具尺寸和可达性),避免零件上出现无法加工的区域;铣削加工的零件应设计相对统一的圆角半径,以减少刀具种类和加工工序。

(5) 在保证零件的设计强度和刚度要求的前提下,应根据载荷分布情况合理选择零件截面尺寸和形状。

(6) 设计时应充分考虑零件抗疲劳性能,尽量使零件截面均匀过渡,尽量采用合理的倒圆,以减少应力集中。

2. 零件建模的总体要求

(1) 一般采用公称尺寸按 GB/T 4458.5—2003 中的规定进行建模,尺寸的公差等级可通过通用注释给定,也可直接标注在尺寸数字上;

(2) 一般先建立模型的主体结构(例如框架、底座等),然后再建立模型的细节特征(例如小孔、倒角、倒圆等);

（3）某些几何要素的形状、方向和位置由理论尺寸确定时,应按理论尺寸进行建模;

（4）推荐采用参数化建模,并充分考虑零部件及零部件间参数的相互关联;

（5）在满足应用要求的前提下,尽量使模型简化,使其数据量减至最少;

（6）采用自顶向下的方式设计零件时,零件的关键尺寸应符合上一级装配的布局要求;

（7）对零件进行详细建模时,可以把零件装配在上一级装配件中,利用装配件中的相对位置,对零件进行详细建模,也可以在零件建模环境下直接建构;

（8）为了获得较高的加工精度和较好的零件互换性,设计基准和工艺基准应尽量统一,避免加工过程复杂化;

（9）钻孔零件应充分考虑孔加工的可操作性和可达性,方孔、长方孔等一般不应设计成盲孔;

（10）需确定配合公差、几何公差和表面结构要求;

（11）参与三维设计的机械零件应进行三维建模,这不仅包括自制件,还包括标准件和外购件等。

图 8-66(a)所示的开槽圆锥销如果是自制件:它的加工分为三步,即车圆锥面、车倒角、铣开槽;它的建模过程如图 8-66(b)所示,先用旋转功能生成开槽圆锥销的主体结构,再用倒角功能生成两端细节结构,最后用拉伸减功能生成开槽结构。

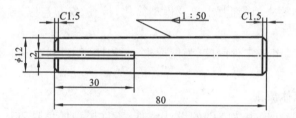

(a) 开槽圆锥销零件图

(b) 开槽圆锥销自制件的建模

图 8-66　开槽圆锥销

如果开槽圆锥销是标准件,应优先采用具有参数化特点的系列族表方法建立标准件模型。至于铸锻类、钣金类、管路类、线缆类零件,它们的加工方法各不相同,因此它们的建模原则和要求也不一样。请读者逐步积累经验,力求做到以与实际的加工过程基本匹配的方式建模,使其他用户能够方便、有效地再次使用模型。

3. 零件建模流程

零件建模流程如图 8-67 所示。

由此可见,零件建模并不是看起来已经挺像,就算完成了造型,而应该考虑以上更多的要求。请读者自行练习。下面主要介绍 Inventor 中零件工程图的创建。

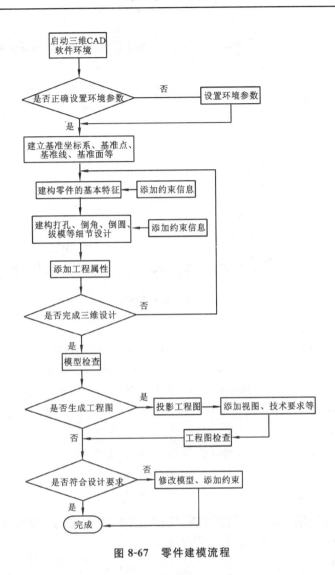

图 8-67 零件建模流程

8.7.2 零件工程图的创建

受制造技术等因素的制约,二维工程图还是产品表达的重要方式,因此造型设计完成后,设计者须根据各类零件的表达方法的特点,将零件三维模型转换成零件的工程图以表达设计意图,并指导生产。但是目前由零件三维模型直接生成零件的工程图不完全符合国家标准,必须根据前面所介绍的国家标准进行修改,主要有四个基本步骤:设置工程图、创建视图、标注和打印工程图。

1. 设置工程图——零件工程图模板的定制

在创建零件工程图时,首先需要对零件图的环境和参数进行设置,以符合国家制图标准和行业标准的规定,如图框格式、标题栏格式、字体样式和尺寸样式等内容。启动 Inventor Professional 2018,在"新建文件"对话框中,双击默认工程图模板图标按钮 ,进入工程图环境,如图 8-68 所示,可以看出打开的工程图模板是符合我国国家标准的(默认 A2),可以直接引用。当然用户可以定制个性化的工程图模板,下面以绘制学生用、留装订边的 A3 图纸为

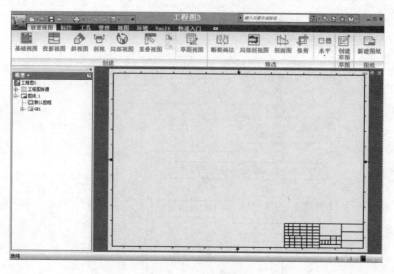

图 8-68　工程图环境

例说明相关设置。

（1）文本样式的设置。进入工程图环境,单击"管理"→"样式和标准"→"样式编辑器",弹出如图 8-69 所示的对话框,展开浏览窗中"文本"项目,利用右键关联菜单将其下属的"标签文本(ISO)"和"注释文本(ISO)"分别重命名为"标签文本 GB(5)"和"注释文本 GB(3)"(即为 5号字和 3 号字),并新建名为"标签文本 GB(7)"的新字体样式,再对每种字体样式进行详细参数设置。对于"注释文本 GB(3)"的具体参数可设为:字体选择"仿宋_GB2312",文本高度设为3,拉伸幅度设为 75％,如图 8-69 右侧界面所示。"标签文本 GB(5)"和"注释文本 GB(7)"的字体大小可分别设为 4 和 5.5,其余与 GB(3)的字体样式相同。由于 Inventor 中文字体样式的实际大小比标称的大小几乎小了一个字号,因此在设置时要注意。

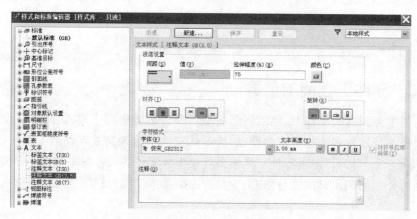

图 8-69　文本样式的设置

（2）图层的设置。工程图中的图线是用图层工具进行管理的,展开"样式和标准编辑器"对话框中浏览窗中的"图层"后,选中其下属的某图层,就可以在右侧面板中对该图层的名称、可见性、颜色、线型和线宽等参数进行设置。

（3）尺寸样式的设置　Inventor 中默认的尺寸样式中有诸多地方与我国国家制图标准不相符,需要对其进行修改。展开浏览窗中"尺寸"项目,单击"默认(GB)",就可以在右侧面板中对其尺寸样式参数进行设置,主要包括:"显示"标签页中的尺寸界线延伸值改为 2 mm;"文本"标签页中的"基本文本"样式设为"标签文本 GB(5)","公差文本"样式设为"注释文本GB(3)"并采用底端对齐"x^{+x}_{-x}",角度尺寸文字方向改为水平,根据需要设置线性、直径和半径尺寸文字的方向和位置;根据需要对公差、选项、注释和指引线标签页中的参数进行修改。

利用"尺寸样式"中的"单位""显示""文本""公差"等选项卡设置尺寸样式,如图 8-70 所示。利用"样式和标准编辑器"对话框还可以进行诸如"引出序号""中心标记"等绘图标准的设置与修改,这里不做详述,读者可以自行操作。

(a) 修改"单位"选项卡

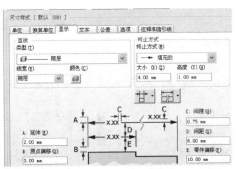

(b) 修改"显示"选项卡

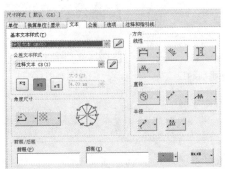

(c) 修改"文本"选项卡

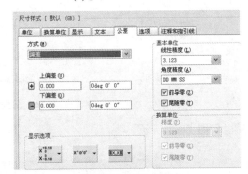

(d) 修改"公差"选项卡

图 8-70　设置尺寸样式

(4) 图框格式定制　在浏览窗中找到"图纸"菜单项,单击鼠标右键,选择右键快捷菜单中的"编辑图纸",如图 8-71(a)所示,弹出"编辑图纸"对话框,如图 8-71(b)所示,根据零件的结构特点和大小,选择 A3 横装的图纸。

再次选择浏览窗中的"图纸"菜单项,单击鼠标右键,选择右键快捷菜单中的"删除图纸(D)"项,如图 8-71(a)所示,单击;再在浏览器中找到"工程图资源"下的"图框"(见图 8-72(a)),在其右键关联菜单中选择"定义新图框(D)",利用图标按钮□矩形绘制出留装订边的 A3 图纸所用的图框并添加约束,如图 8-72(b)所示;接着在图形窗口中单击右键,在弹出的菜单中选择"保存图框(S)",在弹出的对话框中输入图框的名称并单击"保存(S)"按钮,如图 8-72(c)所示。

(5) 标题栏的定制　定制的方法与图框格式定制相似。在浏览器面板中的"工程图资源"文件夹下"标题栏"的右键关联菜单中选择"定义新标题栏(T)",利用工程图草图面板中的工具将标题栏绘制出并添加约束,接着在图形窗口中单击鼠标右键,在弹出的菜单中选择"保存标题栏(S)",最后在弹出的对话框中输入标题栏的名称并点击"保存标题栏(S)"按钮,定制后

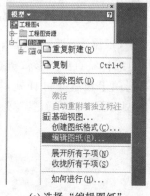 

(a) 选择"编辑图纸"　　　　　　　　(b) "编辑图纸"对话框

图 8-71　设置图幅

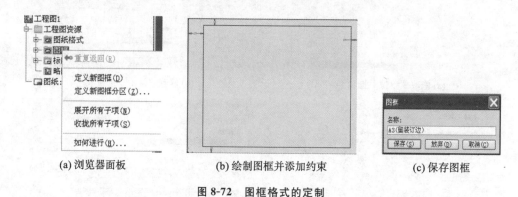

(a) 浏览器面板　　　　　(b) 绘制图框并添加约束　　　(c) 保存图框

图 8-72　图框格式的定制

的标题栏如图 8-73 所示。

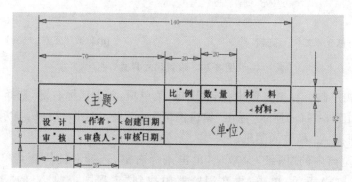

图 8-73　学生用标题栏的定制

　　为了使标题栏中的文字内容与工程图所表达的零件模型具有关联性并自动填写,在定制标题栏时,文字可引用来自模型或工程图的特性参数,如材料、图样名称、设计人、审核人和比例等。图 8-74 所示为在创建标题栏中文字时的"文本格式"对话框,在其中的类型和特性栏中可选择来自模型或工程图中的特性参数。具体操作如下:单击"标注"中的"创建包含文本的注释 A文本",根据提示在标题栏材料空格处单击,弹出"文本格式"对话框,在其"类型"中选择"特性-模型",在其"特性"中选择"材料",然后点击"添加文本参数",最后点击"确定",即将模型特性中的材料特性映射到标题栏中,如图 8-74 所示。用同样的方法完成设计者单位、设计者姓名、零件名称、零件代号的填写。填写过程中可以对文本的样式进行修改。

（6）自定义工程图模板　将以上设置完成的内容自定义为一模板，以便将来创建的工程图可以共享，而无须再重新设置，用户能通过模板文件快速、便捷地生成符合国家和行业标准、风格统一的工程图。该自定义工程图模板将被自动保存在 Inventor 安装用户目录下的"Autodesk\Inventor2018\Templates"子目录中。

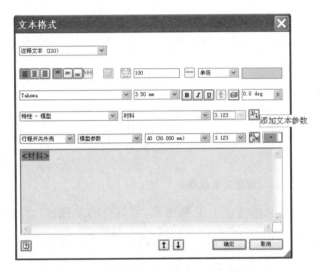

图 8-74　引用来自模型或工程图的特性参数

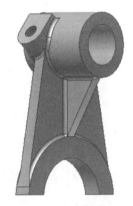

图 8-75　拨叉模型

2. 创建零件工程图

下面以拨叉为例来介绍零件工程图的创建方法。由图 8-75 可知拨叉是叉架类零件。主视图按零件的自然结构主要表达零件的外形，加一处局部剖视图表达凸台上的螺钉孔；俯视图用剖视表达拨叉、支承孔等内部结构；还有一局部斜视图表达凸台的位置，两个移出断面图表达肋板的厚度。按照第 6 章介绍的方法，创建拨叉零件工程图，按国家标准修订各种表达，具体操作如下。

再次单击"新建文件"，在"新建文件"对话框中，双击刚刚创建的学生用模板，进入工程图环境，单击"放置视图"中的基础视图图标按钮，弹出"工程视图"对话框，如图 8-76(a)所示；在"文件"中找到"拨叉"；切换方向或利用改变视图方向图标按钮来定义，找到需要的基础视图，本例中是主视图；在"视图/比例标签"中选择比例 1∶1；在"显示方式"中选择"不显示隐藏线"；将"显示选项"中"螺纹特征""相切边"选上，如图 8-76(b)所示；将预览的视图拖到合适位置，单击鼠标左键放置基本视图，如图 8-76(c)所示。

(a)"零部件"选项

(b)"显示"选项

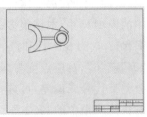

(c)创建基础视图

图 8-76　创建基础视图

单击"放置视图"中的剖视图图标按钮 [图标]，根据提示选择父视图，这里单击主视图的虚线边框；选择剖切线终点，即在剖切位置的起点、终点分别单击；单击鼠标右键，选择右键快捷菜单中的"继续"，将预览的视图拖到合适位置，单击鼠标左键放置所创建剖视图，用它作为拨叉的俯视图，如图 8-77(a)所示。

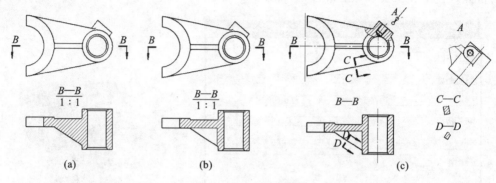

图 8-77　创建其余视图

观察该视图可以发现一些问题：肋板剖切后画上了剖面线，不符合国家标准，必须修订。要将剖面线隐藏，应单击俯视图的虚边框线，单击创建草图图标按钮 [图标]，单击投影几何图元图标按钮 [图标] 选择相应的边，利用图标按钮 [图标] 画出肋板的轮廓，并利用图标按钮 [图标] 完成俯视图，如图 8-77(b)所示。继续利用斜视图图标按钮 [图标] 创建局部斜视图，利用剖视图图标按钮 [图标] 创建移出断面，利用局部剖视图图标按钮 [图标] 将主视图改为局部剖视图，具体操作读者可自行完成。

视图创建完后需根据需要为各视图添加中心线，单击"标注"，根据需要点击 [图标] 中的一个，为主、俯视图等添加中心线，单击鼠标右键，结束命令，用鼠标拖拉中心线上的端点(绿色点)，修正中心线的长度，如图 8-77(c)所示。

3. 标注尺寸、极限与配合、几何公差等

在基础视图生成的同时，系统自动标注了一些尺寸，这些尺寸是建立三维模型时与该视图平面平行给出的尺寸，称为模型尺寸(或驱动尺寸)，它与模型双向关联。如果修改大或修改影响了相关的特征，最好在模型中修改。本例中选择主视图，可以单击主视图的虚线边框，单击鼠标右键，选择右键快捷菜单中的"检索尺寸"，弹出"检索尺寸"对话框，如图 8-78(a)所示，单击"选择来源"中的"选择零件"选项；再选择主视图中的零件，选中部分变红，同时可以预览该视图中的模型尺寸，本例很多；然后单击"选择尺寸"按钮选择合理的尺寸并编辑这些尺寸，本例中只保留 6、94、$\phi50$；同时这些模型尺寸的标注方式、标注位置不合适，可以编辑这些尺寸，点击"94"或"6"，对应点变为绿色时移动鼠标到合适位置，如图 8-78(b)所示；如果有些尺寸需标注公差带代号或偏差，可选择这些尺寸，如点击"$\phi50$"，对应点变为绿色时单击鼠标右键，选择右键快捷菜单中的"文本"，弹出"文本格式"对话框，输入"H11"，如图 8-78(c)所示。

最后利用"标注"菜单中的通用尺寸图标按钮 [图标] 标注剩余的尺寸，如图 8-78(d)所示。利用"通用尺寸"功能标注的尺寸称为工程图尺寸。工程图尺寸是系统对标注对象自动测量的结

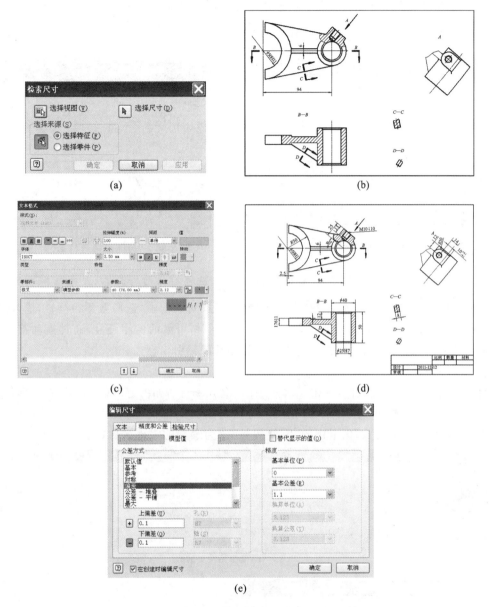

图 8-78 标注尺寸、极限与配合、几何公差等

果,并随模型的改变而更新,但不能驱动三维模型和工程图。也可以得到模型尺寸。如果有些尺寸需标注公差带代号或偏差,可选择这些尺寸,单击鼠标右键,选择右键快捷菜单中的"编辑",弹出"编辑尺寸"对话框,利用"精度和公差"选项卡中的相关选项标注这些尺寸,如图 8-78(e)所示,图 8-78(d)中的尺寸 10±0.1 就可以这样标注。

4. 标注几何公差、表面结构要求

单击"标注"菜单,单击"符号"中形位公差符号图标按钮 ,选择符号放置起点,拖动鼠标到适当位置,单击鼠标右键,选择右键快捷菜单中的"继续",在弹出的"形位公差符号"对话框中,选择需要的符号,输入公差值和基准代号,如图 8-79 所示;单击"标注"菜单中基准标识

符号图标按钮 ，选择符号放置起点，拖动鼠标到适当位置，单击鼠标左键，在弹出的"文本格式"对话框中，输入基准代号，确定即可。

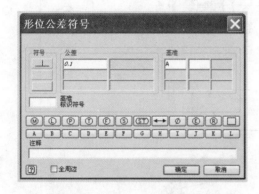

图 8-79　"形位公差符号"对话框

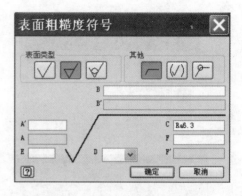

图 8-80　"表面粗糙度符号"对话框

单击"标注"菜单中表面粗糙度符号图标按钮 √，选择符号放置起点，单击鼠标右键，选择右键快捷菜单中的"继续"，在弹出的"表面粗糙度符号"对话框中，选择需要的符号，输入数值，如图 8-80 所示；若所标注的表面粗糙度符号的方向不对，可激活所注符号，通过拖动符号上的绿色点改变方向；也可以在选择符号放置起点后移动鼠标引出标注。

5. 填写标题栏

打开相应零件的模型文件，单击"文件"中的"iProperty"，如图 8-81(a)所示，弹出模型特性对话框。在其中的"概要"选项卡中的"主题"内填入零件名称，同样，填写设计者单位、姓名，如图 8-81(b)所示；将"项目"选项卡中的"零件代号"改为编制的零件名称；在"物理特性"选项卡

(a) "文件"菜单　　　　　　　　(b) 模型特性对话框

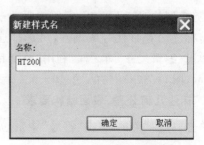

(c) "样式和标准编辑器"对话框　　　　　　(d) "新建样式名"对话框

图 8-81　模型特性的设置

中的"材料"内找到需要的材料。若没有需要的材料,单击"管理"中的样式和标准编辑器图标按钮 ![样式编辑器],弹出"样式和标准编辑器"对话框,如图 8-81(c)所示;在"材料"项目中的任意材料上单击鼠标右键,选择右键快捷菜单中的"新建样式",弹出"新建样式名"对话框,填入新的材料牌号(本例为 HT200),如图 8-81(d)所示。这些模型特性的设置可以映射到零件图的标题栏中。

　　再切换到相应的零件工程图文件,单击"标注"菜单中的创建包含文本的注释图标按钮 ![A文本],在"比例""数量""日期"等处完成签注。至此,完成了拨叉零件图,如图 8-82 所示。通过此例可以看出,由三维模型生成二维工程图虽然快捷,但必须进行修改。进行正确的修改必须掌握正确的投影理论和相应的国家标准。

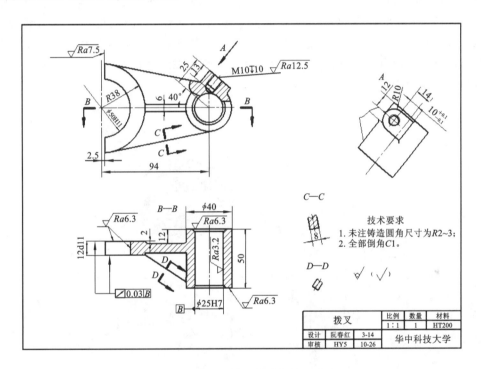

图 8-82　由拨叉模型转换成的工程图

8.8　基于模型的工程定义简介

　　基于模型的工程定义,在 GB/T 24734—2009 中被称为数字化产品定义,其英语全称为 Model Based Definition,缩写为 MBD。MBD 是一个用集成的三维实体模型来完整表达产品定义信息的方法体系,它详细规定了三维实体模型中产品尺寸、公差的标注规则和工艺信息的表达方法。MBD 改变了传统的由三维实体模型来描述几何形状信息,而用二维工程图样来定义尺寸、公差和工艺信息的分步产品数字化定义方法。同时,MBD 使三维实体模型作为生产制造过程中的唯一依据,改变了传统以工程图样为主,而以三维实体模型为辅的制造方法。

　　MBD 是三维设计发展的必经之路,使三维模型取代二维工程图成为加工制造的唯一数据源的核心技术。MBD 技术概念的提出及相应规范的建立已经面世多年,起源于波音公司,并在国外众多企业中得到应用,在 2003 年由美国机械工程师协会起草了第一份标准,2006 年国际标准化组织也发布了相应标准,我国在 2009 年开始参考制定国家标准,并于 2010 年正式发布,标准号为 GB/T 24734—2009。

图 8-83 所示是 MBD 软件展示的一个连杆零件的三维模型,图 8-84 是它的二维图样。在传统的三维建模软件中,这两个孔的尺寸数据 φ28、φ15 在截面草图和建模特征中都有。但是数据的使用者,比如加工和检测人员,需要亲自到模型特征中去查询这些数据,这样会大大降低工作效率,也容易出现错误。MBD 技术直接用三维标注的方法,把这些数据直观地呈现在使用者面前。像 φ15 孔轴线的位置度、平行度这样的几何公差,在传统的三维建模软件中是难以表达的,而在 MBD 技术中也可以直观地呈现。与二维的图 8-84 相比,采用 MBD 技术的三维图样又保留了很好的可读性。

MBD 技术通常也被称为三维标注技术,但是它并不仅仅是三维标注,它还包含模型加工、装配的工艺信息,模型本身的建模过程也包含设计师的设计思路、设计方法等重要信息。MBD 技术所记录和传递的设计信息比二维工程图要多很多。由于 MBD 技术是以三维实体模型记录产品定义信息的,所以它的直观性、可阅读性比二维工程图要强,这也使得工程技术人员的培训门槛大为降低。

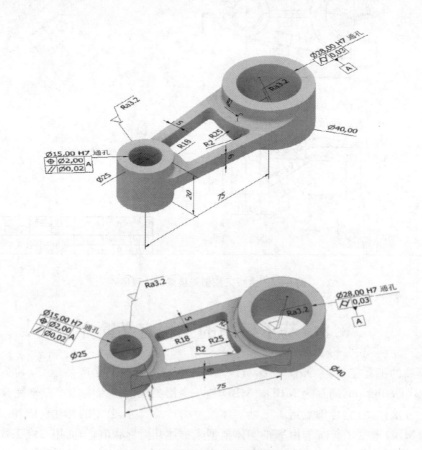

图 8-83 连杆零件的三维模型

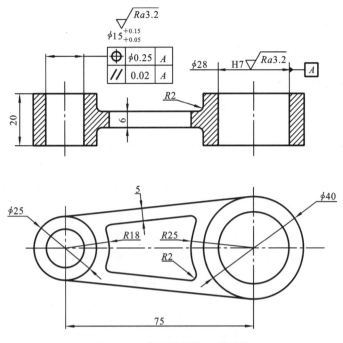

图 8-84 连杆零件的二维图样

思 考 题

1. 什么是零件图？零件图表达方案中，选择主视图时应从哪些方面考虑？
2. 零件上哪些面、线常被选作尺寸基准？尺寸基准是怎样分类的？如何处理各类尺寸基准之间的关系？
3. 零件图对尺寸标注的基本要求有哪些？怎样才能合理标注尺寸？标注尺寸时应注意些什么？
4. 零件上常见的工艺结构有哪些？为什么要采用这些结构？
5. 什么是表面结构？标注表面结构代号时应注意哪些问题？
6. 什么是公称尺寸？什么是公差？什么是偏差？
7. 什么是配合？有几种配合制？什么是基孔制配合？什么是基轴制配合？
8. 分别写出几个基本偏差代号、公差带代号和配合代号。
9. 看零件图的要求是什么？怎样看零件图？简述绘制和阅读零件图的方法与步骤。

问题与讨论

试说明选择零件表达方案的一般步骤，综合所画零件考虑最好的表达方案。

第 9 章

装配图

学习目的与要求

(1) 了解装配图的作用和内容、常见装配结构合理性等问题；

(2) 熟悉装配图的表达方法，掌握由零件图拼画装配图的方法、步骤；

(3) 掌握读装配图和由装配图拆画零件图的方法、步骤和技能等。

学 习 内 容

(1) 装配图的作用和内容；

(2) 装配图的规定画法、特殊画法和简化画法；

(3) 装配图上尺寸的标注、配合代号等技术要求的标注与识读；

(4) 部件测绘和画装配图的方法与步骤；

(5) 读装配图和由装配图拆画零件图的方法、步骤与技能。

学习重点与难点

(1) 重点是由零件图拼画装配图的方法、步骤，读装配图和由装配图拆画零件图的方法、步骤与技能。

(2) 难点是由装配图拆画零件图的方法、步骤与技能。

本章的地位及特点

装配图是本课程的主要学习内容之一，在今后的学习和工作中它的使用频率非常高。学习画装配图和读装配图是为了从不同途径培养形体表达能力与分析想象能力，同时这也是一种综合运用制图知识、投影理论和制图技能的训练。应当结合自己的认识和经验，在实践中总结出行之有效的方法。

9.1 装配图的作用和内容

装配图是表示产品及其组成部分的连接、装配关系及其技术要求的图样，如图 9-1 所示。

在设计机器的过程中，一般先要画出它的装配图，然后根据装配图所提供的信息画零件图。在生产过程中，要依据装配图提供的视图、尺寸、技术要求等把制成的零件装配成能实现某种功能的机器，还要依据装配图来调整、检验、安装或使用、维修机器。由此可见，装配图是设计者表达设计意图、生产者按图生产的重要技术文件。

装配图主要表达机器或部件的结构形状、装配关系（包括零件之间的相对位置、配合关系、连接方式等）及工作原理和技术要求。

图 9-1 所示为截止阀的装配图，它是一张部件装配图。查阅有关该阀的说明书，对照图 9-

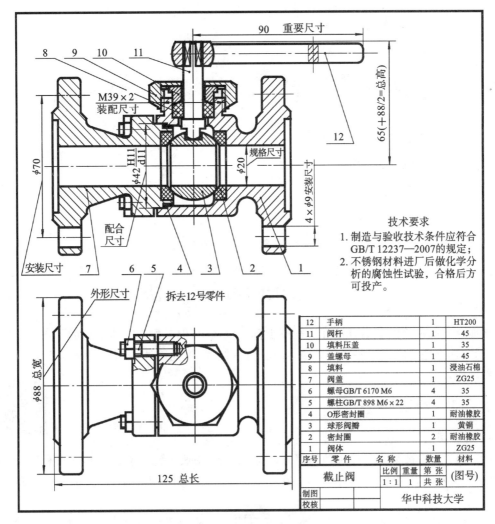

技术要求

1. 制造与验收技术条件应符合GB/T 12237—2007的规定；
2. 不锈钢材料进厂后做化学分析的腐蚀性试验，合格后方可投产。

12	手柄	1	HT200
11	阀杆	1	45
10	填料压盖	1	35
9	盖螺母	1	45
8	填料	1	浸油石棉
7	阀盖	1	ZG25
6	螺母GB/T 6170 M6	4	35
5	螺柱GB/T 898 M6×22	4	35
4	O形密封圈	1	耐油橡胶
3	球形阀瓣	1	黄铜
2	密封圈	2	耐油橡胶
1	阀体	1	ZG25
序号	零件　名称	数量	材料

截止阀	比例	重量	第 张	(图号)
	1:1	1	共 张	
制图			华中科技大学	
校核				

图 9-1　截止阀的装配图

2 所示的截止阀的轴测图可以知道，截止阀是一种控制液体流量的调节阀。截止阀安装在流体管路中，用来打开或关闭管路中的流体通道。图示截止阀中的阀门为一球形阀瓣，此时球形阀瓣处在开启位置。转动手柄，通过阀杆带动球形阀瓣转动90°，可以关闭通道；旋转某一小于90°的角度，就可以调节流量的大小。

由截止阀的装配图可见，装配图应具有以下主要内容。

（1）一组视图　表达机器或部件的结构、组成机器或部件的零件主要结构形状、零件之间的装配关系、机器工作情况等。

（2）必要的尺寸　标明机器或部件的规格（性能），说明整体外形及零件间配合、连接、定位和安装等方面的尺寸。

（3）零件序号、明细表与标题栏　说明组成机器的各零件的名称、材料、数量、规格等，其固有格式都应遵循相关规定。

（4）技术要求　指有关产品在装配、安装、检验、调试及运转时应达到的技术要求，常用符号或文字注写。

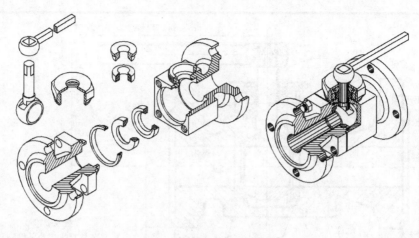

图 9-2　截止阀的轴测图

9.2　装配图的表达方法

前面介绍的机件的表达方法在装配图上都可以运用,但装配图上所表达的不止一个零件,因此,国家标准还规定了一些规定画法,前面已经讲述。除此以外,还有一些特殊画法,下面介绍特殊画法。

9.2.1　特殊画法

1. 拆卸画法

(1) 为了表示被某一零件遮挡的部分,可在该视图中假想地拆去这些零件来表达,并应注明"拆去××",或写"拆去×号零件",如在图 9-3 中的俯视图上注明了"拆去轴承盖等零件"。

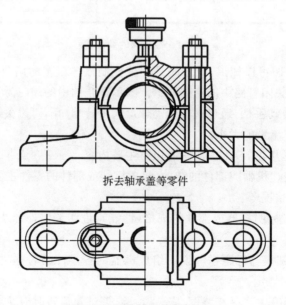

拆去轴承盖等零件

图 9-3　滑动轴承的拆卸画法

(2) 有时还可采用拆卸带剖切的方法。如图 9-3 中的俯视图右半部分所示:沿盖和体的结合面剖切,拆去上半部分画出余下部分。

注意　在结合面区域中不画剖面线。拆卸画法只能用于所拆卸的零件的结构、位置在装配图的其他视图中已经表达清楚的情况。所拆卸的零件多为标准件或常用件。

2. 假想画法

(1) 表示部件中运动件的极限位置,用双点画线假想地画出轮廓,如图 9-4 所示的手柄。

(2) 为了表达不属于某部件,又与该部件有关的零件,也用双点画线画出与其有关部分的轮廓。如图 9-5 所示的刀盘,用假想轮廓表示刀盘在部件中的位置,以及它们的装配连接关系。

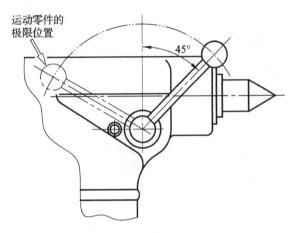

图 9-4　运动零件极限位置表示法

3. 夸大画法

非接触表面和非配合面的细微间隙、薄垫片、小直径的弹簧等,可以不按比例画,而适当加大尺寸画出,如图 9-5 所示。

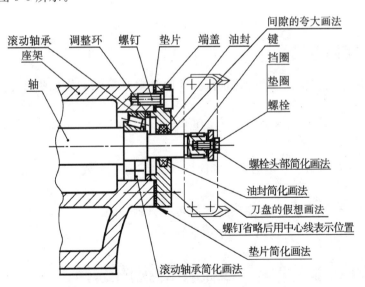

图 9-5　夸大画法、简化画法和假想画法

4. 展开画法

为了表达不在同一平面内而又相互平行的轴上零件,以及轴与轴之间的传动关系,可以按传动顺序沿轴线剖开,而后依此将轴线展开在同一平面上画出,并标注"×－×展开",挂轮架

展开图画法如图 9-6 所示。

5. 单独表示法

在装配图中,有时要特别说明某个零件的结构形状,可以单独画出该零件的某个视图,但要在所画视图的上方注写该零件的视图名称,在相应视图附近用箭头指明投影方向,并注上相同的字母,如图 9-7 所示的小车床尾架装配图中零件 2 的 K 向视图。

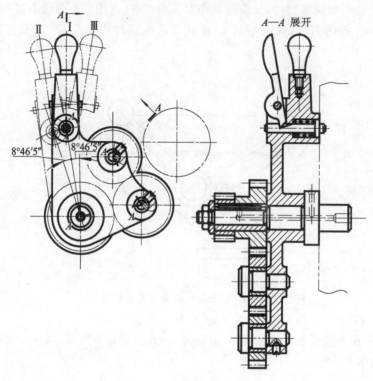

图 9-6　挂轮架展开图画法

9.2.2　简化画法

装配图既要表达清晰,又要使画图简便,因此常常对零件上的某些常见结构采用简化画法,如图 9-5 所示。

(1) 零件上的工艺结构,如小圆角、退刀槽、螺纹紧固件的六角头、轴上的倒角和倒圆等,常省略不画。

(2) 对均匀分布的同一规格的螺纹紧固件,允许只画一个或一组,其余的应用中心线表明安装位置。

(3) 对于滚动轴承和密封圈,在剖视图上可以只画一边,另一边用简化画法,即用相交垂直的粗实线表示,有时还用示意画法表示滚动轴承。

9.3　装配图的视图选择

画装配图时,应根据部件的结构特点,从装配干线入手来选择视图。装配干线有装配主干线和装配次干线之分。其结构组成能完成主要功能的干线称为装配主干线,完成辅助功能的称为次干线。装配干线上的零件可按所具备的某一特定功能分为运动系统、传动系统、操纵系统、润滑及冷却系统等。

　　装配图中的主视图应选择工作位置并反映主要的装配干线,用其他视图来补充表达其他装配干线。视图选择的原则是:视图数量适当、方便看图和画图。本章的装配图都满足这个原则,可参考这些图例来体会关于装配图视图选择的方法。

　　图 9-7 所示为小车床尾架的装配图,它的视图配置较好地体现了视图选择的原则。

　　在加工轴类零件时,尾架是通过旋转手轮(10 号零件)左右移动顶尖(4 号零件)来顶紧工件的。其装配图的主视图(采用了全剖)选择了反映这一装配主干线,且主视图表达的也正是小车床尾架的工作位置。而左视图(采用了阶梯剖)反映了通过转动手柄(5 号零件)移动上、下夹紧套(11、13 号零件)的情况。俯视图反映尾架的主要、次要装配干线之间的位置关系及尾架体的外形。

9.4　装配图上的尺寸标注和技术要求注写

9.4.1　装配图上的尺寸标注

　　为了能顺利地加工出所需的零件,在零件图上要求标注的尺寸完整、清晰、合理。装配图主要用于拆画零件图、装配和维修机器,装配图上的尺寸也应标注清晰、合理,但不必注出装配图上零件的所有尺寸,只要求注出以下几种尺寸。

　　1. 规格尺寸(性能尺寸)

　　这种规格尺寸或性能尺寸是设计整机时所要求的尺寸,如图 9-1 所示截止阀的阀瓣孔径 $\phi 20$,就是指截止阀允许流量的最大孔径。

　　2. 装配尺寸

　　这类尺寸分为以下两种。

　　(1)配合尺寸　表示零件之间配合性质的尺寸,如图 9-1 所示的 $\phi 42H11/d11$ 是间隙配合,说明了阀盖与阀体的配合性质。

　　(2)重要的相对位置尺寸　在装配时必须保证的尺寸,如图 9-1 所示的 65,可以看成对内的位置尺寸,即手柄对主要孔的轴线的相对位置。

　　3. 安装尺寸

　　机器或部件被安装到其他基础上时所必需的尺寸,如图 9-1 所示的对外安装孔 $\phi 9$、$\phi 70$ 等尺寸。

　　4. 外形尺寸

　　机器或部件整体的总长、总宽、总高。外形尺寸为包装、运输、安装提供了所需占用空间大小的信息,如图 9-1 所示。

　　5. 某些重要尺寸

　　运动零件的极限位置尺寸,主要结构的尺寸,例如两啮合齿轮的中心距应标注在图中,齿轮的模数、齿数等应写在明细表中。

　　注意　这几种尺寸有可能是相互关联的,一个尺寸可能有多种含义;这几种尺寸不一定在一张装配图上都必须标注。

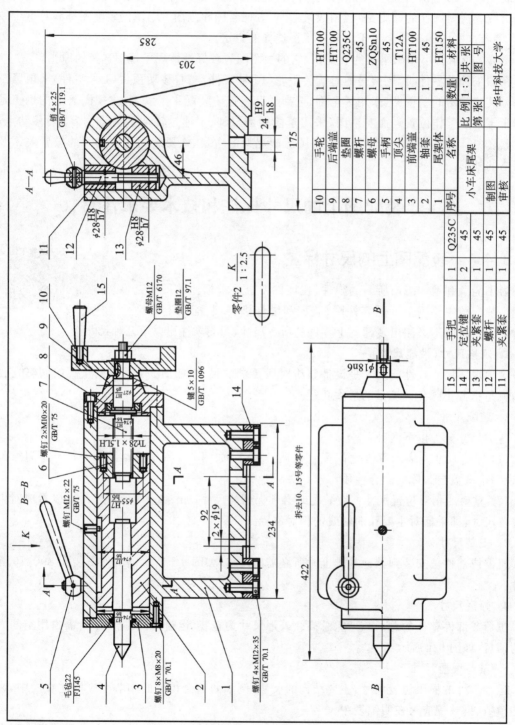

图 9-7　小车床尾架装配图

9.4.2　装配图上的技术要求

技术要求是指在设计时,对部件或机器装配、安装、检验和工作运转时所必须达到的指标的要求和某些质量、外观上的要求。这些技术要求可写在图样中的空白处,一般写在右下角或空白的地方。技术要求涉及专业知识,暂时不能自行制定,目前可以参考同类产品,结合具体情况来编制。

9.5　装配图上的零件序号及零件明细栏、标题栏

9.5.1　零件的序号

1. 零件编号原则

为了看图、画图和生产管理上的方便,装配图中的每种零件和部件都要分别编上序号。形状、尺寸所有规格完全相同的零件只能编为一个号,其数量须写在明细表内。形状相同而某一尺寸不同的零件,则必须分别编号。

滚动轴承、电动机等是标准部件,只需编写一个序号。

2. 序号表示的方法

序号应注写在视图、尺寸等以外,指引线(细实线)应从零件的可见轮廓内的实体上引出,在实体的一端应画一小圆点(直径等于粗实线线宽),在另一端画一短横线或圆圈,如图 9-8 所示;对于薄件或者涂黑的剖面,可用箭头指向轮廓线,如图 9-8(b)、(c)所示的序号 2。

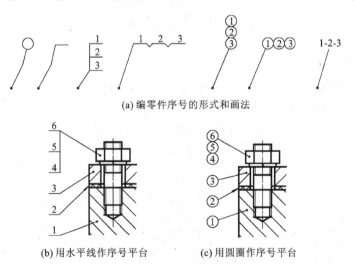

(a) 编零件序号的形式和画法

(b) 用水平线作序号平台　　　　(c) 用圆圈作序号平台

图 9-8　装配图上序号的规定画法

3. 指引线的画法

指引线应从形体最清晰的投影中引出,并尽量少地穿过别的零件;指引线只允许弯折一次;指引线之间不能相交;指引线的方向不能与剖面线平行。当注写螺纹紧固件或某一装配关系清楚的零件组件时,可以采用公共指引线,如图 9-8 中的序号 4、5、6 分别表示螺栓、垫圈、螺母。

4. 序号的大小及排列顺序

序号的字体比尺寸数字大一号,序号数要按顺时针或逆时针方向顺序整齐地排列在水平线或垂直线的位置上,间距尽可能相等。

9.5.2　零件明细栏(GB/T 10609.2—2009)

明细栏中应列有该部件的全部零件目录。其内容及格式可参见截止阀装配图(见图9-1)。

(1) 明细栏放在标题栏的上方,地方不够,可移部分表格到标题栏左侧。

(2) 零件序号按自下而上、从小到大的顺序填写,以便补加遗漏的零件,或者更换、添加零件。

(3) 对于标准件,应将其规定标记填写在零件名称一栏内,如图9-1所示。有时为了减少明细栏的纵向尺寸,在可能的情况下,也可以将标准件注写在视图上方,写在指引线的端部,需要注明标准件名称、代号、标准号等。

(4) 明细表也可作为装配图的续页,按A4幅面单独给出。零件的重要参数,如齿轮的模数、齿数也应填写在"零件名称"一栏内。

9.5.3　标题栏

装配图标题栏的内容、格式、尺寸等已经标准化,并且与零件图标题栏完全一样。与零件图标题栏的不同之处体现在填写的内容上:应填写机器或部件的名称、代号、比例及有关人员的签名。

9.6　几种合理的装配工艺结构

为了满足装配质量方面的要求,为了方便装配、拆卸机器或部件,在装配图上要正确表达零件之间合理的装配结构和连接方式。在画装配图时,应仔细考虑机器或部件的加工和装配的合理性。常见的几种装配工艺结构如表9-1所示。

表 9-1　装配工艺结构

内容	正 确 图 例	错 误 图 例	说　　　明
接触面处的结构	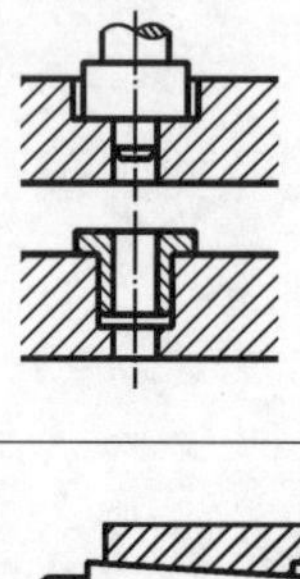	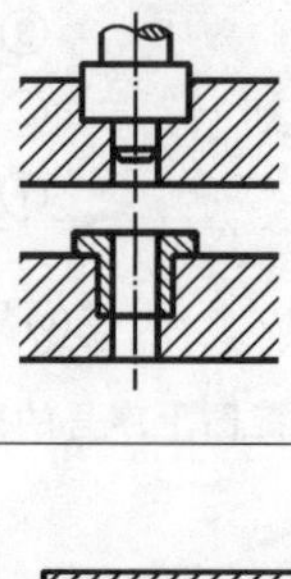	两个零件接触时,在同一方向上只能有一个接触面,否则会给零件制造和装配等工作造成困难
圆锥面配合处的结构	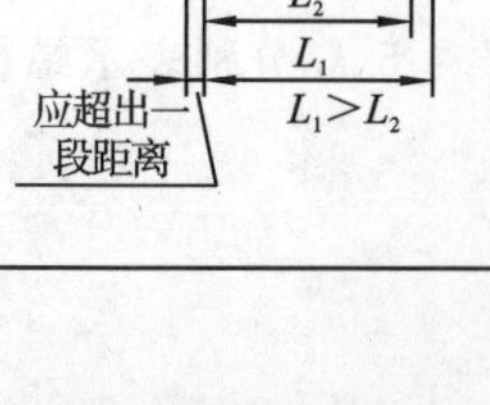 　应超出一段距离　L_2　L_1　$L_1 > L_2$	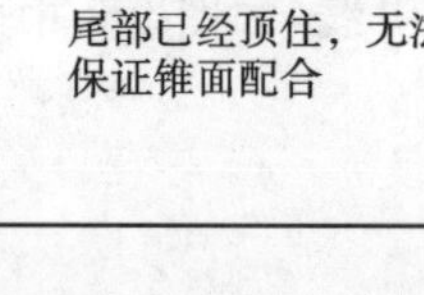 　尾部已经顶住,无法保证锥面配合	两锥面配合时,圆锥小端与锥孔底部之间应留空隙,应使图中 $L_1 > L_2$;否则,可能达不到锥面的配合要求,或增加制造的困难

续表

内容	正确图例	错误图例	说　明
倒角结构	*Cn* / *Cn*		为去除孔或轴端锐角、毛刺,便于将轴装进相同的孔中,应在轴或孔端倒角
贴合和并紧的结构	孔口倒角,且 *C>R*　　轴上切槽	端面无法配合	为了保证轴间和孔端面紧密贴合,孔端要倒角或轴根要切槽
	B　*L<B*		为了保证轴上零件的并紧,防止轴向窜动,应使尺寸 *L<B*
考虑装拆方便的结构	拉套器　　*d* 拉套器　　*D*		滚动轴承如以轴肩或孔肩定位,则轴肩或孔肩的高度须小于轴承内圈的厚度,以便维修时拆卸
		距离小,扳手位置不够	为了装拆紧固件的方便,要留有扳手活动的空间位置
	L	*L*	为了装拆紧固件的方便,要留有足够的空间,如 *L* 要大于螺栓的长度

除了表 9-1 所示的工艺结构以外,为防止螺纹紧固件在承受振动或冲击时松动,常采用如图 9-9 所示的几种常见的防松装置。

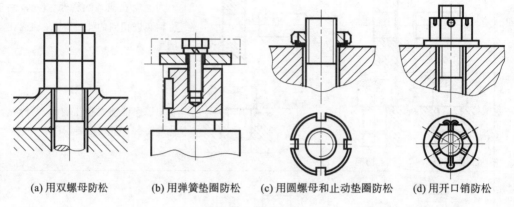

(a) 用双螺母防松　　(b) 用弹簧垫圈防松　　(c) 用圆螺母和止动垫圈防松　　(d) 用开口销防松

图 9-9　防松装置

9.7　部件测绘

改造已有的设备时,需要进行部件测绘。对已有的机器或部件,通过观察其外观、工作情况,画出其装配示意图、零件草图、装配图,然后由装配图拆画零件工作图,这一过程就称为部件测绘。下面以柱塞泵(见图 9-10)为例,说明部件测绘的方法和步骤。

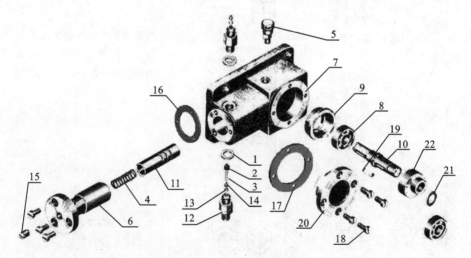

图 9-10　柱塞泵轴测分解图

1—油封;2—调节塞;3、4—弹簧;5—油杯;6—泵套;7—泵体;8—轴承;9—衬套;10—轴;11—柱塞;12—单向阀体;13—钢球;14—球托;15—螺塞;16、17—垫片;18—螺钉;19—键;20—衬盖;21—垫圈;22—凸轮

9.7.1　弄清测绘对象的工作情况和结构特点

在测绘前,要查阅有关技术资料,如说明书(包括说明产品的广告)等,弄清部件的工作情况;通过观察或手动来分析部件的各个零件的作用、结构特点,确定各零件之间的相对位置关系、装配关系以及连接的方式。

柱塞泵是一种液压传动装置,其工作原理是由轴带动凸轮,迫使柱塞在泵套中左右滑动,从而改变油液的容积,容积变化又使得其压力发生变化。凸轮顺时针向右转动时,柱塞在弹簧的作用下右移,柱塞左边油腔的油压小于大气压,上方排出单向阀关闭,同时下方吸入单向阀开启,油池中的油在大气压的作用下被吸进,凸轮继续转动,柱塞继续右移;到达最右位置后,柱塞被迫向左移时,下方吸入单向阀关闭,同时上方排出单向阀开启排油。这样通过凸轮的运转,柱塞的左右滑动来不断开关两单向阀,达到向机床供油润滑的目的。

柱塞泵的结构特点与工作情况相关,图 9-10 所示为柱塞泵轴测分解图。

9.7.2 拆卸部件、绘制装配示意图

拆卸时注意按装配干线顺序拆。从轴系看,先拆盖上的螺钉,把盖卸下,通过用铜棒轻轻敲打,向前拆出轴;拆另一装配干线时是先拆两个单向阀,再拆螺钉、泵套、油杯等。

拆卸时应注意以下事项。

(1) 准备标签,对拆下的零件要进行编号,对标准件不必绘制,但还是要进行测量,看与其他有连接关系的零件尺寸是否一致,要画出装配示意图,以便记录零件的装配位置、名称,如图 9-11 所示。

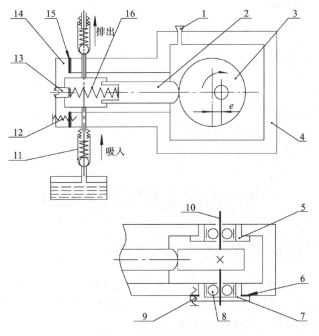

图 9-11 柱塞泵装配示意图

1—油杯;2—柱塞;3—偏心轮;4—泵体;5—衬套;6—垫片;7—衬盖;8—轴承;
9、12—螺钉;10—轴;11—单向阀;13—螺塞;14—泵套;15—垫片;16—弹簧

(2) 使用适当的测量工具,学习阶段常用到的有钢尺、内卡钳、外卡钳、千分尺等。

(3) 注意拆卸过程,对于不可拆连接(如焊、铆接,过盈配合连接等)一般不拆,对于较紧配合连接也可以不拆,还应注意在还原装配后必须保持配合精度不变,部件运转自如,要能满足生产或使用要求。

9.7.3　画零件草图

零件草图绝不是"潦草的图",而是徒手画的图,再标注上用仪器测量的尺寸。它是相对零件工作图而言的。零件工作图是完全使用仪器(或计算机)绘制的,具有准确的图形、尺寸和技术要求。

画零件草图时应注意以下事项。

(1) 零件上的工艺结构、标准结构要素可暂时省略不画,但需要做记录,待以后画正规图时查阅标准手册,确定后再补画或补注。

(2) 测量零件尺寸时,应注意有关联的零件尺寸,如有配合关系的两零件表面,测得的基本尺寸应一致;配合的公差带代号及上、下偏差值应由配合关系来查阅公差标准;壳体内腔所装轴系零件的轴向尺寸应与内腔的轴向尺寸有一定的联系。

(3) 徒手画图不如仪器或计算机绘制光滑、准确,但是应注意各表面的定位要尽量准确,以保证零件的组成结构在整体中的位置,不至于造成比例失调。零件草图是画装配图的依据,所以一定要仔细测量、认真绘制。

9.7.4　画装配图

根据零件草图和装配示意图画装配图如 9.8 节所述。

9.7.5　绘制零件工作图

绘制零件工作图的步骤如下:

(1) 结合装配图对零件草图进行必要的修正,增加工艺结构;

(2) 同时应查阅标准手册,确定标准结构、常用结构的形状及尺寸,进行重新设计;

(3) 利用计算机或用绘图仪器绘制出能用于生产的零件工作图,如图 9-12 所示。

9.8　由零件草图画装配图

9.8.1　拟定表达方案,选择主视方向

主视图要尽量多地表达其装配关系及零件之间的位置关系,尽可能反映其工作原理或工作情况。一般选择工作位置且反映较多主要零件的方向作为主视方向。其他视图的选择应各有侧重点,用以辅助主视图来完整清晰地表达部件。

9.8.2　画装配图的两种方法

(1) 由里向外　从各装配干线的核心零件开始,沿装配干线按定位和遮挡关系依次将各零件表达出来,最后画箱体等包容件。这种方法的画图过程与大多数设计过程相一致。

(2) 由外向里　先画结构较复杂的箱体等包容件,再沿装配干线按定位和遮挡关系依次将其他零件表达出来。这种方法的画图过程与部件装配过程一致,利于想象。本节主要介绍这种方法。

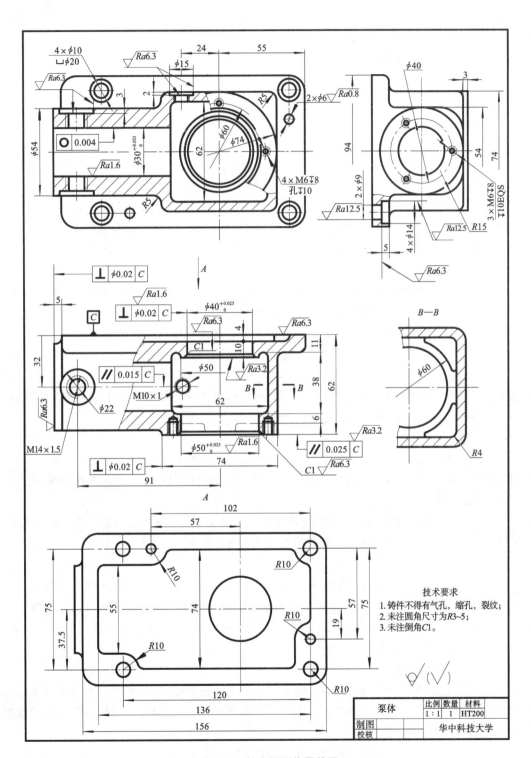

图 9-12 柱塞泵泵体零件图

9.8.3　画装配图的步骤

以用由外向里的方法画图 9-10 柱塞泵的装配图为例，说明画装配图的步骤，假定柱塞泵的所有零件图已绘制好。

1. 进行部件分析和视图选择

由图 9-10、图 9-11 进行部件分析和视图选择。

1）装配线分析

柱塞泵有四条装配线。

第一条：凸轮轴装配干线，沿凸轮轴中心线的一串零件，包括泵体 7、轴 10、衬套 9、轴承 8、凸轮 22、键 19、垫圈 21、衬盖 20 等，这是主要的一条装配干线。

第二条：柱塞装配干线，沿柱塞中心线的一串零件，包括柱塞 11、泵套 6、弹簧 4、螺塞 15 等。

第三条：排出单向阀，包括单向阀体 12、钢球 13、球托 14、弹簧 3、调节塞 2 等。

第四条：吸入单向阀，零件同上。

2）视图选择

柱塞泵工作时起主要功能性作用的是凸轮、柱塞。选取装配图的各视图时，可参照泵体的零件图（见图 9-12）。主视图要求清楚地表达凸轮、柱塞及泵套等一系列零件，形象地表达凸轮在瞬间的工作状态（此时为关闭状态）。俯视图主要表达凸轮轴系零件的位置关系、装配关系。主、俯视图都采用局部剖，可适当地兼顾外形和内部结构的表达。左视图主要表达泵体、泵盖、单向阀、油杯等关系。特别应注意的是，图 9-12 中主、俯、左视图将 M6×8 的七个螺钉、两个销孔的安装位置、连接情况等表达得十分清楚。另外，用单独表示法反映了泵体 7 的后端面结构、安装孔分布，用 B—B 剖面图表达了肋的设置与分布情况。

2. 确定比例和图幅

根据部件大小和复杂程度决定画图比例（1∶1）、视图数量，估算各视图大小，确定各视图相对位置，确定图幅（3 号）。此时应注意留出标注尺寸、零件序号、标题栏和明细表等的位置。

3. 合理布图

以主要的中心线、轴线、重要端面、大的平面或底面为各视图的基准线布图。定基准线是重要的，手工绘图是烦琐的过程，如果视图布置适当将避免返工。

从柱塞泵看，泵体视图会占据较大的幅面。画其装配图时，参考泵体零件图布图将有益于画装配图。柱塞泵主视图的长度方向基准线是凸轮轴线，高度方向基准线是泵套的轴线；俯视图的长度方向基准线是凸轮轴线，宽度方向基准线是泵套的轴线；左视图的高度方向基准线、宽度方向基准线是泵套的两个方向的轴线。泵体 7 的 B—B 剖视图、A 向视图的基准线请读者自行分析，如图 9-13（a）所示。

4. 画主要装配干线

对柱塞泵来说，泵体 7 是包容件，其他零件均被包容在腔体中，或安装在其外表面上，因此先画泵体，如图 9-13（a）所示。此时应注意将三个主要视图（主、俯、左）同时画，既可准确投影，又可避免重新量取尺寸，节省时间。

再以泵体 7 为基础，沿装配干线按定位和遮挡关系依次将衬套 9、轴承 8、轴 10、键 19、凸轮 22、衬盖 20 等零件表达出来。俯视图最能反映这一主要装配干线，因此先画俯视图，再画主视图，如图 9-13（b）所示。

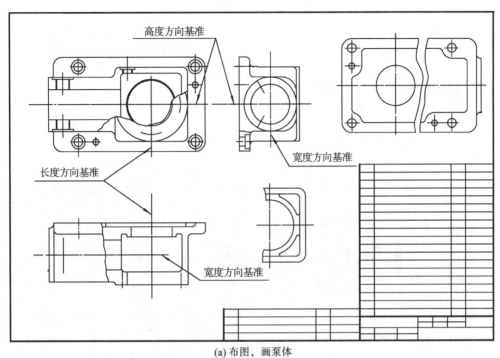

(a) 布图，画泵体

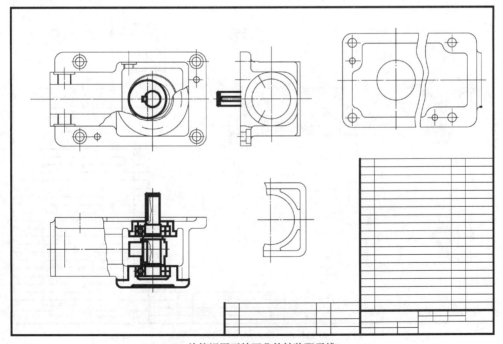

(b) 从俯视图开始画凸轮轴装配干线

图 9-13　柱塞泵装配图的画图步骤

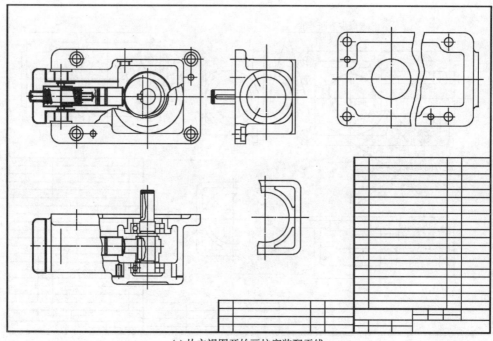

(c) 从主视图开始画柱塞装配干线

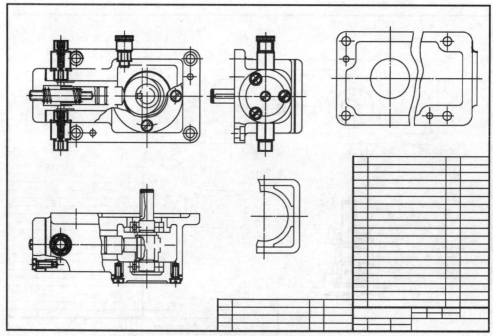

(d) 画排出、吸入单向阀装配干线

续图 9-13

5. 依次画其他装配干线

按柱塞 11、泵套 6、弹簧 4、螺塞 15 的顺序在主视图上画出沿柱塞中心线的一串零件,再画相应的俯视图,如图 9-13(c)所示。

按单向阀体 12、钢球 13、球托 14、调节塞 2、弹簧 3 的顺序在主视图上画出排出、吸入单向阀,如图 9-13(d)所示。

6. 画细部结构

如螺钉连接等及必要的倒角、圆角等,如图 9-13(d)所示。

7. 标注顺序

标注尺寸时,首先标注起性能作用的尺寸 $\phi38$、5、$\phi18H7/h6$;标注有配合关系的尺寸 $\phi15js6$、$\phi42H7/js6$、$\phi35H7$、$\phi14h6$、$\phi16H7/k6$、$\phi50H7/h6$、$\phi30H7/k6$、$\phi30H7/js6$;标注相对位置尺寸 91(主)、32(左);标注连接尺寸 $2\times\phi6$、$\phi5$、$M14\times1.5-6g$;标注总体尺寸(总长 175,总宽 94,总高 114.6)。应注意标准件的有关定形尺寸必须注写,一般填在明细表内。泵体 7 的后板尺寸与外部零件有关系,需要提供孔、销的安装位置尺寸,这些尺寸可直接从零件图上抄录过来。

8. 完成全图

检查描深,画剖面线,顺序编号,填写明细表、标题栏、技术要求等,完成全图,如图 9-14 所示。

9.9　由装配图拆画零件图

在设计过程中,先画装配图,然后由装配图拆画零件图。在生产过程中,则对照装配图装配零、部件成机器。因此,掌握如何看懂装配图,由装配图拆画出零件图的方法是学习装配图这一章的重要目标之一。

9.9.1　看懂装配图

看装配图应达到的要求是:
(1) 了解部件功能、性能及工作原理;
(2) 弄清楚零件之间的相互位置关系和装配连接关系;
(3) 看懂所提供的每个零件的形状和每个结构所起的作用。

9.9.2　看懂装配图的方法和步骤

(1) 以标题栏和明细表为索引,概括了解某部件全貌,如部件的大小、零件个数、材料等。由此判断部件的复杂程度,有时从明细表上的零件名称可以判断零件起什么作用,如泵、阀等。

(2) 分析视图,找出主视图,再找出各视图间的关系,明确图示部位和投影的方向。特别是在视图较多的情况下,判定主视图或与主视图有关的基本视图,将有助于快速看图。

(3) 重点分析零件和零件间的装配连接关系。要看懂装配图,首先要了解支持该部件某一功能的主要零件的结构、形状,其次了解围绕主要核心零件而设置的其他零件的功用,以及由此而引起的设计结构、工艺结构。看图的方法应是借用分规、三角板、丁字尺,利用投影关系找图框或线段的对应关系。找图框是为了确定零件的某一部分的隶属关系,此时应同时找对

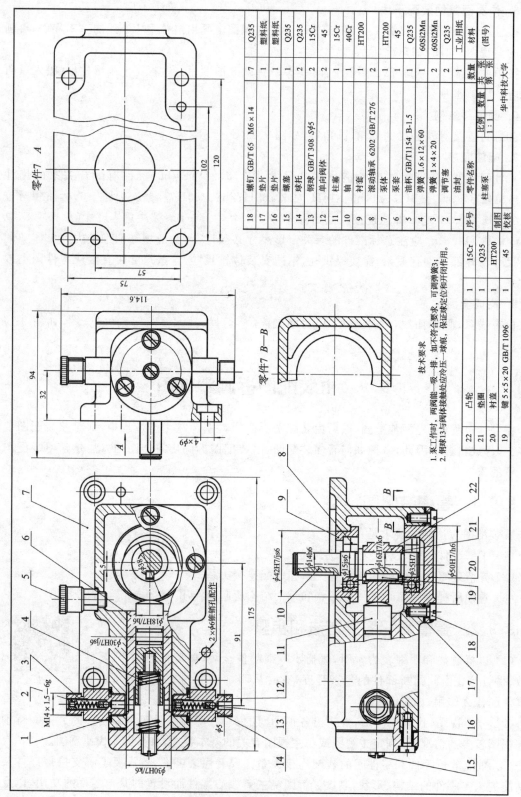

图 9-14　柱塞泵装配图

技术要求
1. 泵工作时，两阀能一级一排，如不符合要求，可调弹簧；
2. 钢球13与阀体接触处应冷压一圈痕，保证定位和开闭作用。

序号	零件名称	数量	材料	(图号)
22	凸轮	1	15Cr	
21	垫圈	1	Q235	
20	衬套	1	HT200	
19	键 5×5×20 GB/T 1096	1	45	
18	螺钉 GB/T 65　M6×14	7	Q235	
17	垫片	1	塑料纸	
16	垫片	1	塑料纸	
15	螺塞	1	Q235	
14	球托	2	Q235	
13	钢球 GB/T 308　Sφ5	2	15Cr	
12	单向阀体	2	45	
11	柱塞	1	15Cr	
10	轴	1	40Cr	
9	衬套	1	HT200	
8	滚动轴承 6202 GB/T 276	2		
7	泵体	1	HT200	
6	泵套	1	45	
5	油杯 GB/T1154 B-1.5	1	Q235	
4	弹簧 1.6×12×60	1	60Si2Mn	
3	弹簧 1×4×20	2	60Si2Mn	
2	调节塞	2	Q235	
1	油封	1	工业用纸	

柱塞泵		比例	数量	共 张
		1:1	1	第 张
制图				华中科技大学
校核				

应的序号。由图框的投影关系或图框上剖面线的方向、间隔的区别,可以大致确定零件的轮廓。有时也可由标准件、常用件的支承或安装连接某两零件来了解装配连接的关系。最明显的莫过于尺寸配合公差带代号、螺纹特征代号等。

（4）综合分析结果,了解部件总体结构。

围绕部件实现的功能,了解其工作原理、运行情况、装配检验要求。要审查自己是否看懂,可以试着将装配图想象成部件,分析如何将部件拆散,拆散的顺序又如何,以及如何将拆散的零件装配成机器或者部件。

9.9.3　由装配图拆画零件图

装配图中的标准件是不需测绘的,但需列表记录它们的规格、型号、数量和标准代号。而装配图中的其他零件都应能拆画成零件工作图。下面以转子泵为例说明其拆画零件图的方法。图 9-15 所示为转子泵装配图。

（1）由装配图弄清部件的工作原理。动力由泵轴输入,泵轴通过销连接带动内转子顺时针方向转动。由于内、外转子是偏心的,又为摆线齿廓啮合,内转子就带动外转子绕轴自转,同时做公转。转动时某两齿间容积逐渐变大,形成低压区,油就通过管道从油箱中经过油孔、油槽进来;另外两齿间容积则逐渐变小,形成高压区,油就通过油槽、出油口压出,输送到润滑部位。

（2）看懂装配图。由剖面线方向、间隔的不同,再由轮廓线的范围用尺和分规找投影,把要画的零件分离出来,可得零件的大致轮廓,如图 9-16 所示。

（3）零件的大小应按装配图提供的大小来绘制。装配图上提供的尺寸应如实照抄,对于未注尺寸的零件,其大小可按比例从装配图上量取。

（4）重新确定视图方案。一般来讲,大的主要零件在装配图上的方位与零件图方位一致,但有时是不同的(如轴)。轴的主视图一般取横着放置。由于装配图有简化画法,所以对零件图还需增加一些细部结构或工艺结构。有的装配图还可能没有将某一零件的某一不重要的部分表达清楚,这时应该根据相关结构设计该部分结构,并把它表达出来。

（5）补全被其他零件遮挡的图线,如图 9-17 所示。

（6）查阅有关手册,修正并补画标准结构或与标准件连接等有关结构。例如,倒角齿轮的分度圆、齿根圆,键连接中的键槽,螺纹孔及光孔等。

（7）注全尺寸。装配图上标注的尺寸将是零件的主要尺寸,应注意抄注,另外应补注全所有尺寸,同时,应适当调整所标注的尺寸,做到齐全、清楚、合理。

（8）零件图其他内容。零件图上的技术要求根据零件在部件中的作用来确定,还可以参考同类产品来确定。最后完成全图。

9.10　Inventor 三维装配设计

装配设计主要是进行零部件的装配和编辑,是基于装配关系的关联设计。在 Inventor Professional 2018 装配环境中,可将已有零部件装入并进行组装,检查各零部件的设计是否满足设计要求,并对不合要求的零部件进行修改,也可以在该环境中结合现有的零部件及其装配关系创建新的零部件。此外,部件装配设计也是创建表达视图、动画、装配工程图等的基础。

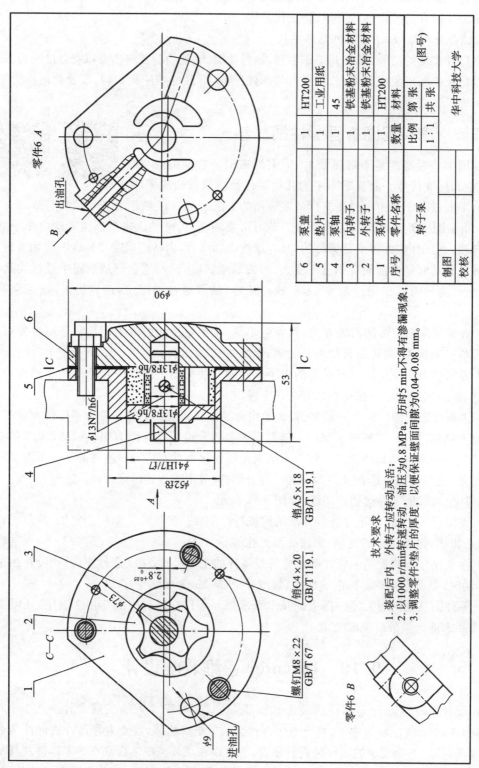

零件6 A

出油孔

零件6 B

C—C

进油孔

$\phi 9$

螺钉 M8×22
GB/T 67

销 C4×20
GB/T 119.1

销 A5×18
GB/T 119.1

$\phi 90$

$\phi 52\beta$

$\phi 41H7/f7$

$\phi 13N7/h6$

$\phi 13F8/h6$

$\phi 13F8/h6$

53

$\phi 73$

$2.8^{+0.05}_{0}$

技术要求

1. 装配后内、外转子应转动灵活;
2. 以1000 r/min转速转动，油压为0.8 MPa，历时5 min不得有渗漏现象;
3. 调整零件5垫片的厚度，以便保证壁面间间隙为0.04~0.08 mm。

6	泵盖	1	HT200	
5	垫片	1	工业用纸	
4	泵轴	1	45	
3	内转子	1	铁基粉末冶金材料	
2	外转子	1	铁基粉末冶金材料	
1	泵体	1	HT200	
序号	零件名称	数量	材料	
	转子泵	比例	第 张	(图号)
		1:1	共 张	
制图				华中科技大学
校核				

图 9-15　转子泵装配图

注意由装配图拆画零件图时应补画全缺漏的图线。

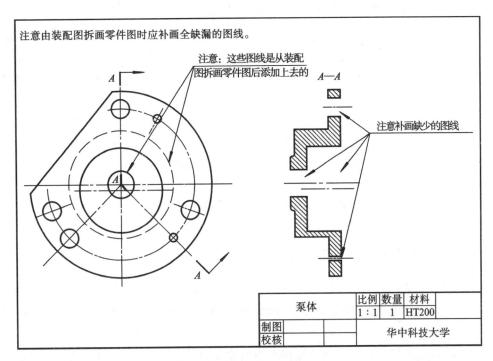

图 9-16　泵体零件的大致轮廓图

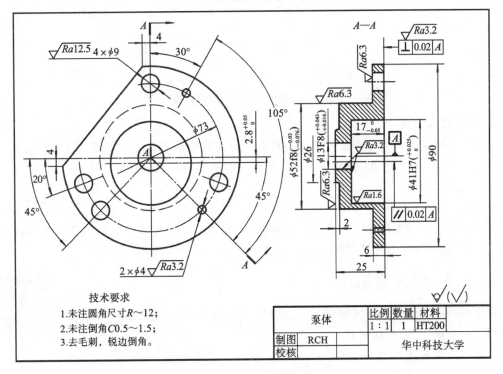

图 9-17　泵体的零件图

9.10.1　装配设计的概念

装配设计有以下三种基本方法。

（1）自上而下。应用这种方法，所有的零部件设计将在装配环境中完成。可以先创建一个装配空间，然后在这个装配空间中设计相互关联的零部件。

（2）自下而上。应用这种方法，所有的零部件将在其他零件或部件装配环境中单独完成，然后添加到新创建的部件装配环境中并通过添加约束使之相互关联，完成装配。

（3）从中间开始。这种方法在实际工作中较为常见，首先可以按照自下而上的方法装入已经设计好的通用件或标准件，然后在装配环境中设计专用的零件。

Inventor Professional 2018 部件装配环境可以同时满足以上三种设计方法的需要。在此环境中，可以装入已有零部件、创建新的零部件、对零部件进行约束、管理零部件的装配结构等关系。

9.10.2　部件装配环境

进入部件装配环境的方法与进入零件建模环境相类似。启动 Inventor Professional 2018，选择"新建"，在弹出的"新建文件"对话框中，双击部件模板"Standard. iam"图标按钮，进入部件装配环境。

部件装配环境与零件建模环境的操作界面结构相同，区别主要在于功能模块和浏览器，如图 9-18 所示。

(a) 功能模块　　　　　　　　　　　　　　(b) 浏览器

图 9-18　部件功能模块和浏览器

1. 部件功能模块

部件装配环境中的功能模块提供了部件装配设计的基本工具图标按钮。利用该面板可以装入、创建零部件，可以替换、阵列、镜像零部件，可以为零部件添加装配约束，还可以对零部件进行打孔、倒角等操作。

2. 浏览器

部件浏览器以装配层次的形式呈现部件内容，其主要功能有查看部件中各零件部件之间的关系，对已经创建的装配关系进行编辑，显示或隐藏所选零部件等。

9.10.3　装入零部件

将已有的零部件装入部件装配环境，是利用已有零部件创建装配体的第一步，体现"自下而上"的设计步骤。

在部件装配环境中，单击功能块上的放置图标按钮，打开如图 9-19 所示的对话框。查找并选择需要装入的零部件，单击"打开"按钮，所选取的零部件将会载入到装配环境中去，单击将其放置到大致位置，然后单击鼠标右键并选择快捷菜单栏中的"结束"选项，完成装入操作。装入的第一个零件为基础零件。

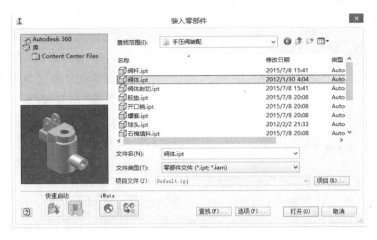

图 9-19 "装入零部件"对话框

注意 Inventor Professional 2018 默认将第一个进入部件装配环境的零部件的六个自由度做出限制,使其完全定位,并使该零件的原始坐标系与部件装配环境中的原始坐标系重合,如图 9-20 所示。第一个装载的零部件会有个类似图钉形状的标志。

如需改变,可在被固定的零部件上单击鼠标右键,在右键快捷菜单中单击去掉图中"固定"前的选中符号"✔"以解除限定,如图 9-21 所示。同样,可以通过右键快捷菜单根据需要选中固定其他零部件,使零部件的当前位置保持不变。

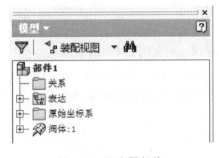

图 9-20 固定零部件

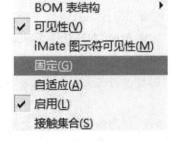

图 9-21 固定或解除零部件

9.10.4 添加装配约束

装配约束决定了部件中零部件结合在一起的方式。装配约束的应用,将限制零部件的自由度,使零部件正确定位或按照指定的方式运动。

在部件功能模块中单击"约束"图标按钮 ,打开"放置约束"对话框,如图 9-22 所示。应用该对话框可为零部件添加装配约束。

"放置约束"对话框为设计人员提供了六种基本约束类型。其中,"部件"选项卡提供用来使零部件正确定位的"配合""角度""相切""插入"与"对称"五种位置约束,而"运动""过渡"选项卡则提供用于定义零部件间相对运动关系的约束。

1. 配合约束

配合约束主要用于将不同零部件的两个表面以"面对面"或"肩并肩"的方式放置,也可用

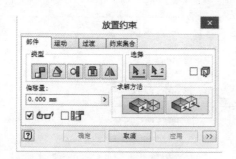

图 9-22　"放置约束"对话框

于添加点、线、面之间的平行、重合类的位置约束。

(1)"配合"方式 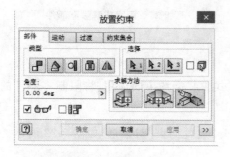，可用来定位平面、圆柱面、球面及圆锥面。若应用约束的对象为平面，则约束后的两平面的法线方向相反，使不同零件的两个平面以"面对面"的方式放置。

(2)"表面齐平"方式，可用来定位平面、圆柱面、球面及圆锥面。若应用约束的对象为平面，则约束后的两平面的法线方向相同，使不同零件的两个平面以"肩并肩"的方式放置。

(3)第一次选择图标按钮，用来选择需要应用约束的第一个零部件上的平面、线或点。

(4)第二次选择图标按钮，用来选择需要应用约束的第二个零部件上的平面、线或点。

(5)先拾取零件图标按钮，常用于零部件的位置较为接近或零部件之间相互遮挡的情况。使用此功能对几何图元的选择将分两步进行，第一步指定要选择的几何图元所在的零部件，第二步选择具体的几何图元。

(6)偏移量:指定零部件之间相互偏移的距离。

(7)显示预览，打开此功能，可预览所选几何图元添加约束后的效果。

(8)预计偏移量和方向，打开此功能，"偏移量"项目中将显示应用约束前的零部件间的实际偏移量。

2. 角度约束

角度约束用来控制直线或平面之间的角度，如图 9-23 所示。

(1)"定向角度"方式，定义的角度具有方向性，该方向由右手定则确定。

(2)"未定向角度"方式，定义的角度不具有方向性，只具有限制大小的作用。

(3)"明显参考矢量"方式，可通过向选择过程添加第三次选择来定义 Z 轴矢量的方向。

(4)角度，应用约束的线、面之间角度的大小。

图 9-23　角度约束

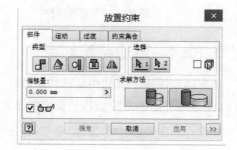

图 9-24　相切约束

3. 相切约束

相切约束用于确定平面、柱面、球面、锥面和规则样条曲线之间的位置关系，使具有圆形特征的几何图元在切点处接触，如图 9-24 所示。

(1)"内边框"方式，可理解为内切方式。

（2）"外边框"方式 ▭ ，可理解为外切方式。

4．插入约束

插入约束用于描述具有圆柱特征的几何体之间的位置关系，是两零部件表面之间的配合约束与两个零部件轴线之间的重合约束的组合，如图 9-25 所示。

（1）"反向"方式 ▭ ，两圆柱的轴线方向相反，即"面对面"配合约束与轴线重合约束的组合。

（2）"对齐"方式 ▭ ，两圆柱的轴线方向相同，即"肩并肩"配合约束与轴线重合约束的组合。

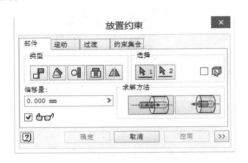

图 9-25　插入约束

图 9-26　对称约束

5．对称约束

对称约束根据平面或平整面对称地放置两个对象，如图 9-26 所示。

（1）"反向"方式 ▭ ，对称对象平面法向方向相反，即"相对"对称约束。

（2）"对齐"方式 ▭ ，对称对象平面法向方向相同，即"同向"对称约束。

9.10.5　装配实例

现以手压阀为例，介绍在 Inventor 环境中自下而上的装配设计过程。

1．手压阀的结构与工作原理

手压阀的结构如图 9-27 所示。手压阀是开启或关闭液路的一种手动阀门。手柄向下压紧阀杆时，弹簧受压，阀杆向下移动，使入口和出口相通，阀门打开；松开手柄，因弹簧力作用，阀杆向上压紧阀体，入口与出口不通，阀门关闭。

2．创建手压阀装配模型的步骤

（1）创建手压阀的所有零件（手压阀的所有零件图参考本书配套习题集中题 9-3）。

（2）新建一部件文件，选择"新建"→"Standard.iam"。

（3）单击放置图标按钮 ，在弹出的对话框中找到需要装入的零部件路径，装入阀体零件，单击鼠标右键结束。为清晰说明手压阀内部的装配情况，在第 10 步之前采用 3/4 剖的阀体，练习时请直接使用阀体零件。

（4）单击放置图标按钮 ，在弹出的对话框中，选择装入阀杆零件。

（5）安装阀杆。单击约束图标按钮 ，弹出"放置约束"对话框，单击配合图标按钮 ，将约束类型设置为"面对面"方式。选取阀体上阀座的锥面与阀杆上的锥面，使它们面贴合，单击"应用"按钮，完成安装，如图 9-28 所示。此时阀杆除了能绕自身的轴线转动外，其他的自由度都被限制了。

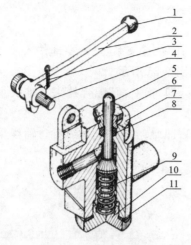

图 9-27　手压阀的结构

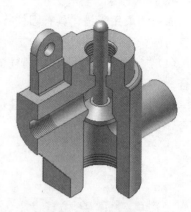

图 9-28　安装阀杆

1—球头；2—手柄；3—销；4—销钉；5—阀杆；6—螺套；
7—阀体；8—填料；9—弹簧；10—调节螺钉；11—胶垫

（6）安装弹簧。使用设计加速器设计弹簧,然后装配。单击菜单栏中的"工具"图标按钮,选择自定义图标按钮,在弹出来的对话框中选择"设计"选项卡,并从中选择压缩弹簧生成器图标按钮,弹出"压缩弹簧零部件生成器"对话框。选择弹簧放置的轴为阀杆的轴线,然后在对话框中输入弹簧的参数,弹簧的长度为 62 mm,弹簧线径为 4 mm,弹簧节距为 9 mm,弹簧外径为 22 mm,生成符合参数要求并在阀杆轴线上的弹簧。此时弹簧只可沿阀杆的轴线移动,选择配合图标按钮,将约束类型设置为"面对面"方式,选择阀杆上的安装面与弹簧的末端的平面,单击"应用"按钮,将弹簧安装完成,如图 9-29 所示。

（7）安装胶垫　单击放置图标按钮,在弹出的对话框中,选择装入胶垫零件。选择配合图标按钮,将约束类型设置为"面对面"方式,第一步约束胶垫与阀体上孔的轴线,第二步约束胶垫与阀体底面,完成胶垫的安装,如图 9-30 所示。

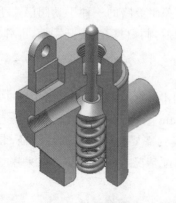

图 9-29　安装弹簧

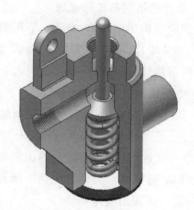

图 9-30　安装胶垫

（8）安装调节螺钉。单击放置图标按钮,在弹出的对话框中,选择装入调节螺钉零件。选择配合图标按钮,将约束类型设置为"面对面"方式,同样,选择约束轴线与平面,完成调节螺钉的装配,如图 9-31 所示。

（9）安装石棉填料。单击放置图标按钮,在弹出的对话框中,选择装入石棉填料。选择

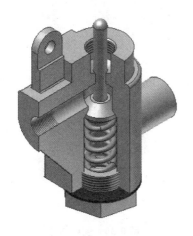

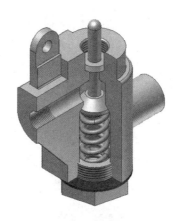

图 9-31　安装调节螺钉　　　　　　　　　　　图 9-32　安装石棉填料

配合图标按钮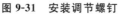，将约束类型设置为"面对面"方式，同样，选择约束轴线与平面，完成石棉填料装配，如图 9-32 所示。

　　（10）安装螺套。单击放置图标按钮，在弹出的对话框中，选择装入螺套零件。选择配合图标按钮，将约束类型设置为"面对面"方式，同样，选择约束轴线与平面，完成螺套装配，如图 9-33 所示。

　　至此，手压阀的内部结构装配已经完成，在装配手压阀手柄时，可不再使用剖开的阀体。将装配图换成图 9-34 所示的立体图，继续手柄、球头、销钉及开口销的安装。

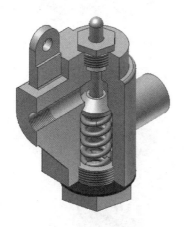

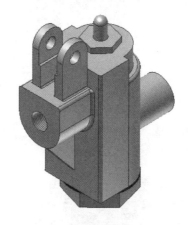

图 9-33　安装螺套　　　　　　　　　　　　图 9-34　手压阀立体图

　　（11）安装手柄。单击放置图标按钮，在弹出的对话框中，选择装入手柄零件。选择配合图标按钮，将约束类型设置为"面对面"方式，选择手柄上孔的轴线与阀体上支架孔的轴线配合，选择手柄上孔的侧面与支架上孔的侧面配合，完成手柄装配，此时手柄只能绕孔的轴线转动，如图 9-35 所示。

　　（12）安装球头。单击放置图标按钮，在弹出的对话框中，选择装入球头零件。选择配合图标按钮，将约束类型设置为"面对面"方式，同样，选择约束轴线与平面，完成球头装配，如图 9-36 所示。

　　（13）安装销钉。单击放置图标按钮，在弹出的对话框中，选择装入销钉零件。选择配

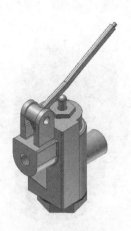

图 9-35　安装手柄

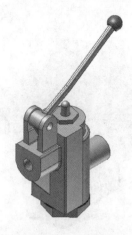

图 9-36　安装球头

合图标按钮⟨⟩,将约束类型设置为"面对面"方式,同样,选择约束轴线与平面,完成销钉装配,如图 9-37 所示。

(14) 安装开口销。单击放置图标按钮⟨⟩,在弹出的对话框中,选择装入开口销零件,或者从标准件库中调出开口销。选择配合图标按钮⟨⟩,首先将开口销的轴线与销钉孔的轴线对齐,然后将开口销头部转折处的圆心所在的平面与销钉的轴线对齐,设置偏置距离为 5 mm,再将开口销上的平面与支架的平面约束为平行。此时,开口销可以带动销钉转动,同时,又不会与销钉和支架发生干涉。

至此,整个装配过程全部完成,如图 9-38 所示。

图 9-37　安装销钉

图 9-38　安装开口销

思　考　题

1. 什么是装配图? 装配图在作用上和零件图有何不同?

2. 装配图的内容有哪几项?

3. 装配图有哪些规定画法?

4. 装配图有哪些特殊画法?

5. 装配图中应标注哪几类尺寸? 各类尺寸的含义如何?

6. 绘制装配图过程中,填写明细栏和对零件进行编号时要注意哪些事项?

7. 试说明看装配图的方法和步骤。

8. 试说明由装配图拆画零件图的方法和步骤。

问题与讨论

举例说明在实际设计中部件与其中的零件在结构、尺寸、技术要求方面的一致性。

第 10 章

表面展开图

学习目的与要求

(1) 了解物体的展开图在生产中的作用和地位；

(2) 了解可展表面与不可展表面的区别以及各自的展开方法；

(3) 熟悉表面展开图的图解法(俗称"几何放样")，掌握根据画法几何的投影原理，用几何作图的方法画出物体的展开图的正确方法及具体步骤等。

学习内容

(1) 平面立体表面的展开；

(2) 可展曲面的展开；

(3) 变形接头的展开；

(4) 不可展表面的近似展开方法。

学习重点与难点

(1) 重点是可展表面的图解法，绘制物体的展开图的方法、步骤和技能。

(2) 难点是根据画法几何的投影原理，用几何作图的方法画出物体的展开图的方法、步骤和技能。

本章的地位及特点

表面展开图是本课程的补充内容，是工程中制作毛坯为金属板的零件时常用的图样，在今后的学习和工作中使用率较高。物体的展开图是将物体表面展开后摊平在一个平面上对物体表面的实际形状和大小进行表达的图样，学习该内容可从不同的角度培养形体表达能力和分析想象能力，同时也可培养综合运用几何知识、投影理论和制图技能的能力。

将物体表面的实际形状和大小，展开后摊平在一个平面上，称为物体的表面展开(见图10-1)。展开所得的图形，称为该物体的展开图，它在化工、冶金、动力、医疗设备等的制造过程中应用广泛。在这些设备中经常遇到由金属板制成的零件(见图10-2)，如容器、分离器、吸尘器、鼓风机、管道、接头、防护罩等。为了制造这类产品，必须先在金属板上画出它们的表面展开图，然后下料，经过弯、卷成形，再用焊接或铆接等方法，制成所需产品。

立体表面按其几何性质可分为可展表面与不可展表面两种。

平面立体的表面都是由平面构成的，均属可展表面；曲面立体中的圆柱面、圆锥面属可展曲面，而球面、环面和螺旋面等都是不可展曲面。对于不可展曲面，通常采用近似展开的方法。本章主要介绍平面立体表面和可展曲面展开及不可展曲面近似展开的基本原理和方法。

在实际生产中，绘制表面展开图时可采用图解法或计算法。对于中小型零件，通常采用图

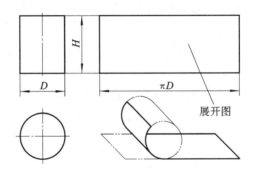

图 10-1　物体的表面展开

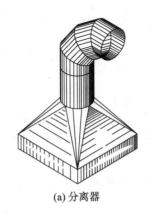
(a) 分离器

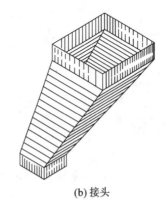
(b) 接头

图 10-2　金属板制零件

解法；对于尺寸很大的零件或设备，采用计算法比较合适。图解法是指根据画法几何的投影原理，用几何作图的方法画出展开图，在产品制造过程中称为"几何放样"。计算法是指根据已知立体表面的数学模型，建立相应的展开曲线的数学表达式，再计算出展开曲线上一系列点的坐标值，最后画出立体表面的展开图，这一过程称为"数值放样"。它通常借助于计算机来完成，并与数控切割机床连接以实现自动下料，从而提高生产效率。图解法是本课程所介绍的主要对象，计算法将在其他后续课程中介绍。

10.1　平面立体表面的展开

平面立体的各个表面都是平面多边形，所以画平面立体表面的展开图，实际上就是求出立体棱线的实长和这些平面多边形的实形，依次展开，画在同一平面上。

10.1.1　棱锥表面的展开

1. 棱锥的表面展开

图 10-3 所示为一空心的截头四棱锥的主、俯视图，从中可以看出，棱锥的所有棱面都是梯形或三角形。如已知三角形的三边，就可以画出它的实形。图中各棱面棱线的实长是用旋转法求得的。棱锥的底面为水平面，水平投影表达实形。

截头四棱锥的展开图，有以下两种画法。

（1）先用旋转法求棱线 SB 的实长 $s'b_1'$，再以 $SA = s'b_1'$（因侧棱线相等）、$AB = ab$、$SB =$

$s'b_1'$ 为边作 $\triangle SAB$,然后以 $BC=bc$、$SC=SB=s'b_1'$ 为边作 $\triangle SBC$,用同样方法再作 $\triangle SCD$、$\triangle SDA$ 即得棱锥的展开图 10-3(a)。

(2) 将截头四棱锥的每个侧面梯形,用对角线划分成两个三角形;用直角三角形法求出这些三角形边长(图 10-3(b)中,$o_1a_1=ae$、$a_1e_1=AE$,$o_1b_1=bg$、$b_1g_1=BG$,$o_1a_2=af$、$a_2f_1=AF$ ……)并以实长依次画出每个三角形的实形,即得截头四棱锥的展开图,如图 10-3(b)所示。

将平面立体表面分解为若干三角形展开的方法称为三角形法。三角形法在工程上常用于锥面的展开。

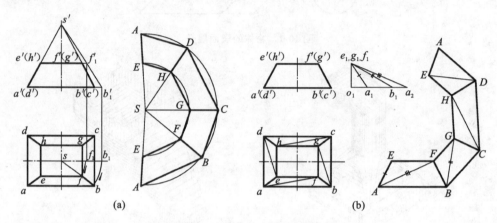

图 10-3　截头四棱锥的表面展开图的画法

2. 斜棱锥的展开

图 10-4(a)所示为一斜四棱锥漏斗的主、俯视图,可以看出,它的四个棱面都是梯形,但在主视图和俯视图上都不能反映实形,因此,为了画出它的展开图,必须先求出四条棱线的实长及每个棱面的一条对角线的实长。图 10-4(b)、(c)所示为利用直角三角形法分别求棱线和对角线的实长的方法。由于这些线段具有相同的 Z 坐标差,因此,只要在另一直角边方向上分别量取各线段的水平投影长度,则所画直角三角形的斜边就是各线段的实长。

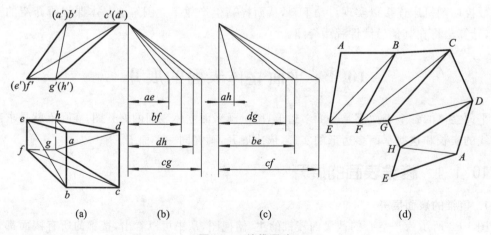

图 10-4　棱锥漏斗

求出四条棱线和对角线的实长后,就可以分别作出 $\triangle AEB$、$\triangle EBF$、$\triangle BFC$ 等的实形,这些三角形实形组成了该棱锥漏斗表面的展开图,如图 10-4(d)所示。

10.1.2　棱柱表面的展开

1. 直棱柱的表面展开

图 10-5(a)所示为一个斜截直四棱柱表面展开图的画法示意图。图 10-5(a)所示四棱柱管的前、后表面为正平面,形状为梯形,反映实形,左、右表面为侧平面,形状为矩形,且矩形的边长在主视图中可直接量取。由于棱面与底面垂直,展开后各棱线仍垂直于底面各边的展开图,因此,画其表面展开图的步骤如下:

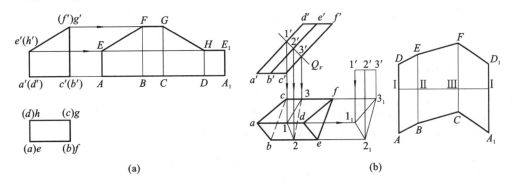

图 10-5　棱柱表面展开

（1）先将底面各边展开为一直线 AA_1,并依次量取 $AB=a'b'$、$BC=bc$、$CD=c'd'$、DA_1 $=da$;

（2）过 A、B、C、D、A_1 点分别作垂线,并在各个垂线上分别量取 $AE=a'e'$,$BF=b'f'$,CG $=c'g'$,$DH=d'h'$,以及 $A_1E_1=a'e'$;

（3）用直线依次连接 E、F、G、H、E_1 各点,即得到斜截四棱柱的表面展开图。

2. 斜棱柱的表面展开

图 10-5(b)所示为一个斜三棱柱表面展开的画法,其具体作图步骤如下:

（1）作一辅助平面 Q_V 与棱线垂直(此时 Q_V 称为正截面),将斜棱柱分割成上、下两个直棱柱;

（2）求出截断面的投影和实形;

（3）将所求得的截断面的各边实长展开成一条直线Ⅰ—Ⅰ;

（4）由Ⅰ、Ⅱ、Ⅲ各点分别作垂线,并在其上量取线段等于棱线上的线段实长,得到 A、B、……和 D、E、……各点;

（5）用直线依次连接 A、B、C、A_1 和 D、E、F、D_1 各点,即得到所求的展开图。

在展开正截面的基础上,再展开平面立体各表面的方法称为正截面法。正截面法在工程上常用于柱面的展开。

10.2　可展曲面的展开

由圆柱面和圆锥面组成的各种管件、接头在工程中应用广泛,圆柱面的相邻素线互相平行,圆锥面的相邻素线相交,因此,它们都是可展曲面。用图解法或计算法可准确画出其展开图。

10.2.1 圆柱面制件的展开

1. 正圆柱的展开

图 10-6 所示为一个斜截圆柱管制件,其在管道设计中应用广泛。其表面展开图可以通过图解法绘制。由于正圆柱面的展开图为一矩形,矩形的一边长度为圆周长 πD,矩形的另一边长度则为圆柱面的高度 H。在展开过程中,每条素线的长度均为圆柱面之高度 H。当圆柱管被斜截后,其表面展开过程仍与完整的圆柱面展开相同,只是每条素线的长度随着截平面的位置不同而发生相应的变化,因此,画截切后的圆柱管的展开图的方法就是在圆柱管面上取若干条素线,然后在展开图上依次求出这些素线的位置和长度,如图 10-6 所示。

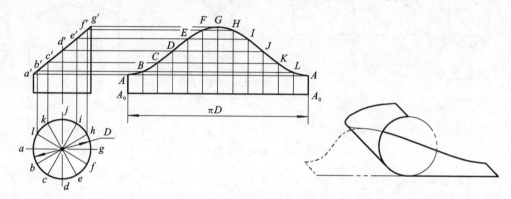

图 10-6 斜截圆柱管展开

具体作图步骤如下:

(1) 先在圆柱管的俯视图上将圆周分成若干等份(本例中分为 12 等份),然后过各个分点向主视图作投影连线,在主视图中求出相应的素线,这些素线与截平面产生交点 a', b', c', …, l'。显然,在主视图上,各条素线均反映实长。

(2) 将圆周展开后得到的直线 A_0A_0 分成相同等份(12 等份),过各个分点作线段 A_0A_0 的垂线,这些垂线就是圆柱表面各条素线在展开图上的位置。

(3) 将各条素线的实长量取到展开图中相应的素线上,分别得到 A, B, C, …, L 共 12 个端点,光滑连接这些端点,即可得到斜截圆柱管的表面展开图。

2. 相贯两圆柱的展开

画相贯两圆柱面展开图时,首先要在投影图上正确画出相贯线。由于相贯线就是两圆柱面的分界线,也是制件焊缝的位置,因此,相贯线应尽量精确绘制。求出相贯线后,两圆柱面展开图的画法与图 10-6 所示的方法相同,关键是正确量取各条素线的实长,在图 10-7(a)中,两圆管的素线都是正平线,正面投影反映实长,因而可在图中直接量取到各素线段的实长,并画到展开图相应位置上,如图中的点 A,光滑连接这些点,便得到相贯线的展开曲线,如图 10-7(b)所示。

3. 斜椭圆柱的展开

图 10-8 所示为一斜椭圆柱的展开图。在作展开图时,可以在表面上引一系列素线,把它当成斜多棱柱进行展开。具体作图步骤如下:

(1) 作一辅助平面 N 与斜椭圆柱的轴线垂直,将它分割成上、下两个直椭圆柱;

(2) 求出截断面的水平投影,并用换面法在斜剖视 N—N 中画出截断面的实形——椭圆;

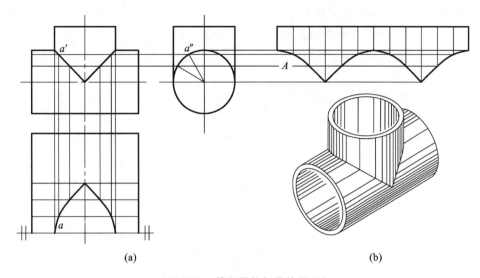

(a)　　　　　　　　　　　　　　　(b)

图 10-7　等径圆柱相贯的展开

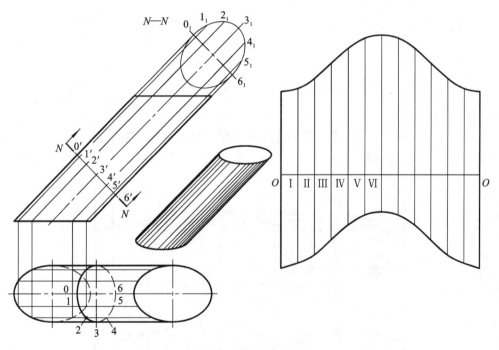

图 10-8　斜椭圆柱的展开

（3）将所求得的椭圆展开成一直线 $O—O$；

（4）过 O、Ⅰ、Ⅱ，……各点分别作垂线，并在其上量取线段等于素线上相应线段的实长；

（5）用光滑曲线把各端点连接起来，即得所求的展开图，如图 10-8 所示。

10.2.2　等径直角弯管表面的展开

在通风管道的设计中，经常用等径直角弯管来改变风道的方向。这种管道通常是由若干节等径的斜截圆柱管连接而成的。如图 10-9 所示的直角弯管是由四节斜截圆柱管组成的，中间两节为全节，两端各为一个半节，这样共用三个全节组成该弯管。具体作图步骤如下。

　　(1)若已知圆柱管的正截面直径为 d,直角弯管半径为 R,则将以 R 为半径的圆弧在 90°范围内分为 n 等份(n 为组成弯管的全节数),在该圆弧上得到等分点 Ⅰ、Ⅱ、Ⅲ、Ⅳ。过各等分点与圆弧中心 O 相连,得到的各条辐射线就是每节圆管的正截面位置线。显然,每个全节所对应的角度 $\alpha=90°/2(n-1)$。

　　(2)以 Ⅰ、Ⅱ、Ⅲ、Ⅳ 点为中心,以 $d/2$ 为半径,在辐射线上截取点 a_1、a、b_1、b、c_1、c、d_1、d,再过这些点作辐射线的垂线,即可求出每节圆柱管的轮廓线,将垂线的交点连成线段 e_1e、f_1f、g_1g,即得各节圆管的分界线。其中两端各为一个半节管。结果如图 10-9 所示。

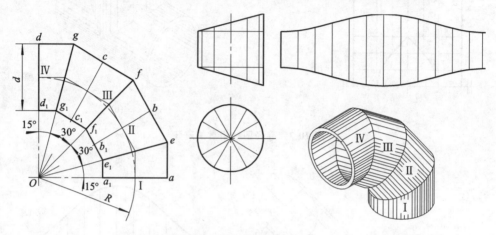

图 10-9　直角等径弯管的展开

　　(3)由于等径弯管各节圆柱斜截角度相同,因此,可按一定规则将其拼接为一个完整的圆柱管件,展开图为完整矩形,然后按其中的展开曲线切割下料,再翻转 180°焊成直角弯管,这样,不仅可简化作图,使排料合理,而且还可简化制作工艺。展开图画法如图 10-10 所示。

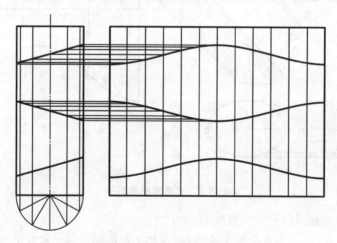

图 10-10　等径弯管拼接展开

10.2.3　圆锥管件的展开

1. 正圆锥的展开

　　完整的正圆锥面的展开图为一扇形,其半径即为圆锥素线长 L,弧长即为圆锥底圆周长 πD,所以扇形的圆心角 $\alpha=\pi D \times 360°/(2\pi R)=180° \times D/R$,如图 10-11 所示。

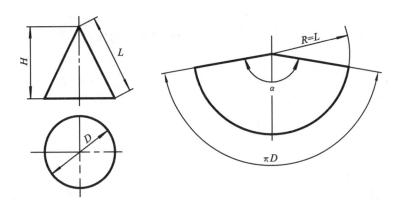

图 10-11　正圆锥面的展开

斜截正圆锥管的展开图,是在正圆锥管展开图的基础上求出若干条被截断的素线的实长,然后光滑连接各点而得到的。具体作图步骤如下:

(1) 先画出完整圆锥的展开图;

(2) 将圆锥底面分成 n 等份(这里取 $n=12$),并画出过各等分点素线的投影,标出截平面与各素线的交点 a'、b' 等;

(3) 用旋转法(参照本书 4.4 节的相关内容)可以很方便地求出每条素线被截去部分的实长,这里只需在主视图中,过 b'、c' 等各点作水平线与最左素线相交即可;

(4) 在展开图上把扇形的圆弧也分成 n 等份,标出等分点 Ⅰ,Ⅱ,…,Ⅻ,Ⅰ,画出 n 条素线;

(5) 在素线 SⅠ上量取 $SA=s'a'$,求出截交线上点 A 在展开图上的位置,用相同的方法可求出其余各截交线上的交点 B、C、D 等,然后光滑连接这些点,即可求出斜截正圆锥管的表面展开图,如图 10-12 所示。

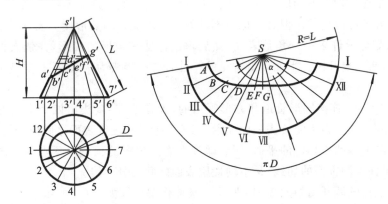

图 10-12　斜截正圆锥管表面展开

2. 斜椭圆锥的展开

图 10-13 所示为一斜椭圆锥台的展开图。在作图时可以把它看成一个斜多棱锥进行展开,其具体作图步骤如下:

(1) 先将斜椭圆锥底面分成 n 等份(在这里取 $n=12$),画出各等分点素线的投影,并标出截平面与各素线的交点,分别为 a'、b' 等;

(2) 用直角三角形法求出每条素线及被截去部分的线段实长,如图 10-13 中 $s_1'1_1$、$s_1'2_1$

……及 $s_1'a_1$、$s_1'b_1$……；

（3）展开图中 12 个三角形,短边的实长可以用水平投影的圆周上相邻两个分点之间的距离（弦长）近似表示；

（4）最后在展开图上依次画出每个三角形的实形,并将所得点光滑连成曲线,即可得到斜椭圆锥的展开图。

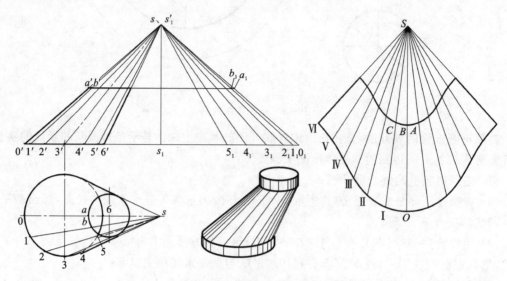

图 10-13　斜椭圆锥的展开

10.3　变形接头的展开

变形接头是连接两个不同形状管道的接头管件。这类制件通常是由平面、柱面、锥面共同组成的,因此,属于可展表面。但有时也由不可展曲面组成。画变形接头展开图的方法是将变形接头的表面划分成许多小三角形表面,然后求出这些三角形的实形,并依次把它们连接起来,组成变形接头的展开图。下面以最常见的"天圆地方"接头为例,说明这类变形接头展开图的画图过程。

如图 10-14 所示,连接圆形管道和方形管道的"天圆地方"接头由四个三角形平面和四个部分圆锥面共同组成。为了使接头表面光滑,三角形平面和圆锥表面之间应相切过渡,过下端方口的一边作与上端圆口相切的平面,切点即为平面三角形的顶点。顶点与下端方口的角点的连线,即为平面与圆锥面的切线,是不同性质表面之间的分界线。

变形接头表面的展开图如图 10-14 所示。具体作图步骤如下：

（1）画出接口的投影图,并按上述分析画出平面与锥面之间的分界线。

（2）将每个锥面分成若干个小三角形,图中每个锥面分为 3 个小三角形。为了作图方便,将圆口分为相应等份,图中为 12 等份。

（3）用直角三角形法,求出大、小三角形各边实长,图中给出求 $D\mathrm{I}$ 与 $D\mathrm{II}$ 线段实长的示例,由于它们有相同的 Z 坐标差,只需依次量取各条线段水平投影,便可方便地求出它们的实长；4 个大三角形底边实长可直接在水平投影中量取,12 个小三角形短边的实长可以用水平投影的圆周上相邻两个分点之间的距离近似表示。

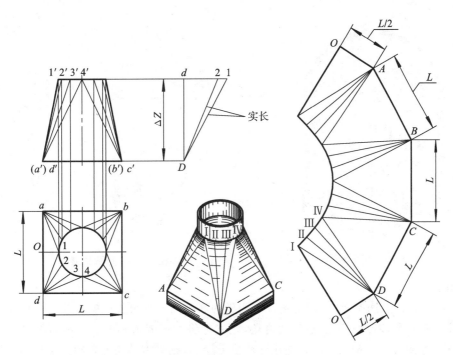

图 10-14　变形接头表面展开

（4）依次画出各三角形实形，并将圆口光滑连成曲线，即可得到"天圆地方"接头的展开图。

10.4　不可展曲面的近似展开方法

由曲母线形成的曲面，或由直母线形成但相邻素线为异面直线的曲面，都属于不可展曲面。在工程实践中，不可展曲面的展开只能采用近似展开的方法，即将不可展曲面划分为许多小块，使每个小块接近于某种可展曲面（例如柱面、锥面等），然后将每个小块展开并拼接起来得到不可展曲面的展开图。

10.4.1　球面的近似展开

球面制件在工程中经常遇到。图 10-15 所示的热风炉球头制件就是由半球面组成的。制造这类产品时，若受冲压设备或材料条件限制，则可以焊接成形。一般要将下料钢板加热压弯，产生塑性变形，然后焊接而成。采用这种制造工艺时，需要画出球面的近似展开图，展开图画法如下：

（1）将半球面划分为一个顶板和若干块侧板，分块多少由球面大小决定，本例中分为六块侧板。顶板的展开图可画成一个圆，其半径 r 近似取顶板部分的弧长，即 $r = \overset{\frown}{0'1'}$。

（2）将主视图上侧板部分圆弧分为三等份，得到 $1'$、$2'$、$3'$ 和 $4'$，如图 10-16（a）所示。

（3）在俯视图上过各等分点 1、2、3、4 作同心圆弧，弧长分别为 $\overset{\frown}{ab}$、$\overset{\frown}{cd}$、$\overset{\frown}{ef}$ 和 $\overset{\frown}{gh}$。

（4）画展开图时，先将主视图中圆弧 $\overset{\frown}{0'4'}$ 展为直线，即取线段 $MN = \pi R/2$，并用相同的方法（把弧长展为直线）分别在展开图上画出点 Ⅰ、Ⅱ、Ⅲ、Ⅳ，如图 10-16（b）所示。

（5）以 M 为圆心，作同心圆弧，如图 10-16（c）所示，并将视图中的弧长 $\overset{\frown}{ab}$、$\overset{\frown}{cd}$、$\overset{\frown}{ef}$、$\overset{\frown}{gh}$ 量取

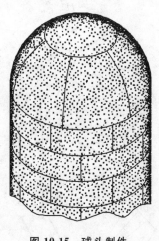

图 10-15　球头制件

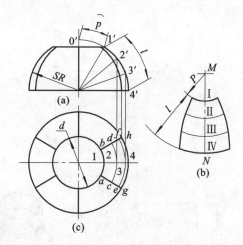

图 10-16　球面的展开

到展开图上。

(6)将各点光滑连接起来,即得到一块侧板的展开图。其余各块展开图与此相同。

上述作图过程,若用仪器完成比较麻烦,尤其是将圆弧展为相同长度的直线,需要作适当的计算。但若用凯图 CAD 2000 软件在计算机上绘制,则只需使用测量圆弧长功能,即可快速准确地绘制出来。

球面的近似展开有许多种方法,除上述方法外,还可以用水平面把球面分为若干块,如图10-17(a)所示,图中将球面分为七块。通常将中间一块按柱面展开,其余各块按锥面展开,其展开图画法如图 10-17(b)所示。

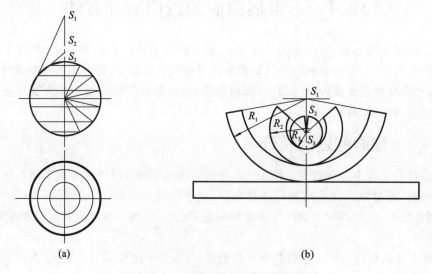

图 10-17　用锥面法近似展开球面

用这种方法展开球面时,应注意以下两点。

(1)如图 10-17(a)所示,内接圆锥面顶点 S_1、S_2、S_3 的确定是通过延长相关圆弧的弦长与中心线相交产生的。显然,划分的块数越多,展开图就越精确。

(2)在实际工作中,受到材料面积的限制,常常将圆柱面部分再分为若干个矩形,而把圆锥面部分再分为若干个梯形,然后再焊接起来,这样,可以充分利用一些面积较小的材料。

10.4.2　正螺旋面的近似展开

图 10-18(a)所示为正螺旋面,是螺旋输送器和搅拌机中的常用机件。在制造时,通常是按一个导程的螺旋面展开、下料,然后滚压、焊接而成。画展开图的方法有图解法和计算法两种。

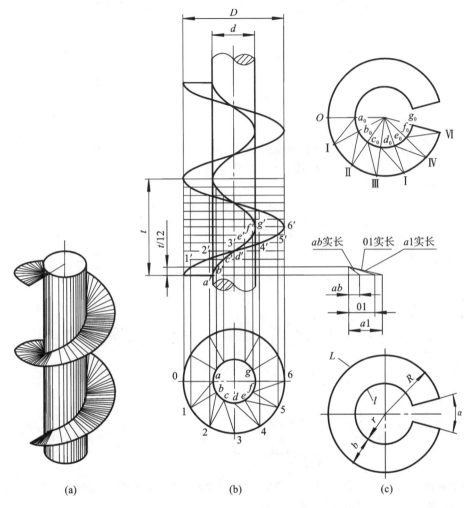

图 10-18　正螺旋面的近似展开

1. 图解法

(1) 把一个导程内的螺旋面分为若干小块(图 10-18 中分为 12 小块),每块都是由两条直线边和两条曲线边组成的四边形曲面。在水平投影上将两圆周 12 等分,连接对应点,如图 10-18(b)所示中 $01ba$,在正面投影上将导程也分为相同等份,并过各等分点作水平线,这样就形成了每小块的水平投影和正面投影。再将每小块划分为两个小三角形,并求其实形,如图 10-18 中直角三角形所示。如此求出每小块实形,并将它们拼在一起依次画出,形成一个导程螺旋面的近似展开图,如图 10-18(c)所示。

(2) 已知正螺旋面的外径为 D、内径为 d、导程为 t,其展开图也可按以下步骤得到。

① 以 t 和 πD 为直角边,斜边 L 为一个导程的正螺旋面的外缘螺旋线长度,l 为内缘螺旋线长度,如图 10-19(a)所示。

② 分别以 b、a 为上、下底,$(D-d)/2$ 为高作等腰梯形 $IJKL$,延长 IJ 与 BA 交于点 O,如

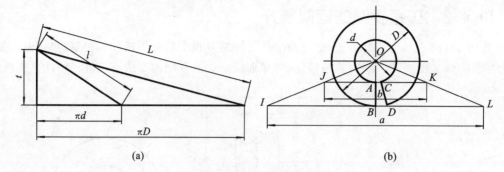

图 10-19　正螺旋面的展开

图 10-19(b)所示。

　　③ 以 O 为圆心，OA、OB 为半径分别画圆弧，量取弧长 $\overset{\frown}{BD}=a$ 和弧长 $\overset{\frown}{AC}=b$，连 AB、CD 得到即为一个导程正螺旋面的近似展开图，如图 10-19(b)所示。

2. 计算法

　　由于螺旋线展开后成为直角三角形的斜边，因此，在一个导程内的计算公式如下。

外缘螺旋线长度　　　　　　$L = \sqrt{(\pi D)^2 + t^2}$

内缘螺旋线长度　　　　　　$l = \sqrt{(\pi d)^2 + t^2}$

环形宽度　　　　　　　　　$b = (D-d)/2$

圆环内径　　　　　　　　　$r = \dfrac{bl}{L-l}$

由 $\dfrac{r}{R} = \dfrac{l}{L}$，即 $\dfrac{r}{r+b} = \dfrac{l}{L}$ 可导出上式。

圆环外径　　　　　　　　　$R = b + r$

开口角度　　　　　$\alpha = \dfrac{2\pi R - L}{2\pi R} \times 360° = \dfrac{2\pi R - L}{\pi R} \times 180°$

思　考　题

1. 什么是表面展开图？表面展开图在工程实际中有什么作用？表面展开图和装配图、零件图有何不同？
2. 物体表面展开图的图解法是怎样的？
3. 截头四棱锥的表面展开图的绘制方法和步骤是怎样的？
4. 直棱柱的表面展开图的绘制方法和步骤是怎样的？
5. 正圆柱的展开图的绘制方法和步骤是怎样的？
6. 相贯两圆柱的展开图的绘制方法和步骤是怎样的？
7. 斜椭圆锥的展开图的绘制方法和步骤是怎样的？
8. 不可展曲面的近似展开方法是怎样的？

问题与讨论

1. 试述表面展开的意义。
2. 如何区别可展曲面与不可展曲面？试举例说明之。
3. 试以球面为例说明不可展曲面有哪些可用的近似展开的方法。

第 11 章

AutoCAD 绘图基础

学习目的与要求

(1) 掌握从规划、绘制到输出图形的整个计算机绘图的工作过程；

(2) 掌握用 AutoCAD 规划图形、绘制图形、修改图形、输出图形的方法和技巧；

(3) 掌握用 AutoCAD 书写文字、标注尺寸、创建图块的方法；

(4) 掌握绘图的基本原则，绘制完整的工程图。

学习内容

(1) 绘图环境设置；

(2) 显示命令、对象捕捉命令使用；

(3) 精确定点方法使用；

(4) 图层操作命令使用；

(5) AutoCAD 绘图与图形填充命令使用，基本图形绘制；

(6) 编辑命令灵活使用；

(7) 剖面填充及文本命令使用；

(8) 图块命令使用；

(9) 尺寸标注；

(10) 工程制图与图纸输出。

学习重点与难点

(1) 重点是如何灵活运用绘图和编辑命令来实现工程平面图形的绘制以及实体造型。

(2) 难点是设置绘图环境，熟练使用软件，正确表达专业标准，读懂工程图纸中的技术语言，画出满足专业标准和规范的图形。

本章的地位及特点

在计算机技术迅速发展的今天，AutoCAD 已成为计算机绘图的基本软件，因此，它也是设计领域的重要手段与工具，是从事设计与管理的应用型人才必须学会和掌握的一项重要技能。其特点就是要求学生反复训练，才能达到熟练的程度。

AutoCAD 是美国 Autodesk 公司开发的图形软件，本章将以 AutoCAD 2018 中文版为基础，着重介绍使用 AutoCAD 绘图软件的基础知识、基本功能、常用命令和工程图样的绘制方法。

11.1 AutoCAD 基础知识

11.1.1 AutoCAD 2018 工作界面

AutoCAD 2018 图形系统提供了二维绘图和三维几何构形两种不同的工作环境,二维绘图主界面如图 11-1 所示。工作界面的类型可以在工具菜单中"工作空间"中设置。若要绘制二维图形,可将工作空间设为"AutoCAD 经典"。

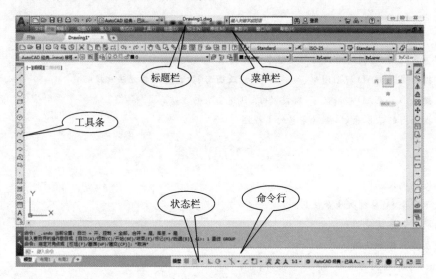

图 11-1 AutoCAD 2018 二维绘图主界面

AutoCAD 2018 中文版工作界面由标题栏、菜单栏、工具条、状态栏、命令行等组成,其中标题栏记载了当前文件的名称及路径。

工具栏是访问命令的途径之一,通常显示的工具栏有"快速访问""工作空间""样式"、"特性"和"标准"工具栏等。

几何光标是用来定位、绘制对象及选择对象的标记。

命令行用来显示命令的提示和其他信息。

AutoCAD 发布命令的方式有:利用菜单发布命令、利用工具条中的图标菜单发布命令和直接在命令行发布命令三种。

11.1.2 设置绘图环境

AutoCAD 2018 提供了 50 多种工具条。第一次进入系统时,桌面上有"绘图"和"修改"两个工具条。用户可以根据需要选择适当的工具条放在桌面上。

1. 显示和隐藏工具条

将光标放在任意一个工具条上,单击鼠标右键,在弹出的快捷菜单上选取所需工具条即可将该工具条放在桌面。用鼠标按住工具条名称的空白处,可将它拖放到界面图的其他位置。

将工具条拖到绘图区后,单击其右上角的按钮✖,可隐藏该工具条。

2. 设置图形界限

图形区域是指图形边界的长和宽,通常用图形界限作为参照。选择"格式"菜单中的"图形界限"项可以设置绘图区的最大矩形区域,它由左下角坐标和右上角坐标确定。

3. 设置单位

图形单位是指测量单位制,可以有小数制、工程制、建筑制、分数制和科学计数法等。单击菜单"格式"→"单位",弹出"图形单位"对话框,按照图 11-2 所示设置长度和角度的类型和精度,即可设置无小数点的整数绘图。注意:精度仅与数据结果的显示有关,不影响数据本身的精度。

4. 草图设置

草图设置提供的是绘图辅助工具,通过草图设置可以提高绘图的速度和精确度。在状态条上单击"捕捉模式"按钮,在弹出的下拉菜单中选中"捕捉设置",弹出如图 11-3 所示的"草图设置"对话框。利用该对话框可以对捕捉和栅格、极轴追踪、对象捕捉、动态输入等相关内容进行设置。

　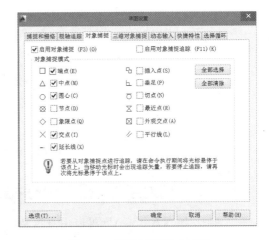

图 11-2　"图形单位"对话框　　　　图 11-3　"草图设置"对话框

1) 栅格和捕捉栅格的设置

栅格是屏幕上可见的等距离的点,它就像一张坐标纸,可以帮助用户精确定位。它仅仅是编辑过程的一种视觉参考,不会被打印到图纸上。

在"栅格和捕捉"选项卡中可以设置栅格间距和捕捉间距,用户可以通过下方状态栏中的"栅格"或"捕捉"按钮将该选项卡关闭或开启。

2) 极轴追踪

极轴追踪是系统按事先给定的角度增量追踪点。当光标接近预先设定的极角位置时,系统会出现对齐路径和提示,这时,可以在该对齐路径的方向上拾取一点,或者直接输入该方向上的距离。当光标移开时,对齐路径和提示也随之消失。在默认情况下,极轴追踪的角度增量为 90°。用户也可根据需要设置角度增量。

用户可以通过下方状态栏中的"极轴"按钮关闭或开启极轴追踪功能。

3) 对象捕捉

利用对象捕捉功能可以精确迅速地获取现有几何对象上的几何特征点,如端点、中点、圆心、节点等。采用这种方法,可以精确地定位点而不需要输入坐标或进行烦琐的计算。

5. 其他的辅助定位

1) 正交命令

在状态栏中按下"正交"按钮,系统就只能画出平行于 X 轴或者 Y 轴的直线。正交功能与极轴追踪功能是互锁的。单击 F8 键可以快速切换正交状态。

2) 对象捕捉追踪

同时按下"对象捕捉"和"对象跟踪"按钮,系统就可以沿着基于对象捕捉点的辅助线方向追踪。激活一个绘图命令后,若要输入点的位置,可先将光标移动到一个对象捕捉点,不要单击它,只需停留片刻即可获取该点的信息,此时已获取信息的点会显示出一个"＋"标记(系统可同时获取多个点)。从获取点移开光标,在屏幕上会显示一条通过此点的水平或垂直或以一定角度倾斜的临时辅助线。沿辅助线移动光标,按捕捉提示的数据,可追踪拾取到符合要求的点。如图 11-4 所示,光标追踪到了直线的中点和圆心的位置,该点的 X 坐标为直线中点的 X 坐标,Y 坐标为圆心的 Y 坐标。

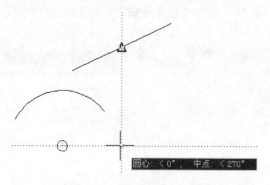

图 11-4　对象追踪的示例

11.1.3　绝对坐标、相对坐标和极坐标输入法

在二维设计中,AutoCAD 可以用直角坐标、极坐标或相对坐标确定点的位置。

1. 绝对坐标

若已知点相对于坐标原点的 X 和 Y 坐标值,可以使用绝对坐标输入法,即在提示符后面输入点的 X、Y 坐标值。

2. 相对坐标

当已知下一个绘图点与前一个点的相对位置时,可以使用相对坐标输入法,相对坐标是在图中确定点位的常用方法。输入相对坐标的格式为 $@\mathrm{d}x,\mathrm{d}y$。相对坐标如图 11-5 所示。

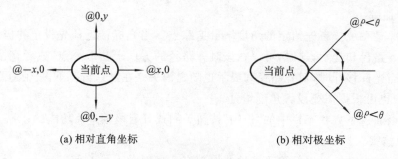

(a) 相对直角坐标　　　　　　(b) 相对极坐标

图 11-5　相对坐标

3. 极坐标

当已知两点之间的距离和角度时,可使用极坐标定点。极坐标有两种输入方式。

(1) 已知绘图点相对于原点的距离和角度:$\rho < \theta$。

（2）已知绘图点相对于最后一点的距离和角度：$@\rho<\theta$。

11.1.4　图层

图层是用来将设计中的图形信息分类进行组织管理的重要方法。如一张工程图常包括图形、尺寸、技术要求等信息，如果将对象分类放在不同的图层中，就便于查询和管理它们，"图层"工具条如图 11-6 所示。

图 11-6　"图层"工具条

1. 新建图层

单击"图层特征管理器"按钮，弹出如图 11-7 所示的"图层特征管理器"对话框。

单击新建图层图标按钮，可以创建一新的图层；单击删除图层图标按钮，可以删除选中的图层；单击选取图层图标按钮，可将选中的图层置为当前图层。单击某一图层的名称时，可以修改该图层的名字。图层一般有颜色、线型和线宽等属性。单击某一图层的线型属性时，会弹出"选择线型"对话框。系统默认的线型只有细的连续的线，若需要其他线型，可单击其中"加载"按钮，在弹出的"加载或重载线型"对话框中选取需加载的线型后单击"确定"按钮，即可加载该线型。

单击某一图层的颜色属性后，在弹出的对话框中可设置该图层颜色；单击某一图层的线宽属性后，在弹出的对话框中可用该图层线的宽度。图 11-7 所示为已设置好属性的图层。

图 11-7　"图层特性管理器"对话框

2. 设置当前图层，冻结、关闭和锁定图层

单击"图层"工具条中的图标按钮，在下拉图层中可选取一图层为当前画线的图层。它是放置当前对象的图层，当前层只能有一个。可以单击图标按钮，冻结层上的对象，使它们不可见，也不可以进行编辑操作，当前层不能冻结；单击图标按钮，可关闭层上的对象，让它们不可见，但可以进行编辑操作；单击图标按钮，可锁定该层上的对象，让它们不可被选择和编辑。绘制图形时，应养成不同类型的图元在不同的图层中绘制的好习惯。

11.1.5　设置选项

单击菜单"工具"→"选项"，弹出如图 11-8 所示的"选项"对话框，可以根据个人的喜好和项目的要求用户化 AutoCAD 的设置。

在"显示"选项卡中：利用"颜色"选项可以设置背景的颜色；利用"显示精度"选项可以设置控制曲线对象显示的平滑程度，数值越高越平滑，但显示的速度会降低，所以不宜设得过高。

在"打开和保存"选项卡中可以设置文件保存的类型、是否生成备份文件等。

在"用户系统配置"选项卡中可以设置鼠标右键的操作。若按图 11-8 所示的对话框设置，在没有选定对象时，单击鼠标右键则重复上一个命令；若已选定了对象，单击鼠标右键，则弹出快捷菜单；若是处于命令模式，单击鼠标右键，则为确定，相当于按回车键和空格键。

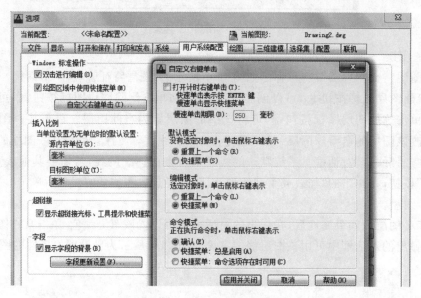

图 11-8　"用户系统配置"选项卡

在"绘图"选项卡中可以设置自动捕捉标记的大小和颜色等。

在"选择集"选项卡中可以设置拾取框的大小等。

11.1.6　显示命令

计算机屏幕的大小是有限的，系统可以提供平移、缩放等命令平移或缩放图形，让用户设计细节时看得更清楚。

单击图标按钮，光标变成手形，按下鼠标左键并移动鼠标，可以移动图形但不改变显示放大率；单击图标按钮，滑动鼠标中间键，可放大或缩小图形；单击图标按钮，用鼠标左键拾取屏幕上的两点，则矩形框内的图形显示在屏幕上。单击图标按钮，将恢复前一个视图。

在命令窗口输入命令"Z"，回车，系统提示各种选项，但这些显示命令只是改变图形在屏幕上的大小，并不改变图元的几何信息。

11.2　基本绘图命令

AutoCAD 可以利用绘图菜单、绘图工具条、命令行发布绘图命令。

11.2.1　绘直线工具

单击绘制直线的图标按钮或在绘图菜单栏中选择绘图命令，或在命令行输入 L 或 line

（命令不分大小写），再按空格键（或回车键，表示确认的意思），系统在命令提示行中将提示输入直线端点，确定直线段的端点后，可以连续地画出若干段直线。按空格键或回车键结束绘制；若需要生成封闭的线段，可输入"C"后回车。精确确定点位置的方式可以是直接输入点的坐标，也可以用捕捉、对象捕捉或对象跟踪等方法。

11.2.2　绘圆工具

单击绘制圆的图标按钮🔘或在命令行输入"C"，命令行提示画圆有以下五种方法。

（1）指定圆心法　用鼠标或输入圆心坐标的方法确定圆心的位置后，可以直接用鼠标确定圆心到圆周的半径位置或输入半径的值，按回车键后，即可绘制一个圆；也可以输入"D"，回车，再输入直径的数值，回车，完成圆的绘制。

（2）三点法绘制圆　输入"3P"回车，确定圆上的三个点的位置，则一个通过三点的圆就绘制出来了。

（3）两点绘制圆　输入"2P"回车，确定圆上的两个点的位置，则一个以这两点间距离为直径且过这两点的圆就绘制出来了。

（4）相切、相切、半径法　输入"T"回车，用鼠标分别选择要相切的两个图元（圆弧或直线），再输入圆的半径值回车，则可以绘制一个与已知的两图元相切的圆。

（5）相切、相切、相切法　在菜单"绘图"→"圆"的选项中选择"相切、相切、相切"，然后用鼠标分别选取三个切点所在的对象（直线或圆或圆弧），即可绘制与三个图元都相切的圆。

11.2.3　绘圆弧工具

单击绘圆弧的图标按钮⌒或者在命令行输入"ARC"后回车，在命令提示行输入圆弧的起点或圆心（C）即可绘制圆弧。绘图下拉菜单提供了十种绘弧方法，供用户选择。需要注意的是，在"起点、端点、半径（R）"画圆弧的方法中，默认状态下的圆弧是从起点处沿逆时针方向画出的；此外，半径值不能太小，否则会导致圆弧无法画出。

11.2.4　绘多段线工具

多段线是由若干直线或圆弧组成的一个整体对象。

单击绘制多段线的图标按钮💬或者在命令行输入"pline"后回车，命令窗口提示指定起始点，确定起始点后命令行又提示如下。

指定下一个点或［圆弧（A）/半宽/（H）/长度（L）/放弃（U）/宽度/（W）］：

若指定下一个点，用鼠标或用键盘输入下一个点的位置；

若要绘圆弧，则输入命令"A"，回车；

若要绘直线，则输入命令"L"，回车；

若要取消刚才的绘制，则输入命令"U"，回车；

若要改变线段的宽度，则输入命令"W"，回车。

11.2.5　绘矩形工具

单击绘制矩形的图标按钮▭或者在命令行输入"rec"，回车，系统提示如下：

_rectang 指定第一个角或［倒角（C）/标高（E）/圆角（F）/厚度（T）宽度（W）］：

确定矩形的左上角后，系统又提示如下：

指定另一个角或[面积(A)/尺寸(D)/旋转(R)]:

这时可以用下列三种方法绘制矩形。

(1) 用鼠标点击矩形的右下角位置(或输入右下角点坐标值后回车)。

(2) 输入"A",回车,再输入矩形面积,回车。

(3) 输入"D",回车,则分别按提示输入矩形的长度和宽度。

若要绘制一个中心线与水平线有一定夹角的矩形,则在如上所述指定第一点后的提示下,输入"R",回车,再按提示输入旋转角度、面积或尺寸。

若要生成四角具有一定倒角的矩形,可以在指定第一点后的提示下,输入"C",回车,再按提示输入第一倒角的距离和第二倒角的距离。

若要生成四角具有一定圆角的矩形,可以在指定第一点后的提示下,输入"F",回车,再按提示输入倒圆的半径。

11.2.6　绘多边形工具

单击绘制多边形图标按钮○或者在命令行输入"pol"或"polygon",回车或通过绘图下拉菜单选择绘多边形命令,输入多边形的边数后回车,这时系统提示如下。

指定正多边形的中心或[边(E)]:

此时可以用两种方法绘制多边形。

1. 指定圆心和半径法

确定圆心位置后,系统提示可用两种方法绘制多边形:输入"I",则输入内切圆半径值绘制多边形;若输入"C",则输入外切圆半径值绘制多边形。

2. 指定多边形的边长法

输入"E"回车,指定边长的第一个端点位置,再指定第二个端点位置(或键入其相对坐标值后回车),多边形就绘制出来了。

11.2.7　绘椭圆形工具

单击绘制椭圆按钮○或者在命令行输入"el",回车,系统提示如下。

指定椭圆的轴端点[圆弧(A)/中心点(C)]:

系统提示可用两种方法绘椭圆,即轴-端点法、中心点法。

1. 轴-端点法

确定椭圆轴一个端点和另一个端点及另一轴的位置或大小,即可绘制一椭圆。

2. 中心点法

输入"C"回车,再依次指定椭圆的中心点、一条轴的端点与另一轴上的端点,即可绘制一椭圆。

绘制椭圆还有一种轴-角度法,输入椭圆一条轴的两个端点后,若输入"R",回车,再输入绕长轴旋转的角度值,即可绘制椭圆。

11.2.8　绘制点工具

绘点前必须设置点的样式。单击菜单"格式"→"点样式..."弹出点样式选择框,选择一种样式和点的大小,按"确定"按钮完成设置。

11.2.9 绘样条曲线工具

样条曲线就是把一组点用平滑的曲线连接起来得到的曲线。依次确定若干个点后,按三次回车键,即可生成一条样条曲线。其中,第一次回车是表示结束选择,第二次回车是表示起始点切向不变,第三次回车表示终点切向不变。

11.2.10 图案填充

若需在一区域里填充图案,可以使用图案填充命令。

单击填充图案按钮 ▨,系统弹出"图案填充"对话框,在该对话框中可以设置填充图案的类型、设置填充区域边界选择方法等。

1. 填充图案的设置

填充图案在"图案填充"选项卡的"类型和图案"中设置。单击"图案"的选择按钮 […],若填充的是金属材料的剖面线,可以选用"ANSI31"。

在"角度和比例"选项中,可以通过"角度"选项将剖面线倾斜角度设置为 45°或 135°。其中,"0°"对应的是 45°的剖面线,"90°"对应的是 135°的剖面线。剖面线的间距可通过"比例"选项设置。比例设为"1",则剖面线的间距也是"1"。

2. 边界的选择

AutoCAD 提供了两种选择边界的方式:拾取填充区域内的一点或拾取边界。

单击按钮 ▨ 添加:拾取点后,在屏幕上拾取一封闭线框内一点,该封闭线框被选中,单击鼠标右键或回车,结束选择操作。

单击按钮 ▨ 添加:选择对象后,在屏幕上拾取一系列图元,单击鼠标右键或回车,结束选择操作。

单击"确定"按钮,则在已选择的区域内填充图案。

11.3 基本编辑命令

图形的编辑修改功能可以保证绘图的正确性,简化绘图操作,提高绘图效率。"修改"工具条如图 11-9 所示;单击主界面菜单栏中的"修改"选项,也会弹出相应的修改菜单。

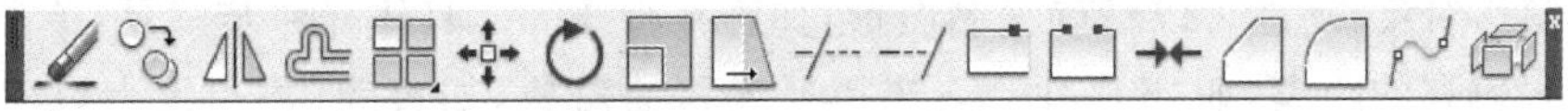

图 11-9 "修改"工具条

11.3.1 对象选择

在对图形进行编辑时,应要选择编辑的对象。可以编辑的对象有直线、曲线、圆、多线尺寸标注、文字标注等。

选择对象有以下三种方法。

1. 单个选择法

用鼠标分别在每个对象上单击,被选中的对象呈现出"亮显"状态。

2. 窗口选择法

用鼠标从左向右框选各对象,则全部在窗口范围内的对象被选中,部分在窗口内的对象不被选中。

3. 交叉选择法

用鼠标从右向左框选各对象,则落在窗口范围内的对象和部分在窗口范围内的对象都被选中。

若要全部选择对象,则按"Ctrl＋A"键,所有对象都被选中。

11.3.2　对象删除

选中对象后,再单击删除图标按钮💿或输入"delete"后回车,则被选中的对象被删除。若要取消刚才的删除操作,可按"Ctrl＋Z"或输入"U"后回车。

删除对象也可先单击删除图标按钮💿或输入"delete"后回车,然后再选择要删除的对象,最后按回车键即可。

11.3.3　复制对象

单击复制图标按钮💿或单击菜单"修改"→"复制"或输入命令"CP"或"copy"回车,用鼠标选取要复制的图元,回车后系统提示如下。

指定基点或[位移(D)/模式(O)]<位移>:

确定一点作为基点,再指定第二个点,则图形被复制在第二个点的位置。如要继续复制,可将鼠标移至要复制的位置并按左键确认,按回车键即可停止复制。

11.3.4　镜像对象

单击镜像图标按钮💿或利用菜单命令"修改"→"镜像"或输入命令"MI"或"mirror"回车,选择要镜像的对象,回车,再选取两个点,确定对称线的位置,系统提示如下。

是否删除源对象?[是(Y)/否(N)]<N>:

若直接回车则将选取的图形镜像并保留原图形;若输入"Y"后回车,则将图形镜像且删去原图形。

11.3.5　偏移对象

利用"偏移对象"功能可以精确复制图形,如画平行线等。具体操作步骤是:单击偏移图标按钮💿,输入偏移的距离,如"50",回车;选择要偏移的对象,如直线;再指定点以确定偏移所在一侧,这样,就在该侧偏移所选的对象,如图 11-10 所示。

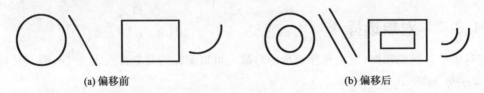

(a) 偏移前　　　　　　　　　　　　　(b) 偏移后

图 11-10　偏移对象示例

使用偏移工具时,除了可以指定偏移距离外,还可以指定通过某点偏移。单击偏移图标按钮💿后,输入"T"后回车,选择需偏移对象,再指定需通过的某点。这种方法称为过点法偏移。

11.3.6　阵列对象

阵列对象分为圆形阵列和矩形阵列两种。单击阵列图标按钮📇或利用菜单"修改"→"阵列"命令或通过输入命令"AR"或"arrayt"执行。

1. 矩形阵列对象

例 11-1　以图 11-11 所示矩形阵列为例说明矩形阵列操作。

操作　(1) 按尺寸要求绘制如图 11-11 所示的外轮廓和左下角的小圆;

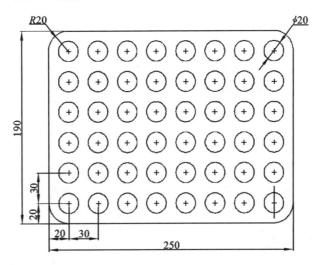

图 11-11　矩形阵列

(2) 单击阵列图标按钮📇,用鼠标选取小圆及中心标记,单击右键选取结束。此时在状态栏中弹出如图 11-12 所示的"矩形阵列对象"提示栏。

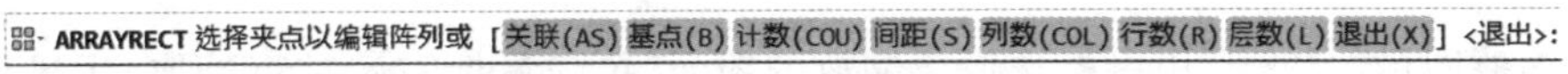

📇 ARRAYRECT 选择夹点以编辑阵列或 [关联(AS) 基点(B) 计数(COU) 间距(S) 列数(COL) 行数(R) 层数(L) 退出(X)] <退出>:

图 11-12　"矩形阵列对象"提示栏

(3) 在"矩形阵列对象"对话框中单击"关联"按钮,设置阵列图元不关联,即创建阵列项目为独立对象。单击"列数"按钮,设置阵列的列数为 8、列距为 30 mm;再单击"行数"按钮,设置阵列的行数为 6、行距为 30 mm。按两次回车键后退出阵列操作。

2. 环形阵列对象

例 11-2　以图 11-13 所示环形阵列为例,说明环形阵列操作。

操作　(1) 按尺寸要求绘制如图 11-13(a)所示的图形。

(2) 长时间单击阵列图标,在其展开的工具条中选取环形阵列图标按钮📇,用鼠标左键选取需要阵列的图元后,单击鼠标右键结束选取。再拾取一点作为阵列中心点,在状态栏中弹出如图 11-14 所示的"阵列"提示栏。

(3) 单击"项目"选项,将环形阵列的项目数设置为 8;单击"项目间角度"选项可以设置两项目之间的夹角;单击"填充角度"选项可以设置项目总的填充角度为 360°等。

(4) 参数设置完后,单击左键,即完成环形阵列。

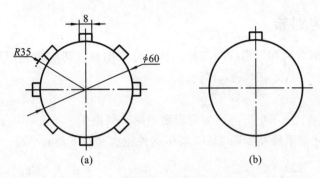

图 11-13　　环形阵列

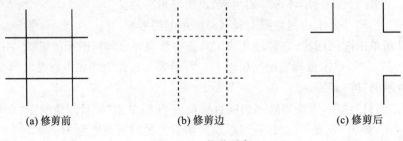

图 11-14　　"阵列"提示栏

11.3.7　移动对象

　　单击移动图标按钮✚,用鼠标选取要移动的对象后,单击鼠标右键结束选取;用鼠标指定开始移动对象的基点,再用鼠标指定将基点位置移动到指定位置的第二点,对象将会被移动到指定的位置。

11.3.8　旋转对象

　　单击旋转图标按钮⟳,用鼠标选取要旋转的对象后,单击鼠标右键结束选取;用鼠标指定旋转中心;再输入旋转角度或先输入"C"回车后再输入旋转角度,其中输入"C"表示是复制。

11.3.9　缩放对象

　　单击缩放图标按钮▦,用鼠标选取要缩放的图元,单击鼠标右键结束选取;用鼠标指定缩放基点后,输入缩放比例或输入"C"回车后再输入比例,即可将所选的对象关于基点缩放。

11.3.10　修剪对象

　　利用修剪功能可以以某些图元为剪切边修剪其他对象,现以图 11-15 为例说明修剪的步骤。

　　(a) 修剪前　　　　　　　　(b) 修剪边　　　　　　　　(c) 修剪后

图 11-15　　修剪对象

　　(1) 单击修剪图标按钮✂,用鼠标左键选取剪切边即边界,单击鼠标右键结束剪切边的选取,如图 11-15(b)所示。剪切边可以是多个对象。

（2）用鼠标左键点取需要被修剪的图元,则将被剪切对象上位于拾取点一侧的部分剪切掉,如图 11-15(c)所示。

注意   剪切边和修剪边可以是直线、圆及圆弧、椭圆及椭圆弧,剪切边也可以同时是被剪切边。

11.3.11   延伸对象

延伸命令可以延长指定的对象与另一对象相交或外观相交,现以图 11-16 为例说明其操作步骤。

(a) 延伸前   (b) 延伸边界   (c) 延伸后

图 11-16   延伸对象

（1）单击修剪图标按钮 ━┛,用鼠标左键选取某些图元为边界,边界可以是多个。

（2）用鼠标左键点取要延伸的对象,即完成对象的延伸。

注意   延伸和修剪两命令的使用方法相似,但当使用延伸命令时,若在按下 shift 键的同时选取对象,则执行修剪命令;反之,当使用修剪命令时,若在按下 shift 键的同时选取对象,则执行延伸命令。

11.3.12   倒圆角

倒圆角时要在两条直线交点附近加上一条圆弧,如图 11-17 所示。

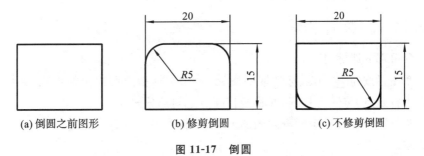

(a) 倒圆之前图形   (b) 修剪倒圆   (c) 不修剪倒圆

图 11-17   倒圆

（1）画图 11-17(a)所示的图形,再单击倒圆角图标按钮 ,命令行提示如下。

当前设置:模式=修剪,半径=10.0000 （当前倒圆角设置）

选择第一个对象或［放弃(U)/多段线(P)/半径(R)/修剪(T)/多个(M)］:

（2）输入"R",回车。

（3）输入圆角半径"5",回车。

（4）选择需要圆角连接的两图元,则两图元将被半径为 5 mm 的圆弧连接在一起,如先选取左边和上边的直线,再选取上边和右边的直线,则结果如图 11-17(b)所示。

（5）重复倒圆的命令后,在命令窗口输入"T",回车。

（6）在提示行输入"N",回车,此时表示不剪切边。

(7) 分别选取左边和下边两直线,则生成没有剪切边的圆角,如图 11-17(c)所示。

注意 两图元可以是直线或圆弧。

11.3.13 倒角

倒角时要在两条直线交点附近加上一条短的直线边,如图 11-18 所示。

(a) 倒角之前图形   (b) 修剪倒角   (c) 不修剪倒角

图 11-18 倒角

(1) 单击倒角图标按钮 ,命令行中提示如下。

("修剪"模式) 当前倒角距离 1＝4.000 0,距离 2＝4.000 0

选择第一条直线或[放弃(U)/多段线(P)/距离(D)/角度(A)/修剪(T)/方式(E)/多个(M)]:d

(2) 输入"5",回车,为第一个倒角的距离。

(3) 输入"4",回车,为第二个倒角的距离。

(4) 选择第一条边后,再选择第二条边,则在图形上画出如图 11-18(b)所示的倒角。

(5) 重复倒角命令后,在提示行输入"T",回车。

(6) 在提示行输入"N",回车,此时表示不剪切边。

(7) 选取两直线则生成没有剪切边的倒角,如图 11-18(c)所示。

11.3.14 打断并删除

打断命令可部分删除对象。

单击打断图标按钮 ,用鼠标选取一图元,再用鼠标指定第二个拾取点,系统将以第一、二个拾取点为打断点,将图元打断,并将两打断点之间部分删除。

注意 若打断的是圆或矩形等封闭图形,系统将沿逆时针方向把第一断点至第二断点之间的图线删除。

11.3.15 打断于点

打断于点的命令是将所选择的图元在某点处打断或把对象分解成两部分。

单击打断于点的图标按钮 ,选择要打断的图元,再选择打断点,该图元将在打断点上被打断,分解成两部分。

11.3.16 分解

对于由矩形、块等多个对象组成的图组,若要对单个图元进行编辑,可先将它分解,再编辑。

单击分解图标按钮 ,选取要分解的图组,图组将立即被分解。

11.3.17　夹点编辑

　　夹点是指图元上的控制点,它包括图元的端点、中点、圆心和象限点等。选中图元后,在图元上将显示若干个小方块,这些小方块就是用来标记被选中图元上的夹点的,如图 11-19 所示。夹点显示的颜色和大小可在菜单"工具"→"选项"对话框中的"选择"选项卡中设置。

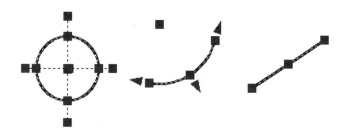

图 11-19　夹点的显示

　　夹点是系统中一种集成的编辑模式,通过夹点可以对对象进行拉伸、移动、旋转、缩放和镜像等操作。

　　在不执行命令的情况下选择对象(一个或多个),系统将自动显示图元上的夹点,再单击其中一个夹点,就可以进行编辑操作了。也可以单击夹点后,再单击鼠标右键,在弹出的下拉快捷菜单中选取编辑命令。

11.3.18　特性与特性匹配

　　特性一般包括图元的颜色、线型、图层及线宽等一般特性,也包括图元的几何位置和大小等几何特性。这两种特性可以在"特性"窗口和"特性匹配"对话框中设置和修改。单击"标准"工具条中的对象特性图标按钮,弹出"特性"窗口。若选取一图元,则在"特性"窗口中显示当前所选对象的所有特征和特征值,用户可以直接修改里面的所有特征值。

11.3.19　显示图形对象信息

　　图形数据库包含了大量与几何图形及图形符号表中的对象有关的数据。观察和提取信息将有助于进行材料估算、检查图形,以及查找编辑时间。显示图形对象信息的命令在菜单"工具"→"查询"中。

1. 显示图形对象信息

　　在命令窗口输入"list"并回车,再用鼠标选取某些对象后,系统会显示所选图元的属性和几何数据。

2. 测量位置和距离

　　在命令行输入"id",回车,再用鼠标拾取一点,则在命令窗口显示此点的坐标。

　　在命令行输入"dist",回车,再用鼠标拾取两点,则在命令窗口显示此两点之间的距离。

3. 测量面积

　　在命令行输入"area",回车,再用鼠标拾取一闭合的单一对象,则在命令窗口显示其面积和周长。

4. 显示图形信息

　　利用命令"status"可以查询:由标题、科目和作者组成的图形概要信息;由图形名称、位置和尺寸大小组成的基本图形信息;诸如建立时间和总编辑时间等的图形统计数据;各种图形模式和参数的设定;空闲物理内存和磁盘空间。

5. 显示图形时间

在命令行中输入"time",回车,系统可显示图形文件建立的日期和时间、修订的日期和时间、图形的总编辑时间。

11.4　文字与表格

11.4.1　创建文字样式(style)

AutoCAD 2018 默认的文字样式的样式名是 STANDARD,字体文件是 txt. shx。当注写文字时,命令窗口会显示当前样式的默认设置。用户可使用或修改默认样式,也可以创建和加载新样式。

文字样式的创建过程如下:

(1) 单击"样式"工具栏中的图标按钮![A]或者在菜单中单击"格式"→"文字样式",弹出如图 11-20 所示的"文字样式"对话框;

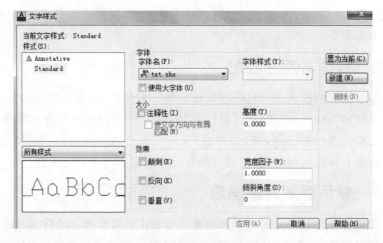

图 11-20　"文字样式"对话框

(2) 在"文字样式"对话框中单击"新建"按钮,弹出"新建文字样式"对话框;

(3) 在"新建文字样式"对话框中输入文字样式名,如"尺寸文本",单击"确定"按钮;

(4) 在"文字样式"对话框的"字体"栏内,取消使用大字体,单击"字体名"下拉列表框,显示出所有的字体文件名,选择所需要的一种字体,如"gbeitc. shx";

(5) 设置字体的高度,若高度设为 0,表明字体的高度需在输入文字的时候设定;

(6) 在"效果"区内设置字体的有关特性,如宽度比例和倾斜角度等,设置结果将随时显示在"预览"区内;

(7) 单击"应用"按钮,保存新设置的文字样式;

(8) 单击"关闭"按钮,结束操作。

在设置文字样式时,一般新定义的文字样式会继承当前文字样式的高度、宽度比例、倾斜角,以及反向、倒置和垂直对齐等特性。

设置过的文字样式,可以再利用"文字样式"对话框进行修改。若修改现有样式的字体或方向,那么,使用该样式的所有文字将随之改变并重新生成。若修改文字的高度、宽度比例和倾斜角,则不会改变现有的文字,但会改变以后创建的文字对象。

AutoCAD 为中国用户提供的符合国标的字体有:

(1) 西文字体"gbenor. shx"和"gbeitc. shx";

(2) 中文长仿宋字体"gbcbig. shx"。

11.4.2　注写文字

AutoCAD 2018 有两种汉字注写方法:单行文字和多行文字。

在工程图中注写文字常用多行文字命令。无论文字有多少行,都是每段文字构成一个图元,可以对其进行移动、旋转、删除、复制、镜像、拉伸或缩放等编辑操作。可用下划线、字体、颜色和文字高度来修改多行文字构成的段落。

现以多行文字的书写为例说明文字输入的方法。

(1) 单击"绘图"或"文字"工具栏中的按钮 **A**,命令窗口会提示如下。

命令:_mtext 当前文字样式:"Standard"　当前文字高度:2.5

指定第一角点:

用鼠标拾取放置文字矩形框的两对角点后,弹出"文字格式"工具条,其下方为文字编辑框。

在对话框中选取文字的样式、文本的字高,是否需要上画线或下画线,文字的颜色、倾斜角度和对齐方式等。在"多行文字编辑框"中,输入需要插入的文字。

在"文字格式"工具条中,单击"确定"按钮,完成多行文字注写操作。

(2) "多行文字编辑器"中包含了制表位和缩进编辑功能,可以轻松地创建段落,并可以相对于文字元素、边框进行文字缩进。

在"多行文字编辑器"中,单击鼠标右键,将弹出快捷菜单,在该菜单中选择相应的命令也可对文字各参数进行相应的设置。若选择"符号"命令,将弹出工程图中常用的符号快捷菜单供选用。也可以在"文字格式"工具条中单击按钮 **@**,输入如"°""φ"等的特殊符号。

(3) 在"文字格式"工具条中,提供了用来控制文字字符格式的选项,其选项从左到右依次为"字体""字高""粗体""斜体""下划线""撤销""分式""颜色"和"符号"。各选项的功能和使用方法与 Word 软件中的一样。

11.4.3　编辑文字

文字的内容和文字特性可以通过文字的编辑进行修改。调用文字编辑命令的方法是:

单击菜单"修改"→"对象"→"文字"→"编辑"或者直接在文字上双击或单击"文字"工具条中的图标按钮 **A**,执行 dtext 命令。屏幕将弹出"多行文字编辑器"和"文字格式"工具条,进入编辑状态。

可以在"多行文字编辑器"中选择已经书写的文字,在"文字格式"工具条中进行删除,改变高度、字体样式、颜色、对正模式、旋转角等编辑操作。

此外,还有一种通用方法:用"properties"修改特性命令修改编辑文字。该命令可用于修改各绘图实体的特性,也可用于修改文字特性。

11.4.4　创建表格样式

表格是在行和列中包含数的对象。在工程图中会大量使用表格,如标题栏和明细表。使用表格前应先创建表格样式,然后再创建表格。

(1) 单击菜单"格式"→"表格样式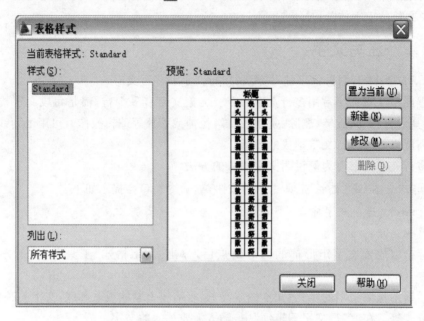",打开"表格样式"对话框,如图 11-21 所示。

图 11-21　"表格样式"对话框

(2) 在对话框中单击"新建"按钮,打开"创建新的表样式"对话框,在对话框的"新样式名"文本框中输入样式名称,如"明细表"。

(3) 单击"继续"按钮,将打开"新建表样式"对话框的"数据"选项卡。

(4) 分别在"新建表样式"对话框的"数据""列标题"和"标题"选项卡中设置字体的样式(含颜色、字高等)、边框的特性、表的注写方向等内容。

明细表一般是不"包含页眉行"和不"包含标题行"的形式。

(5) 单击"确定"按钮,返回到"表样式"对话框。此时在对话框的"样式"列表框中将显示创建好的表样式。

(6) 单击"关闭"按钮,关闭该对话框,完成表样式创建。

11.4.5　绘制表格

使用绘制表功能,用户可绘制大小不一样的表格。表格的样式可以是默认的表格样式或自定义的表格样式。

操作步骤如下。

(1) 选择"绘图"工具条中的表格按钮,弹出如图 11-22 所示的"插入表格"对话框。

(2) 在对话框中可以设置表格的样式、列宽、行高,以及表格的插入方式等。

"表格样式"下拉列表框——用来选择系统提供的或者用户已经创建好的表格样式,单击其后的按钮,可以在打开的对话框中对所选表格样式进行修改。

"指定插入点"单选按钮——选择该选项,可以在绘图窗口中的某点插入固定大小的表格。

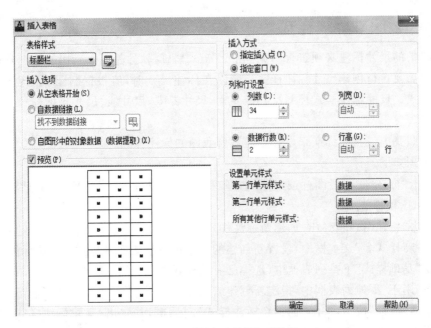

图 11-22　"插入表格"的对话框

"指定窗口"单选按钮——选择该选项,可以在绘图窗口中通过拖动表格边框来创建任意大小的表格。

"列和行设置"选项区域——通过设置"列数""列宽""数据行数"和"行高"文本框,可改变列和行的参数。其中"数据行数"是指文字的行数。

(3) 单击"确定"按钮后,在屏幕上用鼠标指定表格的插入点,此表格的最上面一行将处于文字编辑状态。双击其他表格单元,使该单元处于文字编辑状态,即可输入文字内容,如图 11-23 所示。

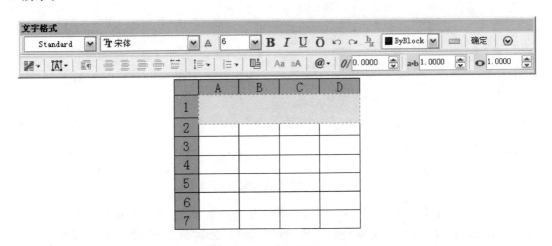

图 11-23　在表格中输入文字

(4) 编辑表格和表格单元。单击表格或表格单元就可以对表格和表格单元进行编辑修改。

11.4.6　尺寸标注样式

工程图中的尺寸标注必须符合国家标准。AutoCAD软件是一个通用的绘图软件包,它允许用户根据需要自行创建尺寸标注样式。所以在标注尺寸时,应根据制图标准创建所需要的尺寸标注样式。尺寸标注样式控制尺寸四要素:尺寸界限、尺寸线、尺寸起止符号、尺寸数字的外观与方式。

下面按照我国最新的标准来设置创建适合我国的标注样式。

操作步骤如下。

(1) 单击"标注"工具栏图标按钮，打开"标注样式管理器"对话框,该对话框中有新建、修改、替代和比较等选项。

(2) 单击"新建"按钮,弹出"创建新标注样式"对话框。

(3) 在"新样式名"文本框中,设置新创建的尺寸标注样式的名称,如"线性标注"。

(4) 在"基础样式"下拉列表框中,选择已有的样式模板为"ISO—025"。

(5) 在"用于"下拉列表框中,指定新创建的尺寸标注样式的适应范围为"全部标注"。

(6) 单击"继续"按钮,关闭"创建新标注样式"对话框,并弹出"新建标注样式"对话框,如图11-24所示。

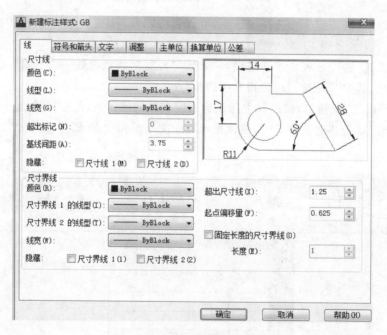

图 11-24　"新标注样式"对话框

① 打开"线"选项卡,设置尺寸线、尺寸界线的相对关系、颜色和外观形式。可以将它们的颜色、线型和线宽设为随层。若标注单箭头的尺寸,可以隐藏"尺寸线1"或"尺寸线2"。

② 打开"符号和箭头"选项卡,设置尺寸起止符号、箭头的外观形式和大小。在"箭头"选项组,将"箭头"设为"实心闭合";在"箭头大小"微调框,将其参数设为"4";在"圆心标记"选项组中,选择"标记"选项;在"大小"微调框,将其参数设为3;其他选项采用默认值。

③ 打开"文字"选项卡,设置标注文字的格式、位置及对齐方式等特性。在"文字外观"选项组"文字样式"下拉列表框中,选择已经设置的"尺寸文字"样式,将"文字高度"微调框中的

参数设为 3.5。在"文字位置"选项组"垂直"下拉列表框中选择"上方",在"水平"下拉列表框中选择"置中",将"从尺寸线偏移"微调框中的参数设为 1。在"文字对齐"选项组中,选择"ISO 标准"单选项。由于角度的尺寸数值一律水平注写,所以若要符合国家标准,应该再建立一个角度标准的样式,在其"文字对齐"选项组中,选择"水平"单选项。其他选项采用默认值。

④ 打开"调整"选项卡,设置各尺寸要素之间相对位置的调整项。在"调整选项"区中,选择"文字"单选项;在"文字位置"区中,选择"尺寸线上方,不带引线"单选项;在"标注特征比例"区中,选择"使用全局比例",比例采用默认值 1;在"优化"区中,点取"在尺寸界限之间绘制尺寸线"选项;其他选项采用默认值。

⑤ 打开"主单位"选项卡,设置主单位的格式及精度,同时,还可以设置标注文字的前缀和后缀。在"线性标注"选项组中,"单位格式"选择"小数","精度"选择"0";"小数分隔符"选择"'.'(句点)"项;将"测量单位比例"设置为 1;在"角度标注"选项组中,设置角度标注的角度格式为"十进制度数";其他选项采用默认值。

⑥ 打开"换算单位"选项卡,设置换算尺寸单位的格式和精度,并设置尺寸数字的前缀和后缀。其各操作项与"主单位"选项卡的同类项基本相同。将"显示换算单位"开关项设置为"关",不进行换算尺寸标注;其他选项采用默认值。

⑦ 打开"公差"选项卡,设置控制尺寸公差的标注形式、公差值大小及公差数字的高度及位置等。该选项卡主要应用部分是左边区域,该区共有八个操作项。在"方式"下拉列表框中,选择"无";表示无公差标注。其他选项采用默认值。

注意　创建新标注样式涉及两个比例,它们的设置非常关键。一个是"调整"选项卡的"标注特征比例",另一个是"主单位"选项卡的"测量单位比例"。其功能意义如下。

"标注特征比例"选项组中,有以下两个按钮。

① "使用全局比例"单选按钮——用来设定整体比例系数。该选项用于控制各尺寸要素,即该尺寸标注样式中所有尺寸四要素的大小及偏移量的尺寸标注变量都会乘上整体比例系数。整体比例的默认值为"1",其值可以在右边的文字编辑框中指定。

② "将标注缩放到布局(图纸空间)"单选按钮——控制在图纸空间还是在当前的模型空间视窗上使用整体比例系数。

"测量单位比例"选项组用于确定测量时的缩放系数,有以下两个选项。

① "比例因子"——可实现按不同比例绘图时,直接标注出实际物体的大小,若出图时比例缩小 100 倍,即绘图比例为 1∶100,那么,在此设置比例因子为 100,AutoCAD 2018 将把测量值扩大 100 倍,使用真实的尺寸值进行标注。

② "仅应用到布局标注"开关——控制仅把比例因子用于布局中的尺寸。

11.4.7　修改和替代标注样式

已设置的尺寸标注样式可以修改和替代。在"标注样式管理器"对话框的"样式"下拉列表框中,选择需要修改的标注样式,然后单击"修改"或"替代"按钮,弹出"修改标注样式"或"替代标注样式"对话框,可以在该对话框中对该样式的所有参数进行修改。其实这两种操作的对话框与创建操作的对话框是一样的。

11.4.8　尺寸标注

系统提供了各种类型的尺寸标注工具。"尺寸标注"工具条如图 11-25 所示。

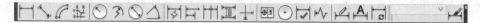

图 11-25　"尺寸标注"工具条

1. 线性标注

该工具提供水平或铅垂方向上的长度尺寸标注功能。单击线性尺寸标注图标按钮，按系统提示操作，完成铅垂或水平线段的标注，如图 11-26（a）所示。

2. 对齐标注

该工具提供与拾取的标注点对齐的长度尺寸标注功能。单击对齐尺寸图标按钮，按系统提示操作，完成斜线段的标注，如图 11-26（b）所示。

3. 基线标注

该工具提供由同一个基准面引出一系列尺寸的标注功能。具体做法是：以前一个刚标注的尺寸为基准，单击选择基线的标注图标按钮，按系统提示操作，回车后完成一个基线的标注；根据提示继续指定下一条尺寸界线起点，直到结束，如图 11-26（c）所示。

4. 连续标注

该工具提供首尾相接的一系列连续尺寸的标注功能。单击连续标注图标按钮，按系统提示操作，回车即完成连续标注。根据提示继续指定下一条尺寸界线起点，直到结束，如图 11-26（d）所示。

5. 半径标注

该工具提供对圆或者圆弧半径的标注功能。单击标注半径尺寸图标按钮，按系统提示操作，回车即完成基线半径的标注，如图 11-26（e）所示。

6. 直径标注

该工具提供对圆或者圆弧直径的标注功能。单击标注直径图标按钮，按系统提示操作，回车即完成直径的标注，如图 11-26（f）所示。

7. 角度标注

它提供对两条非平行直线形成的夹角、圆或圆弧的夹角或者是不共线的三个点进行角度标注功能，标注值为度数。单击标注角度尺寸图标按钮，按系统提示操作，回车即完成角度的标注，如图 11-26（g）所示。

注意　角度的尺寸数字是水平注写的，因此，角度的尺寸标注应用自己的标注样式。

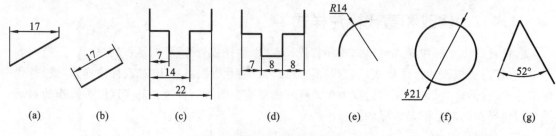

图 11-26　尺寸标注

11.4.9　编辑尺寸标注

进行图形尺寸标注后,可以旋转现有标注文字或用新文字替换现有文字,也可以将标注文字移动到新位置或返回其初始位置,还可以将标注文字沿尺寸线移动到左、右、中心或尺寸界线之内或之外的任意位置。

1. 尺寸编辑

利用尺寸编辑功能可以修改已有尺寸标注的内容和放置位置。单击尺寸编辑图标按钮,系统提示如下。

输入标注类型［默认(H)/新建(N)/旋转(R)/倾斜(O)］＜默认＞:

此提示中有四个选项,各选项含义如下。

(1)"默认(H)"选项——用于将尺寸文本按所定义的默认位置、方向重新置放。

(2)"新建(N)"选项——用于更新所选择的尺寸标注的尺寸文本。

(3)"旋转(R)"选项——用于旋转所选择的尺寸文本。

(4)"倾斜(O)"选项——用于倾斜标注,即编辑线型尺寸标注,使其尺寸界线倾斜一个角度,不再与尺寸线垂直。

2. 倾斜尺寸界限

在默认情况下,尺寸界限都与尺寸线垂直。如果尺寸界限与图形中的其他对象发生冲突,可以创建倾斜的尺寸界限。

单击"标注"菜单中的"倾斜"命令,选择一尺寸后,可以直接输入角度或通过指定两点确定角度。

3. 编辑标注文字

单击编辑标注文字图标按钮,选取一尺寸,可以重新调整尺寸文字的位置。

11.4.10　公差标注

1. 尺寸公差的标注

若要标注尺寸公差,就应该新建一个标注公差的样式。

单击尺寸样式图标按钮,新建一尺寸标注样式,在"公差"选项卡中,设置"方式"为"极限偏差","精度"为"0.000","高度比例"为"0.7","垂直位置"为"中","上偏差"为"＋0.018","下偏差"为"＋0.002",其他选项不再设置。用此样式标注尺寸,就可以标注上偏差为＋0.018,下偏差为＋0.002 的尺寸了。

2. 几何公差标注

单击菜单"标注"→"公差",弹出如图 11-27 所示的"形位公差"对话框,利用该对话框,可以设置公差的符号、值及基准等参数。

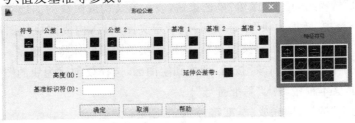

图 11-27　"形位公差"对话框

11.5　图　　块

图块(简称块)是 AutoCAD 提供的在图形中管理对象的重要功能之一,它是将逻辑上相关联的一系列图形对象定义成的一个整体,称之为块。它可以在图形中反复使用。块可分为内部块和外部块,内部块只能存在于定义该块的图形中,其他图形文件不能使用;外部块是作为一个图形文件单独储存的,可以被其他图形文件引用,也可以被单独打开。

11.5.1　块的创建

块一般有三个要素:名称、基点、对象。创建块之前,应先绘制图形,再将绘制的图形对象定义成图块。

图 11-28　符号

下面将如图 11-28 所示基准符号定义为一个名为"基准符号"的内部块。操作步骤如下。

(1) 画如图 11-28 所示的图形。

(2) 单击"绘图"工具条中创建块的按钮，弹出如图 11-29 所示的"块定义"对话框。

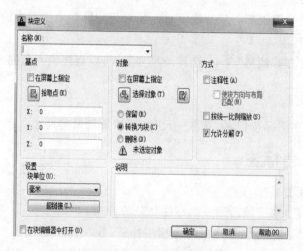

图 11-29　"块定义"对话框

(3) 在"名称"文本框中输入块的名称"基准符号"。

(4) 在"基点"选项组,输入该块将来插入的基准点,它也是块在插入过程中旋转或缩放的基点。可以通过在"X"文本框、"Y"文本框和"Z"文本框中直接输入坐标值确定基点;也可单击"拾取点"按钮,切换到绘图区在图形中直接指定基点。

(5) 在"对象"选项组,选中"保留"单选按钮,表示定义构成图块的图形实体将保留在绘图区,不转换为块。选中"转换为块"单选按钮,表示定义图块后,构成图块的图形实体也转换为块。选中"删除"单选按钮,表示定义图块后,构成图块的图形实体将被删除。

用户可以通过单击"选择对象"按钮,切换到绘图区,选择要创建为块的图形实体。

(6) 在"说明"文本框中输入"基准符号"。

(7) 单击"确定"按钮,即完成"基准符号"块的创建。

若要生成外部块,应执行 wblock 命令。操作步骤如下。

（1）在命令行输入"wblock"，回车，屏幕将弹出"写块"对话框，如图 11-30 所示。

（2）在"源"选项组中，选择"块"单选项，通过此下拉框选择刚定义过的块"基准符号"进行保存。保存块的基点不变。

（3）在"目标"选项组中，输入一个文件名、保存路径以及插入的单位。

（4）单击"确定"按钮，完成保存操作。

注意　"源"选项组用于指定存储块的对象及块的基点，选择"整个图形"单选项，可以将整个图形作为块进行存储；选择"对象"单选项，可以将用户选择的对象作为块进行存储。其他选项和块定义相同。

图 11-30　"写块"对话框

11.5.2　插入块

单击绘图工具条中的插入块图标按钮，可以将已生成的块或已存在的图形文件插入当前图形。图 11-31 所示为"插入"对话框，用户可以设置插入点、插入的比例和插入的角度等。

图 11-31　"插入"对话框

11.5.3　块的属性

图块包含两种信息：图形信息和非图形信息。非图形信息是由文本标注的方法表示的，其文本在"属性定义"对话框中的选项"值"一栏中输入，它就是块的属性。如果定义了带有属性的块，当插入带有属性的块时，可以交互地输入块的属性。对块进行编辑时，包含在块中的属性也将被编辑。

要创建块的属性，应在定义图块前，先定义该块的属性。属性定义后，该属性以其标记名在图形中显示出来，并保存有关的信息。属性标记要放置在图形的合适位置。

现以"基准符号"图块为例，说明创建带属性的图块的过程。

（1）点击菜单"绘图"→"块"→"定义属性"，打开如图 11-32 所示"属性定义"对话框。

在"模式"选项组，设置属性模式，一般采用默认值。

在"属性"选项组,设置属性的参数。在"标记"文本框中输入显示标记,即"基准符号";在"提示"文本框中输入提示信息"基准符号名称";在"值"文本框中采用默认的属性值,如"A"。

在"插入点"选项组指定图块属性的显示位置,选中"在屏幕上指定"复选框。

在"文字设置"选项组设置属性的文字样式、文字的高度和旋转角度等。

(2) 单击"确定"按钮,回到绘图区窗口。

(3) 在命令行输入"wblock"回车,弹出"写块"对话框。注意:一个块可以定义多个属性。

① 源:选择"对象"。

② 基点:单击"拾取点"按钮,在绘图区通过捕捉模式选取插入的基点。

图 11-32　　"属性定义"对话框

③ 对象:单击"选择对象"按钮,将图形和文字全部选中,回车。

④ 目标:为新块确定存放的路径及块的名称。

⑤ 单击"确定"按钮,即完成创建带属性图块的操作。

(4) 单击"绘制"工具条中的插入块图标按钮,打开"插入"对话框。

① 在"插入"对话框中:选择要插入的块名"基准符号";比例和旋转角度采用默认值;选择"在屏幕上指定"的插入点方法。在绘图区选择插入点的位置。

② 在命令行输入属性值,如"B"。

③ 单击"确定"按钮,完成图块的插入。

对于已建立的图块,可以利用"修改"工具条相应进行编辑与修改。

11.6　绘制零件图

现以图 11-33 所示的零件图为例,介绍高效绘制各种复杂图样的方法和步骤,说明绘图的规律和技巧。

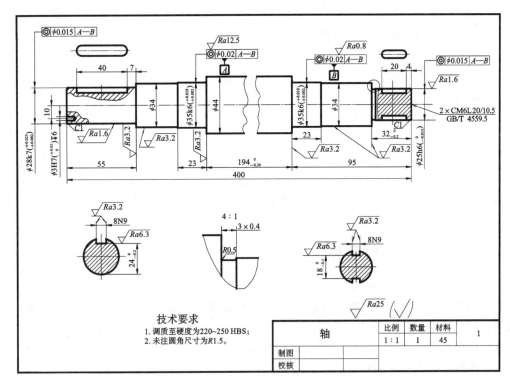

图 11-33　轴的零件图

11.6.1　样板图绘制与保存

（1）设置绘图单位和精度。

（2）设置图形界限。本例设定 A3 的图纸大小。

（3）设置图层。本例需要设定的图层包括：粗实线图层、细实线图层、细点画线图层、细虚线图层、文字图层、剖面线图层、尺寸标注图层、辅助线图层和标题栏图层等。

（4）设置文字样式。图样中的汉字设为长仿宋体，设置标题栏文字的字高为 5 mm、注释的字高为 7 mm、零件名称的字高为 10 mm、尺寸文字的字高为 3.5 mm。

单击菜单中的"格式"→"文字样式"，单击"新建"按钮，分别创建注释、零件名称、标题栏、尺寸标注的样式。单击"应用"按钮退出。

（5）设置尺寸标注样式。按照国家标准，对无公差要求的尺寸应该设置两个尺寸标注的样式，一个是通用的，一个是标注角度的尺寸样式。

（6）绘制标题栏。在标题栏图层中用创建表格的方式绘制标题栏。操作步骤如下。

① 将标题栏图层设为当前图层。

② 单击菜单中的"格式"→"表格样式"。

③ 在弹出的"表格样式"对话框中单击"新建"按钮，弹出"创建新的表格样式"对话框。

④ 单击"继续"按钮，弹出"新建表格样式"对话框。"数据"选项卡中诸选项的设置："文字样式"选项选择"标题栏"，"对齐"选项选择"正中"，"边框特性"选项单击"外边框"按钮，"栅格线宽"选项选择"0.3"。"列标题"选项卡中选项的设置：取消选择"有标题"。"标题"选项卡中选项的设置：取消选择"包含标题行"。

⑤ 单击"确定"按钮,完成设置。

⑥ 单击菜单中的"绘图"→"表格",弹出"插入表格"对话框。在"插入方式"选项组中选择"指定插入点"单选按钮;在"列和行设置"选项组中分别设置"列数"和"数据行数"文本框中的数值,其中设置列数为 28,列宽为 5 mm,数据行数为 4,行高为 1 mm。

(7) 编辑表格。拖动鼠标选中表中的若干行后,单击鼠标右键,在弹出的快捷菜单中选择"合并单元"→"全部",即可将选中的单元合并为一个表格单元,用相同的方法可以生成所需的标题栏。

(8) 保存样板图。将上面设置好的绘图环境保存为样板文件的步骤如下。

单击菜单中的"文件"→"另存为",在弹出的"图形另存为"对话框中,将文件的类型选择为"AutoCAD 图形样板(＊.dwt)"选项,在"文件名"文本框中输入文件名称,如"A3",单击"保存"按钮,系统弹出"样板说明"对话框,可以在此输入对样板文件的描述和说明。

11.6.2　绘制零件图样

计算机绘制图形一般是按照 1∶1 的比例绘制的。单击菜单中"文件"→"新建",在弹出的对话框中选取一个样板文件,如上面生成的"A3"样板文件。设置状态栏中的对象捕捉、对象跟踪等选项。绘制轴的主视图的步骤如下。

(1) 在细点画线图层画轴线,即作图的基准线。

(2) 在粗实线图层中画左端的垂直线。

(3) 用偏移命令分别画出每轴段的长度,以及每轴段的大小。

(4) 用倒圆和倒角命令画各轴段的圆角和倒角。

(5) 画轴上其他结构,如键槽、孔等结构。

(6) 将细实线图层设为当前图层,单击绘图工具条中的样条图标按钮～,用鼠标拾取若干个点,双击鼠标右键,生成两局部剖视图。

(7) 单击绘图工具条中的图案填充图标按钮▨,在轴的左右两端加上剖面线,如图 11-34 所示。

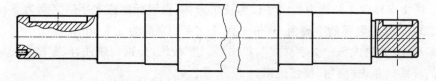

图 11-34　画局部剖视图

(8) 同样画其他视图。

(9) 标注尺寸。图形绘制完后,可利用"标注"工具条用前面的方法进行尺寸标注。标注尺寸时要注意以下几点:

① 尺寸最好放在单独的图层中;

② 在标注尺寸时,为了使剖面线不影响捕捉目标点,可以暂时关闭剖面线所在的图层;

③ 若需标注尺寸的公差带代号,可以先标注没有公差带代号的尺寸,再单击菜单中的"修改"→"对象"→"文字"→"编辑",在弹出的文字编辑对话框中输入尺寸的公差带代号;

④ 若尺寸需要标注上、下偏差,则应新建相应的具有上、下偏差的尺寸样式。

(10) 标注表面粗糙度。具体步骤如下。

① 创建有属性的表面粗糙度图块。按国家标准画如图 11-35 所示的表面粗糙度符号,再单击菜单"绘图"→"块"→"定义属性",在弹出的对话框中定义块的属性,即块的属性为表面粗糙度值。

在命令行输入"wblock"后回车,弹出"写块"对话框。单击"基点"选区中的"拾取点"按钮,设定块的插入基点为符号的最低点,单击"对象"选区中的"选择对象"按钮,选取块的内容为如图 11-36 所示的图形及属性,最后设定块的名称及存储位置,单击"确定"按钮,即生成带属性的表面粗糙度符号,并保存在图块库中。

图 11-35　表面粗糙度符号　　　　　图 11-36　带属性的表面粗糙度符号

② 标注图样中的表面粗糙度符号。单击"绘图"工具条中插入块图标按钮 ，在弹出的"选择图形文件"对话框中,选取已生成的表面粗糙度图块后,弹出"插入块"对话框,单击对话框中的"确定"按钮,将表面粗糙度符号插到所需的位置,再在命令行中输入表面粗糙度的数值,如 6.3,则生成表面粗糙度值为 6.3 的表面粗糙度符号。

(11) 其他技术要求的注写。步骤如下。

① 几何公差的标注。单击"标注"工具条中几何公差图标按钮 ，在弹出的"形位公差"对话框中,设置公差类型、大小和基准,按"确定"按钮,将几何公差放置到所需的位置。再在命令行输入"lead"命令,即可生成带箭头的直线。

② 基准画法。对于几何公差的基准,可先创建带属性的块,再插入即可。

③ 单击"绘图"工具条中的文字图标按钮 A,在图中插入所需的技术要求。

(12) 打印出图。图样绘制完后,单击菜单"文件"→"打印",弹出"打印-模型"对话框,如图 11-37 所示,在对话框中可以设置打印机名称、图纸尺寸、打印区域、打印比例等。

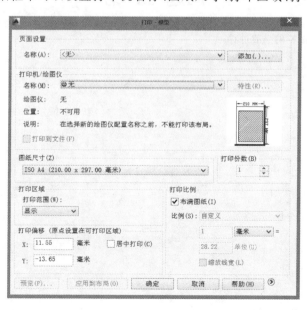

图 11-37　"打印-模型"对话框

若为区域打印,可将打印区域设为"窗口",再单击窗口按钮,用鼠标确定打印区域。单击

"确定"按钮即可在所选的打印机上输出所选的图形。

思 考 题

1. AutoCAD 精确绘图常用的有哪几种方式？
2. 什么是极轴追踪？什么是对象捕捉？进行对象捕捉追踪的条件是什么？
3. 什么是图层？设置图层的原因是什么？创建一张工程图样一般要设置哪些图层？
4. AutoCAD 中的相对坐标与绝对坐标之间的区别与联系是什么？
5. AutoCAD 发布命令有哪几种方式？
6. 利用对象追踪时对象捕捉功能一定要开启，为什么？
7. 如何绘制一条直线的平行线？
8. 常用的阵列方式有哪几种？阵列时一般应设置哪些参数？
9. 修剪或延伸对象时，一般步骤是什么？其边界只能是一个吗？
10. 第一次倒圆时，圆角的半径默认值是多少？
11. AutoCAD 可以绘制哪几种矩形框？
12. AutoCAD 有哪几种绘制圆弧的方式？
13. 利用夹点可以编辑图元吗？对圆弧的夹点可以进行哪些编辑？
14. 图元的特性一般包括哪些？特征匹配的特点是什么？
15. 请说明修改文字的方法与步骤。
16. 试说明新建一个尺寸样式时，一般要设置哪些要素。
17. 在设置角度尺寸标注样式时，一般要注意什么？
18. 为什么要创建图块？创建图块属性的方法和步骤是什么？
19. AutoCAD 有三维建模功能吗？

问题与讨论

举例说明绘制机械图样的一般过程。

附 录

附录 A　常用的螺纹及螺纹紧固件

1. 普通螺纹(GB/T 192—2003、GB/T 196—2003)

标记示例

公称直径为 24 mm,螺距为 3 mm,公差代号为 6g 的右旋粗牙普通螺纹,其标记为:M24−6g

公称直径为 24 mm,螺距为 1.5 mm,公差代号为 7H 的左旋细牙普通螺纹,其标记为:

M24×1.5LH−7H

H=0.8660254049

内、外螺纹旋合的标记为:M16−7H/6 g

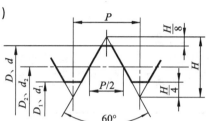

表 A-1　直径与螺距系列、基本尺寸

单位:mm

公称直径 D、d		螺距 P		粗牙小径 D_1、d_1	公称直径 D、d		螺距 P		粗牙小径 D_1、d_1
第一系列	第二系列	粗牙	细牙		第一系列	第二系列	粗牙	细牙	
3		0.5	0.35	2.459		22	2.5	2,1.5,1,(0.75),(0.5)	19.294
	3.5	(0.6)		2.850	24		3	2,1.5,1,(0.75)	20.751 2
4		0.7	0.5	3.242		27	3	2,1.5,1,(0.75)	23.752
	4.5	(0.75)		3.688	30		3.5	3,2,1.5,1,(0.75)	26.211
5		0.8		4.134		33	3.5	3,2,1.5,1,(0.75)	29.211
6		1	0.75,(0.5)	4.917	36		4	3,2,1.5,(1)	31.670 9
8		1.25	1,0.75,(0.5)	6.647		39	4		34.670
10		1.5	1.25,1,0.75,(0.5)	8.376	42		4.5		37.129
12		1.75	1.5,1.25,1,(0.75),(0.5)	10.106		45	4.5	(4),3,2,1.5,(1)	40.129
	14	2	1.5,1.25,1,(0.75),(0.5)	11.835	48		5		42.587
16		2	1.5,1,(0.75),(0.5)	13.835		52	5		46.587
	18	2.5	2,1.5,1,(0.75),(0.5)	15.294	56		5.5	4,3,2,1.5,(1)	50.046
20		2.5		17.294					

注　① 应优先选用第一系列,括号内尺寸尽可能不用。

　　② 螺纹公差带代号:外螺纹有 6e、6f、6g、8g、4h、6h、8h 等;内螺纹有 4H、5H、6H、7H、5G、6G、7G 等。

2. 55°管螺纹(GB/T 7307—2001)

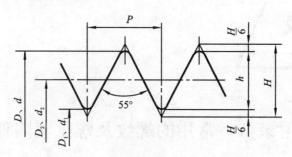

$H=0.960491P, h=0.640327P, r=0.137329P$

标记示例:

内螺纹　$G1\frac{1}{2}$;　　　　　A 级外螺纹　$G1\frac{1}{2}A$

B 级外螺纹　$G1\frac{1}{2}B$;　　左旋 B 级外螺纹　$G1\frac{1}{2}B—LH$

表 A-2　直径与螺距系列、公称尺寸　　　　　　　　　　单位:mm

尺 寸 代 号	每 25.4 mm 内的牙数 n	螺距 P	公 称 尺 寸	
			大径 D、d	小径 D_1、d_1
1/8	28	0.907	9.728	8.566
1/4	19	1.337	13.157	11.445
3/8	19	1.337	16.662	14.950
1/2	14	1.814	20.955	18.631
5/8	14	1.814	22.911	20.587
3/4	14	1.814	26.441	24.117
1	11	2.309	33.249	30.291
$1\frac{1}{4}$	11	2.309	41.910	38.952
$1\frac{1}{2}$	11	2.309	47.803	44.845
$1\frac{3}{4}$	11	2.309	53.746	50.788
2	11	2.309	59.614	56.656
$2\frac{1}{4}$	11	2.309	65.710	62.752
$2\frac{1}{2}$	11	2.309	75.184	72.226
$2\frac{3}{4}$	11	2.309	81.534	78.576
3	11	2.309	87.884	84.926

3. 螺栓

六角头螺栓　C 级（GB/T 5780—2016）　　　　六角头螺栓　A 和 B 级（GB/T 5782—2016）

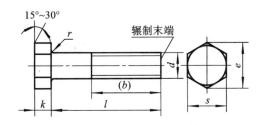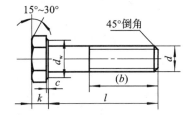

标记示例

螺纹规格 d＝M12、公称长度 l＝80 mm、性能等级为 8.8 级、表面氧化、A 级的六角头螺栓，其标记为：

螺栓 GB/T 5782　M12×80

单位：mm

表 A-3　螺栓各部分尺寸

螺纹规格 d			M3	M4	M5	M6	M8	M10	M12	M16	M20	M24	M30	M36	M42
b 参考	l≤125		12	14	16	18	22	26	30	38	46	54	66	—	—
	125<l≤200		18	20	22	24	28	32	36	44	52	60	72	84	96
	l>200		31	33	35	37	41	45	49	57	65	73	85	97	109
c			0.4	0.4	0.5	0.5	0.6	0.6	0.6	0.8	0.8	0.8	0.8	0.8	1
d_w	产品等级	A	4.6	5.9	6.9	8.9	11.6	14.6	16.6	22.5	28.2	33.6	—	—	—
		B、C	—	—	6.7	8.7	11.4	14.4	16.4	22	27.7	33.2	42.7	51.1	60.6
e	产品等级	A	6.07	7.66	8.79	11.05	14.38	17.77	20.03	26.75	33.53	39.98	—	—	—
		B、C	—	—	8.63	10.89	14.20	17.59	19.85	26.17	32.95	39.55	50.85	60.79	72.02
k 公称			2	2.8	3.5	4	5.3	6.4	7.5	10	12.5	15	18.7	22.5	26
r			0.1	0.2	0.2	0.25	0.4	0.4	0.6	0.6	0.8	0.8	1	1	1.2
s 公称			5.5	7	8	10	13	16	18	24	30	36	46	55	65
l（商品规格范围）			20~30	25~40	25~50	30~60	40~80	45~100	50~120	65~160	80~200	90~240	110~300	140~360	160~440
l 系列			12,16,20,25,30,35,40,45,50,(55),60,(65),70,80,90,100,110,120,130,140,150,160,180,200,220,240,260,280,300,320,340,360,380,400,440,460,480,500

注　① A 级用于 d≤24 mm 和 l≤10d（或 l≤150 mm）的螺栓；B 级用于 d>24 mm 和 l>10d（或 l>150 mm）的螺栓。
　　② 螺纹规格 d 范围：GB/T 5780 为 M5~M64；GB/T 5782 为 M1.6~M64。
　　③ 公称长度范围：GB/T 5780 为 25~500；GB/T 5782 为 12~500。

4. 螺母

l型六角螺母 A 和 B 级(GB/T 6170—2015)　六角薄螺母(GB/T 6172.1—2016)

六角螺母 C 级(GB/T 41—2016)

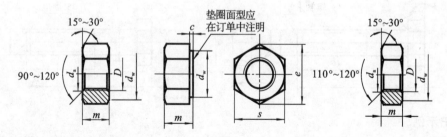

标记示例

螺纹规格 D＝M12,性能等级为 5 级,不经表面处理,C 级六角螺母,其标记为:

　　　　　螺母 GB/T 41　M12

螺纹规格 D＝M12,性能等级为 10 级,不经表面处理,A 级 1 型六角螺母,其标记为:

　　　　　螺母 GB/T 6170　M12

表 A-4　螺母各部分尺寸　　　　　　　　　　　单位:mm

螺纹规格 D		M3	M4	M5	M6	M10	M12	M16	M20	M24	M30	M36	M42
e (min)	GB/T 41			8.63	10.89	17.59	19.85	26.17	32.95	39.55	50.85	60.79	71.30
	GB/T 6170	6.01	7.66	8.79	11.05	17.77	20.03	26.75	32.95	39.55	50.85	60.79	71.30
	GB/T 6172.1	6.01	7.66	8.79	11.05	17.77	20.03	26.75	32.95	39.55	50.85	60.79	71.30
s (max)	GB/T 41			8	10	16	18	24	30	36	46	55	65
	GB/T 6170	5.5	7	8	10	16	18	24	30	36	46	55	65
	GB/T 6172.1	5.5	7	8	10	16	18	24	30	36	46	55	65
m (max)	GB/T 41			5.6	6.1	9.5	12.2	15.9	18.7	22.3	26.4	31.5	34.9
	GB/T 6170	2.4	3.2	4.7	5.2	8.4	10.8	14.8	18	21.5	25.6	31	34
	GB/T 6172.1	1.8	2.2	2.7	3.2	5	6	8	10	12	15	18	21
c (max)	GB/T 6170	0.4	0.4	0.5	0.5	0.6	0.6	0.8	0.8	0.8	0.8	0.8	1
d_w (min)	GB/T 41	4.6	5.9	6.7	8.7	14.5	16.5	22.0	27.7	33.3	42.8	51.1	60.0
	GB/T 6170	4.6	5.9	6.9	8.9	14.6	16.6	22.5	27.7	33.3	42.8	51.1	60.0
	GB/T 6172.1	4.6	5.9	6.9	8.9	14.6	16.6	22.5	27.7	33.2	42.8	51.1	60.0

注　A 级用于 $D \leqslant 16$ mm 的螺母;B 级用于 $D > 16$ mm 的螺母。本表仅按商品规格和通用规格列出。

5. 圆螺母(GB 812—88)

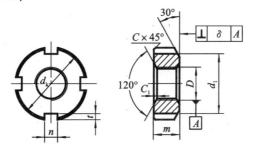

标记示例

细牙普通螺纹,直径为 16 mm,螺距为 1.5 mm,材料为 45 钢,全部热处理硬度为 35～45 HRC,表面氧化的圆螺母,其标记为:

螺母 GB 812　M16×1.5

表 A-5　螺母各部分尺寸　　　　　　　　　　　　　　　　　　　　　单位:mm

螺纹规格 $D \times P$	d_k	d_1	m	n_{min}	t_{min}	C	C_1	螺纹规格 $D \times P$	d_k	d_1	m	n_{min}	t_{min}	C	C_1
M10×1	22	16	8	4	2	0.5	0.5	M25×1.5	42	34	10	5	2.5	1	0.5
M12×1.25	25	19	8	4	2	0.5	0.5	M27×1.5	45	37	10	5	2.5	1	0.5
M14×1.5	28	20	8	4	2	0.5	0.5	M30×1.5	48	40	10	5	2.5	1	0.5
M16×1.5	30	22	8	5	2.5	0.5	0.5	M33×1.5	52	43	10	6	3	1	0.5
M18×1.5	32	24	8	5	2.5	0.5	0.5	M35×1.5	52	43	10	6	3	1	0.5
M20×1.5	35	27	8	5	2.5	0.5	0.5	M36×1.5	55	46	10	6	3	1	0.5
M22×1.5	38	30	10	5	2.5	0.5	0.5	M39×1.5	58	49	10	6	3	1.5	0.5
M24×1.5	42	34	10	5	2.5	1	0.5	M40×1.5	58	49	10	6	3	1.5	0.5

6. 双头螺柱

GB 897—88($b_m=d$) GB 898—88($b_m=1.25d$) GB 899—88($b_m=1.5d$) GB 900—88($b_m=2d$)

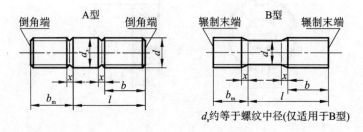

d_s约等于螺纹中径(仅适用于B型)

标记示例

两端均为粗牙普通螺纹，$d=10$ mm，$l=50$ mm，性能等级为 4.8 级，不经表面处理，B 型，$b_m=d$ 的双头螺柱，其标记为：

螺柱 GB 897　M10×50

若为 A 型，其标记为：

螺柱 GB 897　AM10×50

表 A-6　双头螺柱各部分尺寸　　　　　　　　　　单位:mm

螺纹规格	b_m 公称				d_s	x	b	l 范围公称
d	GB 897	GB 898	GB 899	GB 900	max	max		
M5	5	6	8	10	5		10	16～(22)
							16	25～50
M6	6	8	10	12	6		10	20,(22)
							14	25,(28),30
							18	(32)～(75)
M8	8	10	12	16	8		12	20,(22)
							16	25,(28),30
							22	(32)～90
M10	10	12	15	20	10		14	25,(28)
							16	30,(38)
							26	40～120
							32	130
M12	12	15	18	24	12	2.5P	16	25～30
							20	(32)～40
							30	45～120
							36	130～180
M16	16	20	24	32	16		20	30～(38)
							30	40～50
							38	60～120
							44	130～200
M20	20	25	30	40	20		25	35～40
							35	45～60
							46	(65)～120
							52	130～200

注　① P 表示粗牙螺纹的螺距。

②　l 的长度系列为 12,(14),16,(18),20,(22),25,(28),30,(32),35,(38),40,45,50,(55),60,(65),70,(75),80,(85),90,(95),100～260(十进位),括号内数值尽可能不采用。

③　材料为钢的性能等级有 4.8、5.8、6.8、8.8、10.9、12.9 级,其中 4.8 级为常用等级。

7. 螺钉

(1) 开槽圆柱头螺钉(GB/T 65—2016)

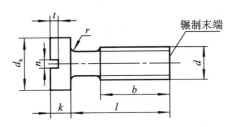

标记示例

螺纹规格 d=M5,公称长度 l=20 mm,性能等级为 4.8 级,不经表面处理的开槽圆柱头螺钉,其标记为:

螺钉　GB/T 65　M5×20

表 A-7　开槽圆柱头螺钉各部分尺寸　　　　　　　　　　单位:mm

螺纹规格 d	M4	M5	M6	M8	M10
P(螺距)	0.7	0.8	1	1.25	1.5
b	38	38	38	38	38
d_k	7	8.5	10	13	16
k	2.6	3.3	3.9	5	6
n	1.2	1.2	1.6	2	2.5
r	0.2	0.2	0.25	0.4	0.4
t	1.1	1.3	1.6	2	2.4
公称长度 l	5~40	6~50	8~60	10~80	12~80
l 系列	5,6,8,10,12,(14),16,20,25,30,35,40,45,50,(55),60,(65),70,(75),80				

注　① 标准规定螺纹规格 d=M1.6~M10。

　　② 螺钉的公称长度系列 l 为 2,2.5,3,4,5,6,8,10,12,(14),16,20,25,30,35,40,45,50,(55),60,(65),70,(75),80,尽可能不采用括号内的数值。

　　③ 无螺纹部分杆径约等于中径或等于螺纹大径。

　　④ 材料为钢的螺钉性能等级有 4.8、5.9 级,其中 4.8 级为常用等级。

(2) 开槽沉头螺钉(GB/T 68—2016)

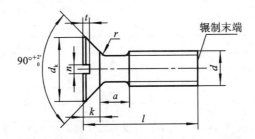

标记示例

螺纹规格 d=M5,公称长度 l=20 mm,性能等级为 4.8 级,不经表面处理的 A 级开槽沉头螺钉,其标记为:

螺钉　GB/T 68　M5×20

表 A-8　开槽沉头螺钉各部分尺寸　　　　　　　　　　单位:mm

螺纹规格 d	M2	M3	M4	M5	M6	M8	M10
P(螺距)	0.4	0.5	0.7	0.8	1	1.25	1.5
a 最大	0.8	1	1.4	1.6	2	2.5	3
n 公称	0.5	0.8	1.2	1.2	1.6	2	2.5
d_k 最大	3.2	5.5	8.4	9.3	11.3	15.8	18.3
k 最大	1.2	1.65	2.7	2.7	3.3	4.65	5
r	0.5	0.8	1	1.3	1.5	2	2.5
t	0.6	0.85	1.3	1.4	1.6	2.3	2.6
公称长度 l	3~20	5~30	6~40	8~50	8~60	10~80	12~80
l 系列	2.5,3,4,5,6,8,10,12,(14),16,20,25,30,35,40,45,50,(55),60,(65),70,(75),80						

注　① 标准规定螺纹规格 d=M1.6~M10。

　　② 螺钉的公称长度系列 l 为 2,2.5,3,4,5,6,8,10,12,(14),16,20,25,30,35,40,45,50,(55),60,(65),70,(75),
　　80 mm,尽可能不采用括号内的数值。

　　③ 无螺纹部分杆径约等于中径或等于螺纹大径。

　　④ 材料为钢的螺钉性能等级有 4.8、5.9 级,其中 4.8 级为常用等级。

(3) 内六角圆柱头螺钉(GB/T 70.1—2008)

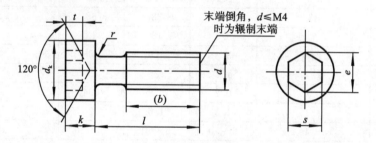

标记示例

　　螺纹规格 d=M5,公称长度 l=20 mm,性能等级为 8.8 级,表面氧化的内六角圆柱头螺钉,其标记为:

螺钉　GB/T 70.1　M5×20

表 A-9　内六圆柱头螺钉各部分尺寸　　　　　　　　　　单位:mm

螺纹规格 d	M3	M4	M5	M6	M8	M10	M12	M14	M16	M20
P(螺距)	0.5	0.7	0.8	1	1.25	1.5	1.75	2	2	2.5
b 参考	18	20	22	24	28	32	36	40	44	52
d_k 最大	5.5	7	8.5	10	13	16	18	21	24	30
k 最大	3	4	5	6	8	10	12	14	16	20
t 最小	1.3	2	2.5	3	4	5	6	7	8	10
s 公称	2.5	3	4	5	6	8	10	12	14	17
e 最小	2.87	3.44	4.58	5.72	6.86	9.15	11.43	13.72	16	29.44
r	0.1	0.2	0.2	0.25	0.4	0.4	0.6	0.6	0.6	0.8
公称长度 l	3~20	5~30	6~40	8~50	8~60	10~80	12~80			
l 系列	2.5,3,4,5,6,8,10,12,16,20,25,30,35,40,45,50,55,60,65,70,80,90,100,110,120,130,140,150,160,170,180,200,220,240,260,280,300									

注　① 标准规定螺纹规格 d=M1.6~M64。

　　② 材料为钢的性能等级有 8.8、10.9、12.9 级,其中 8.8 级为常用等级。

（4）紧定螺钉

开槽锥端紧定螺钉 GB 71—85	开槽平端紧定螺钉 GB/T 73—2017	开槽长圆柱端紧定螺钉 GB 75—85

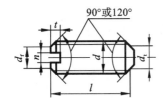 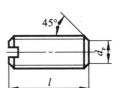 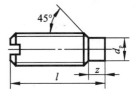

标记示例

螺纹规格 d＝M5，公称长度 l＝20 mm，性能等级为 14 级，表面氧化的开槽锥端紧定螺钉，其标记为：

螺钉 GB 71 M5×20

表 A-10 **紧定螺钉各部分尺寸** 单位:mm

螺纹规格 d			M2	M2.5	M3	M4	M5	M6	M8	M10	M12
d_f（≈）			螺 纹 小 径								
n			0.25	0.4	0.4	0.6	0.8	1	1.2	1.6	2
t	max		0.84	0.95	1.05	1.42	1.63	2	2.5	3	3.6
GB 71—85	d_t max		0.2	0.25	0.3	0.4	0.5	1.5	2	2.5	3
	l	120°	—	3	—	—	—	—	—	—	—
		90°	3～10	4～12	4～16	6～20	8～25	8～30	10～40	12～50	14～60
GB/T 73—2017 GB 75—85	d_p max		1	1.5	2	2.5	3.5	4	5.5	7	8.5
GB/T 73—2017	l	120	2～2.5	2.5～3	3	4	5	6	—	—	—
		90	3～10	4～12	4～16	5～20	6～25	8～30	8～40	10～50	12～60
GB 75—85	z max		1.25	1.5	1.75	2.25	2.75	3.25	4.3	5.3	6.3
	l	120	3	4	5	6	8	8～10	10～14	12～16	14～20
		90	4～10	5～12	6～16	8～20	10～25	12～30	16～40	20～50	25～60

注 ① GB 71—85 和 GB/T 73—2017 规定螺钉的螺纹规格 d＝M1.2～M12，公称长度 l＝2～60 mm；GB/T 75—1985 规定螺钉的螺纹规格 d＝M1.6～M12，公称长度 l＝2.5～60 mm。

② 公称长度 l（系列）为 2,2.5,3,4,5,6,8,10,12,(14),16,20,25,30,35,40,45,50,(55),60。

附录B 垫　　圈

1. 平垫圈

小垫圈　A级　　　　平垫圈　A级　　　平垫圈　倒角型　A级
(GB/T 848—2002)　(GB/T 97.1—2002)　(GB/T 97.2—2002)

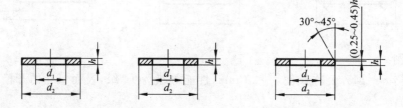

标记示例

标准系列、公称尺寸 $d=8$ mm,性能等级为 140HV 级,不经表面处理的平垫圈,其标记为:

垫圈 GB/T 97.1　8−140HV

表 B-1　平垫圈各部分尺寸 　　　　　　　　　　　　单位:mm

公称尺寸 (螺纹规格)d		1.6	2	2.5	3	4	5	6	8	10	12	14	16	20	24	30	36
d_1	GB/T 848	1.7	2.2	2.7	3.2	4.3	5.3	6.4	8.4	10.5	13	15	17	21	25	31	37
	GB/T 97.1	1.7	2.2	2.7	3.2	4.3	5.3	6.4	8.4	10.5	13	15	17	21	25	31	37
	GB/T 97.2						5.3	6.4	8.4	10.5	13	15	17	21	25	31	37
d_2	GB/T 848	3.5	4.5	5	6	8	9	11	15	18	20	24	28	34	39	50	60
	GB/T 97.1	4	5	6	7	8	10	12	16	20	24	28	30	37	44	56	66
	GB/T 97.2						10	12	16	20	24	28	30	37	44	56	66
h	GB/T 848	0.3	0.3	0.5	0.5	0.5	1	1.6	1.6	1.6	2	2.5	2.5	3	4	4	5
	GB/T 97.1	0.3	0.3	0.5	0.5	0.5	1	1.6	1.6	2	2.5	2.5	2.5	3	4	4	5
	GB/T 97.2						1	1.6	1.6	2	2.5	2.5	2.5	3	4	4	5

注　① 性能等级有 140HV、200HV、300HV 级,其中 140HV 级为常用等级,140HV 级表示材料的硬度,HV 表示维氏硬度,140 为硬度值。

　　② 产品等级是由产品质量和公差大小确定的,A 级的公差较小。

2. 弹簧垫圈

标准型弹簧垫圈(GB 93—87)　轻型弹簧垫圈(GB 859—87)

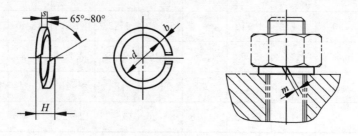

标记示例

规格 16 mm,材料 65 Mn,表面氧化的标准型弹簧垫圈,其标记为:

垫圈 GB 93—87　16

表 B-2　标准型弹簧垫圈各部分尺寸　　　　　　　　单位:mm

规格(螺纹大径)		4	5	6	8	10	12	16	20	24	30
d		4.1	5.1	6.1	8.1	10.2	12.2	16.2	20.2	24.5	30.5
$S(b)$	GB 93	1.1	1.3	1.6	2.1	2.6	3.1	4.1	5	6	7.5
H	GB 93	2.2	2.6	3.2	4.2	5.2	6.2	8.2	10	12	15
	GB 859	1.6	2.2	2.6	3.2	4	5	6.4	8	10	12
$m \leqslant$	GB 93	0.55	0.65	0.8	1.05	1.3	1.55	2.5	2.5	3	3.75
	GB 859	0.4	0.55	0.65	0.8	1	1.25	1.6	2	2.5	3
b	GB 859	1.2	1.5	2	2.5	3	3.5	4.5	5.5	7	9
S	GB 859	0.8	1.1	1.3	1.6	2	2.5	3.2	4	5	6

附录 C　键　和　销

1. 平键

(1) 普通平键的形式和尺寸(GB/T 1096—2003)

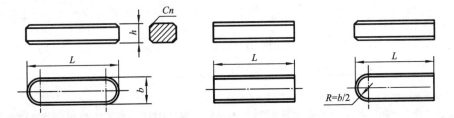

(2) 平键键槽的剖面尺寸(GB/T 1095—2003)

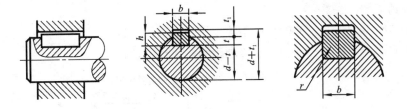

标记示例

圆头普通平键(A 型),$b=16$ mm、$h=10$ mm、$L=100$ mm,标记为
　　　　GB/T 1096　键 16×10×100

平头普通平键(B 型),$b=16$ mm、$h=10$ mm、$L=100$ mm,标记为
　　　　GB/T 1096　键 B 16×10×100

单圆头普通平键(C 型),$b=16$ mm、$h=10$ mm、$L=100$ mm,标记为
　　　　GB/T 1096　键 C 16×10×100

表 C-1　键及键槽的尺寸　　　　　　　　　　　　单位:mm

轴 公称直径 d	键 $b×h$	键 L范围	键槽 公称尺寸 b	宽度b 松连接 轴H9	松连接 毂D10	正常连接 轴N9	正常连接 毂JS9	紧密连接 轴和毂P9	深度 轴t 公称	轴t 偏差	毂t_1 公称	毂t_1 偏差
自6~8	2×2	6~20	2	+0.025 0	+0.060 +0.020	−0.004 −0.029	±0.0125	−0.006 −0.031	1.2	+0.1 0	1.0	+0.1 0
>8~10	3×3	6~36	3						1.8		1.4	
>10~12	4×4	8~45	4	+0.030 0	+0.078 +0.030	0 −0.030	±0.015	−0.012 −0.042	2.5		1.8	
>12~17	5×5	10~56	5						3.0		2.3	
>17~22	6×6	14~70	6						3.5		2.8	
>22~30	8×7	18~90	8	+0.036 0	+0.098 +0.040	0 −0.036	±0.018	−0.015 −0.051	4.0		3.3	
>30~38	10×8	22~110	10						5.0		3.3	
>38~44	12×8	28~140	12	+0.043 0	+0.120 +0.050	0 −0.043	±0.0215	−0.018 −0.061	5.0	+0.2 0	3.3	+0.2 0
>44~50	14×9	36~160	14						5.5		3.8	
>50~58	16×10	45~180	16						6.0		4.3	
>58~65	18×11	50~200	18						7.0		4.4	
>65~75	20×12	56~220	20	+0.052 0	+0.149 +0.065	0 −0.052	±0.026	−0.022 −0.074	7.5		4.9	
>75~85	22×14	63~250	22						9.0		5.4	
>85~95	25×14	70~280	25						9.0		5.4	
>95~110	28×16	80~320	28						10.0		6.4	

L 的系列　6,8,10,12,14,16,18,20,22,25,28,32,36,40,45,50,56,63,70,80,90,100,110,125,140,160,180,200,220,250,280,320,360,400,450,500

注　① 标准规定键宽 $b=2~50$ mm,公称长度 $L=6~500$ mm。
　　② 在零件图中轴槽深用 $d−t$ 标注,轮毂槽深用 $d+t_1$ 标注。键槽的极限偏差按 t(轴)和 t_1(毂)的极限偏差选取,但轴槽深 $d−t$ 的极限偏差应取负号(−)。
　　③ 键的材料常用 45 钢。

2. 圆柱销

圆柱销(GB/T 119.1—2000)——不淬硬钢和奥氏体不锈钢

圆柱销(GB/T 119.2—2000)——淬硬钢和马氏体不锈钢

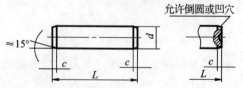

标记示例

　　公称直径 $d=6$ mm,公差为 m6,长度 $L=30$ mm,材料为钢,不经淬火,不经表面处理的圆柱销,其标记为:

　　　　销 GB/T 119.1　6　m6×30　或　销 GB/T 119.1　6×30

表 C-2　圆柱销(GB/T 119.1—2000)各部分尺寸　　　　　　　单位:mm

d		3	4	5	6	8	10	12	16	20	25	30
$c \approx$		0.50	0.63	0.80	1.2	1.6	2.0	2.5	3.0	3.5	4.0	5.0
L	GB/T 119.1	8~30	8~40	10~50	12~60	14~80	18~95	22~140	26~180	35~200	50~200	60~200
范围	GB/T 119.2	8~30	10~40	12~50	14~60	18~80	22~100	26~100	40~100	50~100	—	—
L系列		2,3,4,5,6~32(2进位),35~100(5进位),120~200(20进位)										

注　① GB/T 119.1—2000 规定圆柱销的公称直径 d=0.6~50 mm,公称长度 L=2~200 mm,公差有 m6 和 h8。

　　　GB/T 119.2—2000 规定圆柱销的公称直径 d=1~20 mm,公称长度 L=3~100 mm,公差仅有 m6。

　　② 圆柱销的公差为 h8 时,其表面粗糙度 $Ra \leqslant 1.6$ μm;

　　③ 圆柱销的材料通常用 35 钢。

3. 圆锥销(GB/T 117—2000)

A 型(磨削) B 型(切削或冷墩)

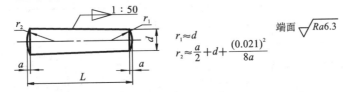

$$r_1 \approx d$$
$$r_2 \approx \frac{a}{2}+d+\frac{(0.021)^2}{8a}$$

端面$\sqrt{Ra6.3}$

标记示例

公称直径 d=10 mm,长度 L=60 mm,材料为 35 钢,热处理硬度为 28~38 HRC,表面氧化处理的 A 型圆锥销,其标记为:

销 GB/T 117　10×60

表 C-3　圆锥销(GB/T 117—2000)各部分尺寸　　　　　　　单位:mm

d	3	4	5	6	8	10	12	16	20	25	30
$a \approx$	0.4	0.5	0.63	0.8	1.0	1.2	1.6	2	2.5	3	4
L	12~45	14~55	18~60	22~90	22~120	26~160	32~180	40~200	45~200	50~200	55~200
L系列	6,8,10,12,14,16,18,20,22,24,26,28,30,32,35,40,45,50,55,60,65,70,75,80,85,90,95,100, 120,140,160,180,200										

注　标准规定圆锥销的公称直径 d=0.6~50 mm。

4. 开口销(GB/T 91—2000)

允许制造的形式

标记示例

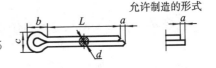

公称直径 d=5 mm,长度 L=50 mm,材料为 Q215 或 Q235 钢,不经表面处理的开口销,其标记为:

销 GB/T 91　5×50

表 C-4　开口销各部分尺寸　　　　　　　单位:mm

公称规格		1	1.2	1.6	2	2.5	3.2	4	5	6.3	8	10	13
d_{max}		0.9	1	1.4	1.8	2.3	2.9	3.7	4.6	5.9	7.5	9.5	12.4
c	max	1.8	2	2.8	3.6	4.6	5.8	7.4	9.2	11.8	15	19	24.8
	min	1.6	1.7	2.4	3.2	4	5.1	6.5	8	10.3	13.1	16.6	21.7
$b \approx$		3	3	3.2	4	5	6.4	8	10	12.6	16	20	26
a_{max}		1.6		2.5			3.2		4			6.3	
L 范围		6~20	8~25	8~32	10~40	12~50	14~63	18~80	22~100	32~125	40~160	45~200	71~250
L公称长度(系列)		4,5,6,8,10,12,14,16,18,20,22,24,25,28,32,36,40,45,50,56,63,71,80,90,95,100,112, 125,140,160,180,200,224,250,280											

注　公称规格为销孔的公称直径,标准规定公称规格为 0.6~20 mm,根据供需双方的协议,可采用公称规格为 3 mm、6 mm、12 mm 的开口销。

附录 D　滚动轴承

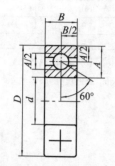

1. 深沟球轴承(GB/T 276—2013)

标记示例

内径 d 为 $\phi60$ mm、尺寸系列代号为(0)2 的深沟球轴承,其标记为:

滚动轴承　6212　GB/T 276—2013

表 D-1　深沟球轴承各部分尺寸　　　　　　　　　　　　单位:mm

轴承代号	尺寸			轴承代号	尺寸		
	d	D	B		d	D	B
尺寸系列代号 01				尺寸系列代号 03			
6000	10	26	8	6307	35	80	21
6001	12	28	8	6308	40	90	23
6002	15	32	9	6309	45	100	25
6003	17	35	10	6310	50	110	27
尺寸系列代号 02				尺寸系列代号 04			
6202	15	35	11	6407	35	100	25
6203	17	40	12	6408	40	110	27
6204	20	47	14	6409	45	120	29
6205	25	52	15	6410	50	130	31
6206	30	62	16	6411	55	140	33
6207	35	72	17	6412	60	150	35
6208	40	80	18	6413	65	160	37
6209	45	85	19	6414	70	180	42
6210	50	90	20	6415	75	190	45
6211	55	100	21	6416	80	200	48
6212	60	110	22	6417	85	210	52
6213	65	120	23	6418	90	225	54

2. 圆锥滚子轴承(GB/T 297—2015)

标记示例

内径 d 为 $\phi35$ mm、尺寸系列代号为 03 的圆锥滚子轴承,其标记为:

滚动轴承　30307　GB/T 297—2015

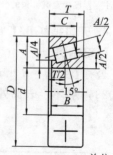

表 D-2　圆锥滚子轴承各部分尺寸　　　　　　　　　　　　单位:mm

轴承代号	尺寸					轴承代号	尺寸				
	d	D	T	B	C		d	D	T	B	C
尺寸系列代号 02						尺寸系列代号 23					
30207	35	72	18.25	17	15	32307	35	80	32.75	31	25
30208	40	80	19.75	18	16	32308	40	90	35.25	33	27
30209	45	85	20.75	19	16	32309	45	100	38.25	36	30
30210	50	90	21.75	20	17	32310	50	110	42.25	40	33
30211	55	100	22.75	21	18	32311	55	120	45.5	43	35
30212	60	110	23.75	22	19	32312	60	130	48.5	46	37
						32313	65	140	51	48	39
						32314	70	150	54	51	42

轴承代号	尺　寸					轴承代号	尺　寸				
	d	D	T	B	C		d	D	T	B	C
尺寸系列代号 03						尺寸系列代号 30					
30307	35	80	22.75	21	18	33005	25	47	17	17	14
30308	40	90	25.25	23	20	33006	30	55	20	20	16
30309	45	100	27.25	25	22	33007	35	62	21	21	17
30310	50	110	29.25	27	23	尺寸系列代号 31					
30311	55	120	31.5	29	25	33108	40	75	26	26	20.5
30312	60	130	33.5	31	26	33109	45	80	26	26	20.5
30313	65	140	36	33	28	33110	50	85	26	26	20
30314	70	150	38	35	30	33111	55	95	30	30	23

注　原轴承型号为"7"。

3. 推力球轴承(GB/T 301—2015)

标记示例

轴圈内径 d 为 $\phi 40$ mm、尺寸系列代号为 13 的推力球轴承,其标记为:

滚动轴承　51308　GB/T 301—2015

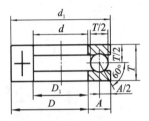

表 D-3　推力球轴承各部分尺寸　　　　单位:mm

轴承代号	尺　寸				轴承代号	尺　寸			
	d	d_1	D	T		d	d_1	D	T
尺寸系列代号 11					尺寸系列代号 12				
51112	60	62	85	17	51214	70	72	105	27
51113	65	67	90	18	51215	75	77	110	27
51114	70	72	95	18	51216	80	82	115	28
尺寸系列代号 12					尺寸系列代号 13				
51204	20	22	40	14	51304	20	22	47	18
51205	25	27	47	15	51305	25	27	52	18
51206	30	32	52	16	51306	30	32	60	21
51207	35	37	62	18	51307	35	37	68	24
51208	40	42	68	19	51308	40	42	78	26
51209	45	47	73	20	尺寸系列代号 14				
51210	50	52	78	22	51405	25	27	60	24
51211	55	57	90	25	51406	30	32	70	28
51212	60	62	95	26	51407	35	37	80	32

注　原轴承型号为"8"。

附录 E　轴、孔的极限偏差

表 E-1　轴的极限偏差(摘自 GB/T 1800.2—2009)

公称尺寸/mm 大于	至	a 11	b 11	b 12	c 9	c 10	c 11	d 8	d 9	d 10	d 11	e 7	e 8	e 9
—	3	−270	−140	−140	−60	−60	−60	−20	−20	−20	−20	−14	−14	−14
		−330	−200	−240	−85	−100	−120	−34	−45	−60	−80	−24	−28	−39
3	6	−270	−140	−140	−70	−70	−70	−30	−30	−30	−30	−20	−20	−20
		−345	−215	−260	−100	−118	−145	−48	−60	−78	−105	−32	−38	−50
6	10	−280	−150	−150	−80	−80	−80	−40	−40	−40	−40	−25	−25	−25
		−370	−240	−300	−116	−138	−170	−62	−76	−98	−130	−40	−47	−61
10	14	−290	−150	−150	−95	−95	−95	−50	−50	−50	−50	−32	−32	−32
14	18	−400	−260	−330	−165	−165	−205	−77	−93	−120	−160	−50	−59	−75
18	24	−300	−160	−160	−110	−110	−110	−65	−65	−65	−65	−40	−40	−40
24	30	−430	−290	−370	−162	−194	−240	−98	−117	−149	−195	−61	−73	−92
30	40	−310	−170	−170	−120	−120	−120	−80	−80	−80	−80	−50	−50	−50
		−470	−330	−420	−182	−220	−280							
40	50	−320	−180	−180	−130	−130	−130							
		−480	−340	−430	−192	−230	−290	−119	−142	−180	−240	−75	−89	−112
50	65	−340	−190	−190	−140	−140	−140	−100	−100	−100	−100	−60	−60	−60
		−530	−380	−490	−214	−260	−330							
65	80	−360	−200	−200	−150	−150	−150							
		−550	−390	−500	−224	−270	−340	−146	−174	−220	−290	−90	−106	−134
80	100	−380	−200	−220	−170	−170	−170	−120	−120	−120	−120	−72	−72	−72
		−600	−440	−570	−257	−310	−399							
100	120	−410	−240	−240	−180	−180	−180							
		−630	−460	−590	−267	−320	−400	−174	−207	−260	−340	−107	−126	−159
120	140	−520	−260	−260	−200	−200	−200	−145	−145	−145	−145	−85	−85	−85
		−710	−510	−660	−300	−360	−450							
140	160	−460	−280	−280	−210	−210	−210							
		−770	−530	−680	−310	−370	−460							
160	180	−580	−100	−310	−230	−230	−230							
		−830	−560	−710	−330	−390	−480	−208	−245	−305	−395	−125	−148	−185
180	200	−660	−340	−340	−240	−240	−240	−170	−170	−170	−170	−100	−100	−100
		−950	−630	−800	−355	−425	−530							
200	225	−740	−380	−380	−260	−260	−260							
		−1030	−670	−840	−375	−445	−550							
225	250	−820	−420	−420	−280	−280	−280							
		−1110	−710	−880	−395	−465	−570	−242	−285	−355	−460	−146	−172	−215
250	280	−920	−480	−480	−300	−300	−300	−190	−190	−190	−190	−110	−110	−110
		−1240	−800	−1000	−430	−510	−620							
280	315	−1050	−540	−540	−330	−330	−330							
		−1370	−860	−1060	−460	−540	−650	−271	−320	−400	−510	−162	−191	−240
315	355	−1200	−600	−800	−360	−360	−360	−210	−210	−210	−210	−125	−125	−125
		−1560	−960	−1170	−500	−590	−720							
355	400	−1350	−680	−680	−400	−400	−400							
		−1710	−140	−1250	−540	−630	−760	−299	−350	−440	−570	−182	−214	−265

注　公称尺寸≤1 mm时,各级的 a 和 b 均不采用。

续表

公称尺寸/mm		常用公差带/μm														
		f					g			h							
大于	至	5	6	7	8	9	5	6	7	5	6	7	8	9	10	11	12
—	3	−6 / −10	−6 / −12	−6 / −16	−6 / −20	−6 / −31	−2 / −6	−2 / −8	−2 / −12	0 / −4	0 / −6	0 / −10	0 / −14	0 / −25	0 / −40	0 / −60	0 / −100
3	6	−10 / −15	−10 / −18	−10 / −22	−10 / −28	−10 / −40	−4 / −9	−4 / −12	−4 / −16	0 / −5	0 / −8	0 / −12	0 / −18	0 / −30	0 / −48	0 / −75	0 / −120
6	10	−13 / −19	−13 / −22	−13 / −28	−13 / −35	−13 / −49	−5 / −11	−5 / −14	−5 / −20	0 / −6	0 / −9	0 / −15	0 / −22	0 / −36	0 / −58	0 / −90	0 / −150
10	14	−16 / −24	−16 / −27	−16 / −34	−16 / −43	−16 / −59	−6 / −14	−6 / −17	−6 / −24	0 / −8	0 / −11	0 / −18	0 / −27	0 / −43	0 / −70	0 / −110	0 / −180
14	18																
18	24	−20 / −29	−20 / −33	−20 / −41	−20 / −53	−20 / −72	−7 / −16	−7 / −20	−7 / −28	0 / −9	0 / −13	0 / −21	0 / −33	0 / −52	0 / −84	0 / −130	0 / −210
24	30																
30	40	−25 / −36	−25 / −41	−25 / −50	−25 / −64	−25 / −87	−9 / −20	−9 / −25	−9 / −34	0 / −11	0 / −16	0 / −25	0 / −39	0 / −62	0 / −100	0 / −160	0 / −300
40	50																
50	65	−30 / −43	−30 / −49	−30 / −60	−30 / −76	−30 / −104	−10 / −23	−10 / −29	−10 / −40	0 / −13	0 / −19	0 / −30	0 / −46	0 / −74	0 / −120	0 / −190	0 / −300
65	80																
80	100	−36 / −51	−36 / −58	−36 / −71	−36 / −90	−36 / −123	−12 / −27	−12 / −34	−12 / −47	0 / −15	0 / −22	0 / −35	0 / −54	0 / −87	0 / −140	0 / −220	0 / −350
100	120																
120	140	−43 / −61	−43 / −68	−43 / −83	−43 / −106	−43 / −143	−14 / −32	−14 / −39	−14 / −54	0 / −18	0 / −25	0 / −40	0 / −63	0 / −100	0 / −160	0 / −250	0 / −400
140	160																
160	180																
180	200	−50 / −70	−50 / −79	−50 / −96	−50 / −122	−50 / −165	−15 / −35	−15 / −44	−15 / −61	0 / −20	0 / −29	0 / −46	0 / −72	0 / −115	0 / −185	0 / −290	0 / −460
200	225																
225	250																
250	280	−56 / −79	−56 / −88	−56 / −108	−56 / −137	−56 / −186	−17 / −40	−17 / −49	−17 / −69	0 / −23	0 / −32	0 / −52	0 / −81	0 / −130	0 / −210	0 / −320	0 / −520
280	315																
315	355	−62 / −87	−62 / −98	−62 / −119	−62 / −151	−62 / −202	−18 / −43	−18 / −54	−18 / −75	0 / −25	0 / −36	0 / −57	0 / −89	0 / −140	0 / −230	0 / −360	0 / −570
355	400																

公称尺寸 /mm		常用公差带/μm														
		js			k			m			n			p		
大于	至	5	6	7	5	6	7	5	6	7	5	6	7	5	6	7
—	3	±2	±3	±5	+4 +0	+6 +0	+10 +0	+6 +2	+8 +2	+12 +2	+8 +4	+10 +4	+14 +4	+10 +6	+12 +6	+16 +6
3	6	±2.5	±4	±6	+6 +1	+9 +1	+13 +1	+9 +4	+12 +4	+16 +4	+13 +8	+16 +8	+20 +8	+17 +12	+20 +12	+24 +12
6	10	±3	±4.5	±7	+7 +1	+10 +1	+16 +1	+12 +6	+15 +6	+21 +6	+16 +10	+19 +10	+25 +10	+21 +15	+24 +15	+30 +15
10	14	±4	±5.5	±9	+9 +1	+12 +1	+19 +1	+15 +7	+18 +7	+25 +7	+20 +12	+23 +12	+30 +12	+26 +18	+29 +18	+36 +18
14	18															
18	24	±4.5	±6.5	±10	+11 +2	+15 +2	+23 +2	+17 +8	+21 +8	+29 +8	+24 +15	+28 +15	+36 +15	+31 +22	+35 +22	+43 +22
24	30															
30	40	±5.5	±8	±12	+13 +2	+18 +2	+27 +2	+20 +9	+25 +9	+34 +9	+28 +17	+33 +17	+42 +17	+37 +26	+42 +26	+51 +26
40	50															
50	65	±6.5	±9.5	±15	+15 +2	+21 +2	+32 +2	+24 +11	+30 +11	+41 +11	+33 +20	+39 +20	+50 +20	+45 +32	+51 +32	+62 +32
65	80															
80	100	±7.5	±11	±17	+18 +3	+25 +3	+38 +3	+28 +13	+35 +13	+48 +13	+38 +23	+45 +23	+58 +23	+52 +37	+59 +37	+72 +37
100	120															
120	140	±9	±12.5	±20	+21 +3	+28 +3	+43 +3	+33 +15	+40 +15	+55 +15	+45 +27	+52 +27	+67 +27	+61 +43	+68 +43	+83 +43
140	160															
160	180															
180	200	±10	±14.5	±23	+24 +4	+33 +4	+50 +4	+37 +17	+46 +17	+63 +17	+51 +31	+60 +31	+77 +31	+70 +50	+79 +50	+96 +50
200	225															
225	250															
250	280	±11.5	±16	±26	+27 +4	+36 +4	+56 +4	+43 +20	+52 +20	+72 +20	+57 +34	+66 +34	+86 +34	+79 +56	+88 +56	+108 +56
280	315															
315	355	±12.5	±18	±28	+29 +4	+40 +4	+61 +4	+46 +21	+57 +21	+78 +21	+62 +37	+73 +37	+94 +37	+87 +62	+98 +62	+119 +62
355	400															

续表

公称尺寸/mm		常用公差带/μm														
		r			s			t			u		v	x	y	z
大于	至	5	6	7	5	6	7	5	6	7	6	7	6	6	6	6
—	3	+14/+10	+16/+10	+20/+10	+18/+14	+20/+14	+24/+14	—	—	—	+24/+18	+28/+18	—	+26/+20	—	+32/+26
3	6	+20/+15	+23/+15	+27/+15	+24/+19	+27/+19	+31/+19	—	—	—	+31/+23	+35/+23	—	+36/+28	—	+43/+35
6	10	+25/+19	+28/+19	+34/+19	+29/+23	+32/+23	+38/+23	—	—	—	+37/+28	+43/+28	—	+43/+34	—	+51/+42
10	14	+31/+23	+34/+23	+41/+23	+36/+28	+39/+28	+46/+28	—	—	—	+44/+33	+51/+33	—	+51/+40	—	+61/+50
14	18	+31/+23	+34/+23	+41/+23	+36/+28	+39/+28	+46/+28	—	—	—	+44/+33	+51/+33	+50/+39	+56/+45	—	+71/+60
18	24	+37/+28	+41/+28	+49/+28	+44/+35	+48/+35	+56/+35	—	—	—	+54/+41	+62/+41	+60/+47	+67/+54	+76/+63	+86/+73
24	30	+37/+28	+41/+28	+49/+28	+44/+35	+48/+35	+56/+35	+50/+41	+54/+41	+62/+41	+61/+48	+69/+48	+68/+55	+77/+64	+88/+75	+101/+88
30	40	+45/+34	+50/+34	+59/+34	+54/+43	+59/+43	+68/+43	+59/+48	+64/+48	+73/+48	+76/+60	+85/+60	+84/+68	+96/+80	+110/+94	+128/+112
40	50	+45/+34	+50/+34	+59/+34	+54/+43	+59/+43	+68/+43	+65/+54	+70/+54	+79/+54	+86/+70	+95/+70	+97/+81	+113/+97	+130/+114	+152/+136
50	65	+54/+41	+60/+41	+71/+41	+66/+53	+72/+53	+83/+53	+79/+66	+85/+66	+96/+66	+106/+87	+117/+87	+121/+102	+141/+122	+163/+144	+191/+172
65	80	+56/+43	+62/+43	+73/+43	+72/+59	+78/+59	+89/+59	+88/+75	+94/+75	+105/+75	+121/+102	+132/+102	+139/+120	+165/+146	+193/+174	+229/+210
80	100	+66/+51	+73/+51	+86/+51	+86/+71	+93/+71	+106/+91	+106/+91	+113/+91	+126/+91	+146/+124	+159/+124	+168/+146	+200/+178	+236/+214	+280/+258
100	120	+69/+54	+76/+54	+89/+54	+94/+79	+101/+79	+114/+79	+110/+104	+126/+104	+136/+104	+166/+144	+179/+144	+194/+172	+232/+210	+276/+254	+332/+310
120	140	+81/+63	+88/+63	+103/+63	+110/+92	+117/+92	+132/+92	+140/+122	+147/+122	+162/+122	+195/+170	+210/+170	+227/+202	+273/+248	+325/+300	+390/+365
140	160	+83/+65	+90/+65	+105/+65	+118/+100	+125/+100	+140/+100	+152/+134	+159/+134	+174/+134	+215/+190	+230/+190	+253/+228	+305/+280	+365/+340	+440/+415
160	180	+86/+68	+93/+68	+108/+68	+126/+108	+133/+108	+148/+108	+164/+146	+171/+146	+186/+146	+235/+210	+250/+210	+277/+252	+335/+310	+405/+380	+490/+465
180	200	+97/+77	+106/+77	+123/+77	+142/+122	+151/+122	+168/+122	+185/+166	+195/+166	+212/+166	+265/+236	+282/+236	+313/+284	+379/+350	+454/+425	+549/+520
200	225	+100/+80	+109/+80	+126/+80	+150/+130	+159/+130	+176/+130	+200/+180	+209/+180	+226/+180	+287/+258	+304/+258	+339/+310	+414/+385	+499/+470	+604/+575
225	250	+104/+84	+113/+84	+130/+84	+160/+140	+169/+140	+186/+140	+216/+196	+225/+196	+242/+196	+313/+284	+330/+284	+369/+340	+454/+425	+549/+520	+669/+640
250	280	+117/+94	+126/+94	+146/+94	+181/+158	+290/+158	+210/+158	+241/+218	+250/+218	+270/+218	+347/+315	+367/+315	+417/+385	+507/+475	+612/+680	+742/+710
280	315	+121/+98	+130/+98	+150/+98	+193/+170	+202/+170	+222/+170	+263/+240	+272/+240	+292/+240	+382/+350	+402/+350	+457/+425	+557/+525	+682/+650	+822/+790
315	355	+133/+108	+144/+108	+165/+108	+215/+190	+226/+190	+247/+190	+293/+268	+304/+268	+325/+268	+426/+390	+447/+390	+511/+475	+626/+590	+766/+730	+936/+900
355	400	+139/+114	+150/+114	+171/+114	+233/+208	+244/+208	+265/+208	+319/+294	+330/+294	+351/+294	+471/+435	+492/+435	+566/+530	+696/+660	+856/+820	+1036/+1000

表 E-2　孔的极限偏差（摘自 GB/T 1800.2—2009）

公称尺寸/mm		常用公差带/μm													
		A	B		C	D				E		F			
大于	至	11	11	12	11	8	9	10	11	8	9	6	7	8	9
—	3	+330 +270	+200 +140	+240 +140	+120 +60	+34 +20	+45 +20	+60 +20	+80 +20	+28 +14	+39 +14	+12 +6	+16 +6	+20 +6	+31 +6
3	6	+345 +270	+215 +140	+260 +140	+145 +70	+48 +30	+60 +30	+78 +30	+105 +30	+38 +20	+50 +20	+18 +10	+22 +10	+28 +10	+40 +10
6	10	+370 +280	+240 +150	+300 +150	+170 +80	+62 +40	+76 +40	+98 +40	+170 +40	+47 +25	+61 +25	+22 +13	+28 +13	+35 +13	+49 +13
10	14	+400 +290	+260 +150	+330 +150	+205 +95	+77 +50	+93 +50	+120 +50	+160 +50	+59 +32	+75 +32	+27 +16	+34 +16	+43 +16	+59 +16
14	18	+400 +290	+260 +150	+330 +150	+205 +95	+77 +50	+93 +50	+120 +50	+160 +50	+59 +32	+75 +32	+27 +16	+34 +16	+43 +16	+59 +16
18	24	+430 +300	+290 +160	+370 +160	+240 +110	+98 +65	+117 +65	+149 +65	+195 +65	+73 +40	+92 +40	+33 +20	+41 +20	+53 +20	+72 +20
24	30	+430 +300	+290 +160	+370 +160	+240 +110	+98 +65	+117 +65	+149 +65	+195 +65	+73 +40	+92 +40	+33 +20	+41 +20	+53 +20	+72 +20
30	40	+470 +310	+330 +170	+420 +170	+280 +170	+119 +80	+142 +80	+180 +80	+240 +80	+89 +50	+112 +50	+41 +25	+50 +25	+64 +25	+87 +25
40	50	+480 +320	+340 +180	+430 +180	+290 +180	+119 +80	+142 +80	+180 +80	+240 +80	+89 +50	+112 +50	+41 +25	+50 +25	+64 +25	+87 +25
50	65	+530 +340	+389 +190	+490 +190	+330 +140	+146 +100	+170 +100	+220 +100	+290 +100	+106 +60	+134 +80	+49 +30	+60 +30	+76 +30	+104 +30
65	80	+550 +360	+330 +200	+500 +200	+340 +150	+146 +100	+170 +100	+220 +100	+290 +100	+106 +60	+134 +80	+49 +30	+60 +30	+76 +30	+104 +30
80	100	+600 +380	+440 +220	+570 +220	+390 +170	+174 +120	+207 +120	+260 +120	+340 +120	+126 +72	+159 +72	+58 +36	+71 +36	+90 +36	+123 +36
100	120	+630 +410	+460 +240	+590 +240	+400 +180	+174 +120	+207 +120	+260 +120	+340 +120	+126 +72	+159 +72	+58 +36	+71 +36	+90 +36	+123 +36
120	140	+710 +460	+510 +260	+660 +260	+450 +200	+208 +145	+245 +145	+305 +145	+395 +145	+148 +85	+135 +85	+68 +43	+83 +43	+106 +43	+143 +43
140	160	+770 +520	+530 +280	+680 +280	+460 +210	+208 +145	+245 +145	+305 +145	+395 +145	+148 +85	+135 +85	+68 +43	+83 +43	+106 +43	+143 +43
160	180	+830 +580	+560 +310	+710 +310	+480 +230	+208 +145	+245 +145	+305 +145	+395 +145	+148 +85	+135 +85	+68 +43	+83 +43	+106 +43	+143 +43
180	200	+950 +660	+630 +340	+800 +340	+530 +240	+242 +170	+285 +170	+355 +170	+460 +170	+172 +100	+215 +100	+79 +50	+96 +50	+122 +50	+165 +50
200	225	+1030 +740	+670 +380	+840 +380	+550 +260	+242 +170	+285 +170	+355 +170	+460 +170	+172 +100	+215 +100	+79 +50	+96 +50	+122 +50	+165 +50
225	250	+1110 +820	+710 +420	+880 +420	+570 +280	+242 +170	+285 +170	+355 +170	+460 +170	+172 +100	+215 +100	+79 +50	+96 +50	+122 +50	+165 +50
250	280	+1240 +920	+800 +480	+1000 +480	+620 +300	+271 +190	+320 +190	+400 +190	+510 +190	+191 +110	+240 +110	+88 +56	+108 +56	+137 +56	+186 +56
280	315	+1375 +1050	+860 +540	+1060 +540	+650 +330	+271 +190	+320 +190	+400 +190	+510 +190	+191 +110	+240 +110	+88 +56	+108 +56	+137 +56	+186 +56
315	355	+1560 +1200	+960 +600	+1170 +600	+720 +360	+299 +210	+350 +210	+440 +210	+570 +210	+214 +125	+265 +125	+98 +62	+119 +62	+151 +62	+202 +62
355	400	+1710 +1350	+1040 +680	+1250 +680	+760 +400	+299 +210	+350 +210	+440 +210	+570 +210	+214 +125	+265 +125	+98 +62	+119 +62	+151 +62	+202 +62

附　　录

续表

公称尺寸/mm		常用公差带/μm																	
		G		H							JS			K			M		
大于	至	6	7	6	7	8	9	10	11	12	6	7	8	6	7	8	6	7	8
—	3	+8/+2	+12/+2	+6/0	+10/0	+14/0	+25/0	+40/0	+60/0	+100/0	±3	±5	±7	0/−6	0/−10	0/−14	−2/−8	−2/−12	−2/−16
3	6	+12/+4	−16/−4	+8/0	+12/0	+18/0	+30/0	+48/0	+75/0	+120/0	±4	±6	±9	+2/−6	+3/−9	+5/−13	−1/−9	0/−12	+2/−16
6	10	+14/+5	+20/+5	+9/0	+15/0	+22/0	+36/0	+58/0	+90/0	+150/0	±4.5	±7	±11	+2/−7	+5/−10	+6/−16	−3/−12	0/−15	+1/−21
10	14	+17/+6	+24/+6	+11/0	+18/0	+27/0	+43/0	+70/0	+110/0	+180/0	±5.5	±9	±13	+2/−9	+6/−12	+8/−19	−4/−15	0/−18	+2/−25
14	18																		
18	24	+20/+7	+28/+7	+13/0	+21/0	+33/0	+52/0	+84/0	+130/0	+210/0	±6.5	±10	±16	+2/−11	+6/−15	+10/−23	−4/−17	0/−21	+4/−29
24	30																		
30	40	+25/+9	+34/+9	+16/0	+25/0	+39/0	+62/0	+100/0	+160/0	+250/0	±8	±12	±19	+3/−13	+7/−18	+12/−27	−4/−20	0/−25	+5/−34
40	50																		
50	65	+29/+10	+40/+10	+19/0	+30/0	+46/0	+74/0	+120/0	+190/0	+300/0	±9.5	±15	±23	+4/−15	+9/−21	+14/−32	−5/−24	0/−30	+5/−41
65	80																		
80	100	+34/+12	+47/+12	+22/0	+35/0	+54/0	+87/0	+140/0	+220/0	+350/0	±11	±17	±27	+4/−18	+10/−25	+16/−38	−6/−28	0/−35	+6/−43
100	120																		
120	140	+39/+14	+54/+14	+25/0	+40/0	+63/0	+100/0	+160/0	+250/0	+400/0	±12.5	±20	±31	+4/−21	+12/−28	+20/−43	−8/−33	0/−40	+8/−55
140	160																		
160	180																		
180	200	+44/+15	+61/+15	+29/0	+46/0	+72/0	+115/0	+185/0	+290/0	+460/0	±14.5	±23	±36	+5/−24	+13/−33	+22/−50	−8/−37	0/−46	+9/−63
200	225																		
225	250																		
250	280	+49/+17	+69/+17	+32/0	+52/0	+81/0	+130/0	+210/0	+320/0	+520/0	±16	±26	±40	+5/−27	+16/−36	+25/−56	−9/−41	0/−52	+9/−72
280	315																		
315	355	+54/+18	+75/+18	+36/0	+57/0	+89/0	+140/0	+230/0	+360/0	+570/0	±18	±28	±44	+7/−29	+17/−40	+28/−61	−10/−46	0/−57	+11/−78
355	400																		

续表

公称尺寸/mm 大于	至	常用公差带/μm N6	N7	N8	P6	P7	R6	R7	S6	S7	T6	T7	U7
—	3	-4 / -10	-4 / -14	-4 / -18	-6 / -12	-6 / -16	-10 / -16	-10 / -20	-14 / -20	-14 / -24	—	—	-18 / -28
3	6	-5 / -13	-4 / -16	-2 / -20	-9 / -17	-8 / -20	-12 / -20	-11 / -23	-16 / -24	-15 / -27	—	—	-19 / -31
6	10	-7 / -16	-4 / -19	-3 / -25	-12 / -21	-9 / -24	-16 / -25	-13 / -28	-20 / -29	-17 / -32	—	—	-22 / -37
10	14	-9 / -20	-5 / -23	-3 / -30	-15 / -26	-11 / -29	-20 / -31	-16 / -34	-25 / -36	-21 / -39	—	—	-26 / -44
14	18	-9 / -20	-5 / -23	-3 / -30	-15 / -26	-11 / -29	-20 / -31	-16 / -34	-25 / -36	-21 / -39	—	—	-26 / -44
18	24	-11 / -24	-7 / -28	-3 / -36	-18 / -31	-14 / -35	-24 / -37	-20 / -41	-31 / -44	-27 / -48	—	—	-33 / -54
24	30	-11 / -24	-7 / -28	-3 / -36	-18 / -31	-14 / -35	-24 / -37	-20 / -41	-31 / -44	-27 / -48	-37 / -50	-33 / -54	-40 / -61
30	40	-12 / -28	-8 / -33	-3 / -42	-21 / -37	-17 / -42	-29 / -45	-25 / -50	-38 / -54	-34 / -59	-43 / -59	-39 / -64	-51 / -76
40	50	-12 / -28	-8 / -33	-3 / -42	-21 / -37	-17 / -42	-29 / -45	-25 / -50	-38 / -54	-34 / -59	-49 / -65	-45 / -70	-61 / -86
50	65	-14 / -33	-9 / -39	-4 / -50	-26 / -45	-21 / -51	-35 / -54	-30 / -60	-47 / -66	-42 / -72	-60 / -79	-55 / -85	-76 / -106
65	80	-14 / -33	-9 / -39	-4 / -50	-26 / -45	-21 / -51	-37 / -56	-32 / -62	-53 / -72	-48 / -78	-69 / -88	-64 / -94	-91 / -121
80	100	-16 / -38	-10 / -45	-4 / -58	-30 / -52	-24 / -59	-44 / -66	-38 / -73	-64 / -86	-58 / -93	-84 / -106	-78 / -113	-111 / -146
100	120	-16 / -38	-10 / -45	-4 / -58	-30 / -52	-24 / -59	-47 / -69	-41 / -76	-72 / -94	-66 / -101	-97 / -119	-91 / -126	-131 / -166
120	140	-20 / -45	-12 / -52	-4 / -67	-36 / -61	-28 / -68	-56 / -81	-48 / -88	-85 / -110	-77 / -117	-115 / -140	-107 / -147	-155 / -195
140	160	-20 / -45	-12 / -52	-4 / -67	-36 / -61	-28 / -68	-58 / -83	-50 / -90	-93 / -118	-85 / -125	-127 / -152	-110 / -159	-175 / -215
160	180	-20 / -45	-12 / -52	-4 / -67	-36 / -61	-28 / -68	-61 / -86	-53 / -93	-101 / -126	-93 / -133	-139 / -164	-131 / -171	-195 / -235
180	200	-22 / -51	-14 / -60	-5 / -77	-41 / -70	-33 / -79	-68 / -97	-60 / -106	-113 / -142	-101 / -155	-157 / -186	-149 / -195	-219 / -265
200	225	-22 / -51	-14 / -60	-5 / -77	-41 / -70	-33 / -79	-71 / -100	-63 / -109	-121 / -150	-113 / -159	-171 / -200	-163 / -209	-241 / -287
225	250	-22 / -51	-14 / -60	-5 / -77	-41 / -70	-33 / -79	-75 / -104	-67 / -113	-131 / -160	-123 / -169	-187 / -216	-179 / -225	-267 / -313
250	280	-25 / -57	-14 / -66	-5 / -86	-47 / -79	-36 / -88	-85 / -117	-74 / -126	-149 / -181	-138 / -190	-209 / -241	-198 / -250	-295 / -347
280	315	-25 / -57	-14 / -66	-5 / -86	-47 / -79	-36 / -88	-89 / -121	-78 / -130	-161 / -193	-150 / -202	-231 / -263	-220 / -272	-330 / -382
315	355	-26 / -62	-16 / -73	-5 / -94	-51 / -87	-41 / -98	-97 / -133	-87 / -144	-179 / -215	-169 / -226	-257 / -293	-247 / -304	-369 / -426
355	400	-26 / -62	-16 / -73	-5 / -94	-51 / -87	-41 / -98	-103 / -139	-93 / -150	-197 / -233	-187 / -244	-283 / -319	-273 / -330	-414 / -471

附录 F　标准结构

1. 零件倒圆与倒角(摘自 GB/T 6403.4—2008)

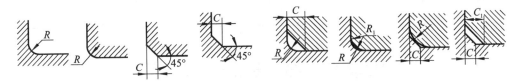

表 F-1　倒角 C、倒圆 R 的推荐值

d、D	～3	>3～6	>6～10	>10 ～18	>18 ～30	>30 ～50	>50 ～80	>80 ～120	>120 ～180	>180 ～250
C、R	0.2	0.4	0.6	0.8	1.0	1.6	2.0	2.5	3.0	4.0

d、D	>250 ～320	>320 ～400	>400 ～500	>500 ～630	>630 ～800	>800 ～1 000	>1 000 ～1 250	>1 250 ～1 600
C、R	5.0	6.0	8.0	10	12	16	20	25

2. 普通螺纹的螺纹收尾、肩距、退刀槽和倒角(摘自 GB/T 3—1997)

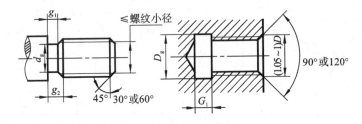

表 F-2　普通螺纹退刀槽尺寸

螺 距	外 螺 纹			内 螺 纹		螺 距	外 螺 纹			内 螺 纹	
	g_{2max}	g_{1min}	d_g	G_1	D_g		g_{2max}	g_{1min}	d_g	G_1	D_g
0.5	1.5	0.8	$d-0.8$	2	$D+0.3$	1.75	5.25	3	$d-2.6$	7	$D+0.5$
0.7	2.1	1.1	$d-1.1$	2.8		2	6	3.4	$d-3$	8	
0.8	2.4	1.3	$d-1.3$	3.2		2.5	7.5	4.4	$d-3.6$	10	
1	3	1.6	$d-1.6$	4	$D+0.5$	3	9	5.2	$d-4.4$	12	
1.25	3.75	2	$d-2$	5		3.5	10.5	6.2	$d-5$	14	
1.5	4.5	2.5	$d-2.3$	6		4	12	7	$d-5.7$	16	

3. 砂轮越程槽(摘自 GB/T 6403.5—2008)

磨外圆

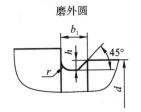

磨内圆

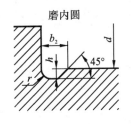

表 F-3　砂轮越程槽尺寸

d、D	~10			>10~50		>50~100		>100	
b_1	0.6	1.0	1.6	2.0	3.0	4.0	5.0	8.0	10
b_2	2.0	3.0		4.0		5.0		8.0	10
h	0.1	0.2		0.3	0.4		0.6	0.8	1.2

附录 G　部分标准公差数值

表 G-1　部分标准公差数值(摘自 GB/T 1800.2—2009)

公称尺寸 /mm		标准公差等级 /μm											
大于	至	IT1	IT2	IT3	IT4	IT5	IT6	IT7	IT8	IT9	IT10	IT11	IT12
—	3	0.8	1.2	2	3	4	6	10	14	25	40	60	100
3	6	1	1.5	2.5	4	5	8	12	18	30	48	75	120
6	10	1	1.5	2.5	4	6	9	15	22	36	58	90	150
10	18	1.2	2	3	5	8	11	18	27	43	70	110	180
18	30	1.5	2.5	4	6	9	13	21	33	52	84	130	210
30	50	1.5	2.5	4	7	11	16	25	39	62	100	160	250
50	80	2	3	5	8	13	19	30	46	74	120	190	300
80	120	2.5	4	6	10	15	22	35	54	87	140	220	350
120	180	3.5	5	8	12	18	25	40	63	100	160	250	400
180	250	4.5	7	10	14	20	29	46	72	115	185	290	460
250	315	6	8	12	16	23	32	52	81	130	210	320	520
315	400	7	9	13	18	25	36	57	89	140	230	360	570
400	500	8	10	15	20	27	40	63	97	155	250	400	630
500	630	9	11	16	22	32	44	70	110	175	280	440	700

参考文献

[1] 刘朝儒,彭福荫,高政一. 机械制图[M]. 北京:高等教育出版社,2006.

[2] 大连理工大学工程画教研室. 机械制图[M]. 北京:高等教育出版社,2013.

[3] 王槐德. 机械制图新旧标准代换教程[M]. 北京:中国标准出版社,2010.

[4] 张京英,张辉,焦永和. 机械制图[M]. 北京:北京理工大学出版社,2013.

[5] 何铭新,钱可强. 机械制图[M]. 北京:高等教育出版社,2010.

[6] 窦忠强,续丹,陈锦昌. 工业产品设计与表达[M]. 北京:高等教育出版社,2009.

[7] 全国技术产品文件标准化技术委员会. 机械制图卷[M]. 北京:中国标准出版社,2006.

[8] 丁一,何玉林. 工程图形基础[M]. 北京:高等教育出版社,2013.

[9] 王一军. 工程制图基础[M]. 北京:机械工业出版社,2014.

[10] 王兰美,冯秋官. 机械制图[M]. 北京:高等教育出版社,2010.

[11] 陈锦昌,陈炽坤,孙炜. 构型设计制图[M]. 北京:高等教育出版社,2012.

二维码资源使用说明

　　本书部分课程资源以二维码的形式在书中呈现,读者第一次利用智能手机在微信下扫码成功后提示微信登录,授权后进入注册页面,填写注册信息。按照提示输入手机号后点击获取手机验证码,稍等片刻收到 4 位数的验证码短信,在提示位置输入验证码成功后,重复输入两遍设置密码,点击"立即注册",注册成功。(若手机已经注册,则在"注册"页面底部选择"已有账号?绑定账号",进入"账号绑定"页面,直接输入手机号和密码,提示登录成功。)接着提示输入学习码,需刮开教材封底防伪涂层,输入 13 位学习码(正版图书拥有的一次性使用学习码),输入正确后提示绑定成功,可查看二维码数字资源。即可查看二维码数字资源。手机第一次登录查看资源成功后,以后在微信端扫码可直接微信登录进入查看。